自动控制原理

主编　毕效辉　于春梅

参编　徐　苏　梁艳阳　张春峰
　　　杨　芳　乔之勇　倪小敏

科学出版社

北京

内 容 简 介

本书是一部高融合立体化教材，纸质内容与光盘内容密切配合、融为一体，较全面系统地阐述自动控制的基本分析和研究方法。全书共分8章，主要内容有：自动控制概述、线性控制系统的数学模型、时域响应分析、根轨迹分析、频率特性分析、控制系统的设计与校正、非线性控制系统分析、离散控制系统等。书中强化了工程应用，给出了较多的工程应用实例和MATLAB辅助分析、Flash动画演示的内容。为便于自学，各章均附有小结和丰富的例题与习题，习题给出了参考答案。

本书可作为普通高等学校自动化等电气信息类专业和相关专业的本科生教材，也可作为职业技术教育和继续教育的教材，还可作为研究生和从事自动化技术的人员的参考书。

图书在版编目(CIP)数据

自动控制原理/毕效辉，于春梅主编. —北京：科学出版社，2014.6

ISBN 978-7-03-040961-4

Ⅰ.①自… Ⅱ.①毕… ②于 … Ⅲ.①自动控制理论-高等学校-教材 Ⅳ.①TP13

中国版本图书馆 CIP 数据核字(2014)第 121926 号

责任编辑：余　江　张丽花 / 责任校对：包志虹
责任印制：徐晓晨 / 封面设计：迷底书装

科学出版社出版
北京东黄城根北街16号
邮政编码：100717
http://www.sciencep.com
北京凌奇印刷有限责任公司 印刷
科学出版社发行　各地新华书店经销
*
2014年6月第　一　版　开本：787×1092　1/16
2023年12月第六次印刷　印张：19 1/2
字数：500 000

定价：69.00元

(如有印装质量问题，我社负责调换)

前　言

自动控制理论是自动控制学科的重要理论基础，自动控制原理是专门研究有关自动控制系统基本概念、基本原理和基本方法的一门课程，是高等学校自动化类专业的一门核心基础理论课程，也是诸多专业普遍开设的重要课程。学好自动控制原理对掌握自动化技术有着重要的作用。实践证明，该课程不仅对工程技术有指导作用，而且对培养学生的辩证思维能力，建立理论联系实际的科学观点和提高综合分析问题的能力，都具有重要的作用。

西南科技大学的“自动控制理论”课程是省级精品课程、省级精品开放课程和省级资源共享课程，本教材也是四川省“十二五”规划教材。本书是在作者经过长期的教学实践和研究、编写出版过多部同类教材、积累和整合多种资源的基础上，精心加工编撰而成的。书中全面阐述了自动控制的基本概念和基本原理，系统地介绍了自动控制系统分析和综合的基本方法。教材具有以下主要特点：

(1) 这是一部国内首创高融合立体化教材，多种媒体密切配合，形成了一个有机整体。

在纸质主教材主要知识点后简要标注了相应辅助材料在光盘中的代号；如“G305”代表第3章第5个“工程案例”，“[F507]”代表第5章第7个“Flash演示动画”，“[M216]”代表第2章第16个“MATLAB仿真程序段”等。

仿真程序在运行时逐段显示题目、图片、所编程序和运行结果，特别适合于教学。

(2) 资源比较丰富。光盘中提供了34个工程应用实例、90余个MATLAB仿真程序段和近百个Flash演示动画；有包括课程全部内容的大型电子教材：《Matlab·自控理论学习与仿真》(以辅助仿真为主)；另有其他较多资源。

(3) 以最基本的内容为主线，理论严谨而精练，系统性较强，便于读者自学。

(4) 注重基本理论阐述的同时，兼顾工科学生特点，突出工程应用。

(5) 配有较多的精选例题和适量的习题，习题附有参考答案，对学生解题能力训练特别是考研很有帮助。

(6) 作为省级精品课程、省级资源共享课程，教材所附光盘中有丰富的辅助资源(更多内容请登录“四川省精品课程——自动控制理论”网站 http://www.jpkc.swust.edu.cn/c566/)。

本书第1章简述自动控制理论的发展历史，介绍自动控制的基本概念，引出了自动控制系统的常用术语，并介绍控制理论研究的对象和目的。

第2章是控制系统数学描述方法，系统地介绍分析控制系统的微分方程和传递函数模型；介绍了利用结构图等效化简和梅森增益公式确定系统闭环传递函数的方法。

第3章介绍线性系统的时域分析方法，重点讨论了系统的稳定性、快速性、准确性的分析方法。

第4章介绍线性系统的根轨迹分析方法，重点讨论了根轨迹的绘制法则以及利用根轨迹对系统性能进行分析的方法。

第5章频域分析法是工程上重点应用的方法，详细讨论了频率域作图、分析的原理，介绍了频域稳定判据，给出了频域指标的计算及分析方法。

第 6 章介绍线性系统的校正方法，主要有常用校正方案、根轨迹校正法、频率响应校正法以及反馈校正法等。

第 7 章介绍工程实际中常见的非线性特性，讨论了系统分析的描述函数法和相平面法。

第 8 章介绍线性离散系统的数学模型和时域分析法，以及数字控制器的直接设计方法。

本书可作为普通高等学校自动化等电气信息类专业和相关专业的本科生教材，也可作为职业技术教育和继续教育的教材，还可作为研究生和从事自动化技术的人员的参考书。

本书编写分工如下：毕效辉(第 1、2 章)，于春梅(第 3、4 章)，徐苏(第 5、6 章)，梁艳阳(第 7 章)，张春峰(第 8 章主要部分、部分 MATLAB 仿真程序)，杨芳(第 8 章部分、3 个附录、部分 Flash 动画)，乔之勇(第 2、5、6、7 章习题解答)，倪小敏(第 1、3、4、8 章习题解答)。全书由毕效辉统稿。

对部分注释性、拓展性的内容，书中以小字号排印，这些部分不作教学要求。

科学出版社的编辑为本书的出版付出了辛勤的劳动，四川大学黄家英教授对本书的编写给予了支持，研究生王效杰编写调试了部分程序。在此向关心并为本书出版做出贡献的所有人员表示诚挚的谢意！

对书中存在的不妥之处，恳请各位读者批评指正。

编　者

2014 年 5 月

目　录

第1章 绪 论

基本要求

(1) 了解自动控制系统的工作原理、分类和特点。

(2) 掌握负反馈在自动控制系统中的作用。

(3) 掌握自动控制系统的组成和各部分的作用。

(4) 根据工作原理图，确定控制系统的被控对象、控制量和被控制量，正确画出系统的方框图。

(5) 了解对控制系统的要求。

1.1 引 言

近一个世纪以来，科学技术取得了突飞猛进的发展，在这一发展过程中，自动控制始终担负着重要的角色。自动控制作为一种技术手段已经广泛地应用于工业、农业、国防乃至日常生活和社会科学的许多领域。例如，控制车床按照预先编制好的程序加工部件，雷达自动跟踪空中的飞行体，洗衣机、微波炉等家用电器按照预定规律自动运行等，所有这些都离不开自动控制技术。

所谓自动控制，就是在人不直接参与的情况下，利用控制装置使某些被控量(如飞机的飞行速度和仰角、工业加热炉的炉温等)按指定的规律变化。[F101]

自动控制技术的广泛应用，不仅可以改善工作条件，减小劳动强度和提高生产效率，而且在人类征服自然、探知未来、建设高度文明的新社会等方面有着重要的意义。随着经济以及科技、国防事业的发展和人们生活水平的提高，自动控制技术所起的作用越来越重要，自动控制技术本身也将会得到进一步发展。作为一个工程技术人员，了解和掌握自动控制方面的知识是十分必要的。[F102]

1.1.1 控制理论的发展历程

1.1.1.1 经典控制理论阶段

自动控制领域的第一项重大成果，是18世纪詹姆斯·瓦特(James Watt)为控制蒸汽机速度而设计的离心调节器。在控制理论发展初期，做出过重大贡献的众多学者中有迈纳斯基(Minorsky)、黑曾(Hezen)和奈魁斯特(Nyquist)。1922年，迈纳斯基研制出船舶操纵自动控制器，并且证明了如何从描述系统的微分方程中确定系统的稳定性。1932年，奈魁斯特提出了一种相当简便的方法，就是根据对稳态正弦输入的开环响应确定闭环系统的响应性能。1934年，黑曾提出了用于位置控制系统的伺服机构的概念，讨论了可以精确跟踪变化的输入信号的继电式伺服机构。

20世纪40年代，频率响应法为工程技术人员设计满足性能要求的线性闭环控制系统提供了一种可行的方法。20世纪40年代末～50年代初，伊万思(Evans)提出了形象、直观、使用方便的根轨迹法。

频率响应法和根轨迹法是经典控制理论的核心。由这两种方法设计出来的系统是稳定的，并且不同程度地满足一组适当的性能要求。一般来说，这些系统是令人满意的，但它不是某种意义上的最佳系统。从 20 世纪 50 年代末期开始，控制系统设计问题的重点从设计许多可行系统中的一种系统，转变到设计在某种意义上的最佳系统。

维纳(N. Wiener)于 1948 年出版了专著《控制论》，它是经典控制理论的辉煌总结。而且该书的内容覆盖了更广阔的领域，正如该书的副标题“动物和机器中的控制与通信”所揭示的，是一部继往开来的、具有深远影响的名作。1954 年我国学者钱学森出版了专著《工程控制论》，系统地揭示了控制论对自动化、航空、航天、电子通信等工程技术领域的意义和深远影响。这标志着控制论学科分化而产生的第一个分支学科“工程控制论”的诞生。

1.1.1.2　现代控制理论阶段

大约从 1960 年开始，由于数字计算机的出现以及工业、军事特别是空间技术的需求，以时域方法为主的诸多分析设计方法得以迅猛发展，在原有“经典控制理论”的基础上，又形成了所谓的“现代控制理论”，这是人类在自动控制技术认识上的一次飞跃。

为现代控制理论的状态空间法的建立做出开拓性贡献的有，1954 年贝尔曼(R. Bellman)的动态规划理论；1956 年，庞特里雅金(L. S. Pontryagin)的极大值原理；1960 年，卡尔曼(R. E. Kalman)的多变量最优控制和最优滤波理论。

在 20 世纪 50 年代，控制理论的发展主要集中在复平面上及根轨迹的发展。同时，在这一时期，控制的对象从单输入-单输出发展到多输入-多输出，从确定性系统发展到随机系统，由于数字计算机在控制系统中的使用变得普遍起来，这些新控制部件的使用使得控制变得精确、快速。

状态空间方法属于时域方法，其核心是最优化技术。它以状态空间描述(实质上是一阶微分或差分方程组)作为数学模型，利用计算机作为系统建模、分析、设计乃至控制的手段，适应于多变量、非线性、时变系统。它不仅在航天、航空、制导与军事武器控制中有成功的应用，在工业生产过程控制中也得到逐步应用。

1.1.1.3　智能控制理论阶段

近十多年来，把传统控制理论与模糊逻辑、神经网络、遗传算法等人工智能技术相结合，充分利用人类的控制知识对复杂系统进行控制，逐渐形成了智能控制理论的雏形。这种新发展起来的控制技术，是人工智能在控制上的应用。

智能控制的概念和原理主要是针对被控对象、环境、控制目标或任务的复杂性提出来的，它的指导思想是依据人的思维方式和处理问题的技巧，解决目前那些需要人的智能才能解决的复杂的控制问题。被控对象的复杂性体现在：模型的不确定性；高度非线性；分布式的传感器和执行器；动态突变；多时间标度；复杂的信息模式；庞大的数据量以及严格的特性指标等。而环境的复杂性则表现为变化的不确定性和难以辨识。

虽然智能控制体系形成的历史不长，理论还未完全成熟，但其已有的应用成果和理论发展说明了智能控制正成为自动控制的前沿学科之一。

1.1.2　自动控制系统的组成及术语

在各种各样的自动控制系统中，反馈控制是最基本的控制方式之一。一个典型的反馈控制系统总是由控制对象和各种结构不同的元器件组成的。除控制对象外，其他各部分可通称为控制装置。每一部分各司其职，共同完成控制任务。

典型反馈控制系统基本组成可用图 1-1 表示。其中用“⊗”或“○”代表多路信号会合点(也称综合点)，“＋”表示信息相加(图中往往省略)，“－” 表示信息相减。从这种方框图中可明显地看出各环节之间的关系和控制作用的传递过程。

(1) 被控对象(controlled plant)。通常是一个设备、物体或过程(一般称任何被控制的运行状态为过程)，其作用是完成一种特定的操作。它是控制系统所控制和操纵的对象，接受控制量并输出被控量。

(2) 给定环节。给出与期望的输出相对应的系统输入量，是一类产生系统控制指令的装置(或软件界面)。

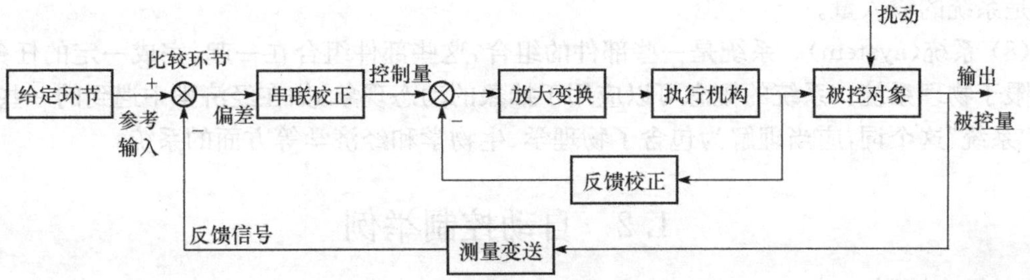

图 1-1　反馈控制系统基本组成

(3) 测量变送环节。它用来检测被控量的实际值。如果输出的物理量属于非电量，大多数情况下要把它转换成电量，以便利用电的手段加以处理。测量变送环节一般也称为反馈环节。

(4) 比较环节。其作用是把测量元件检测到的实际输出值与给定环节给出的输入值进行比较，求出它们之间的偏差。常用的电量比较元件有差动放大器、电桥电路等。在计算机控制系统中通过编程可实现。

(5) 放大变换环节。将比较微弱的偏差信号加以放大，以足够的功率来推动执行机构或被控对象。当然，放大倍数越大，系统的反应越敏感。一般情况下，只要系统稳定，放大倍数应适当大些。

(6) 执行环节。其职能是直接推动被控对象，使其被控量发生变化。常见的执行元件有阀门、伺服电动机等。

(7) 校正环节。为改善系统的动态和静态性能特性而附加的装置，其参数可灵活调整。工程上称为调节器或控制器。常用串联或反馈的方式连接在系统中。简单的校正元件可以是一个 RC 网络，复杂的校正元件可含有电子计算机。

在具体讨论控制系统之前，还应了解一些常用的名词术语。

(1) 被控量(controlled variable)。被控量即系统的输出，是一种被测量和被控制的量值或状态。

(2) 控制量(controlling variable)。控制量也称操纵量，是一种由控制器改变的量值或状态，它将影响被控量的值。通常，被控量是系统的输出量。控制意味着对系统的被控量的值进行测量，并且使控制量作用于系统，以修正或限制测量值对期望值的偏离。

(3) 参考输入(reference input)。是人为给定的，使系统具有预定性能或预定输出的激发信号，它代表输出的希望值。故又称为给定输入、给定值、期望输出等。

(4) 反馈(feedback)。将系统(或环节)的输出量经变换、处理送到系统(或环节)的输入端，称为反馈。若此变量是从系统输出端取出送入系统输入端，这种反馈称为主反馈；而其他称为局部反馈。

(5) 偏差(deviation)。给定输入量与主反馈量之差。

(6) 误差(error)。是指系统输出量的实际值与希望值之差。系统希望值是理想化系统的输出，实际上很难达到，因而用与控制输入量有一定比例关系的信号来表示。在单位反馈情况下，希望值就是系统的输入量，误差量就等于偏差量。

(7) 扰动(disturbance)。扰动是一种对系统的输出量产生不利影响的信号。如果扰动产生在系统的内部，称为内部扰动；反之，当扰动产生在系统的外部时，则称为外部扰动。外部扰动也是系统的输入量。

(8) 系统(system)。系统是一些部件的组合，这些部件组合在一起，完成一定的任务。系统不限于物理系统。系统的概念可以应用于抽象的动态现象，如在经济学中遇到的一些现象。因此"系统"这个词，应当理解为包含了物理学、生物学和经济学等方面的系统。

1.2 自动控制举例

1.2.1 温度控制

以电炉恒温箱的温度控制为例。恒温控制的任务是，在扰动因素作用(如打开箱门取放物品，电源电压的波动以及环境温度的变化等)下保持箱内温度恒定，以满足生产工艺对温度的要求。

图 1-2(a)所示的是电炉恒温箱的手动控制系统。手动控制的方法：通过眼睛观察温度计所显示温度与希望温度的偏差，人工调节活动触点的位置，改变加在加热电阻丝两端的电压，从而调节电阻丝电流的大小以达到恒温控制的目的。控制系统的方框图可简便地用图 1-2(b)来表示。[F103]

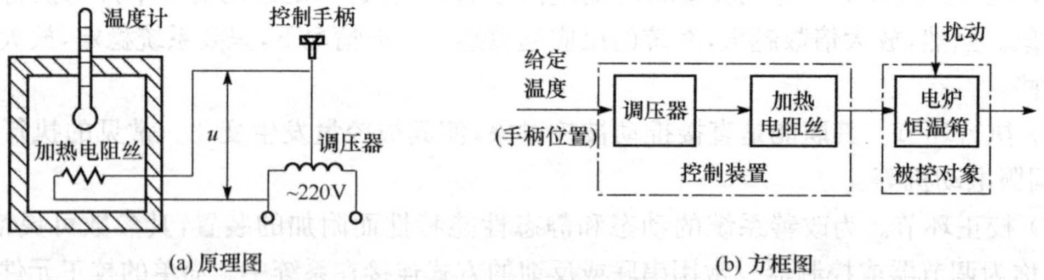

图 1-2 电炉恒温箱手动控制系统

图 1-3(a)所示的是电炉恒温箱的自动控制系统。自动控制的过程：用热电偶对炉温(被控量)进行检测并转换成对应的电压，反馈送至输入端与给定温度进行比较(相减)得到偏差电压；经放大器放大后驱动电动机运转，再经减速器调节调压器活动触点的位置，从而改变加在加热电阻丝两端的电压，以达到恒温控制的目的。自动控制系统的方框图可用图 1-3(b)来表示。[F104]

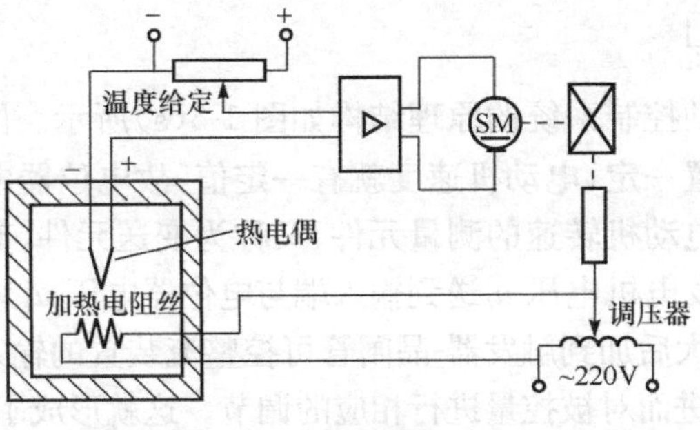

(a) 原理图

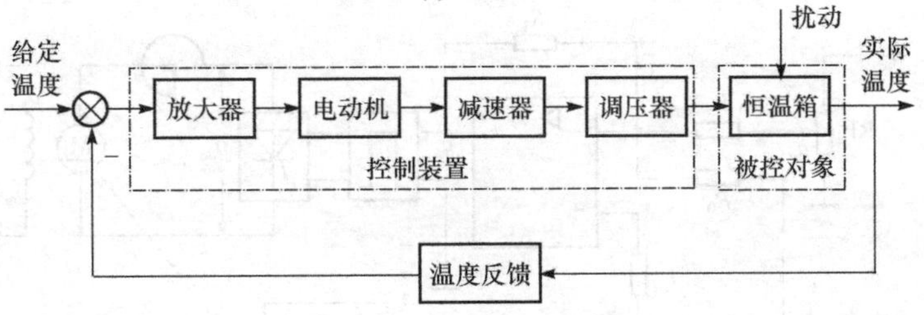

(b) 方框图

图 1-3　电炉恒温箱自动控制系统

1.2.2　液位控制［F105］

图 1-4(a)所示的是一个水箱液位自动控制系统。因生产和生活的需要，希望液面高度 h 维持恒定(或在允许的偏差范围以内)。当水的流入量与流出量平衡时，水箱的液面高度维持在预定(希望)的高度上。

当水的流出量或流入量发生变化时，平衡就会被破坏，液面的高度不能自然地维持恒定。而且这种出水量与进水量的不平衡现象是必然要经常发生的(例如，进水压力的下降或用水量的增加)。这便使得这种“水位恒定的要求”变得难以实现。

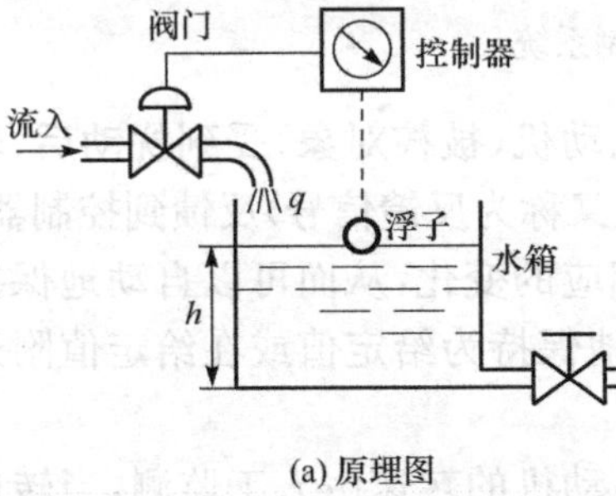

(a) 原理图

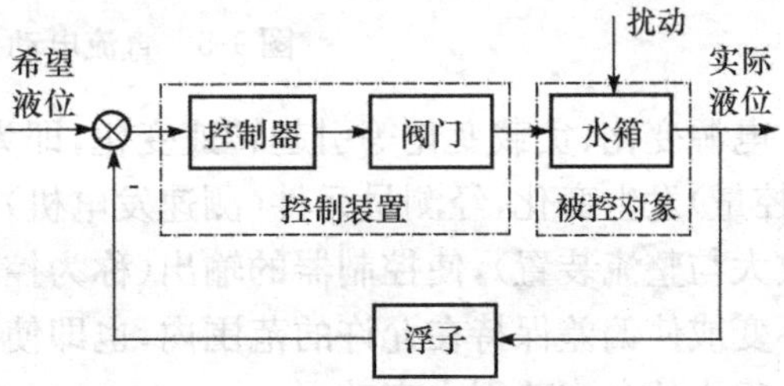

(b) 方框图

图 1-4　液位自动控制

对液面进行自动控制时，液面的希望高度由自动控制器刻度盘上的指针标定。当出水与进水的平衡被破坏时，水箱水位下降(或上升)，出现偏差。这偏差由浮子标测出来，自动控制器在偏差的作用下，控制阀门使其开大(或关小)，对偏差进行修正，从而保持液面高度不变。控制系统的方框图如图 1-4(b)所示。

1.2.3 速度控制［F106］

直流电动机速度自动控制系统的原理结构如图 1-5(a)所示。图中，电位器电压 u_g 为输入信号。电位器动点的位置一定，电动机速度就有一定值，故电位器电压的变化称为参考输入或给定值。测速发电机是电动机转速的测量元件，又称为变送元件(变送器)。图 1-5(a)中，代表电动机转速变化的测速发电机电压 u_t 送到输入端与电位器电压 u_g 进行比较，两者的差值 u_e(又称偏差信号)经放大器放大后加到触发器-晶闸管可控整流装置的输入端，整流装置的输出 u_{do} 控制电动机的转速和方向，进而对被控量进行相应的调节。这就形成了电动机转速自动控制系统。

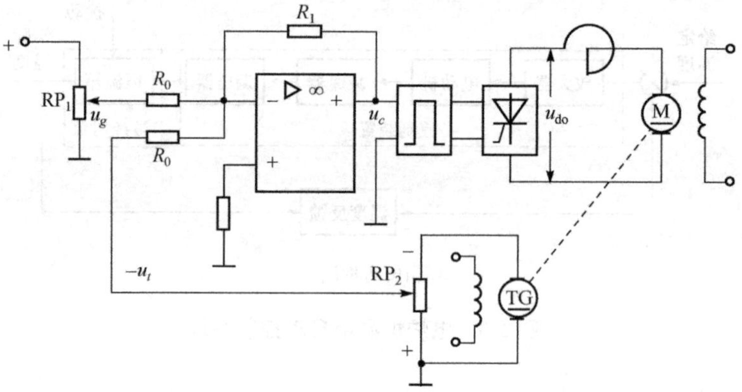

(a) 原理图

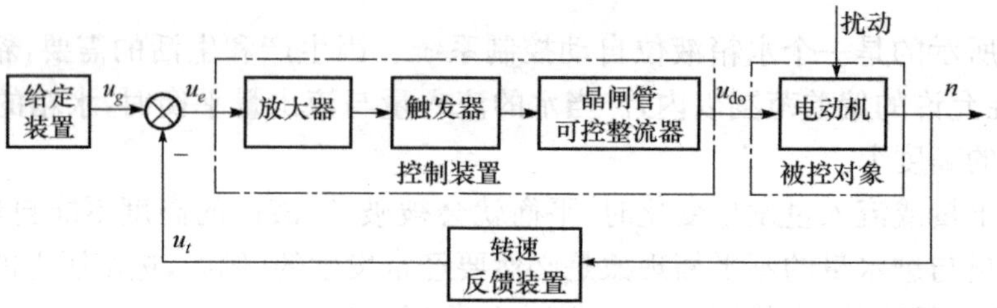

(b) 方框图

图 1-5　直流电动机速度自动控制系统

电源变化、负载变化等引起转速变化，即为扰动。当电动机(被控对象)受到扰动后，转速(被控量)发生变化，经测量元件(测速发电机)将转速信号(又称为反馈信号)反馈到控制器(功率放大与整流装置)，使控制器的输出(称为控制量)发生相应的变化，从而可以自动地保持转速不变或使偏差保持在允许的范围内，也即使被控量自动地保持为给定值或在给定值附近的一个很小的允许范围内变动。

如果在图 1-5(a)中，取消测速发电机及其反馈回路，电动机的转速由人工监测，当转速偏离给定值时，由人工去改变电位器的动点，改变放大器的输出，从而改变电动机的电枢电压，改变电动机的转速，使之恢复到转速的定值。这样，电动机的转速控制就成人工控制系统。

图 1-5(b)是该控制系统的方框图。

1.2.4 随动控制［F107］

前面所介绍的控制系统的特点是，给定信号一经整定好后就保持恒值，具有这一特点的系统在实际中不乏其例，通常称这类系统为恒值调节系统。而随动系统是工程上应用领域非常广泛的另一类闭环控制系统，如工业自动化仪表中的显示记录仪、雷达高射炮炮身位置随动系统、火炮群跟踪雷达天线控制系统、轮船上的自动操舵装置[该装置(或系统)可使装在船体尾部的舵叶的偏转角跟踪位于驾驶室的操舵手轮的偏转角]、数控机床的加工轨迹控制和仿型机床的跟踪控制以及轧钢机压下装置的控制等均属于这类系统。

随动系统与上述恒值系统一样都是根据反馈控制原理工作的，主要不同在于：随动系统的输入信号不是恒值而是随机变化的，系统的主要任务是使输出量紧紧跟踪输入量的变化，故随动系统又称为跟踪系统，在机电系统中往往称随动系统为伺服系统。下面以图 1-6 所示的天线方位角位置随动系统为例，具体说明随动系统的特点。

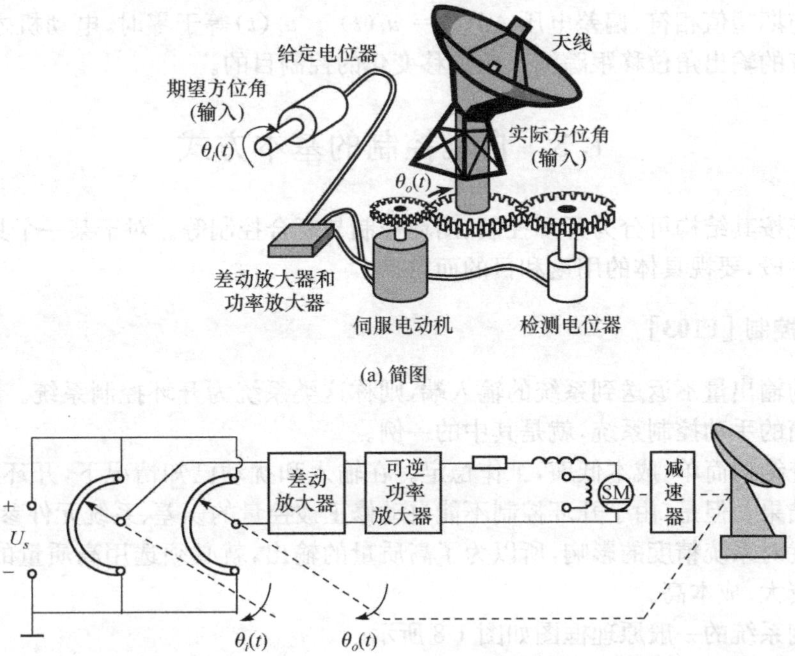

(a) 简图

(b) 原理图

图 1-6　天线方位角位置随动系统

天线方位角位置控制系统是典型的位置随动系统，它可以用于火炮群跟踪雷达天线或探索外星生命的射电望远镜天线的定位控制(即瞄准目标的控制)上，系统的简图如图 1-6(a)所示，相应的系统原理图如图 1-6(b)所示。系统的任务是使输出的天线方位角 $\theta_o(t)$跟踪输入的指令方位角 $\theta_i(t)$。天线为系统的受控对象，它是由伺服电动机 SM 通过减速器来驱动的，其中减速器是使高速旋转的电动机与要求大力矩低转速天线之间匹配用的，故伺服电动机和减速器一起为系统的执行机构。输入的角位移 $\theta_i(t)$经给定电位器 RP1 转换为参考输入(电压)信号 $u_i(t)$，类似地，输出的角位移 $\theta_o(t)$经检测电位器 RP2 转换为反馈(电压)信号 $u_f(t)$，故电位器 RP1 为给定装置、RP2 为检测元件。参考输入信号与反馈信号作用在差动放大器的输入端经比较(即对两信号 $u_i(t)$和 $u_f(t)$进行相减)和差动放大器与功率放大器放大后施加在电动机的两端使其运转，从而驱动天线转动。于是可给出该系统的方框图如图 1-7 所示。

由图 1-7 可见，如果天线方位角的实际值 $\theta_o(t)$与期望值 $\theta_i(t)$不相符，则将产生偏差电压 $\Delta u(t)= u_i(t)-u_o(t)$使电动机工作，从而驱动天线转动。转动的方向取决于偏差电压的极性；若 $\Delta u>0$，则电动机正转，驱动天线逆时针方向转动，使输出的角位移 $\theta_o(t)$增大；若 $\Delta u<$

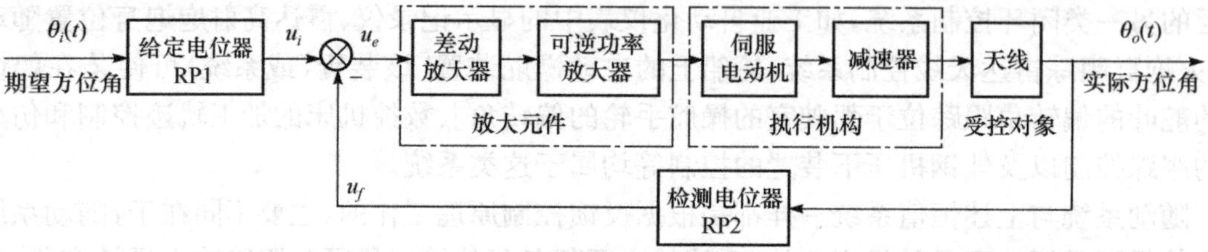

图 1-7 天线方位角位置随动系统方框图

0,则电动机反转,于是天线顺时针方向转动使 $\theta_o(t)$减少。而角位移变化的快慢则取决于偏差电压绝对值的大小,$|\Delta u(t)|$越大,电动机转动越快,天线角位移的变化就越快。当天线方位角的实际值与期望值相符,偏差电压 $\Delta u(t)=u_i(t)-u_o(t)$等于零时,电动机才停止运转,从而实现了系统的输出角位移跟踪输入角位移变化的控制目的。

1.3 自动控制的基本方式

控制系统按其结构可分为开环控制、闭环控制与复合控制等。对于某一个具体的系统,采取什么控制手段,要视具体的用途和目的而定。

1.3.1 开环控制[F103]

若系统的输出量不返送到系统的输入端,则称这类系统为开环控制系统。图 1-2(a)所示的电炉恒温箱的手动控制系统,就是其中的一例。

开环系统结构简单,成本低廉,工作稳定。在输入和扰动已知情况下,开环控制仍可取得比较满意的结果。但是,由于开环控制不能自动修正被控量的误差、系统元件参数的变化以及外来未知干扰对系统精度的影响,所以为了高质量的输出,就必须选用高质量的元件,其结果必然导致投资大、成本高。

开环控制系统的一般原理框图如图 1-8 所示。

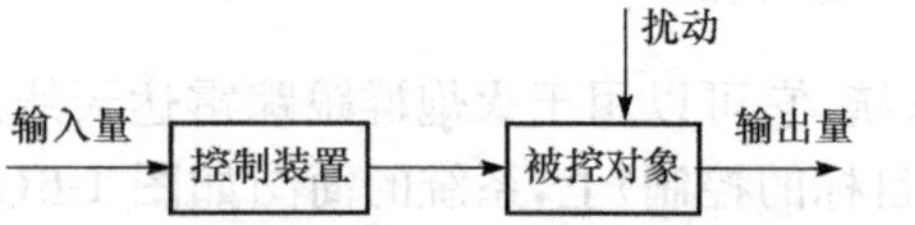

图 1-8 开环控制系统原理框图

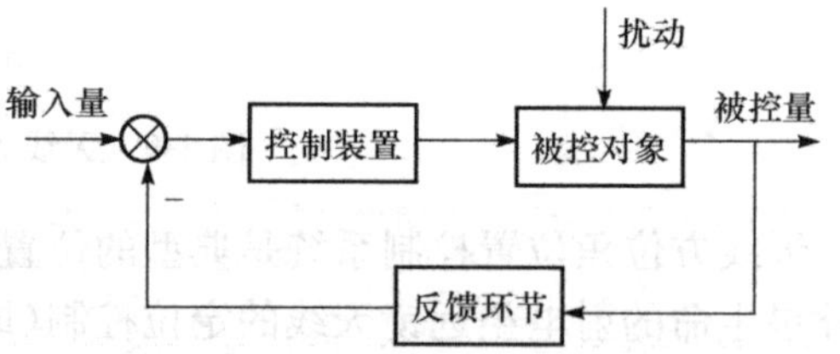

图 1-9 闭环控制系统原理框图

1.3.2 闭环控制[F108]

在控制系统中,控制装置对被控对象所施加的控制作用,若能取自被控量的反馈信息,即根据实际输出来修正控制作用,实现对被控对象进行控制的任务,这种控制原理被称为反馈控制原理。正是由于引入了反馈信息,输出对输入的响应被反送到输入端,并影响控制作用,使整个控制过程成为闭合的。因此,按反馈原理建立起来的控制系统,称为闭环控制系统。在闭环控制系统中,其控制作用的基础是被控量与给定值之间的偏差。这个偏差是各种实际扰动所导致的总"后果",它并不区分其中的个别原因。因此,这种系统往往同时能够抵制多种扰动,而且对系统自身元部件参数的波动也不甚敏感。

闭环控制系统的原理框图如图 1-9 所示。

闭环控制系统由于有“反馈”作用的存在，具有自动修正被控量出现偏差的能力，可以修正元件参数变化以及外界扰动引起的误差，所以其控制效果好，精度高。其实，只有按负反馈原理组成的闭环控制系统才能真正实现自动控制的任务。

闭环控制系统也有不足之处。除了结构复杂、成本较高外，一个主要的问题是由于反馈的存在控制系统可能出现“振荡”，严重时，会使系统失去稳定而无法工作。在自动控制系统的研究中，一个很重要的问题是如何解决好“振荡”或“发散”的问题。[F109]

1.3.3 复合控制［F110］

复合控制是闭环控制和开环控制相结合的一种方式。实质上是在闭环控制回路的基础上，附加一个输入信号（给定或扰动）的顺馈通路，对该信号带来的干扰进行补偿，以达到精确的控制效果。常见的方式有以下两种。

(1) 按输入信号补偿。

图 1-10 给出了该种复合控制方框图。通常，附加的补偿装置可提供一个顺馈控制信号，与原输入信号一起对被控对象进行控制，以提高系统的跟踪能力。这是一种对控制能力的加强作用，往往提供的是输入信号的微分作用，起到超前控制。

(2) 按扰动信号补偿。

图 1-11 给出了该种复合控制方框图。附加的补偿装置所提供的控制作用，主要对扰动影响起到“防患于未然”的效果。故应按照不变性原理来设计，即保证系统输出与作用在系统上的扰动完全无关，这一点与前一种补偿作用截然不同。

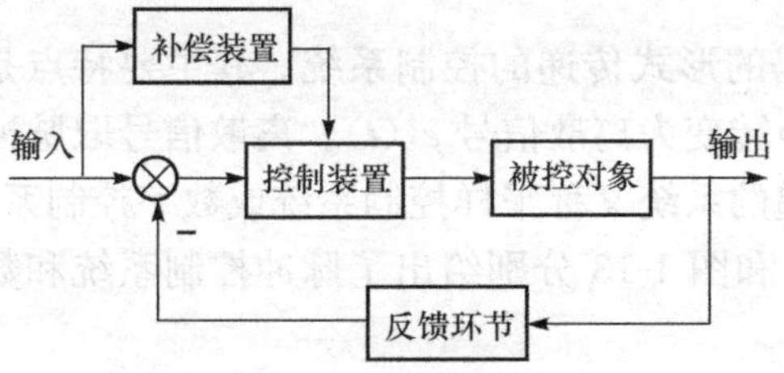

图 1-10　按输入信号补偿

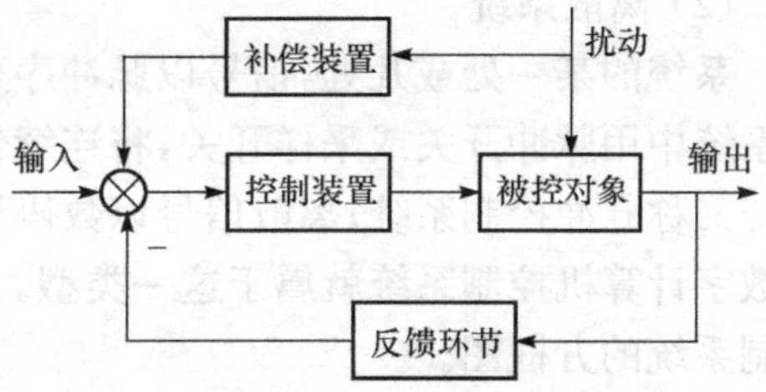

图 1-11　按扰动信号补偿

增加扰动信号的补偿控制作用，可以在干扰对被控量产生不利影响的同时及时提供控制作用以抵消此不利影响。纯闭环控制则要等待该不利影响反映到被控量之后才引起控制作用，对干扰的反应较慢；但如果没有反馈信号回路，只按干扰进行补偿控制时，则只有顺馈控制作用，控制方式相当于开环控制，被控量又不能得到精确控制。两者的结合既能得到高精度控制，又能提高抗干扰能力，因此获得广泛的应用。当然，采用这种复合控制的前提是干扰信号可以测量。

1.4 控制系统的分类［F111］

1.4.1 按系统输入信号的变化规律不同来分

(1) 恒值控制系统（或称自动调节系统）。

这类系统的特点是输入信号是一个恒定的数值。工业生产中的恒温、恒压、恒速等自动控制系统就属于这一类型。1.2 节所举的前三个例子都属于恒值控制系统。

恒值控制系统主要研究各种干扰对系统输出的影响以及如何克服这些干扰，把输入、输出量尽量保持在希望数值上。

(2) 程序控制系统。

这类控制系统的参考输入量是按预定规律随时间变化的函数，要求被控制量迅速、准确地复现。机械加工使用的数字程序控制机床、家用洗衣机等便是其例。

程序控制系统和随动系统的参考输入量都是时间的函数，不同之处在于程序控制系统是已知的时间函数，随动系统是未知的任意的时间函数，而恒值控制系统可视为程序控制系统的特例。

(3) 随动控制系统（或称伺服系统）。

这类系统的参考输入量是预先未知的随时间任意变化的函数，要求被控制量以尽可能小的误差跟随参考输入量的变化。在随动系统中，扰动的影响是次要的，系统分析、设计的重点是研究被控制量跟随的快速性和准确性。1.2.4 小节所举的例子就是属于随动控制系统。

在随动系统中，如果被控制量是机械位置（角位置）或其导数时，这类系统称为伺服系统。

1.4.2 按系统传输信号的性质来分

(1) 连续系统。

系统各部分的信号都是模拟的连续函数。目前工业中普遍采用的常规控制仪表 PID 控制的系统及 1.2 节所举的几个例子就属于这一类型。

(2) 离散系统。

系统的某一处或几处，信号以脉冲序列或数码的形式传递的控制系统。其主要特点是控制系统中用脉冲开关或采样开关，将连续信号 $e(t)$ 转变为离散信号 $e^*(t)$。离散信号取脉冲的系统又称脉冲控制系统；离散信号以数码形式传递的系统又称采样控制系统或数字控制系统，如数字计算机控制系统就属于这一类型。图 1-12 和图 1-13 分别给出了脉冲控制系统和数字控制系统的方框图。

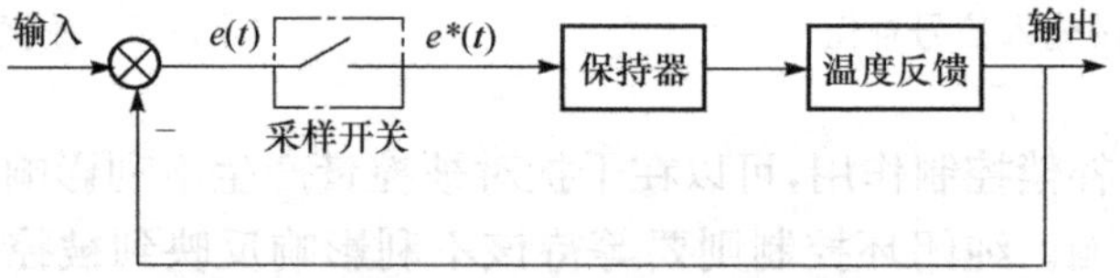

图 1-12　脉冲控制系统方框图

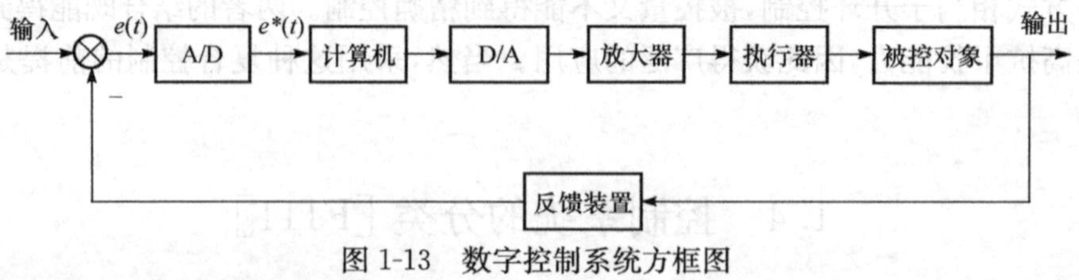

图 1-13　数字控制系统方框图

1.4.3 按描述系统的数学模型不同来分［F112］

(1) 线性系统。

组成系统的元件的特性均为线性的，可用一个或一组线性微分方程来描述系统输入和输

出之间的关系。其运动方程一般形式为

$$a_0c^{(n)}+a_1c^{(n-1)}+\cdots+a_{n-1}\dot{c}+a_nc=b_0r^{(m)}+b_1r^{(m-1)}+\cdots+b_{m-1}\dot{r}+b_mr \tag{1-1}$$

式中，$r(t)$为系统的输入量；$c(t)$为系统的输出量。

线性系统的主要特征是具有齐次性和叠加性，即当系统的输入分别为 $r_1(t)$和 $r_2(t)$时，对应的输出分别为 $c_1(t)$和 $c_2(t)$，当输入量为 $r(t)=a_1r_1(t)+a_2r_2(t)$时，对应的输出量为 $c(t)=a_1c_1(t)+a_2c_2(t)$，其中 a_1和 a_2为常系数。

(2) 非线性系统。

在构成系统的环节中有一个或一个以上的非线性环节时，则称此系统为非线性系统。典型的非线性特性有饱和特性、死区特性、间隙特性、继电特性、磁滞特性等，如图 1-14 所示。

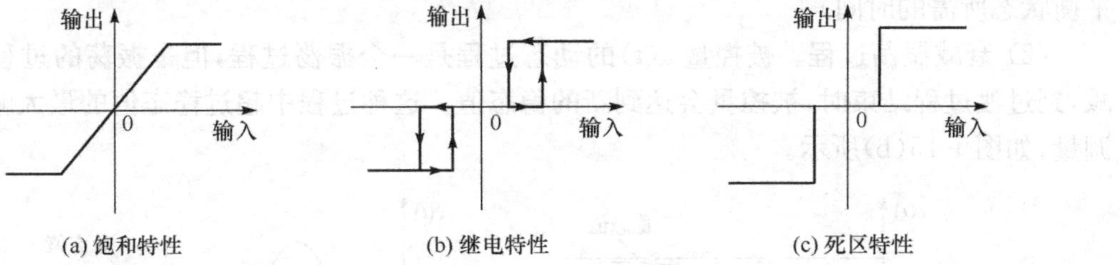

图 1-14　非线性元件静特性举例

非线性的理论研究远不如线性系统那么完整，一般只能近似地定性描述和数值计算。

在自然界中，严格来说，任何系统的物理特性都是非线性的。但是，为了方便研究问题，许多系统在一定的条件下、一定的范围内，可以近似看成线性系统来加以分析研究，其误差往往在工业生产允许的范围内。

1.4.4　其他分类方法

自动控制系统还有其他的分类方法。例如，按系统的输入/输出信号的数量来分，有单输入-单输出系统和多输入-多输出系统；按控制系统的功能来分，有温度控制系统、速度控制系统、位置控制系统等；按元件组成来分，有机电系统、液压系统、生物系统；按不同的控制理论分支设计的新型控制系统来分，有最优控制系统、自适应控制系统、预测控制系统、模糊控制系统、神经网络控制系统等。然而，不管什么形式、什么控制方式的系统，都希望它能做到可靠、迅速、准确，这就是后续章节要详细分析的系统的稳定性、动态响应和稳态特性等。一个系统的性能将用特定的品质指标来衡量其优劣。

1.5　对控制系统的基本要求

控制系统都是动态系统。系统中含有储能(或储存信息)的元件，在外界输入信号作用下的系统响应是一动力学变化的过程，呈现出“惯性”的特点。因此当输入量发生变化时系统的输出量从原稳态值变化到新的稳态值需经历一定的时间，这一时间称为过渡过程时间。

自动控制系统受到各种干扰(扰动)或者人为要求给定值(参考输入)发生改变时，被控量就会发生变化，偏离给定值。通过系统的自动控制作用，经过一定的过渡过程，被控量又恢复到原来的稳定值或者稳定到一个新的给定值。这时系统从原来的平衡状态过渡到一个新的平衡状态，把被控量在变化过程中的过渡过程称为动态过程(即随时间而变化的过程)，而把被控

量处于平衡状态称为静态或稳态。[F113]

自动控制系统最基本的要求是系统必须使被控量的稳态误差(偏差)为零或在允许的范围内(具体误差多大,要根据具体的生产过程的要求来确定)。对于一个好的自动控制系统来说,要求稳态误差越小越好,最好稳态误差为零。一般要求稳态误差在被控量给定值的 2%~5%。

自动控制系统除了要求满足稳态性能之外,还应满足动态过程的性能要求。暂态过程的基本特性取决于系统的结构和参数,其基本形态有下列几种。[F114]

(1) 单调过程。被控量 $c(t)$单调变化(始终不会超过给定值),缓慢地达到新的平衡状态(新的稳态值),如图 1-15(a)所示。一般这种动态过程具有较长的动态过程时间(即到达新的平衡状态所需的时间)。

(2) 衰减振荡过程。被控量 $c(t)$的动态过程是一个振荡过程,但是振荡的过程不断地衰减,到过渡过程结束时,被控量会达到新的稳态值。这种过程中超过稳态值的最大幅度称为超调量,如图 1-15(b)所示。

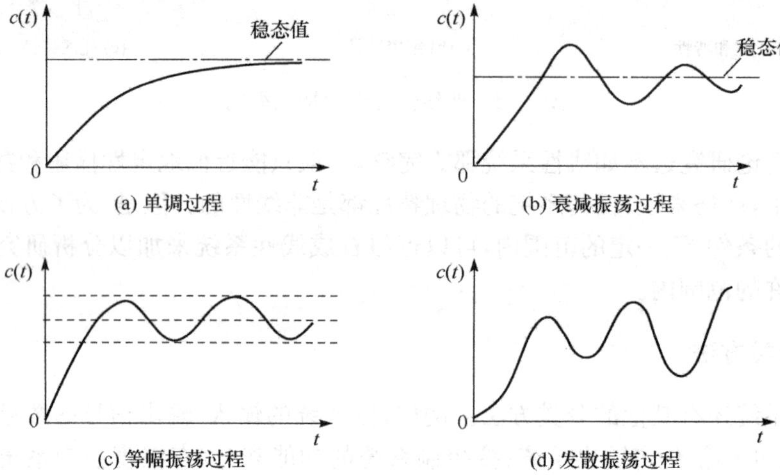

图 1-15　被控量变化的动态特性

(3) 等幅振荡过程。被控量 $c(t)$的动态过程是一个持续等幅振荡过程,始终不能达到新的稳态值,如图 1-15(c)所示。这种过程如果振荡的幅度较大,生产过程不允许,则认为是一种不稳定的系统。

(4) 发散振荡过程。被控量 $c(t)$的动态过程不但是一个振荡过程,而且振荡的幅值越来越大,以致会大大超过被控量允许的误差范围,如图 1-15(d)所示。这是一种典型的不稳定过程,设计自动控制系统要绝对避免产生这种情况。

一般来说,自动控制系统如果设计合理,其动态过程多属于图 1-15(b)的情况。为了满足要求,希望控制系统的动态过程不仅是稳定的,并且希望过渡过程时间(又称调节时间)越短越好,振荡幅度越小越好,衰减越快越好。

关于稳态性能和动态性能的性能指标,将在第 3 章详细讨论。

综上所述,对于一个自动控制的性能要求可以概括为三个方面:稳定性、快速性和准确性。

(1) 稳定性(稳)。一个自动控制系统最基本的要求是系统必须是稳定的,不稳定的控制系统是不能工作的。

(2) 快速性(快)。在系统稳定的前提下,希望控制过程(过渡过程)进行得越快越好。但稳定性和快速性往往是矛盾的,如果要求过渡过程时间很短,可能使动态误差(偏差)过大。设计时应兼顾这两方面的要求。

(3) 准确性(准)。即要求动态误差(偏差)和稳态误差(偏差)都越小越好。当与快速性有矛盾时,应兼顾这两方面的要求。

1.6 例题精解

例 1-1 图 1-16 为液位控制系统的示意图,试说明系统的工作原理并画出其方框图。

说明 液位控制系统是一典型的过程控制系统。控制系统的任务是在各种扰动的影响下,保持液面高度在期望的位置上不变,故它属于恒值调节系统。现以水位控制系统为例分析如下。

解 由图 1-16 可见,被控量为水位高度 h(而不是用水流量 Q_2 或进水流量 Q_1);受控对象为水箱;使水位发生变化的主要因素是用水流量 Q_2,故它为系统的负载扰动量;而进水流量 Q_1 用以补偿用水流量的改变,使水箱的水位保持在期望位置上;控制进水流量的是由电动机驱动的阀门 V_1,故电动机-减速器-阀门 V_1 一起构成系统的执行机构;而电动机的供电电压 u_d 取决于电位器动触点与接零点之间的电位差,若记接零点与电位参考点之间的电压为 u_g,则它便是系统的给定信号,记动触点与电位参考点之间的电压为 u_f 而 $u_d = u_g - u_f$,故 u_f 为负反馈信号。于是可绘制系统的方框图如图 1-17 所示。

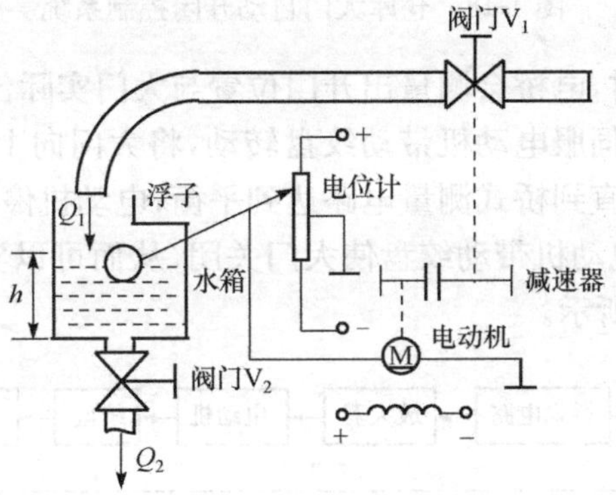

图 1-16 液位控制系统示意图

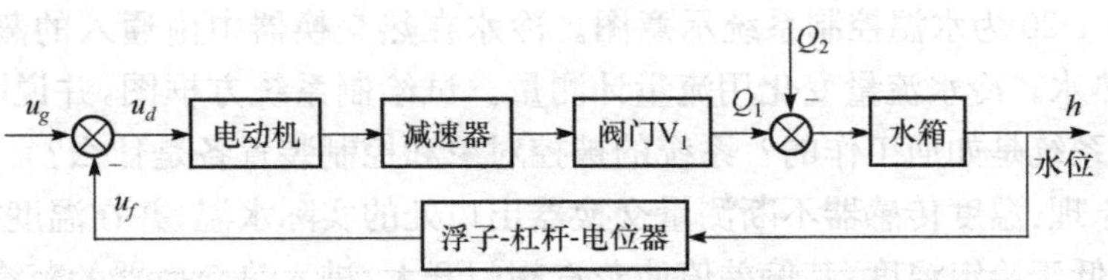

图 1-17 液位控制系统方框图

系统的调节过程如下:调整系统和进水阀门 V_1 的开度使系统处于平衡状态,这时进水流量 Q_1 和额定的用水流量 Q_2 保持动态平衡,液面的高度恰好在期望的位置上,而与浮子杠杆相连接的电位器动触点正好在电位器中点(即接零点)上,从而 $u_d = 0$ 电动机静止不动;当用水流量发生变化时，如用水量增大使得液面下降，于是浮子也跟着下降，通过杠杆作用带动电位器的动触点往上移，从而给电动机电枢提供一定的电压，设其极性为正（即 $u_d>0$），于是电动机正转通过减速器驱动阀门 V_1 增大其开度，增加进入水箱的流量 Q_1，直至水箱的液位恢复至期望的位置上，相应的浮子杠杆带动的电位器动触头也恢复至中点上，从而 $u_d=0$ 电动机停止不动为止；当用水量减少使得液面升高时其调节过程与上述类似，所不同的只是调节的方向，由于 u_d 的极性改变（即 $u_d<0$）从而电动机反转，阀门 V_1 的开度减少，使水箱的液位下降，直至重新处于平衡状态为止。图中浮子-杠杆-电位器一起构成水位的检测、控制与反馈环节。

例 1-2 图 1-18 是仓库大门自动开闭控制系统原理示意图。试说明系统自动控制大门开闭的工作原理，并画出系统方框图。

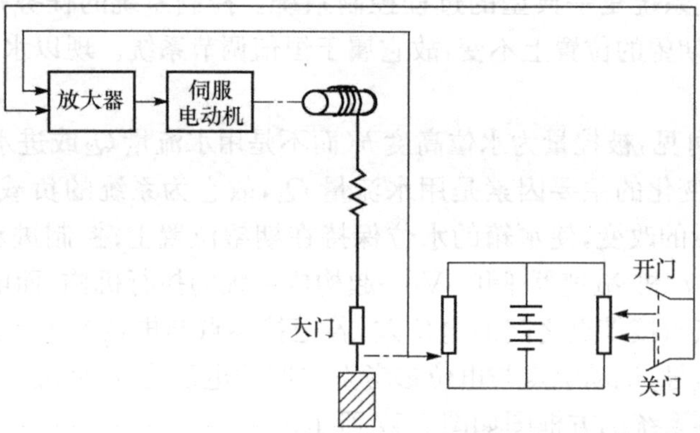

图 1-18 仓库大门自动开闭控制系统

解 当合上开门开关时，电桥会测量出开门位置与大门实际位置间对应的偏差电压，偏差电压经放大器放大后，驱动伺服电动机带动绞盘转动，将大门向上提起。与此同时，和大门连在一起的电刷也向上移动，直到桥式测量电路达到平衡，电动机停止转动，大门达到开启位置。反之，当合上关门开关时，电动机带动绞盘使大门关闭，从而可以实现大门远距离开闭自动控制。系统方框图如图 1-19 所示。

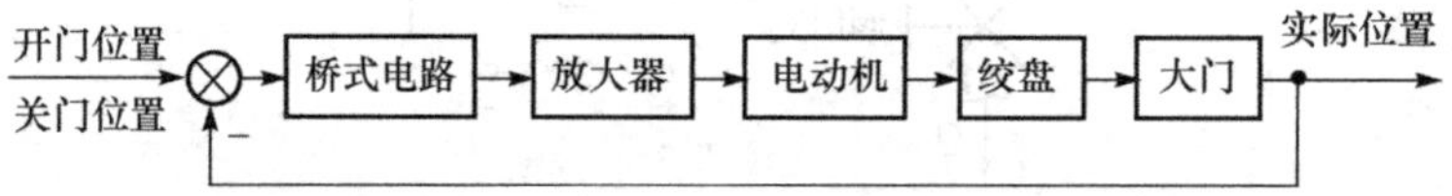

图 1-19 仓库大门控制系统方框图

例 1-3 图 1-20 为水温控制系统示意图。冷水在热交换器中由通入的蒸汽加热，从而得到一定温度的热水。冷水流量变化用流量计测量。试绘制系统方框图，并说明为了保持热水温度为期望值，系统是如何工作的？系统的被控对象和控制装置各是什么？

解 工作原理：温度传感器不断测量交换器出口处的实际水温，并在温度控制器中与给定温度相比较，若低于给定温度，其偏差值使蒸汽阀门开大，进入热交换器的蒸汽量加大，热水温度升高，直至偏差为零。如果由于某种原因，冷水流量加大，则流量值由流量计测得，通过温度控制器，开大阀门，使蒸汽量增加，提前进行控制，实现按冷水流量进行顺馈补偿，保证热交换器出口的水温不发生大的波动。

其中，热交换器是被控对象，实际热水温度为被控量，给定量（希望温度）在控制器中设定；冷水流量是干扰量。

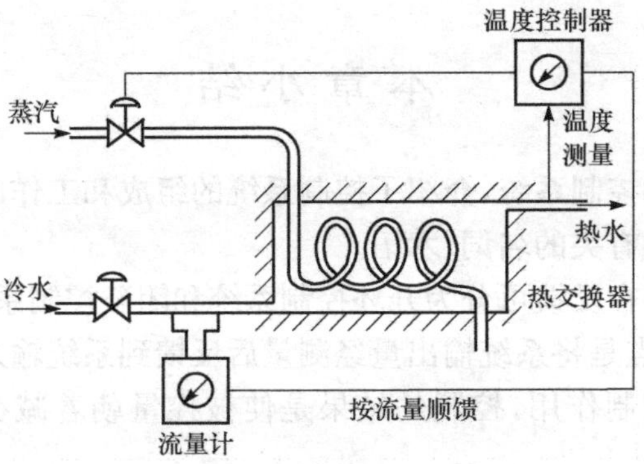

图 1-20　水温控制系统示意图

系统方框图如图 1-21 所示。这是一个按干扰补偿的复合控制系统。

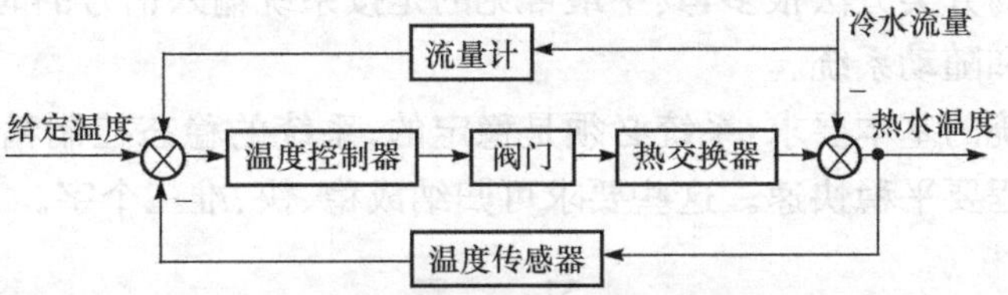

图 1-21　水温控制系统方框图

例 1-4　下列方程中，$r(t)$、$c(t)$分别表示系统的输入和输出，判断各方程所描述的系统的类型(线性或非线性、定常或时变、动态或静态)。

① $2t\ddot{c}(t)+5\dot{c}(t)+e^{-t}c(t)=r(t)$

② $c(t)=r^2(t)+\sqrt{t}\,\ddot{r}(t)$

③ $\dddot{c}(t)+3\dot{c}(t)+6c(t)+10=r(t)$

④ $c(t)=e^{-r(t)}$

⑤ $\ddot{c}(t)+3\dot{c}(t)c^2(t)+2c(t)\dot{r}(t)-r^2(t)=0$

⑥ $c(t)=\begin{cases}0, & t<2\\ 2r(t), & t\geqslant 2\end{cases}$

解　① 线性时变动态系统。② 非线性时变动态系统。③ 线性定常动态系统。④ 非线性定常静态系统。⑤ 非线性定常动态系统。⑥ 非线性定常静态系统，也是分段线性定常静态系统。

【评注】 线性定常系统是经典控制理论研究的主要内容，描述线性定常系统的微分方程是线性常系数的微分方程。线性系统的本质特征是满足叠加原理。如例 1-4 ③中的系统，方程中含有常数项的输入，表面上不满足叠加原理，实际上，令 $\bar{r}(t)=r(t)-10$ 作为新的系统输入，则满足叠加原理；即使不进行输入的变换，该系统也满足输入和初值的叠加原理。因此，该系统本质上满足叠加原理，属于线性系统的范畴。

更多例题见光盘。

1.7　工程应用实例

工程应用实例详见光盘。

G101 函数记录仪；　　　　G102 转盘速度控制；

G103 飞机自动驾驶仪系统；　　G104 锅炉液位控制系统。

本章小结

本章通过具体的自动控制系统，介绍了控制系统的组成和工作原理，从而使读者熟悉和了解自动控制的基本概念和有关的名词、术语。

控制系统按其是否存在反馈可分为开环控制系统和闭环控制系统。闭环控制系统又称为反馈控制系统，其主要特点是将系统输出量经测量后反馈到系统输入端，与输入信号进行比较得到偏差，由偏差产生控制作用，控制的结果是使被控量朝着减少偏差或消除偏差的方向运动。

在分析系统的工作原理时，应注意控制装置各组成部分的功能，以及在系统中如何完成其相应的工作，并能用方框图对系统进行分析。

自动控制系统的分类方法很多，其中最常见的是按系统输入信号的时间特性进行分类，可分为恒值控制系统和随动系统。

对自动控制系统的基本要求：系统必须是稳定的；系统的稳态控制精度要高（稳态误差要小）；系统的响应过程要平稳快速。这些要求可归纳成稳、快、准三个字。

习　题

1-1　试举几个开环控制系统与闭环控制系统的例子，画出它们的框图，并说明它们的工作原理。

1-2　根据题 1-2 图所示的电动机速度控制系统工作原理图，(1) 将 a,b 与 c,d 用线连接成负反馈状态；(2) 画出系统方框图。

1-3　题 1-3 图为某热处理炉温度控制系统的原理图。试根据反馈控制原理确定给定信号 u_g 与反馈信号 u_f 的连接极性，指出系统的受控对象、被控量、测量元件以及扰动信号，并绘出系统的方框图。

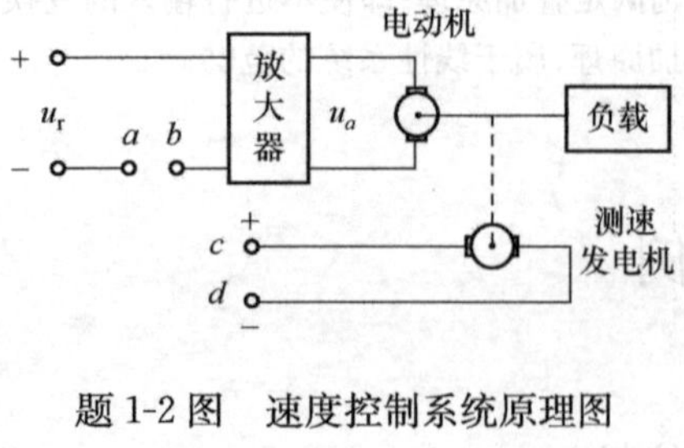

题 1-2 图　速度控制系统原理图

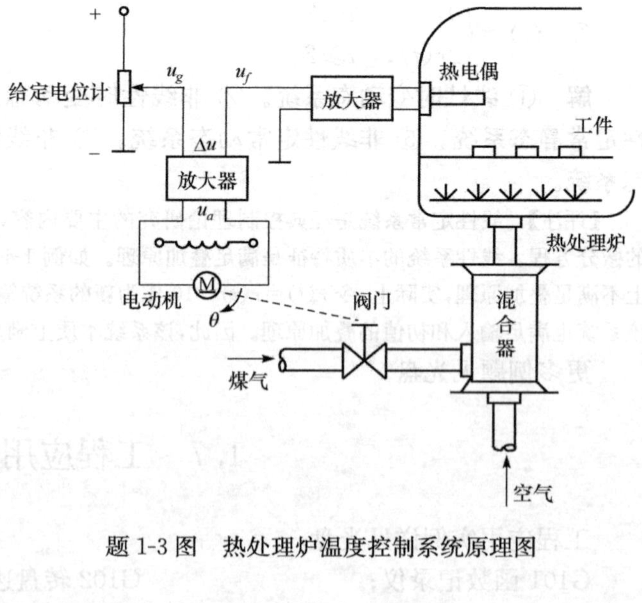

题 1-3 图　热处理炉温度控制系统原理图

1-4　题 1-4 图为谷物湿度控制系统示意图。在谷物磨粉的生产过程中，有一个出粉最多的湿度,因此磨粉之前要给谷物加水以得到给定的湿度。图中,谷物用传送装置按一定流量通过加水点,加水量由自动阀门控制。加水过程中,谷物流量、加水前谷物湿度以及水压都是对谷物湿度控制的扰动作用。为了提高控制精度,系统中采用了谷物湿度的顺馈控制,试画出系统方框图。

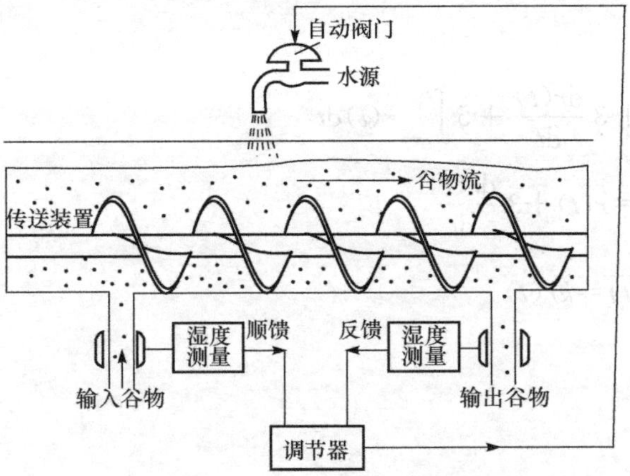

题 1-4 图　谷物湿度控制系统示意图

1-5　直流稳压电源原理图如题 1-5 图所示,试画出方框图,分析工作原理,并说明哪些物理量是给定信号、反馈信号、被控量和扰动量。

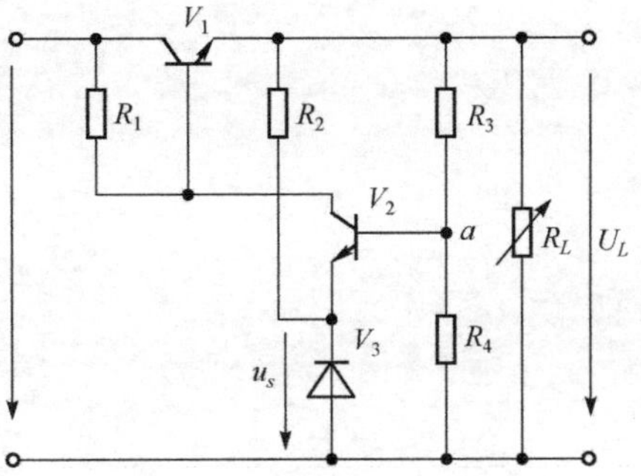

题 1-5 图　直流稳压电源电路

1-6　题 1-6 图为具有微分反馈的随动系统。试说明其工作原理并绘出系统的方框图。

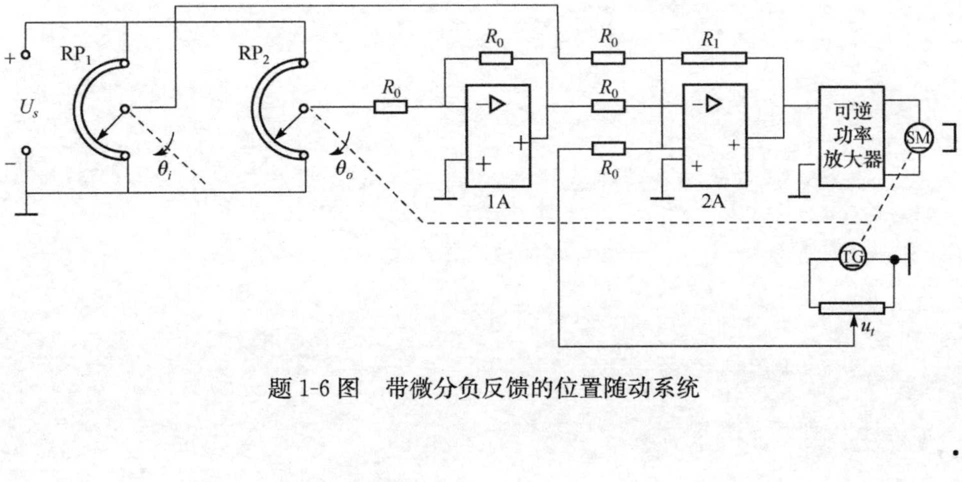

题 1-6 图　带微分负反馈的位置随动系统

1-7　下列各式是描述系统的微分方程，其中 $r(t)$、$c(t)$ 分别表示系统的输入和输出。判断哪些是线性定常或时变系统，哪些是非线性系统。

(1) $\frac{d^3c(t)}{dt^3}+3\frac{d^2c(t)}{dt^2}+6\frac{dc(t)}{dt}+8c(t)=r(t)$

(2) $c(t)=3r^2(t)$

(3) $c(t)=6+r(t)$

(4) $c(t)=2r(t)+3\frac{dr(t)}{dt}+5\int_{-\infty}^{t}r(t)dt$

(5) $t\frac{dc(t)}{dt}+c(t)=r(t)+3\frac{dr(t)}{dt}$

(6) $\frac{dc(t)}{dt}+a\sqrt{c(t)}=kr(t)$

第2章　控制系统的数学模型

基本要求

(1) 了解建立系统微分方程的一般方法。

(2) 掌握运用拉氏变换解微分方程的方法。

(3) 牢固掌握传递函数的概念、定义和性质。

(4) 明确传递函数与微分方程的关系。

(5) 能熟练地进行结构图等效变换。

(6) 明确结构图与信号流图间的关系。

(7) 能熟练运用梅森公式求系统传递函数。

(8) 会用MATLAB进行数学模型的相关分析计算。

2.1　引　言

描述系统各变量之间关系的数学表达式，称为系统的数学模型。建立描述控制系统的数学模型，是控制理论分析与设计的基础。一个实际存在的系统，无论它是机械的、电气的、热力的、液压的，还是化工的，它们的动态性能都可以通过数学模型来描述（如微分方程、传递函数等）。

建立控制系统的数学模型，一般采用解析法和实验法两种。解析法是对系统各部分的运动机理进行分析，根据所依据的物理规律或化学规律（如电学中的基尔霍夫定律、力学中的牛顿定律、热力学中的热力学定律等）分别列写相应的运动方程。实验法是人为地给系统施加某种测试信号，记录其输出响应，并用适当的数学模型去逼近，这种方法又称为系统辨识。近些年来，系统辨识已发展成一门独立的学科分支。本章主要介绍解析法。

数学模型有多种形式。时域中常用的数学模型有微分方程、差分方程；复域中有传递函数、结构图；频域中有频率特性等。本章将对系统和元件数学模型的建立、传递函数的概念、结构图和信号流图的建立及简化等内容加以论述。

控制理论对控制系统的研究，就是从数学模型着手，分析控制系统的性能，根据性能指标的要求，进行控制器的校正与设计。为了设计好一个优良的控制系统，必须充分地了解受控对象、执行机构及系统内一切元件的运动规律。

分析研究控制系统的首要问题是把反映系统特性的各变量之间的关系用数学方程加以描述，从而建立起控制系统的运动方程（即控制系统数学模型）。因此讨论控制系统的数学描述方法，以及按照这些方法建立控制系统的数学模型，是自动控制理论的基础性工作。

2.1.1　数学模型的特点

(1) 动态与静态模型。

数学模型有动态模型与静态模型之分。描述系统动态过程的方程式，如微分方程、差分方程等，称为动态模型；在静态条件下（即变量的各阶导数为零），描述系统各变量之间关系的方程式，称为静态模型。本课程的重要内容之一是介绍控制系统的动态模型，即线性定常微分方程，从而分析系统的动态特性。

动态特性：系统所采用的元件种类繁多，虽然各自服从自身的规律，但它们有一共同点，即任何系统或元件总有物质或能量流入，同时又有某些物质或能量流出；系统通常具有储存物质或能量的能力，储存量用状态变量来表示。状态变量是反应系统流入量或流出量之间平衡的物理量。由于外部供给系统的物质或能量的速率是有限的，不可能无穷大，所以系统的状态变量由一个状态变到另一个状态不可能瞬间完成，而要经过一段时间。这样，状态变量的变化就有一个过程，这就是动态过程。例如，电路中电容上的电压是一个状态变量，它由一个值变到另一个值不可能瞬间完成。具有一定惯量的物体的转速是一个状态变量，转速的变化也有一个过渡过程；具有一定质量的物体的温度是一个状态变量，它由温度 T_0 到 T，同样有一个动态过程；又如容器中液位也是一个状态变量，液位的变化也需要一定的时间。

(2) 相似性。

实际中存在的许多工程控制系统，不管它们是机械的、电动的、气动的、液动的、生物学的、经济学的等，它们的数学模型可能是相同的，这就是说它们具有相同的运动规律。因而在研究这种数学模型时，人们就不再考虑方程中符号的物理意义，只是把它们看成抽象的变量。同样，人们也不再考虑各系数的物理意义，只是把它们看成抽象的参数。只要数学模型形式上相同，不管变量用什么符号，它的运动性质是相同的。对这种抽象的数学模型进行分析研究，其结论自然具有一般性，普遍适用于各类相似的物理系统。

(3) 简化和准确性。

同一个物理系统，可以用不同的数学模型来表达。例如，实际的物理系统一般含有非线性特性，所以系统的数学模型就应该是非线性的。而且严格地讲，实际系统的参数不可能是集中的，所以系统的数学模型就应该用偏微分方程描述。但是求解非线性方程或偏微分方程相当困难，有时甚至不可能。因此，为了便于问题的求解，常常在误差允许的范围内，忽略次要因素，用简化的数学模型来表示实际的物理系统。这样同一个系统，就有完整的、精确的数学模型和简单的、准确性较差的数学模型之分。一般情况下，在建立数学模型时，必须在模型的简化性与分析结果的精确性之间进行折中考虑。

2.1.2 数学模型的类型

(1) 物理模型。

前已述及，任何元件或系统实际上都是很复杂的，难以对它作出精确、全面的描述，必须进行简化或理想化。简化后的元件或系统为该元件或系统的物理模型。简化是有条件的，要根据问题的性质和求解的精确要求，来确定出合理的物理模型。

(2) 数学模型。

数学模型的形式有多种。如果模型着重描述的是系统输入量和输出量之间的数学关系，则称这种模型为输入-输出模型；如果模型着重描述的是系统输入量与内部状态之间以及内部状态和输出量之间的关系，则这种模型通常称为状态空间模型。例如，在求解最优控制问题或多变量系统的问题时，采取状态变量表达式(即状态空间表达式)比较方便。

描述控制系统数学模型的形式不止一种，根据所采用的数学工具不同，可有不同的形式。为了便于分析研究，可能某种形式的数学模型比另一种更合适。但它们之间有紧密的联系，各有优点及最适用的场合。时域中常用的数学模型有微分方程、差分方程；复域中常用传递函数、结构图；频域中常用频率特性等。在研究系统性能时，究竟选用哪一种类型，要依据具体情况，以便于分析为准。通常在对单输入、单输出系统的分析中，采用输入输出间的传递函数（或脉冲传递函数）作为系统的数学模型比较合适。

现在各类数学模型都有一整套相应的分析方法，而且各有所长。对于一个确定的系统，总有一种最佳的分析方法。

微分方程是诸方程中最基本的，其他形式都是以微分方程为基础的。本章只研究微分方程、传递函数、结构图等数学模型的建立和应用，其余几种数学模型将在后面各章中予以详述。

2.1.3 建模途径与原则

建立控制系统的数学模型，有两种基本方法。第一种是分析法，即对系统各部分的运动机理进行分析，根据它们所依据的物理规律或化学规律分别列写相应的运动方程，结合在一起便成为描述整个系统的方程。第二种是实验法，即人为地给系统施加某种测试信号，记录其输出响应，并用适当的数学模型去逼近，这种方法又称为系统辨识，只应用于系统运动机理复杂而不便分析或不可能分析的情况。近年来系统辨识已发展成为一门独立的科学分支。本书只讨论用分析法建立数学模型的方法。

总结以上的讨论，可以得出系统的建模原则。

① 建模之前，要全面了解系统的自然特征和运动机理，明确研究目的和准确性要求，选择合适的分析方法。

② 按照所选分析法，确定相应数学模型的形式。

③ 根据允许的误差范围，进行准确性考虑，然后建立尽量简化的合理的数学模型。

2.2 控制系统的微分方程

控制系统的运动状态和动态性能可由时域数学模型微分方程来描述。

2.2.1 建立微分方程模型的一般步骤［F201］

2.2.1.1 前提条件

① 给定量发生变化或出现扰动瞬间之前，系统应处于平衡状态，被控量各阶段导数为零（初始为零）。

② 在任一瞬间，系统状态可用几个独立变量完全确定。

③ 被控量几个独立变量原始平衡状态下工作点确定后，当给定变化或有扰动时，它们在工作点附近只产生微小偏差（增量）。

所以微分方程也被称为在小偏差下系统运动状态的增量方程。编写微分方程是描述系统动态特性最基本的方法。

2.2.1.2 用解析法列写系统或元部件微分方程的一般步骤

① 根据系统的具体工作情况，确定系统或元部件的输入、输出变量。

② 从输入端开始，按照信号的传递顺序，依据各变量所遵循的物理（或化学）定律，列写出各元部件的动态方程，一般为微分方程组。

③ 消去中间变量，写出输入、输出变量的微分方程。

④ 将微分方程标准化。即将输入量及其各阶导数项放在等号右侧，输出量及其各阶导数项放在等号左侧，并按降幂排列。

2.2.2 建模举例

2.2.2.1 电气系统［F202］［F203］

电路系统的基本要素是电阻、电容和电感。由它们的组合，可以构成各种电路网络。对于这三种元件的性能和作用，电路理论中已经介绍，此处需要强调一下它们的能量特性。电感是一种储存磁能的元件，电容是储存电能的元件，电阻不储存能量，是一种耗能元件，将电能转换成热能耗散掉。

支配电路系统的基本定律是基尔霍夫电流定律和电压定律。基尔霍夫电流定律表明，流入和流出节点的所有电流的代数和等于零；基尔霍夫电压定律表明，在任意瞬间，在电路中沿任意环路的电压的代数和等于零。

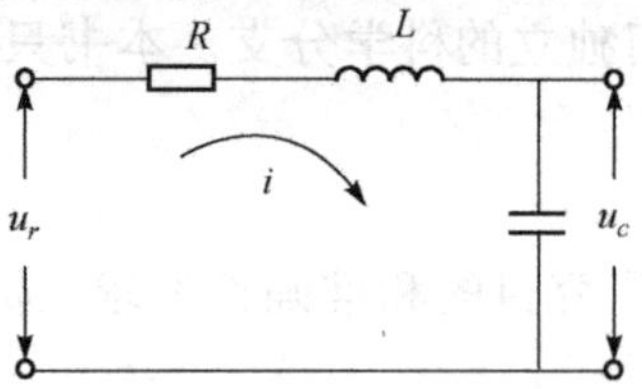

图 2-1 RLC 电路系统

例 2-1 串联电路如图 2-1 所示，其中 R、L、C 均为常数，输出端开路（或负载阻抗很大，可以忽略）。试建立输入输出间的微分方程关系式。

解 遵照建立微分方程的步骤，可有：

(1) 确定输入量为 $u_r(t)$，输出量为 $u_c(t)$，中间量为 $i(t)$。

(2) 该电路由一个电感 L（亨利）、一个电阻 R（欧姆）和一个电容 C（法拉）组成，由基尔霍夫电压定律得

$$L\frac{\mathrm{d}i}{\mathrm{d}t}+Ri+u_c=u_r(t) \tag{2-1}$$

(3) 列写中间量 i 与输出量 u_c 的关系式

$$i=C\frac{\mathrm{d}u_c}{\mathrm{d}t} \tag{2-2}$$

(4) 为消去中间变量 i，可对式(2-2)微分，得

$$\frac{\mathrm{d}i}{\mathrm{d}t}=C\frac{\mathrm{d}^2u_c}{\mathrm{d}t^2} \tag{2-3}$$

(5) 将式(2-2)和式(2-3)代入式(2-1)，得

$$LC\frac{\mathrm{d}^2u_c}{\mathrm{d}t^2}+RC\frac{\mathrm{d}u_c}{\mathrm{d}t}+u_c=u_r \tag{2-4}$$

或

$$T_1T_2\frac{\mathrm{d}^2u_c}{\mathrm{d}t^2}+T_2\frac{\mathrm{d}u_c}{\mathrm{d}t}+u_c=u_r \tag{2-5}$$

式中，$T_1=L/R$，$T_2=RC$ 为该电路的两个常数。当 t 的单位为 s 时，它们的单位也为 s。从式(2-5)可以看出，图 2-1 电路的传递系数（静态放大倍数）为 1。

可以看出，式(2-4)和式(2-5)是线性定常系统二阶微分方程式。

由于一般系统总含有储能元件，左边的导数阶次总比右边高。在本例中，由于电路中有两个储能元件 L 和 C，系统有两个时间常数，故方程式中左边导数项最高阶次为 2。

2.2.2.2　机械系统［F202］

在机械系统的分析中，常使用三种理想化的要素：质量、弹簧和阻尼器。用这三种要素可以方便地描述各种形式的机械系统。

控制系统中碰到的机械运动部件，其运动方式通常为平移和旋转。列写机械系统运动部件的微分方程式时，直接或间接应用的是牛顿定律。

例 2-2　带阻尼的质量弹簧系统如图 2-2 所示。当外力 $F(t)$作用时，系统产生位移 $y(t)$，试写出系统在 $F(t)$作用下的运动方程式。

解　按照建立微分方程的一般步骤，有：

(1) 确定输入量为 $F(t)$，输出量为 $y(t)$，中间量为弹簧力 $f_1(t)$和阻尼器阻力 $f_2(t)$。

(2) 质量 M 的受力分析如图 2-3 所示。根据牛顿第二定律，得

$$M\frac{\mathrm{d}^2 y}{\mathrm{d}t^2}=F(t)-f_1(t)-f_2(t) \tag{2-6}$$

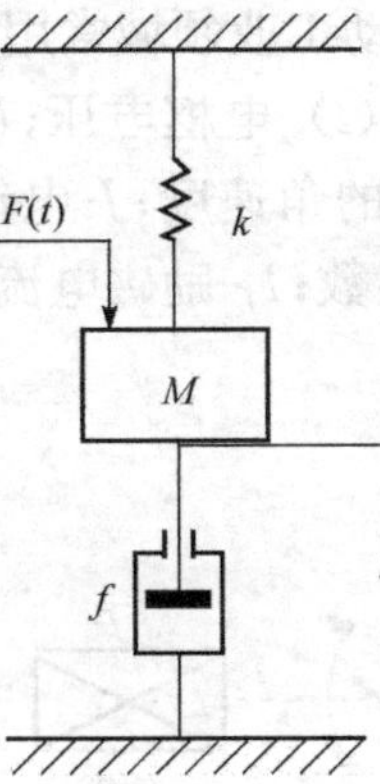

图 2-2　弹簧-质量-阻尼器系统

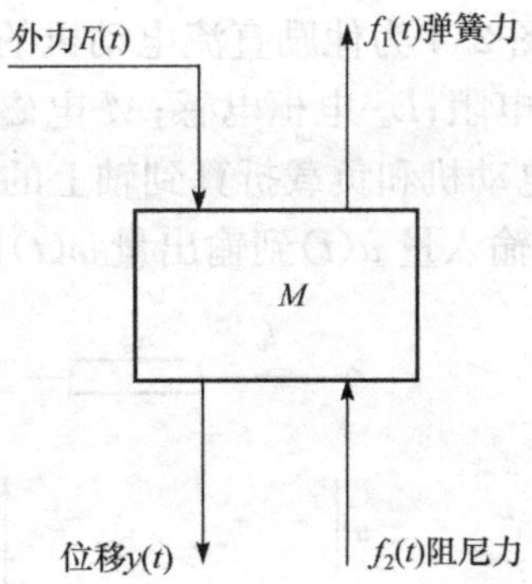

图 2-3　质量 M 的受力分析

(3) 写出中间变量与输出变量的关系式

$$f_1(t)=ky \tag{2-7}$$

$$f_2(t)=f\frac{\mathrm{d}y}{\mathrm{d}t} \tag{2-8}$$

(4) 将式(2-7)和式(2-8)代入式(2-6)，消去中间变量，得

$$M\frac{\mathrm{d}^2 y}{\mathrm{d}t^2}+ky+f\frac{\mathrm{d}y}{\mathrm{d}t}=F(t) \tag{2-9}$$

(5) 整理得标准形方程

$$\frac{M}{k}\cdot\frac{\mathrm{d}^2 y}{\mathrm{d}t^2}+\frac{f}{k}\cdot\frac{\mathrm{d}y}{\mathrm{d}t}+y=\frac{1}{k}F(t) \tag{2-10}$$

令

$$T_f=\frac{f}{k},\qquad T_M^2=\frac{M}{k}$$

则有

$$T_M^2\frac{\mathrm{d}^2 y}{\mathrm{d}t^2}+T_f\frac{\mathrm{d}y}{\mathrm{d}t}+y=\frac{1}{k}F(t) \tag{2-11}$$

这是一个线性二阶常微分方程。

比较式(2-4)与式(2-9),注意到,尽管图 2-1 和图 2-2 所示的两个系统原理不同,物理量和参数也不同,但系统的输入量和输出量之间的运动方程却具有相同的形式。这种具有相同形式的微分方程的系统称为相似系统。利用相似系统的概念,可以将在一个系统上得到的分析结果或实验结论推广到它的所有相似系统上去。这给控制理论的研究带来了极大的方便。

2.2.2.3 机电系统

电机是一个典型的机电系统。由于直流电动机具有良好的启、制动性能和可在宽范围内进行平滑调速,所以在轧钢机、矿井卷扬机、挖掘机、海洋钻机、金属切削机床、机器人、计算机磁盘驱动器以及高层电梯等需要高性能可控电气传动领域或伺服系统中得到了广泛的应用。

直流他激电动机可分为两种类型:电枢控制和磁场控制。磁场控制的直流电动机是通过改变激磁电流的大小即减弱磁通来平滑调速的,通常其调速范围不大而且是在额定转速以上作小范围升速的。电枢控制的直流电动机是激磁保持恒定,通过改变电枢电压的大小来进行调速的(简称变压调速),其调速范围可以很宽,是电气传动工业领域常用的调速方式。

例 2-3 图 2-4 为他励直流电动机的示意图,图中:$u(t)$-电枢电压;E_a-反电动势;I_a-电枢电流;R_a-电枢电阻;L_a-电枢电感;M-电磁力矩;ω-电机轴的角速度;J-电动机(包括负载)总的转动惯量;f-电动机和负载折算到轴上的等效黏性阻尼系数;I_f-励磁电流,设为常数。

试列写从输入量 $u(t)$ 到输出量 $\omega(t)$ 的运动方程。

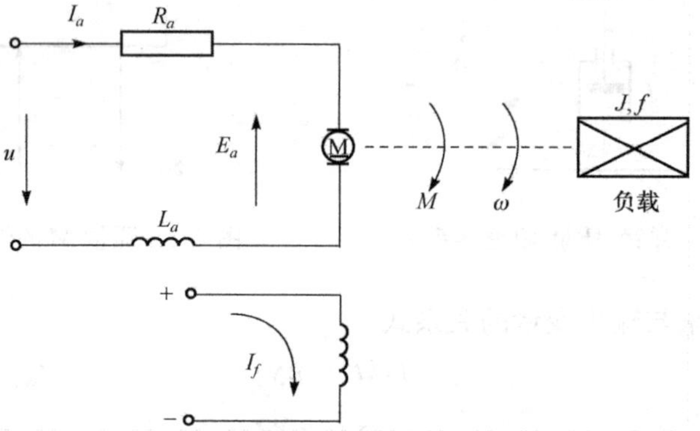

图 2-4 磁场控制的直流电动机

解 他励直流电动机中既有电磁运动,又有机械运动,可将这一对象分为三个部分。

(1) 机械部分

$$M=J\frac{\mathrm{d}\omega}{\mathrm{d}t}+f\omega \tag{2-12}$$

(2) 电磁部分

$$u-E_a=L_a\frac{\mathrm{d}I_a}{\mathrm{d}t}+R_aI_a \tag{2-13}$$

(3) 机电耦合

$$E_a=k_b\omega \tag{2-14}$$

$$M=k_dI_a \tag{2-15}$$

式中,k_b 为反电动势常数;k_d 为电动机的力矩系数。

为了消去中间变量，可将式(2-12)代入式(2-15)得

$$I_a=\frac{1}{k_d}(f\omega+J\dot{\omega}) \tag{2-16}$$

对式(2-16)微分得

$$\frac{\mathrm{d}I_a}{\mathrm{d}t}=\frac{1}{k_d}(f\dot{\omega}+J\ddot{\omega}) \tag{2-17}$$

将式(2-14)、式(2-16)和式(2-17)代入式(2-13)即得

$$\frac{L_aJ}{k_bk_d}\cdot\frac{\mathrm{d}^2\omega}{\mathrm{d}t^2}+\left(\frac{R_aJ}{k_bk_d}+\frac{L_aJ}{k_bk_d}\right)\frac{\mathrm{d}\omega}{\mathrm{d}t}+\left(1+\frac{R_aJ}{k_bk_d}\right)\omega=\frac{u}{k_b} \tag{2-18a}$$

可见从电枢电压到电动机角速度的运动方程也是一个二阶常微分方程。

当电枢回路的电感很小(可以忽略不计)时，式(2-18a)可以简化为一阶微分方程：

$$T_m\frac{\mathrm{d}\omega}{\mathrm{d}t}+(1+T_m)\omega=\frac{u}{k_b} \tag{2-18b}$$

式中，$T_m=\dfrac{R_aJ}{k_bk_d}$称为机电时间常数。

2.2.2.4 热水系统

例 2-4 电加热热水系统如图 2-5 所示。为减少周围空气的热损耗，槽壁是绝缘隔热的，控温元件是电动控温开关。

解 根据能量守恒定律，系统输入的热量应等于水实际吸收的热量加上所损失的热量。即

$$Q_h=Q_c+Q_o+Q_i+Q_1$$

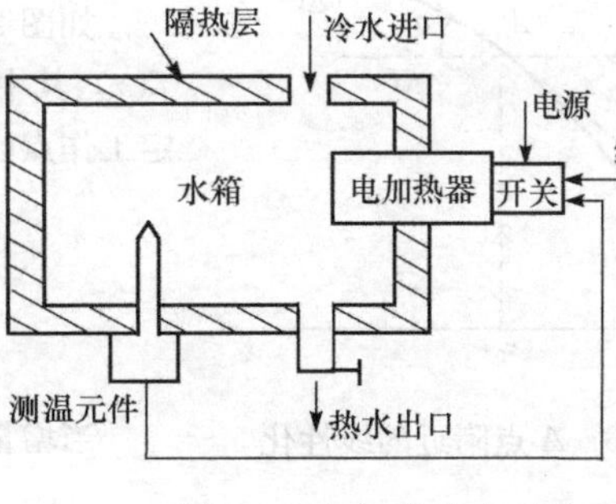

图 2-5 电加热热水系统

式中，Q_h 为加热器供给的热量；Q_c 为储槽内水吸收的热量；Q_o 为热水流出槽所带走的热量；Q_i 为冷水进入槽所吸收的热量；Q_1 为加隔热壁逸散的热量。

它们分别表示如下

$$Q_c=C\frac{\mathrm{d}T}{\mathrm{d}t},\quad Q_o=VHT,\quad Q_i=VHT_i,\quad Q_1=\frac{T-T_e}{R}$$

式中，C 为储槽水的热容量；V 为流出槽水的流量；H 为水的比热容；T_i 为进入槽水的温度；T 为槽内水的温度；T_e 为槽周围的空气温度；R 为热阻。

整理得

$$Q_h=C\frac{\mathrm{d}T}{\mathrm{d}t}+VH(T+T_i)+\frac{T-T_e}{R}$$

为电加热热水系统的数学模型。

以上几种不同物理系统采用解析法推导出描述系统输入和输出之间关系的数学模型，并看出系统的数学模型由系统结构、参数及基本运动定律决定。在通常情况下，元件或系统微分方程的阶数，等于元件或系统中所包含的独立储能元件的数目。

2.2.3 非线性系统(数学模型)的线性化

严格地说，实际物理元件或系统都是非线性的，任何一个元件或系统总是存在一定程度的非线性。前面

讨论的元件和系统，假设都是线性的，因而，描述它们的数学模型也都是线性微分方程。例如，弹簧的刚度与其形变有关，弹性系数 K 与位移 y 有关，并不一定是常数；电阻 R、电感 L、电容 C 等参数与周围环境（温度、湿度、压力等）及流经它们的电流有关，也不一定是常数；电动机本身的摩擦、死区等非线性因素会使其运动方程复杂化而成为非线性方程等。

非线性微分方程没有通用的求解方法。因此，在研究系统时总是力图将非线性问题在合理、可能的条件下简化为线性问题处理。如果作某些近似或缩小一些研究问题的范围，可以将大部分非线性方程在一定的工作范围内近似用线性方程来代替，这样就可以用线性理论来分析和设计系统。虽然这种方法是近似的，但便于分析计算，在一定的工作范围内能反映系统的特性，在工程实践中具有实际意义。

2.2.3.1 线性化的概念

对于非本质非线性系统或环节，假设系统工作过程中，其变量的变化偏离稳态工作点增量很小，各变量在工作点处具有一阶连续偏导数，于是可将非线性函数（数学模型）在工作点的某一邻域展开成泰勒级数，忽略高次（二次以上）项，便可得到关于各变量近似线性关系。称这一过程为非线性系统（数学模型）的线性化。

线性化的本质是在一个很小的范围内，将非线性特性用一段直线来代替。

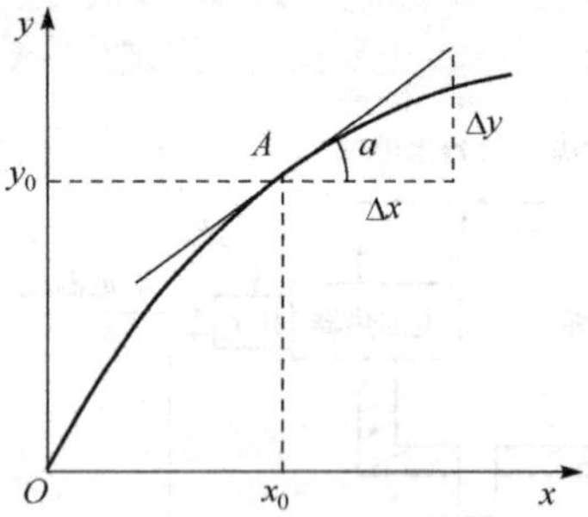

图 2-6 A 点附近的线性化

2.2.3.2 数学描述

如图 2-6 所示，设系统的输入为 $x(t)$，输出为 $y(t)$，且满足 $y(t)=f(x)$，其中 $f(x)$ 为非线性函数。设 $t=t_0$ 时，$x=x_0$，$y=y_0$ 为系统的稳定工作点 (x_0, y_0)，在该点处将 $f(x)$ 按泰勒级数展开为

$$y=f(x)=f(x_0)+\left(\frac{\mathrm{d}f(x)}{\mathrm{d}x}\right)_{x_0}(x-x_0)+\frac{1}{2!}\left(\frac{\mathrm{d}^2 f(x)}{\mathrm{d}x^2}\right)_{x_0}(x-x_0)^2+\cdots \tag{2-19}$$

当增量 $|x-x_0|$ 很小时，忽略其二阶以上各高次幂项，得

$$y-y_0=f(x)-f(x_0)=\left(\frac{\mathrm{d}f(x)}{\mathrm{d}x}\right)_{x_0}(x-x_0) \tag{2-20}$$

记

$$\Delta y=K\Delta x \quad \left[\Delta y=y-y_0,\quad \Delta x=x-x_0,\quad K=\left(\frac{\mathrm{d}f(x)}{\mathrm{d}x}\right)_{x_0}\right] \tag{2-21}$$

略去增量符号 Δ，便得函数在 A 点附近的线性化方程：

$$y=Kx \tag{2-22}$$

式中，K 是比例系数，它是 $f(x)$ 在 A 点处的斜率 $\tan\alpha$。

对于有两个自变量 x_1，x_2 的非线性函数 $f(x_1, x_2)$，同样可在某工作点 (x_{10}, x_{20}) 附近用泰勒级数展开，取其线性项，去掉高次（二阶以上）项：

$$y=f(x_1,x_2)=f(x_{10},x_{20})+\left[\left(\frac{\partial f}{\mathrm{d}x_1}\right)_{x_{10},x_{20}}(x_1-x_{10})+\left(\frac{\partial f}{\mathrm{d}x_2}\right)_{x_{10},x_{20}}(x_2-x_{20})\right] \tag{2-23}$$

其增量形式为

$$\Delta y=\left(\frac{\partial f}{\mathrm{d}x_1}\right)_{x_{10},x_{20}}\Delta x_1+\left(\frac{\partial f}{\mathrm{d}x_2}\right)_{x_{10},x_{20}}\Delta x_2 \tag{2-24}$$

即

$$\Delta y=K_1\Delta x_1+K_2\Delta x_2 \tag{2-25}$$

2.2.3.3 运动方程无量纲化

许多情况下是系统机理各异，而数学模型却完全相同。为了将它们抽象成纯数学形式，需对变量进行无量纲处理。

(1) 对输入输出的无量纲化是通过用它们分别除以各自的最大值(最小值、额定、量程)。

(2) 对时间变量无量纲化则是令时间 t 为系统的时间常数。这样便于实时模拟,研究系统的过渡过程等。

2.2.3.4 建模举例

在工业过程中,常常涉及液流通过连接管道和油箱的情况。在这里液流通常是紊流,要用非线性方程描述液流的动态特性。

液体流动状态通常分为层流和紊流。层流是由一层液体通过另一层的平滑运动;而紊流则表现为不规则的运动。从层流到紊流的条件与一组无量纲的数有关,这些数统称为雷诺数 R_e。当雷诺数 R_e 小于 2000 时,管内液流为层流;而当 R_e 大于 3000 时为紊流;当 R_e 为 2000~3000 时,液流的形式不可预测。

设有一液流通过连接两个容器的短管。这时导管的液阻定义为产生单位流量变化所需的液位差(两个容器的液面高度之差)的变化量,即

$$\text{液阻}\,R=\frac{\text{液面差变化(m)}}{\text{流量变化}(\mathrm{m^3/s})} \tag{2-26}$$

例 2-5 图 2-7 所示为一液位系统。图中 $Q+q_i$ 和 $Q+q_o$ 分别为输入流量和输出流量($\mathrm{m^3/s}$),$H+h$ 为液面高度(m),而 Q、H 分别为稳态时的流量和液面高度值。试建立 h 与 q_i 之间的运动方程。

解 从控制的角度,q_i 为输入量(控制量),h 为输出量(被控量)(注意与工艺称呼的不同)。

在层流和紊流时,流量与液位差之间的关系是不同的,下面分两种情况分别讨论。

如果流过节流孔的液流是层流,下列关系成立

$$Q=KH \tag{2-27}$$

式中,K 是与液体黏度及管的直径等因素有关的系数,此时的液阻为一常数

$$R_l=\frac{\mathrm{d}H}{\mathrm{d}Q}=\frac{H}{Q}=\frac{1}{K} \tag{2-28}$$

如果通过节流孔的液流是紊流,则稳态流量与液面高度的关系为

$$Q=K\sqrt{H} \tag{2-29}$$

式中,K 为系数($\mathrm{m^{2.5}/s}$),此时 Q 与 H 之间是非线性关系(图 2-8)。

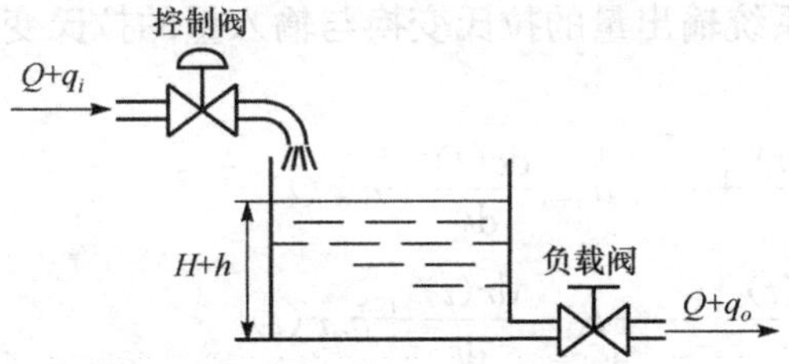

图 2-7 液位系统

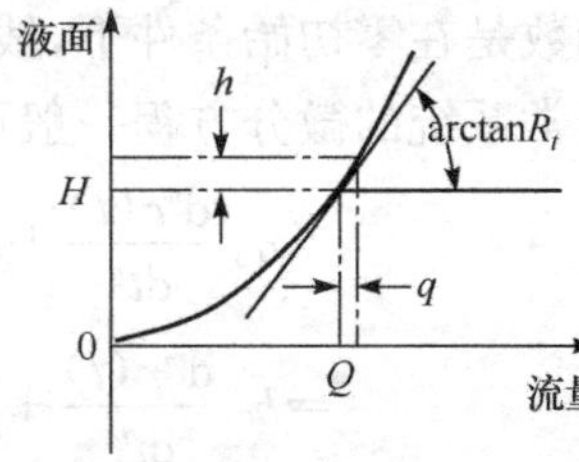

图 2-8 紊流时液面与流量的关系

由式(2-29)可得

$$\mathrm{d}Q=\frac{K}{2\sqrt{H}}\mathrm{d}H \tag{2-30}$$

因此,根据定义知道此时的液阻为

$$R_t=\frac{\mathrm{d}H}{\mathrm{d}Q}=\frac{2\sqrt{H}}{K}=\frac{2\sqrt{H}\sqrt{H}}{Q}=\frac{2H}{Q} \tag{2-31}$$

显然此时 R_t 是一个与 Q 和 H 都有关的变数。但如果只考虑在某一稳态附近的变化情况,则 R_t 可近似看成一个常数,这样流量与液面高度之间的关系可以看成有如下线性关系

$$Q=\frac{2H}{R_t} \tag{2-32}$$

而 R_t 可由图 2-8 中的曲线的切线斜率求出。

综上所述，可得出如下结论：当流过节流孔的液流是层流时，液面高度与流量之间呈线性关系；而当液流是紊流时，液面高度与流量之间是非线性关系，但经过近似线性化，仍可以看成线性关系。

设 q_i 和 q_o 分别为输入和输出流量，C 为容器底面积(m^2)，h 为当前液面高度，则

$$C\mathrm{d}h=(q_i-q_o)\mathrm{d}t \tag{2-33}$$

根据前述的线性关系有

$$q_o=\frac{h}{R} \tag{2-34}$$

式中，R 为液阻。将式(2-34)代入式(2-33)得到液位系统的运动方程为

$$RC\frac{\mathrm{d}h}{\mathrm{d}t}+h=Rq_i \tag{2-35}$$

2.3 控制系统的传递函数

控制系统的微分方程是在时间域描述系统动态性能的数学模型，在给定外作用及初始条件下，求解微分方程可以得到系统输出响应的全部时间信息。这种方法直观、准确，但是如果系统的结构改变或某个参数变化，就要重新列写并求解微分方程，不便于对系统分析和设计。

传递函数是在拉氏变换基础上的复数域中的数学模型。传递函数不仅可以表征系统的动态特性，而且可以用来研究系统的结构或参数变化对系统性能的影响。经典控制理论中广泛应用的根轨迹法和频域法，就是以传递函数为基础建立起来的。因此，传递函数是经典控制理论中最基本也是最重要的数学模型。

2.3.1 传递函数的概念

2.3.1.1 传递函数的定义

传递函数是在零初始条件下，线性定常系统输出量的拉氏变换与输入量的拉氏变换之比。

线性定常系统的微分方程一般可写为

$$a_0\frac{\mathrm{d}^n c(t)}{\mathrm{d}t^n}+a_1\frac{\mathrm{d}^{n-1}c(t)}{\mathrm{d}t^{n-1}}+\cdots+a_{n-1}\frac{\mathrm{d}c(t)}{\mathrm{d}t}+a_n c(t)$$
$$=b_0\frac{\mathrm{d}^m r(t)}{\mathrm{d}t^m}+b_1\frac{\mathrm{d}^{m-1}r(t)}{\mathrm{d}t^{m-1}}+\cdots+b_{m-1}\frac{\mathrm{d}r(t)}{\mathrm{d}t}+b_m r(t) \tag{2-36}$$

式中，$c(t)$为输出量；$r(t)$为输入量；$a_0,a_1,\cdots,a_n$ 及 $b_0,b_1,\cdots,b_m$ 均为由系统结构和参数决定的常系数。

在零初始条件下对式(2-36)两端进行拉氏变换，可得相应的代数方程

$$(a_0s^n+a_1s^{n-1}+\cdots+a_{n-1}s+a_n)C(s)=(b_0s^m+b_1s^{m-1}+\cdots+b_{m-1}s+b_m)R(s) \tag{2-37}$$

系统的传递函数为

$$G(s)=\frac{C(s)}{R(s)}=\frac{b_0s^m+b_1s^{m-1}+\cdots+b_{m-1}s+b_m}{a_0s^n+a_1s^{n-1}+\cdots+a_{n-1}s+a_n}\qquad(m\leqslant n) \tag{2-38}$$

传递函数是在零初始条件下定义的。零初始条件有两方面含义：一是指输入是在 $t=0$ 后才作用于系统，因此，系统输入量及其各阶导数在 $t\leqslant 0$ 时均为零；二是指输入作用于系统之

前，系统是“相对静止”的，即系统输出量及各阶导数在 $t \leqslant 0$ 时的值也为零。大多数实际工程系统都满足这样的条件。零初始条件的规定不仅能简化运算，而且有利于在同等条件下比较系统的性能。所以，这样规定是必要的。

常用时间函数的拉氏变换如表 8-1 所示。

例 2-6 试求例 2-1 中 RLC 无源网络的传递函数。[M201][M202]

解 由例 2-1 中式(2-4)可知，RLC 无源网络的微分方程为

$$LC\frac{\mathrm{d}^2 u_c(t)}{\mathrm{d}t^2}+RC\frac{\mathrm{d}u_c(t)}{\mathrm{d}t}+u_c(t)=u_r(t) \tag{2-39}$$

在零初始条件下，对式(2-39)两端取拉氏变换并整理可得网络传递函数

$$G(s)=\frac{U_c(s)}{U_r(s)}=\frac{1}{LCs^2+RCs+1} \tag{2-40}$$

必须强调指出：在推导单独环节的传递函数时隐含地假定环节的输出不受后面连接环节的影响，或者说认为各个环节之间无负载效应问题。如果元件之间存在负载效应，则必须将这些元件组合在一起作为一个环节来处理，或者将它们划分为若干个环节，使这些环节之间无负载效应问题(例 2-9)。

2.3.1.2 传递函数的性质

① 传递函数是复变量 s 的有理分式，它具有复变函数的所有性质。因为实际物理系统总是存在惯性，并且能源功率有限，所以实际系统传递函数的分母阶次 n 总是大于或等于分子阶次 m，即 $n \geqslant m$。

② 传递函数只取决于系统的结构参数，与外作用及初始条件无关。

③ 传递函数与微分方程有直接联系。在传递函数分子多项式和分母多项式互质的条件下，若将 s 与 $\frac{\mathrm{d}}{\mathrm{d}t}$ 互换，则实现了传递函数与微分方程的相互转换。

④ 在满足③中的条件时，传递函数的拉氏反变换即系统的脉冲响应，因此传递函数能反映系统的运动特性。[M203]

因为单位脉冲函数的拉氏变换式为 1(即 $R(s)=L[\delta(t)]=1$)，因此有

$$L^{-1}[G(s)]=L^{-1}\left[\frac{C(s)}{R(s)}\right]=L^{-1}[C(s)]=h(t) \tag{2-41}$$

⑤ 传递函数与 s 平面上的零点、极点分布图相对应。将式(2-38)中分子多项式与分母多项式因式分解后，得到另一种形式 [M204]

$$G(s)=\frac{C(s)}{R(s)}=\frac{b_0(s-z_1)(s-z_2)\cdots(s-z_m)}{a_0(s-p_1)(s-p_2)\cdots(s-p_n)}=\frac{K^*\prod_{i=1}^{m}(s-z_i)}{\prod_{j=1}^{n}(s-p_j)}=\frac{K\prod_{i=1}^{m}(T_i s+1)}{\prod_{j=1}^{n}(T_j s+1)} \tag{2-42}$$

式中，K^* 和 K 为常数，K^* 称为系统的根轨迹增益，K 称为系统的放大系数或增益；$z_i(i=1,2,\cdots,m)$为分子多项式的根，称为传递函数的零点；$p_j(j=1,2,\cdots,n)$为分母多项式的根，称为传递函数的极点；$T_i=-1/z_i$ 和 $T_j=-1/p_j$ 为传递函数分子和分母各因子的时间常数。

零、极点可以是实数、复数(为复数则共扼成对出现)，在复平面上总能找到相对应的一点，

故系统的传递函数与复平面有相应的对应关系。因此在传递函数分子多项式和分母多项式互质时，传递函数的零、极点分布图也表征了系统的动态性能。这将引出经典控制理论的一种重要分析方法——根轨迹法。具体将在第 4 章讨论。

例 2-7 已知某传递函数为

$$G(s)=\frac{10(0.5s+1)}{s(0.25s+1)(0.5s^2+s+1)}$$

① 确定系统的增益 K 和根轨迹增益 K^*；

② 求系统的微分方程；[M205]

③ 画出系统的零极点分布图。[M206]

解 ① $K=10$, $K^*=\frac{10\times4\times2}{2}=40$

② $G(s)=\frac{C(s)}{R(s)}=\frac{40(s+2)}{s(s+4)(s^2+2s+2)}=\frac{40(s+2)}{s^4+6s^3+10s^2+8s}$

$$(s^4+6s^3+10s^2+8s)C(s)=40(s+2)R(s)$$

进行拉氏反变换(零初始条件下)可得系统的微分方程

$$\frac{d^4c(t)}{dt}+6\frac{d^3c(t)}{dt}+10\frac{d^2c(t)}{dt}+8\frac{dc(t)}{dt}=40\frac{dr(t)}{dt}+80r(t)$$

③ 系统零极点图如图 2-9 所示。

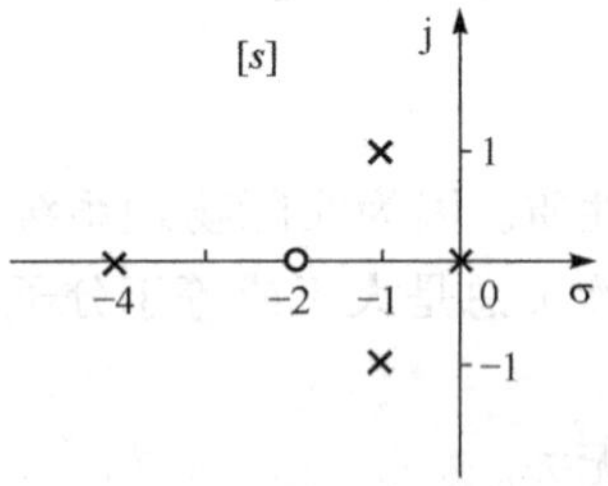

图 2-9 零极点分布图

应当注意传递函数的局限性及适用范围。传递函数是从拉氏变换导出的，拉氏变换是一种线性变换，因此传递函数只适应于描述线性定常系统。传递函数是在零初始条件下定义的，一般来说它不能反映非零初始条件下系统的自由响应运动规律。

2.3.2 典型环节及其传递函数[F204]

控制系统中所用到的元部件有电气的、机械的、光电的等，种类繁多，工作机理各不相同，但若将其对应的传递函数抽象出来，却可以按传递函数形式不同将它们划分为有限的几类。典型环节就是传递函数形式相同的元部件的归类。例如，电位计、自整角机、测速发电机的传递函数都是常数，它们都属于比例环节。

在控制系统的分析中，常常将一个系统分解成若干个典型环节；或在系统设计中，在系统某处增加若干环节。所谓典型环节就是构成系统的一些基本要素，它们在系统分析和设计中起着重要的作用。

2.3.2.1 比例环节

比例环节又称放大环节，其输出量以一定比例不失真也无时间滞后地复现输入信号。输入量与输出量之间的表达式为

$$c(t)=Kr(t) \tag{2-43}$$

其传递函数为

$$G(s)=\frac{C(s)}{R(s)}=K \tag{2-44}$$

式中，K 称为比例系数或比例环节的增益。图 2-10 是该环节的输入输出变化曲线和方框图。

图 2-11 所示的是由一个用运算放大器构成的比例环节，其放大倍数为

$$G(s)=\frac{U_c(s)}{U_r(s)}=-\frac{R_2}{R_1} \tag{2-45}$$

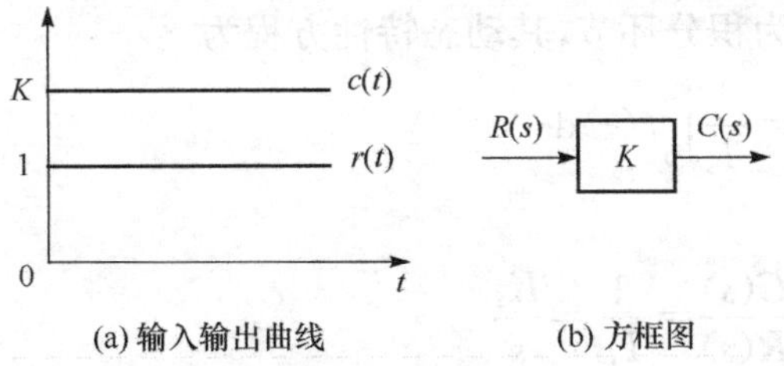

图 2-10 比例环节

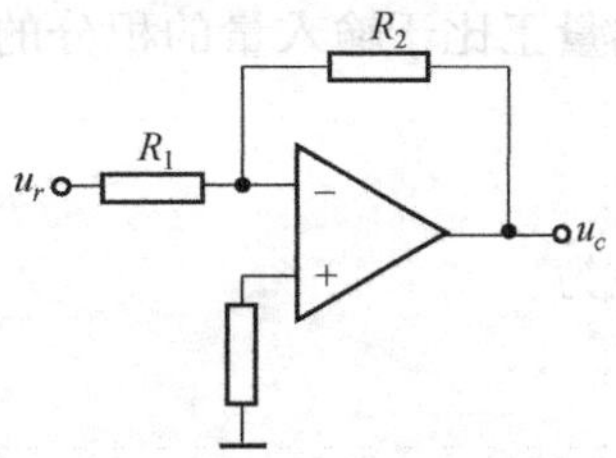

图 2-11 比例放大器

其他能构成比例环节的有齿轮传动变速箱、分压器等。

2.3.2.2 惯性环节

惯性环节中因含有储能元件，故对突变的输入信号不能立即复现。其运动方程如下

$$T\frac{\mathrm{d}c(t)}{\mathrm{d}t}+c(t)=r(t) \tag{2-46}$$

式中，T 称为时间常数。由式(2-46)容易得出惯性环节的传递函数为

$$G(s)=\frac{C(s)}{R(s)}=\frac{1}{Ts+1} \tag{2-47}$$

可见，惯性环节有一个极点 $s=-\frac{1}{T}$。当 $T=0$ 时，惯性环节退化为系数为 1 的比例环节。

当输入信号 $r(t)=1(t)$时，由式(2-46)不难求出惯性环节的输出响应为

$$c(t)=1-\mathrm{e}^{-t/T} \tag{2-48}$$

由图 2-12(a)和(b)看出，当输入信号从 0 突变到 1 后，输出信号并不能立即响应，而是逐渐增大。当 $t\to\infty$时，输出信号趋于稳态值 1，输出响应曲线在 $t=0$ 时的上升斜率为 $1/T$，因为

$$c'(0)=\frac{1}{T}\mathrm{e}^{-t/T}\bigg|_{t=0}=\frac{1}{T} \tag{2-49}$$

图 2-13 所示的是一个由运算放大器构成的惯性环节。当 $R_1=R_2$ 时，其传递函数为

$$G(s)=\frac{U_c(s)}{U_r(s)}=-\frac{R_2\frac{1}{Cs}/(R_2+\frac{1}{Cs})}{R_1}=-\frac{\frac{R_2}{R_1}}{R_2Cs+1}=-\frac{1}{Ts+1} \tag{2-50}$$

式中，$T=R_2C$，负号表示输出与输入反向。

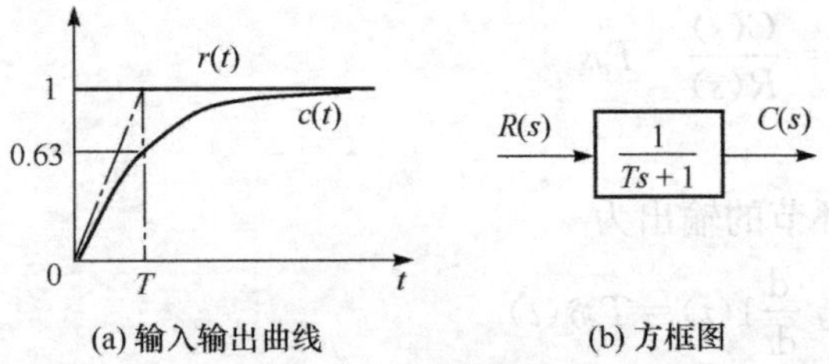

图 2-12 惯性环节

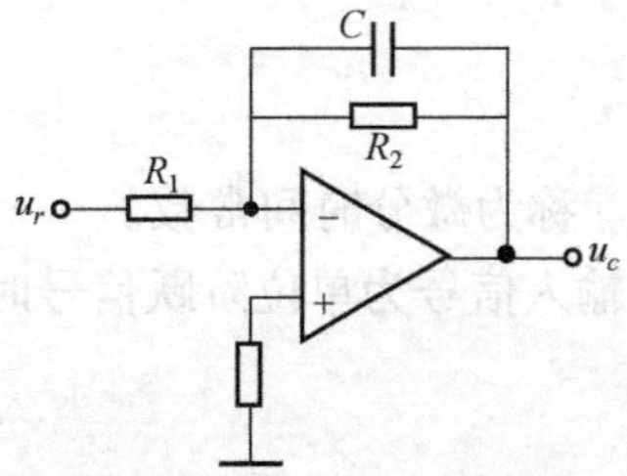

图 2-13 用放大器构成的惯性环节

实际系统中可以用惯性环节建模的对象还很多，如2.2节介绍的液位系统、电加热的炉温随输入电压的变化、忽略电枢电感的直流电机等。

2.3.2.3　积分环节

输出量正比于输入量的积分的环节称为积分环节，其动态特性方程为

$$c(t)=\frac{1}{T_i}\int_0^t r(\tau)\mathrm{d}\tau \tag{2-51}$$

传递函数为

$$G(s)=\frac{C(s)}{R(s)}=\frac{1}{T_i s}=\frac{K_i}{s} \tag{2-52}$$

因此积分环节有一个位于复平面坐标原点的极点。T_i 称为积分时间常数，$K_i=1/T_i$ 称为积分环节的增益。

当 $r(t)=1(t)$ 时，由式(2-51)不难求出

$$c(t)=t/T_i,\quad t>0 \tag{2-53}$$

由此可见，积分环节的单位阶跃响应是随时间线性增长的，增长的速度取决于增益 $K_i=1/T_i$，K_i 越大(或积分时间常数 T_i 越小)，则增长越快。而当输入信号突然移去后，输出量维持在原值上不变，如图2-14所示，这说明积分环节具有记忆功能。

图2-15是一个由运算放大器构成的积分环节，其传递函数为

$$G(s)=\frac{C(s)}{R(s)}=-\frac{1}{RCs}=-\frac{1}{T_i s} \tag{2-54}$$

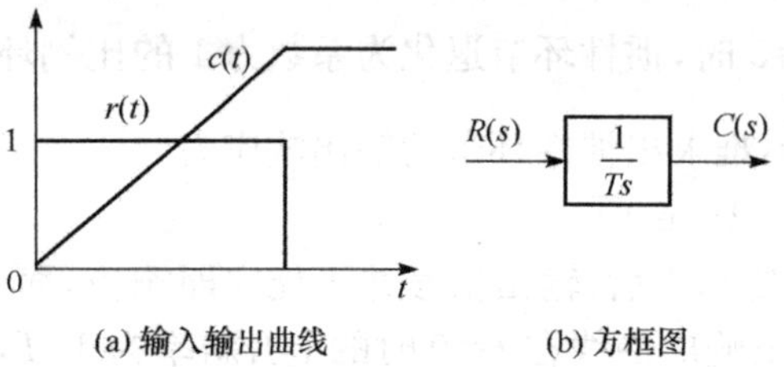

图2-14　积分环节

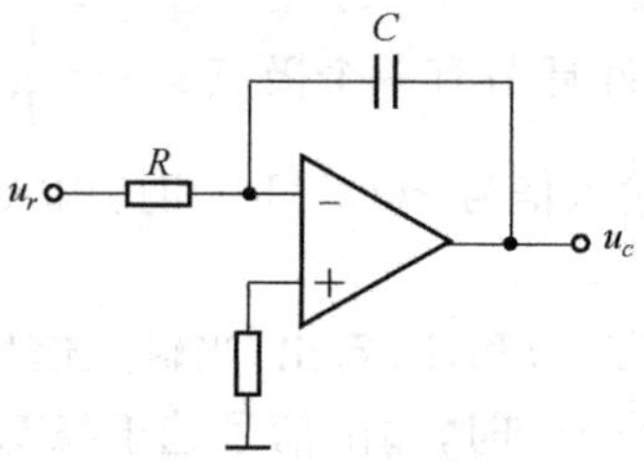

图2-15　积分电路

2.3.2.4　微分环节

理想的微分环节，其输出与输入量的导数成比例，即

$$c(t)=T_d\frac{\mathrm{d}r(t)}{\mathrm{d}t} \tag{2-55}$$

其传递函数为

$$G(s)=\frac{C(s)}{R(s)}=T_d s \tag{2-56}$$

式中，T_d 称为微分时间常数。

当输入信号为单位阶跃信号时，微分环节的输出为

$$c(t)=T_d\frac{\mathrm{d}}{\mathrm{d}t}1(t)=T_d\delta(t) \tag{2-57}$$

它是一个幅值为无穷大而时间宽度为零的理想脉冲信号，如图2-16所示。

理想微分环节的实例如图 2-17 所示，它是近似的理想微分环节(实际上，运算放大器作微分运算时，常接成隐式电路)。

在实际物理系统中，微分环节常带有惯性。因此，用来执行微分作用的环节通常是近似的，如图 2-18 所示是一个近似的微分环节，其传递函数为

$$G(s)=\frac{U_c(s)}{U_r(s)}=\frac{RCs}{RCs+1}=\frac{Ts}{Ts+1} \tag{2-58}$$

若 $RC\ll 1$，则 $G(s)\approx RCs=Ts$。

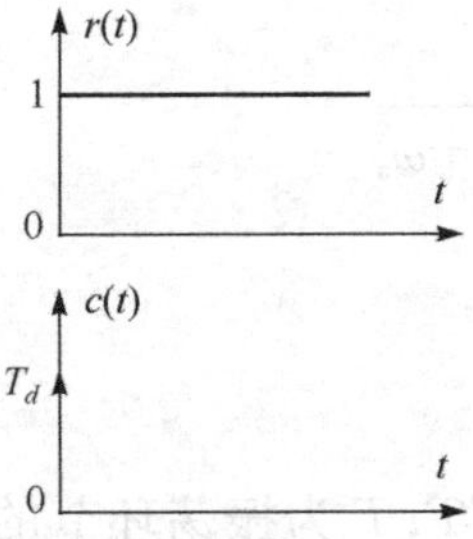

图 2-16　微分环节

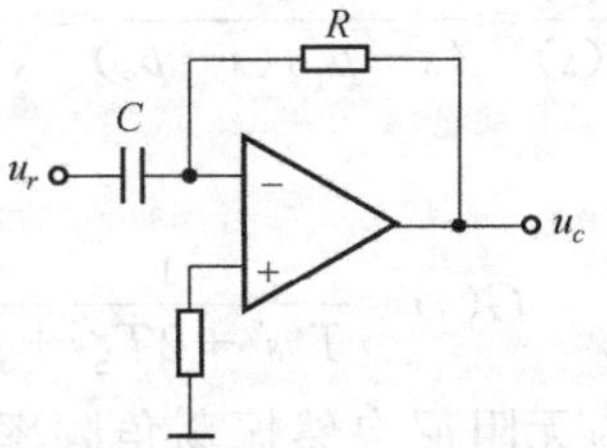

图 2-17　微分运算放大器

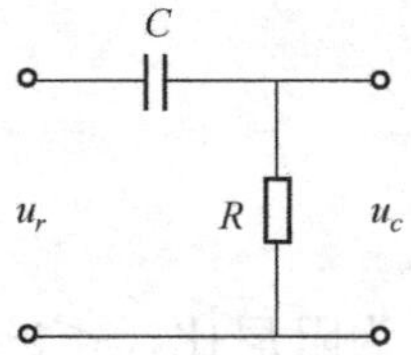

图 2-18　RC 电路

除理想微分环节外，还有一阶微分，其传递函数为

$$G(s)=\tau s+1$$

二阶微分，其传递函数为

$$G(s)=\tau^2 s^2+2\zeta\tau s+1$$

2.3.2.5　延时环节

延时环节也称为时滞环节，如图 2-19 所示。延时环节的输出在经过一段时间的延时后才复现输入信号，即

$$c(t)=r(t-\tau) \tag{2-59}$$

式中，τ 称延迟时间。延时环节的传递函数为

$$G(s)=\frac{U_c(s)}{U_r(s)}=e^{-\tau s} \tag{2-60}$$

这是一个超越函数，可以认为它有无穷多个零点和极点。

图 2-20 中 Q_i 和 Q_o 分别是带式运输机系统的输入流量和输出流量。如果输入流量在某时刻 $t=t_0$ 时改变 ΔQ_i，输出流量 ΔQ_o 并不立刻改变，而是在经过某一延时 $\tau(\tau=l/v, v$ 为运输机的速度)后才有同样的改变，所以可看成是一个延时环节。

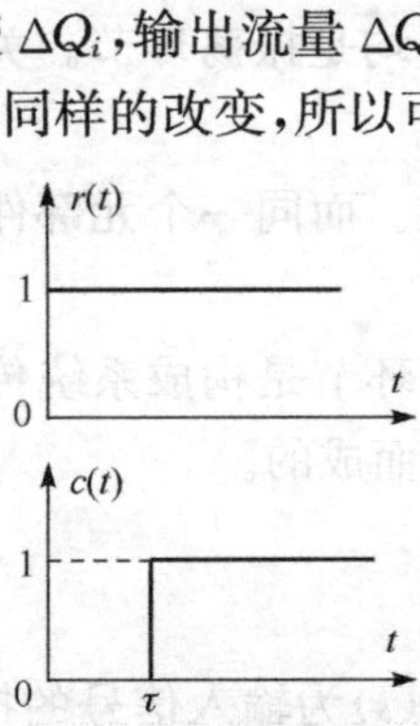

图 2-19　延时环节

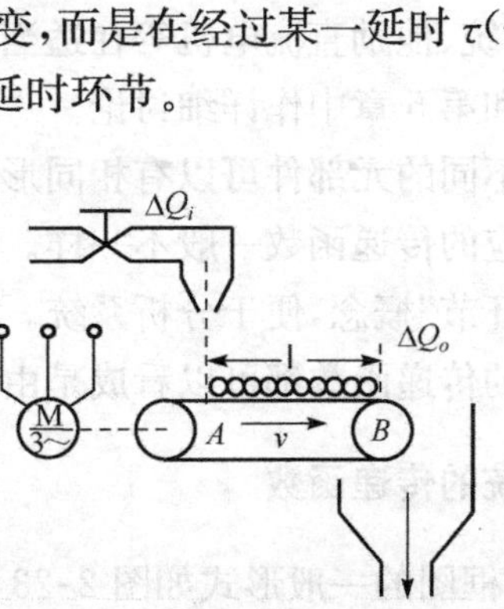

图 2-20　带式运输机系统

延时环节对控制系统的稳定性等有较大影响，需要引起特别的注意。

2.3.2.6 振荡环节

振荡环节如图 2-21 所示。有一对共轭复极点

$$p_{1,2}=-\zeta\omega_n\pm j\omega_n\sqrt{1-\zeta^2}\quad(0\leqslant\zeta<1) \tag{2-61}$$

其传递函数为

$$G(s)=\frac{C(s)}{R(s)}=\frac{\omega_n^2}{(s-p_1)(s-p_2)}=\frac{\omega_n^2}{s^2+2\zeta\omega_n s+\omega_n^2} \tag{2-62}$$

或

$$G(s)=\frac{1}{T^2s^2+2T\zeta s+1} \tag{2-63}$$

式中，ζ 为阻尼比，$0<\zeta<1$；ω_n 为无阻尼自然振荡角频率，$\omega_n=1/T$；T 为振荡环节的时间常数，$T>0$。

振荡环节是自动控制系统中一种常见而且重要的基本环节，许多部件本身或者可近似视为振荡环节。如例 2-1 介绍的 RLC 串联电路、例 2-2 介绍的弹簧装置等，在一定参数条件下均可视为振荡环节。以 RLC 串联电路为例(图 2-22)，按式(2-5)可导出该电路的传递函数为

$$G(s)=\frac{U_c(s)}{U_r(s)}=\frac{1}{LCs^2+RCs+1}=\frac{1}{T^2s^2+2T\zeta s+1} \tag{2-64}$$

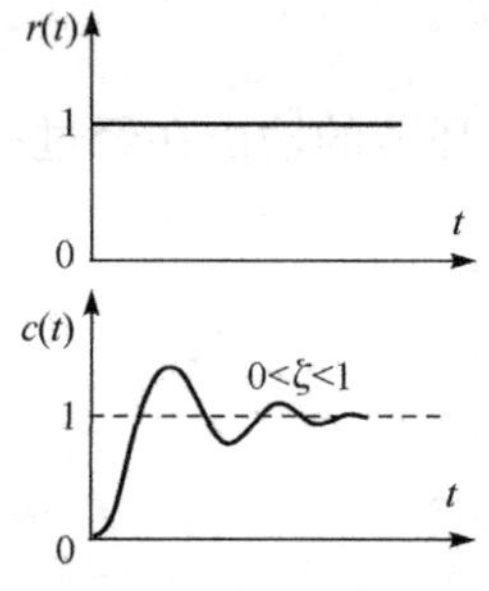

图 2-21 振荡环节

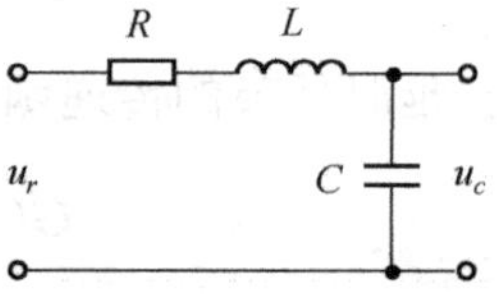

图 2-22 RLC 串联电路

质量弹簧系统、他励直流电机等在适当的参数配合下均是振荡环节。关于振荡环节的特性，将在第 3 章和第 5 章中作详细讨论。

应当注意，不同的元部件可以有相同形式的传递函数。而同一个元部件当输入输出变量选择不同时，对应的传递函数一般不一样。

建立“典型环节”概念，便于分析系统。可以认为典型环节是构成系统传递函数的最基本单元，任何系统的传递函数都可以看成是由典型环节组合而成的。

2.3.3 控制系统的传递函数

控制系统方框图的一般形式如图 2-23 所示。图中 $R(s)$ 为输入信号的拉氏变换式，$N(s)$ 为扰动信号的拉氏变换式，$C(s)$ 为被控制信号的拉氏变换式，$E(s)$ 为偏差信号的拉氏变换式，

$G_1(s)$和$G_2(s)$为前向通道的传递函数，$H(s)$为反馈通道的传递函数。$G_1(s)$、$G_2(s)$、$H(s)$为已知。

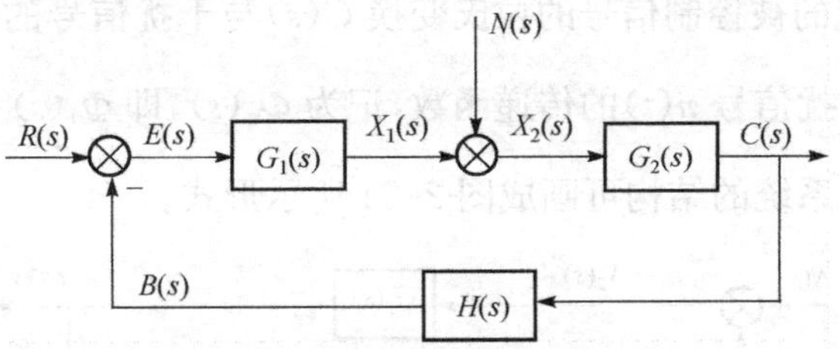

图 2-23 控制系统方框图

2.3.3.1 系统的开环传递函数

若$n(t)=0$，则系统反馈信号的拉氏变换$B(s)$与系统偏差信号$E(s)$之比，称为开环系统的传递函数。据上述定义，假想系统从反馈端断开，使系统变成开环状态，此时，按传递函数的相乘性，有

$$E(s)G_1(s)G_2(s)H(s)=B(s)$$

据开环传递函数的定义，得

$$\frac{B(s)}{E(s)}=G_1(s)G_2(s)H(s)=G(s)H(s) \tag{2-65}$$

结论：开环传递函数等于前向通道的传递函数与反馈通道的传递函数的乘积。

2.3.3.2 系统被控制信号$c(t)$对控制信号$r(t)$的闭环传递函数

若$n(t)=0$，则系统的被控制信号的拉氏变换$C(s)$与控制信号的拉氏变换$R(s)$之比，称为被控制信号$c(t)$对于控制信号$r(t)$的闭环传递函数，记为$\Phi_r(s)$，即$\Phi_r(s)=\dfrac{C(s)}{R(s)}$。

设$G(s)=G_1(s)G_2(s)$，由图 2-23 得

$$E(s)=R(s)-B(s) \tag{2-66}$$

$$C(s)=G(s)E(s) \tag{2-67}$$

$$B(s)=H(s)C(s) \tag{2-68}$$

将式(2-68)代入式(2-66)得

$$E(s)=R(s)-H(s)C(s) \tag{2-69}$$

将式(2-69)代入式(2-67)得

$$C(s)=G(s)[R(s)-H(s)C(s)]$$

整理得

$$C(s)[1+G(s)H(s)]=G(s)R(s)$$

即

$$\Phi_r(s)=\frac{C(s)}{R(s)}=\frac{G(s)}{1+G(s)H(s)} \tag{2-70}$$

对于单位反馈系统有

$$\Phi_r(s)=\frac{C(s)}{R(s)}=\frac{G(s)}{1+G(s)} \tag{2-71}$$

2.3.3.3 被控制信号对于干扰信号的闭环传递函数

若 $r(t)=0$,则系统的被控制信号的拉氏变换 $C(s)$ 与干扰信号的拉氏变换 $N(s)$ 之比,称为被控信号 $c(t)$ 对于干扰信号 $n(t)$ 的传递函数,记为 $\Phi_n(s)$,即 $\Phi_n(s)=\dfrac{C(s)}{N(s)}$。

此情况下,图 2-23 系统的结构可画成图 2-24 所示形式。

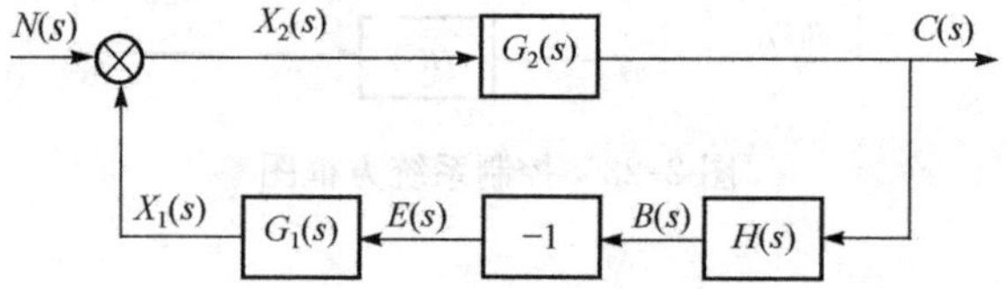

图 2-24 $r(t)=0$ 的闭环方框图

由结构图,得

$$\begin{cases} C(s)=X_2(s)G_2(s) & (2\text{-}72) \\ B(s)=C(s)H(s) & (2\text{-}73) \\ E(s)=-B(s) & (2\text{-}74) \\ X_1(s)=E(s)G_1(s) & (2\text{-}75) \\ X_2(s)=N(s)+X_1(s) & (2\text{-}76) \end{cases}$$

将式(2-73)代入式(2-74),有

$$E(s)=-C(s)H(s) \tag{2-77}$$

将式(2-77)代入式(2-75),有

$$X_1(s)=G_1(s)[-C(s)H(s)] \tag{2-78}$$

将式(2-72)、式(2-78)代入式(2-76),有

$$\frac{C(s)}{G_2(s)}=N(s)+G_1(s)[-C(s)H(s)] \tag{2-79}$$

即

$$\Phi_n(s)=\frac{C(s)}{N(s)}=\frac{G_2(s)}{1+G_1(s)G_2(s)H(s)}=\frac{G_2(s)}{1+G(s)} \tag{2-80}$$

结论: 被控制信号对干扰信号的闭环传递函数,其分子等于干扰信号到输出信号之间的传递函数,其分母等于 1 加上开环传递函数。

若 $r(t)\neq0$、$n(t)\neq0$,即控制信号和干扰信号同时作用于系统,由叠加原理得到控制信号 $r(t)$ 和干扰信号 $n(t)$ 同时作用下的总的传递函数,即

$$\begin{aligned} C(s)&=\Phi_r(s)R(s)+\Phi_n(s)N(s) \\ &=\frac{G_1(s)G_2(s)}{1+G(s)H(s)}R(s)+\frac{G_2(s)}{1+G(s)H(s)}N(s)=C_r(s)+C_n(s) \end{aligned} \tag{2-81}$$

2.3.3.4 偏差信号 $e(t)$ 对于控制信号 $r(t)$ 的闭环传递函数

若 $n(t)=0$,则偏差信号的拉氏变换 $E(s)$ 与控制信号的拉氏变换 $R(s)$ 之比,称为偏差信号对控制信号的闭环传递函数,记为 $\Phi_{er}(s)$,即 $\Phi_{er}(s)=\dfrac{E(s)}{R(s)}$。

在图 2-23 中，令 $N(s)=0$，$G(s)=G_1(s)G_2(s)$，则有

$$E(s)=R(s)-B(s) \tag{2-82}$$

$$B(s)=E(s)G(s)H(s) \tag{2-83}$$

将式(2-83)代入式(2-82)整理得

$$\Phi_{er}(s)=\frac{E(s)}{R(s)}=\frac{1}{1+G(s)H(s)} \tag{2-84}$$

结论： 在负反馈系统中，偏差信号对于控制信号的闭环传递函数为 1 与开环传递函数相加的倒数。

2.3.3.5　偏差信号 $e(t)$ 对于干扰信号 $n(t)$ 的闭环传递函数

若 $R(s)=0$，则偏差信号的拉氏变换 $E(s)$ 与干扰信号的拉氏变换 $N(s)$ 之比，称为偏差信号 $e(t)$ 对于干扰信号 $n(t)$ 的闭环传递函数，记为 $\Phi_{en}(s)$，即 $\Phi_{en}(s)=\dfrac{E(s)}{N(s)}$。

令 $G(s)=G_1(s)G_2(s)$，则由图 2-23，得

$$N(s)=X_2(s)-X_1(s) \tag{2-85}$$

$$X_1(s)=E(s)G_1(s) \tag{2-86}$$

$$E(s)=-H(s)G_2(s)X_2(s) \tag{2-87}$$

将式(2-86)、式(2-87)代入式(2-85)，得

$$N(s)=\frac{-E(s)}{G_2(s)H(s)}-E(s)G_1(s)$$

整理得

$$\Phi_{en}(s)=\frac{E(s)}{N(s)}=\frac{-G_2(s)H(s)}{1+G(s)H(s)} \tag{2-88}$$

结论： 在负反馈系统中，偏差信号对于干扰信号的闭环传递函数，其分子等于从干扰信号到偏差信号之间的传递函数，其分母等于 1 加开环传递函数。

若 $r(t)\neq 0$、$n(t)\neq 0$，则

$$E(s)=\Phi_{er}(s)R(s)+\Phi_{en}(s)N(s)=\frac{R(s)-G_2(s)H(s)N(s)}{1+G(s)H(s)} \tag{2-89}$$

结论： 对于负反馈闭环系统，闭环传递函数 $\Phi_r(s)$、$\Phi_n(s)$、$\Phi_{er}(s)$、$\Phi_{en}(s)$ 其分子等于对应闭环传递函数的输入信号到输出或偏差信号的乘积，并赋以符号，其分母等于 1 加上开环传递函数。

2.3.4　传递函数的标准形式

传递函数通常表示成式(2-38)形式的有理分式，根据系统分析的需要，也常表示成所谓的首 1 标准型或尾 1 标准型。

2.3.4.1　首 1 标准型(零、极点形式)

将传递函数的分子、分母最高次项(首项)系数均化为 1 的零、极点形式，即如下的形式，称为首 1 标准型。

$$G(s)=\frac{K^{*}\prod_{i=1}^{m}(s-z_i)}{\prod_{j=1}^{n}(s-p_j)} \tag{2-90}$$

式中，$z_1,z_2,z_3,\cdots,z_m$ 为传递函数分子多项式等于零的根，在传递函数分子多项式和分母多项式互质时，称为传递函数的零点；$p_1,p_2,\cdots,p_n$ 为传递函数分母多项式等于零的根，在传递函数分子多项式和分母多项式互质时，称为传递函数的极点。根轨迹分析法中常用这种形式。

2.3.4.2　尾1标准型（时间常数形式）

将传递函数（式(2-38)）的分子、分母最低次项（尾项）系数均化为1，表示为如下的形式，称为尾1标准型；因式分解后也称为传递函数的时间常数形式。频域分析法中常用这种形式。

$$G(s)=K\frac{\prod_{k=1}^{m_1}(\tau_k s+1)\prod_{l=1}^{m_2}(\tau_l^2 s^2+2\zeta\tau_l s+1)}{s^{\nu}\prod_{i=1}^{n_1}(T_i s+1)\prod_{j=1}^{n_2}(T_j^2 s^2+2\zeta T_j s+1)} \tag{2-91}$$

式中，每个因子都对应一个时间常数形式的典型环节，其中 K 为放大（比例）环节。K 与 K^{*} 的关系为

$$K=\frac{K^{*}\prod_{i=1}^{m}|z_i|}{\prod_{j=1}^{n}|p_j|} \tag{2-92}$$

式中，$z_i(i=1,2,\cdots,m)$ 为传递函数的零点；$p_j(j=1,2,\cdots,n)$ 为传递函数的极点。

2.3.5　传递函数的零点和极点对输出的影响

所有零极点在复平面的相对位置共同决定了系统的响应特性。但传递函数的极点是微分方程的特征根，因此，决定了系统的响应形式（模态）；零点只影响各模态在响应中所占比重。

零点距极点的距离越远，则该极点所产生的模态所占比重越大；零点距极点的距离越近，则该极点所产生的模态所占比重越小；如果零极点重合，该极点所产生的模态为零，因为分子分母相互抵消。

例如，具有相同极点不同零点的两个系统 $G_1(s)=\frac{4s+2}{(s+1)(s+2)}$ 和 $G_2(s)=\frac{1.5s+2}{(s+1)(s+2)}$，它们零初始条件下的单位阶跃响应分别为

$$c_1(t)=L^{-1}\left[\frac{4s+2}{s(s+1)(s+2)}\right]=1+2e^{-t}-3e^{-2t}$$

$$c_2(t)=L^{-1}\left[\frac{1.5s+2}{s(s+1)(s+2)}\right]=1-0.5e^{-t}-0.5e^{-2t}$$

2.4　控制系统的结构图

2.4.1　结构图的概念

系统的结构图是描述系统各组成元部件之间信号传递关系的数学图形。在系统方框图中

将方框对应的元部件名称换成其相应的传递函数，并将环节的输入输出量改用拉氏变换形式后，就转换成了相应的系统结构图。

结构图不仅能清楚地表明系统的组成和信号的传递方向，而且能清楚地表示系统信号传递过程中的数学关系，它是一种图形化的系统数学模型，在控制理论中应用很广。

图 2-25 是 *RC* 网络电路及其动态结构图。图中 ΔU 为 R 上的压降。

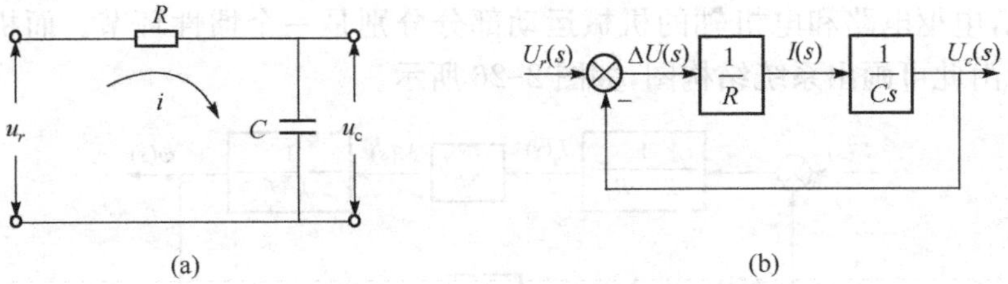

图 2-25　*RC* 网络电路及其动态结构图

动态结构图由四个基本单元组成。

(1) 信号线。带箭头的直线，箭头表示信号的传递方向。在线上可以标出信号的时域或复域名称。

(2) 方框(环节)。表示对信号进行的数学变换。方框中写入元部件或系统的传递函数，可作为单向运算的算子。显然，方框的输出变量就等于方框的输入变量与传递函数的乘积。

(3) 相加点。对两个以上的信号进行加减运算，“＋”表示相加，“－”表示相减。也称比较点，“＋”号可以省略。

(4) 引出点。表示信号引出或测量的位置。从同一位置引出的信号，在数值和性质方面完全相同。信号往往需要送到监视器、表盘，也可以送到系统本身不同的地方，所以需要引出点。只是引出信号，而不是取出能量，所以引出的信号均相同。

2.4.2　系统结构图的建立

动态结构图的绘制方法如下。

(1) 确定系统输入输出信号。

(2) 以函数的拉氏变换形式由输入到输出绘制信号的传递过程(不能在时间域里绘制)。

(3) 设置的中间变量的信号线应是闭合的形式(以便求传递函数时可将其消去)。

例 2-8　考虑图 2-4 所示的他励直流电动机，画出由典型环节构成的系统方框图，并求出传递函数。

解　已知道，在该系统中电枢电压 $u(t)$ 是输入信号，电动机轴的角速度 $\omega(t)$ 被视为输出量。在例 2-3 中已给出各部分的运动方程为

$$M=J\frac{\mathrm{d}\omega}{\mathrm{d}t}+f\omega$$

$$u-E_a=L_a\frac{\mathrm{d}I_a}{\mathrm{d}t}+R_aI_a$$

$$E_a=k_b\omega$$

$$M=k_dI_a$$

式中，各符号的含义同例 2-3。对上面四式的两边均作拉氏变换，可得

$$M(s)=(Js+f)\omega(s)$$

$$U(s)-E_a(s)=(L_a s+R_a)I_a(s)$$

$$E_a(s)=k_b\omega(s)$$

$$M(s)=k_d I_a(s)$$

由此可见，电枢电路和电机轴的机械运动部分分别是一个惯性环节。而机-电耦合是两个比例环节。由此可画出系统结构图，如图 2-26 所示。

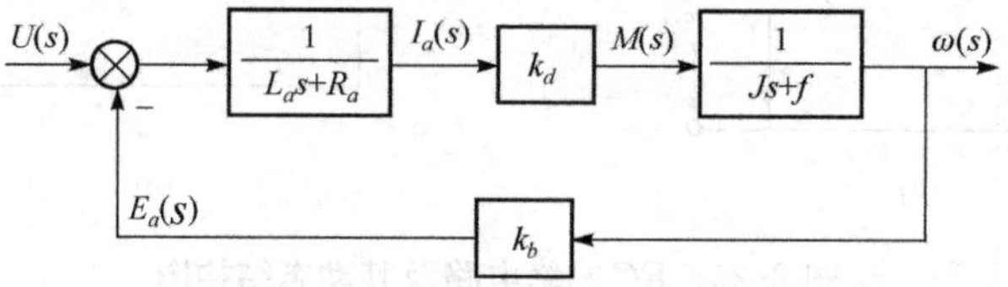

图 2-26　电动机的结构图

这是一个反馈结构，其前向通道由三个环节串联而成，前向通道传递函数为

$$G(s)=\frac{1}{L_a s+R_a}\cdot k_d.\frac{1}{Js+f}$$

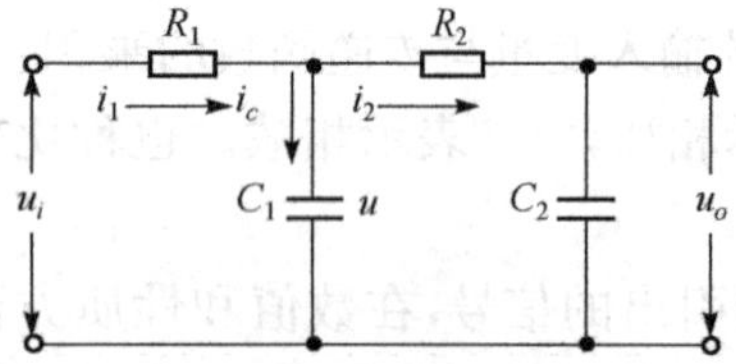

图 2-27　两级 RC 电路

反馈通道传递函数的 $H(s)=k_b$，故系统的传递函数为

$$W(s)=\frac{G(s)}{1+G(s)H(s)}=\frac{k_d}{(L_a s+R_a)(Js+f)+k_b k_d}$$

例 2-9　绘制图 2-27 所示两级 RC 电路的结构图。

解　将整个系统划分为若干个无负载效应的环节来处理。根据基尔霍夫定律，可写出以下方程：[F203]

$$\begin{cases}u_i=i_1R_1+u\\ i_1-i_2=i_c\\ u=\dfrac{1}{C_1}\displaystyle\int i_c\,\mathrm{d}t\\ u=i_2R_2+u_o\\ u_o=\dfrac{1}{C_2}\displaystyle\int i_2\,\mathrm{d}t\end{cases}\quad\text{或}\quad\begin{cases}(u_i-u)/R_1=i_1\\ i_1-i_2=i_c\\ \dfrac{1}{C_1}\displaystyle\int i_c\,\mathrm{d}t=u\\ (u-u_o)/R_2=i_2\\ \dfrac{1}{C_2}\displaystyle\int i_2\,\mathrm{d}t=u_o\end{cases}$$

令初始条件为零对上述方程取拉氏变换，则可得各环节的传递函数为[F205]

环节 a　$\dfrac{I_1(s)}{U_i(s)-U(s)}=G_1(s)=\dfrac{1}{R_1}$　　环节 b　$I_c(s)=I_1(s)-I_2(s)$

环节 c　$\dfrac{U(s)}{I_c(s)}=G_2(s)=\dfrac{1}{C_1 s}$　　环节 d　$\dfrac{I_2(s)}{U(s)-U_o(s)}=G_3(s)=\dfrac{1}{R_2}$

环节 e　$\dfrac{U_o(s)}{I_2(s)}=G_4(s)=\dfrac{1}{C_2 s}$

于是，可绘制各环节的结构图如图 2-28(a)～图 2-28(e)所示。将各环节的结构图按照信号的传递关系连接起来，即可得系统的结构图如图 2-28(f)所示。

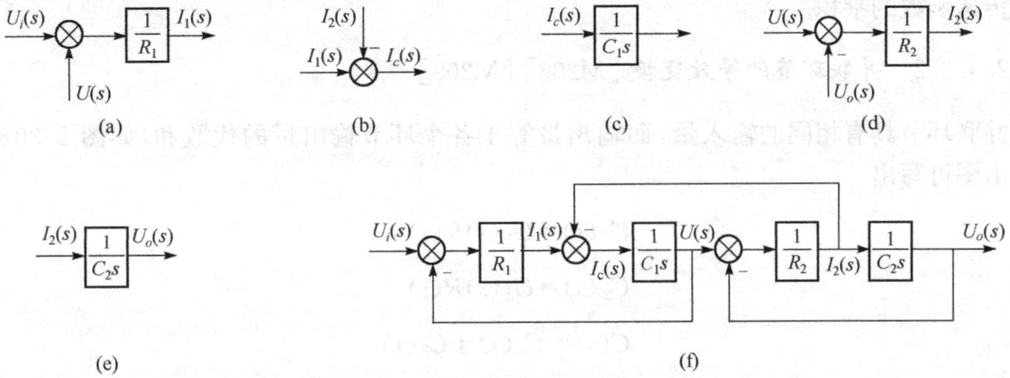

图 2-28　两级 RC 电路的结构图

2.4.3　结构图的等效变换

结构图是从具体系统中抽象出来的数学图形，当只讨论系统的输入输出特性，而不考虑它的具体结构时，完全可以对其进行必要的变换。当然，这种变换必须是"等效的"，应使变换前后输入量与输出量之间的传递函数保持不变。

串联、并联和反馈连接是三种基本的连接方式，可直接对应代数方程中的三种运算。利用这些基本运算公式，可求得各种组合下的传递函数。

2.4.3.1　串联环节的等效变换［M207］

若干个相互间无负载效应的环节相串联，前一个环节的输出是后一个环节的输入，依次顺序连接，如图 2-29 所示。

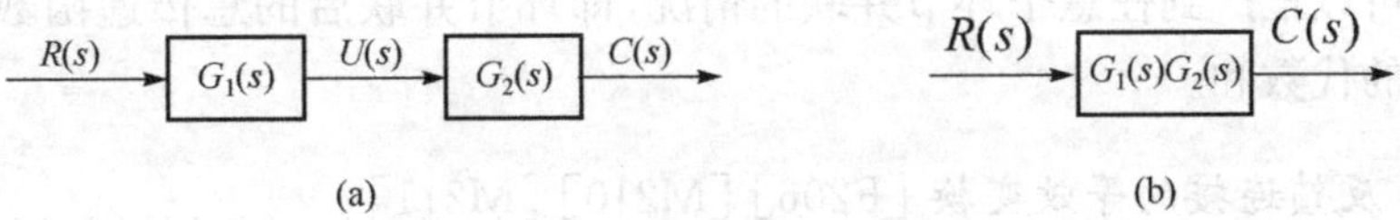

图 2-29　串联连接的等效变换

由图 2-29(a)可写出

$$U(s)=G_1(s)R(s)$$

$$C(s)=G_2(s)U(s)$$

消去变量 $U(s)$ 得

$$C(s)=G_2(s)G_1(s)R(s)=G(s)R(s)$$

所以两个环节串联后的等效传递函数为

$$\frac{C(s)}{R(s)}=G(s)=G_2(s)G_1(s) \tag{2-93}$$

其等效结构图如图 2-29(b)所示。

上述结论可以推广到任意个环节串联的情况，即环节串联后的总传递函数等于各个串联环节传递函数的乘积。

2.4.3.2　并联环节的等效变换［M208］［M209］

并联环节具有相同的输入量，而输出量等于各个环节输出量的代数和，如图 2-30(a)所示。由图可写出

$$C_1(s)=G_1(s)R(s)$$

$$C_2(s)=G_2(s)R(s)$$

$$C(s)=C_1(s)\pm C_2(s)$$

消去变量 $C_1(s)$、$C_2(s)$得

$$C(s)=[G_1(s)\pm G_2(s)]R(s)=G(s)R(s)$$

所以两个环节并联后的等效传递函数为

$$\frac{C(s)}{R(s)}=G(s)=G_1(s)\pm G_2(s) \tag{2-94}$$

其等效结构图如图 2-30(b)所示。

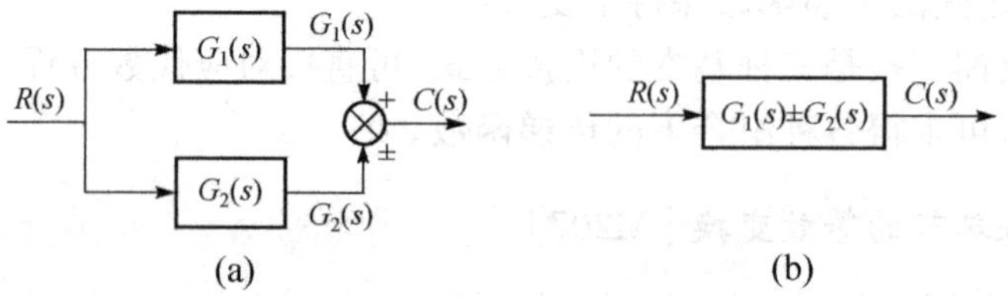

图 2-30　并联连接的等效变换

上述结论可以推广到任意个环节并联的情况，即环节并联后的总传递函数等于各个并联环节传递函数的代数和。

2.4.3.3　反馈连接的等效变换［F206］［M210］［M211］

图 2-31(a)为反馈连接的一般形式。由图可写出

$$C(s)=G(s)E(s)$$

$$E(s)=R(s)\pm B(s)$$

$$B(s)=H(s)C(s)$$

消去 $B(s)$和 $E(s)$得

$$C(s)=\frac{G(s)}{1\mp G(s)H(s)}R(s)=\Phi(s)R(s)$$

所以反馈连接后的等效(闭环)传递函数为

$$\frac{C(s)}{R(s)}=\Phi(s)=\frac{G(s)}{1\mp G(s)H(s)} \tag{2-95}$$

其等效结构图如图 2-31(b)所示。

当反馈通道的传递函数 $H(s)=1$ 时，称相应系统为单位反馈系统，此时闭环传递函数为

$$\Phi(s)=\frac{G(s)}{1\mp G(s)} \tag{2-96}$$

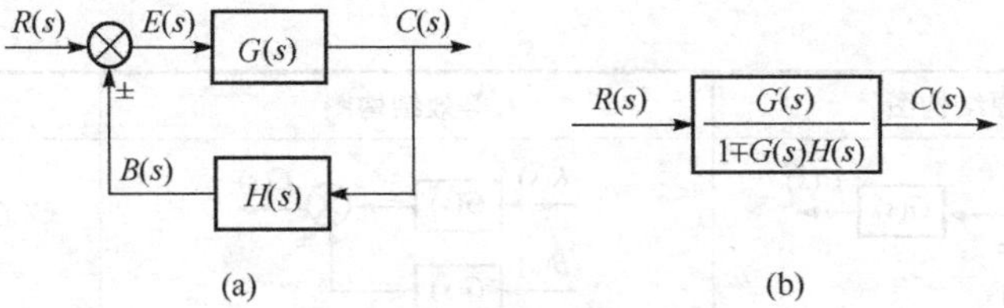

图 2-31　反馈连接的等效变换

2.4.3.4　相加点和引出点的移动［F207］［F208］［F209］［F210］

在结构图简化过程中，当系统中出现信号交叉时，需要移动相加点（也称比较点、求和点）或引出点的位置，这时应注意保持移动前后信号传递的等效性，并注意以下两点。

① 引出点与相加点互换太复杂，尽量不用。

② 在等效交换过程中，一般尽可能和方框进行位置移动交换，相加点移向相加点，分支点移向分支点。

表 2-1 汇集了结构图等效变换的基本规则，可供查用。［F211］

表 2-1　结构图等效变换规则

变换方式	原结构图	等效结构图	等效运算关系
串联	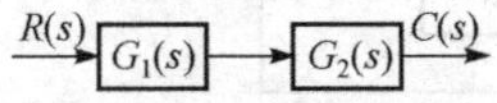	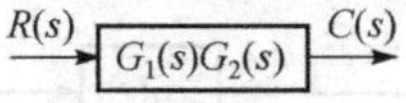	$C(s)=G_1(s)G_2(s)R(s)$
并联	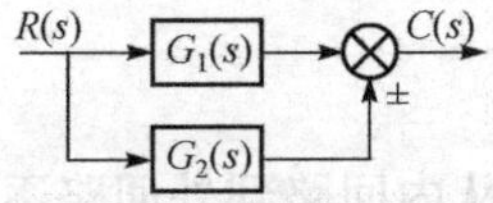	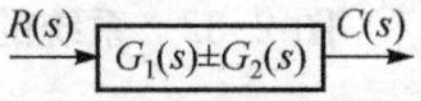	$C(s)=[G_1(s)\pm G_2(s)]R(s)$
反馈	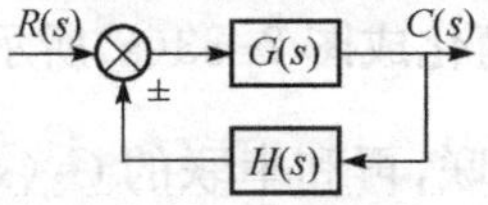	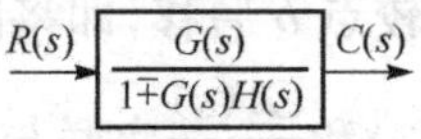	$C(s)=\dfrac{G(s)R(s)}{1\mp G(s)H(s)}$
引出点前移	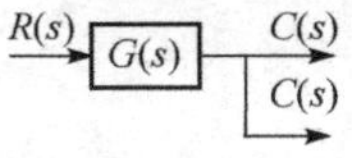	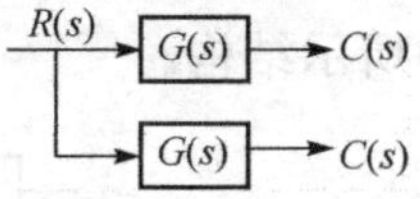	$C(s)=G(s)R(s)$
引出点后移	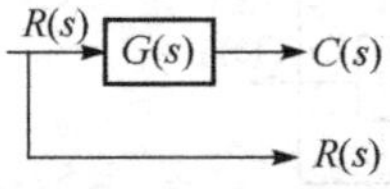	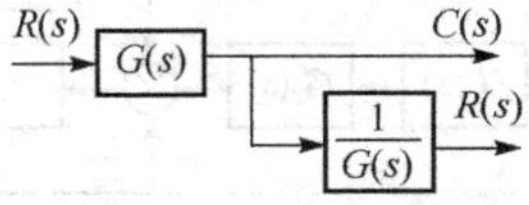	$R(s)=R(s)G(s)\dfrac{1}{G(s)}$ $C(s)=G(s)R(s)$
交换或合并相加点	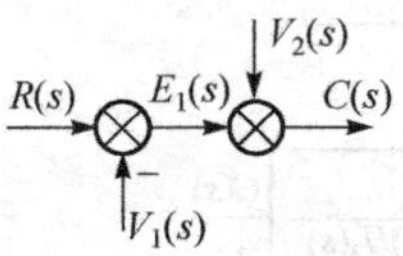	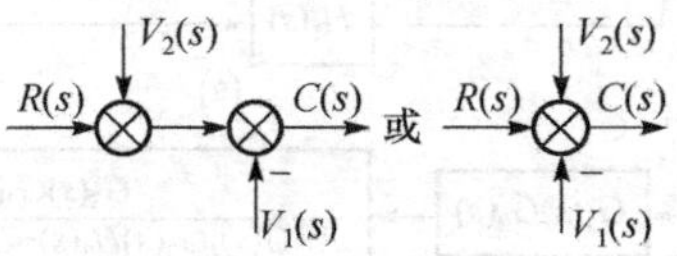	$C(s)=E_1(s)+V_2(s)$ $=R(s)-V_1(s)+V_2(s)$ $=R(s)+V_2(s)-V_1(s)$
相加点前移	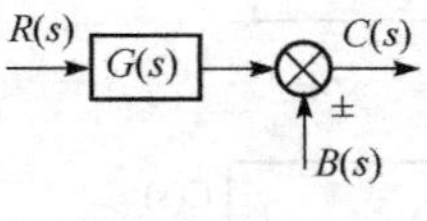	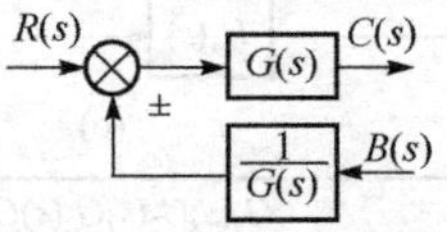	$C(s)=R(s)G(s)\pm B(s)$ $=\left[R(s)\pm\dfrac{B(s)}{G(s)}\right]G(s)$

变换方式	原结构图	等效结构图	等效运算关系
相加点后移	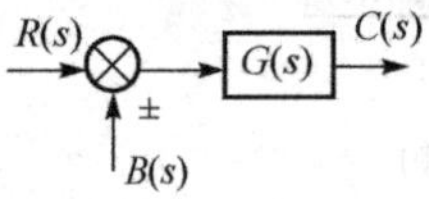	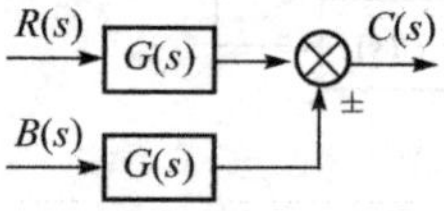	$C(s)=[R(s)\pm B(s)]G(s)$ $=R(s)G(s)\pm B(s)G(s)$
引出点移到相加点之前	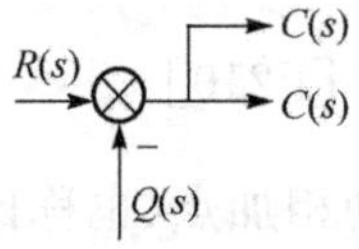	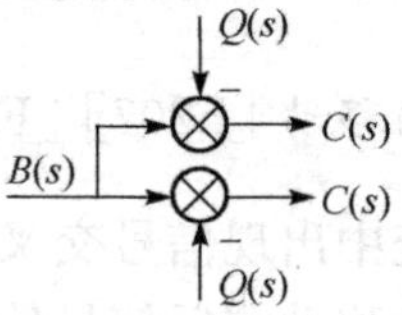	$C(s)=R(s)-Q(s)$

例 2-10 简化图 2-32 所示系统的结构图，求系统的闭环传递函数 $\Phi(s)=\dfrac{C(s)}{R(s)}$。

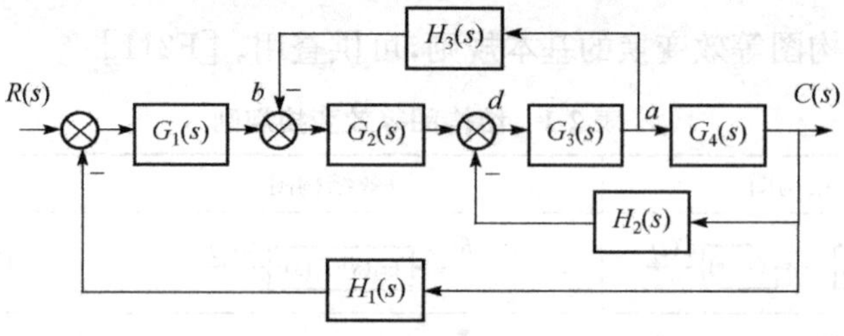

图 2-32 系统的结构图

解 这是一个多回路系统。可以有多种解题方法，这里从内回路到外回路逐步化简。

第一步，将引出点 a 后移，比较点 b 后移，即将图 2-32 简化成图 2-33(a)所示结构。

第二步，对图 2-33(a)中 $H_3(s)$ 和 $\dfrac{G_2(s)}{G_4(s)}$ 串联与 $H_2(s)$ 并联，再和串联的 $G_3(s)$，$G_4(s)$ 组成反馈回路，进而简化成图 2-33(b)所示结构。

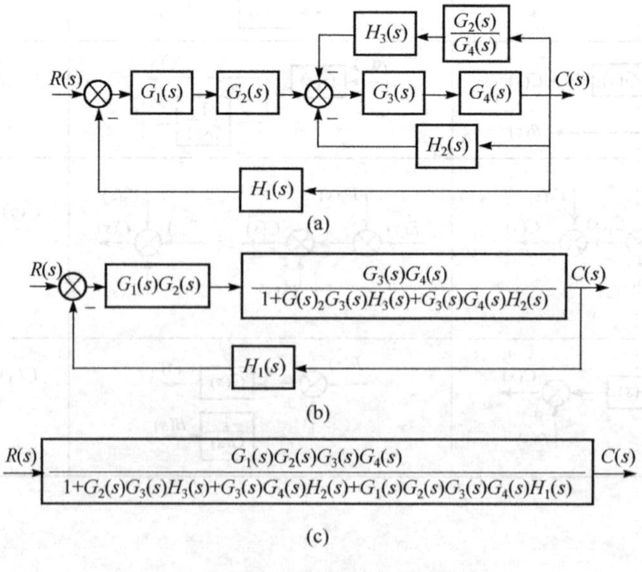

图 2-33 例 2-10 的结构图等效变换

第三步，对图 2-33(b)中的回路再进行串联及反馈变换，成为如图 2-33(c)所示形式。

最后可得系统的闭环传递函数为

$$\Phi(s)=\frac{C(s)}{R(s)}=\frac{G_1(s)G_2(s)G_3(s)G_4(s)}{1+G_2(s)G_3(s)H_3(s)+G_3(s)G_4(s)H_2(s)+G_1(s)G_2(s)G_3(s)G_4(s)H_1(s)}$$

请读者思考，在图 2-32 中，是否可将引出点 a 直接移到比较点 d 之前，为什么？

例 2-11 试简化图 2-34(a)所示系统的结构图，并求其闭环传递函数。

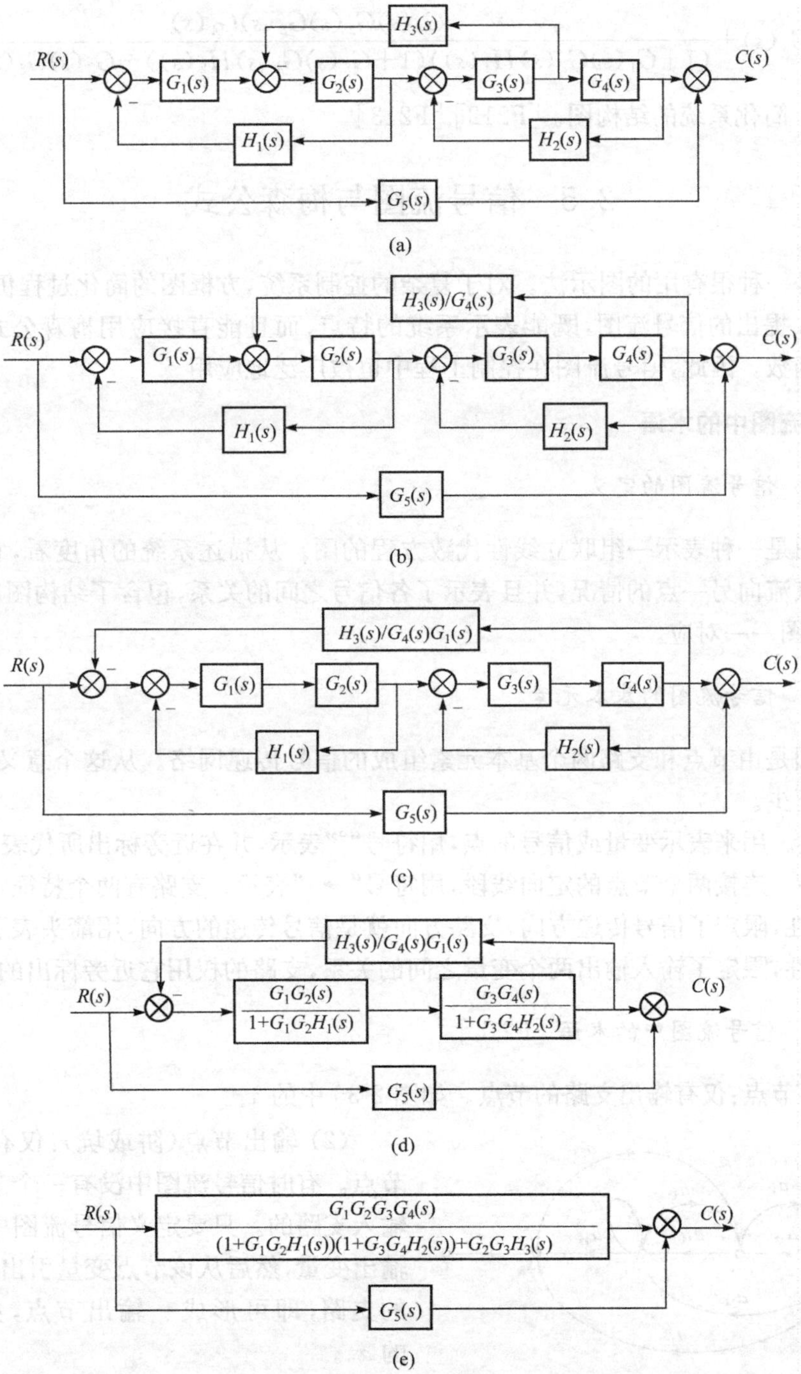

图 2-34 例 2-11 的结构图等效变换

解 图 2-34(a)是一个交叉反馈多回路系统，采用引出点后移或前移、比较点前移等，逐步变换简化，可求得系统的闭环传递函数为

$$\Phi(s)=\frac{C(s)}{R(s)}=G_5(s)+\frac{G_1(s)G_2(s)G_3(s)G_4(s)}{(1+G_1(s)G_2(s)H_1(s))(1+G_3(s)G_4(s)H_2(s))+G_2(s)G_3(s)H_3(s)}$$

由图 2-34(a)引出点后移得图 2-34(b)，由图 2-34(b)比较点前移得图 2-34(c)，按串联和反馈处理得图 2-34(d)，按串联和反馈处理得图 2-34(e)，再根据并联求得闭环传递函数为

$$\Phi(s)=G_5(s)+\frac{G_1(s)G_2(s)G_3(s)G_4(s)}{(1+G_1(s)G_2(s)H_1(s))(1+G_3(s)G_4(s)H_2(s))+G_2(s)G_3(s)H_3(s)}$$

例 2-12 简化系统的结构图。[F212] [F213]

2.5 信号流图与梅森公式

方框图是一种很有用的图示法。对于复杂的控制系统，方框图的简化过程仍较复杂，且易出错。Mason 提出的信号流图，既能表示系统的特点，而且能直接应用梅森公式方便地写出系统的传递函数。因此，信号流图在控制工程中也被广泛地应用。

2.5.1 信号流图中的术语

2.5.1.1 信号流图的定义

信号流图是一种表示一组联立线性代数方程的图。从描述系统的角度看，它描述了信号从系统中一点流向另一点的情况，并且表示了各信号之间的关系，包含了结构图所包含的全部信息，与结构图一一对应。

2.5.1.2 信号流图的基本元素

信号流图是由节点和支路两个基本元素组成的信号传递网络。从这个意义上来说，比结构图的元素还少。

(1) 节点。用来表示变量或信号的点，用符号“°”表示，并在近旁标出所代表的变量。

(2) 支路。连接两个节点的定向线段，用符号“→—”表示。支路有两个特征：

① 有向性，限定了信号传递方向，支路方向就是信号传递的方向，用箭头表示；

② 有权性，限定了输入输出两个变量之间的关系，支路的权用它近旁标出的传输值表示。

2.5.1.3 信号流图中的术语 [F214]

(1) 输入节点：仅有输出支路的节点。如图 2-35 中的 x_1。

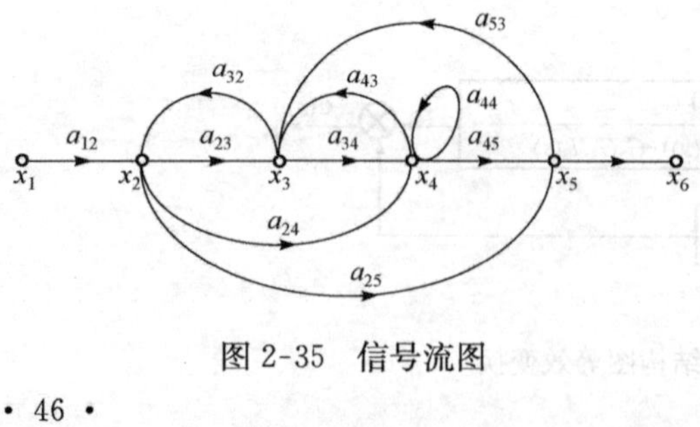

图 2-35 信号流图

(2) 输出节点(阱或坑)：仅有输入支路的节点。有时信号流图中没有一个节点是仅具有输入支路的。只要定义信号流图中任一变量为输出变量，然后从该节点变量引出一条增益为 1 的支路，即可形成一输出节点，如图 2-35 中的 x_6。

(3) 混合节点：既有输入支路又有输出支

路的节点。如图 2-35 中的 x_2, x_3, x_4。

(4) 前向通路:开始于输入节点,沿支路箭头方向,每个节点只经过一次,最终到达输出节点的通路。前向通路上各支路增益之乘积,称为前向通路总增益,用 p_k 表示。

(5) 回路:起点和终点在同一节点,并与其他节点相遇仅一次的通路。回路中所有支路的乘积称为回路增益,用 L_a 表示。

(6) 不接触回路:回路之间没有公共节点,这种回路称为不接触回路。在信号流图中,可以有两个或两个以上互不接触回路。

2.5.1.4 信号流图的性质

① 信号流图适用于线性系统。

② 支路表示一个信号对另一个信号的函数关系,信号只能沿支路上的箭头指向传递。

③ 在节点上可以把所有输入支路的信号叠加,并把相加后的信号送到所有的输出支路。

④ 具有输入和输出节点的混合节点,可通过增加一个具有单位增益的支路把它作为输出节点来处理。

⑤ 对于一个给定的系统,信号流图不是唯一的,因为描述同一个系统的方程可以表示为不同的形式。

2.5.2 信号流图的绘制

信号流图的绘制方法如下。

① 由微分方程绘制过程与直接画方框图差不多。[F215]

② 由系统方框图绘制。[F216]

例 2-13 绘出图 2-36 所示系统方框图的信号流图。

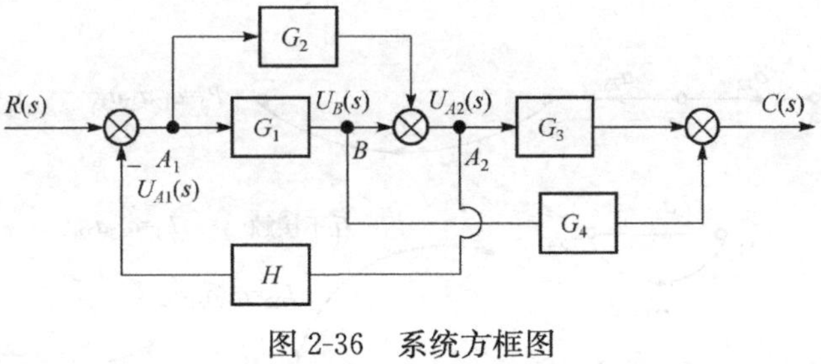

图 2-36 系统方框图

解 ① 用小圆圈表示各变量对应的节点。

② 在比较点之后的引出点 A_1, A_2,既可以在比较点后设置一个节点,也可以与它前面的比较点共用一个节点。

③ 在比较点之前的引出点 B,需设置两个节点,分别表示引出点和比较点,注意图 2-37 中的 e_1、e_2。

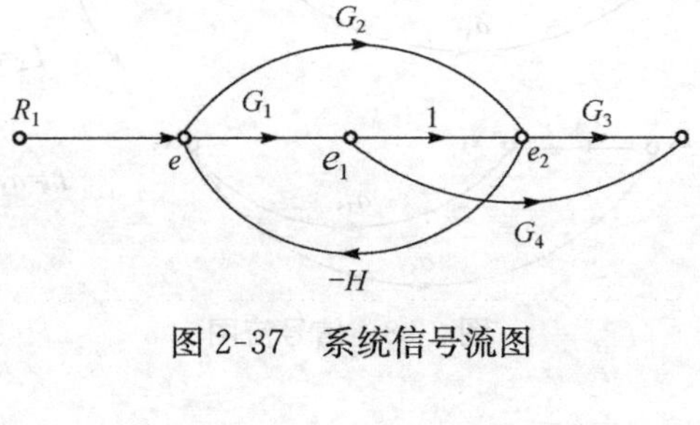

图 2-37 系统信号流图

2.5.3 梅森公式［F217］

$$P=\frac{1}{\Delta}\sum P_k\Delta_k \tag{2-97}$$

式中，P 为系统总增益(总传递函数)；k 为前向通路数；P_k 为第 k 条前向通路总增益；Δ为信号流图特征式，它是信号流图所表示的方程组的系数矩阵的行列式。在同一个信号流图中求图中任何一对节点之间的增益，其分母总是 Δ，变化的只是其分子。

$$\Delta=1-\sum L_{(1)}+\sum L_{(2)}-\sum L_{(3)}+\cdots+(-1)^m\sum L_{(m)} \tag{2-98}$$

式中，$\sum L_{(1)}$ 为所有不同回路增益之和；$\sum L_{(2)}$ 为所有任意两个互不接触回路增益乘积之和；$\sum L_{(m)}$ 为所有任意 m 个不接触回路增益乘积之和；Δ_k 为不与第 k 条前向通路相接触的那一部分信号流图的 Δ 值，称为第 k 条前向通路特征式的余因子。

例 2-14 求图 2-38(a)所示信号流图的总增益。

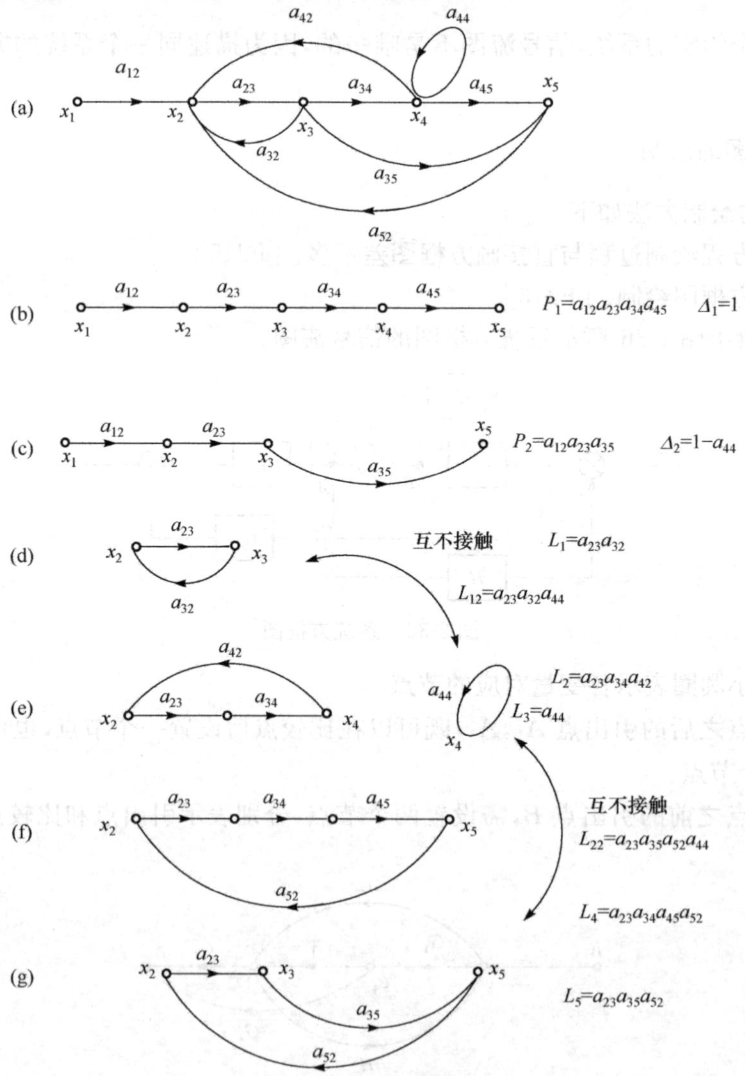

图 2-38 信号流图

解 图 2-38(b)、(c)为两条前向通路;图 2-38(d)～(g)为各回路及相接触关系。利用梅森公式,求得该系统的总增益为

$$P=\frac{a_{12}a_{23}a_{34}a_{45}+(1-a_{44})a_{12}a_{23}a_{35}}{1-(a_{23}a_{32}+a_{23}a_{34}a_{42}+a_{44}+a_{23}a_{34}a_{45}a_{52}+a_{23}a_{35}a_{52})+a_{23}a_{32}a_{44}+a_{23}a_{35}a_{52}a_{44}}$$

例 2-15 利用梅森公式求图 2-39 所示系统的闭环传递函数。[F218]

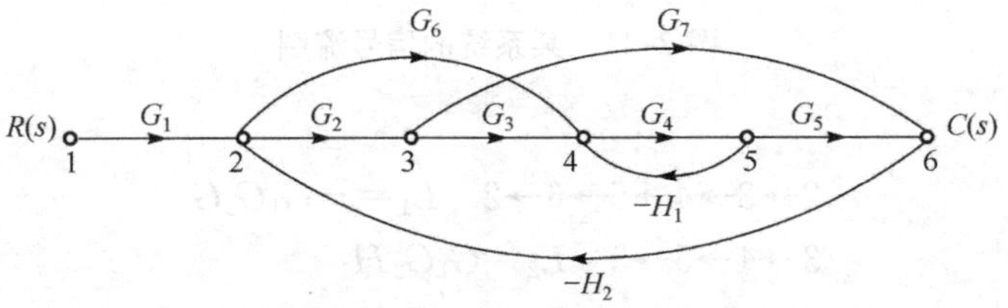

图 2-39 某系统的信号流图

解 前向通路有三个:

$$1\to2\to3\to4\to5\to6 \quad P_1=G_1G_2G_3G_4G_5 \quad \Delta_1=1$$

$$1\to2\to4\to5\to6 \quad P_2=G_1G_6G_4G_5 \quad \Delta_2=1$$

$$1\to2\to3\to6 \quad P_3=G_1G_2G_7 \quad \Delta_3=1+G_4H_1$$

四个单独回路:

$$4\to5\to4 \quad L_1=-G_4H_1$$

$$2\to3\to6\to2 \quad L_2=-G_2G_7H_2$$

$$2\to4\to5\to6\to2 \quad L_3=-G_6G_4G_5H_2$$

$$2\to3\to4\to5\to6\to2 \quad L_4=-G_2G_3G_4G_5H_2$$

L_1 与 L_2 互不接触:

$$L_{12}=G_4G_2G_7H_1H_2$$

$$\Delta=1+G_4H_1+G_2G_7H_2+G_6G_4G_5H_2+G_2G_3G_4G_5H_2+G_2G_4G_7H_1H_2$$

$$\frac{C(s)}{R(s)}=\frac{1}{\Delta}(P_1\Delta_1+P_2\Delta_2+P_3\Delta_3)$$

$$=\frac{G_1G_2G_3G_4G_5+G_1G_6G_4G_5+G_1G_2G_7(1+G_4H_1)}{1+G_4H_1+G_2G_7H_2+G_6G_4G_5H_2+G_2G_3G_4G_5H_2+G_4G_2G_7H_1H_2}$$

例 2-16 系统的方框图如图 2-40 所示,试画出信号流图,并用梅森公式求系统的传递函数$\frac{C(s)}{R(s)}$。

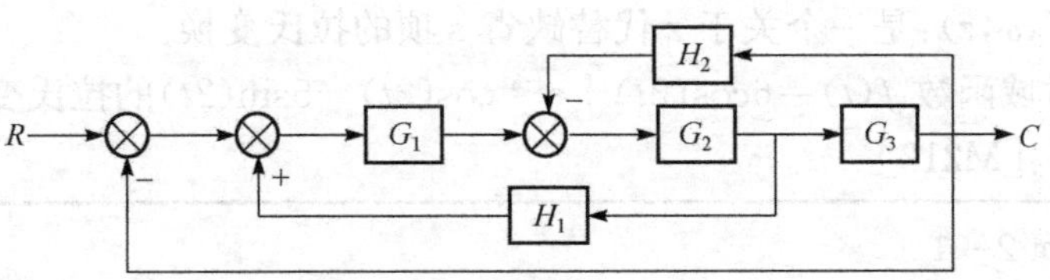

图 2-40 系统的方框图

解 信号流图如图 2-41 所示。

只有一个前向通路:

$$2\to3\to4\to5\to6 \quad P_1=G_1G_2G_3 \quad \Delta_1=1$$

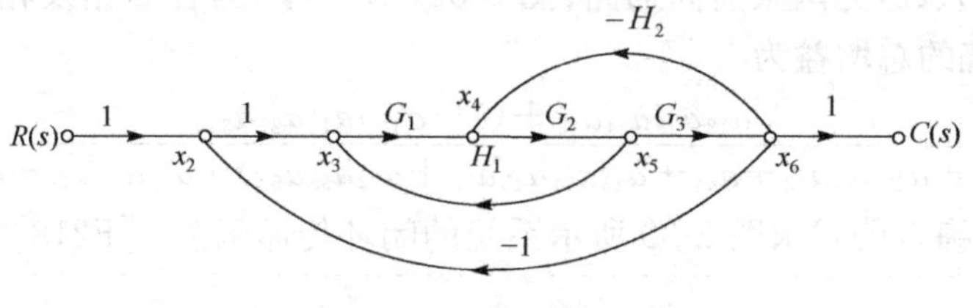

图 2-41　某系统的信号流图

有三个独立回路：

$$2\to3\to4\to5\to6\to2 \quad L_1=-G_1G_2G_3$$

$$3\to4\to5\to3 \quad L_2=G_1G_2H_1$$

$$4\to5\to6\to4 \quad L_3=-G_2G_3H_2$$

没有两个及两个以上的互相独立回路。

$$\frac{C(s)}{R(s)}=\frac{P_1\Delta_1}{\Delta}=\frac{P_1\Delta_1}{1-(L_1+L_2+L_2)}=\frac{G_1G_2G_3}{1+G_1G_2G_3-G_1G_2H_1+G_2G_3H_2}$$

2.6　应用 MATLAB 进行模型处理

线性系统理论中常用的数学模型有微分方程模型、传递函数模型等，而这些模型之间又有某些内在的等效关系。在 MATLAB 中，与传递函数的具体形式相对应，又有 tf 对象和 zpk 对象之分，分别称为有理分式模型和零极点模型。在本节，就线性定常时不变系统（LTI）数学模型分析中用到的 MATLAB 方法作一简要介绍，主要有拉氏变换、传递函数的转换、控制系统的特征根及零极点图、方框图模型的传递函数、符号模型的运算等。

2.6.1　拉氏变换与反变换

在 MATLAB 中，可以采用符号运算工具箱（Symbolic Math Toolbox）进行拉氏变换和反变换，通过函数“Laplace”和“iLaplace”来实现。

2.6.1.1　拉氏变换

“Laplace”的调用格式如下。

L=Laplace(F)：是缺省独立变量 t 关于符号向量 F 的拉氏变换，缺省返回关于 s 的函数。

L=Laplace(F,t)：是一个关于 t 代替缺省 s 项的拉氏变换。

L=Laplace(F,ω,z)：是一个关于 z 代替缺省 s 项的拉氏变换。

例 2-17　求时域函数 $f(t)=6\cos(3t)+e^{-3t}\cos(2t)-5\sin(2t)$ 的拉氏变换。

解　程序如下：[M212]

```
MATLAB Program 2- 1

% - - - - - - - - - - - - - - - Laplace transforms - - - - - - - - - - - - - - - - -
syms t y;
y= laplace(6* cos(3* t)+ exp(- 3* t)* cos(2* t)- 5* sin(2* t))
```

运行结果：

```
y =
  6* s/(s^2+ 9)+ 1/4* (s+ 3)/(1/4* (s+ 3)^2+ 1)- 10/(s^2+ 4)
```

即 $$y(s)=\frac{6s}{s^2+9}+\frac{s+3}{(s+3)^2+4}-\frac{10}{s^2+4}$$

2.6.1.2 拉氏反变换

“iLaplace”的调用格式如下。

F=iLaplace(L)：是缺省独立变量 s 关于符号向量 L 的拉氏反变换，缺省返回关于 t 的函数。

F=iLaplace(L,y)：是一个关于 y 代替缺省 t 项的拉氏变换。

F=iLaplace(L,y,x)：是一个关于 x 代替缺省 t 项的拉氏变换。

例 2-18 求函数 $G(s)=\frac{16}{s^2+4}+\frac{s+5}{(s+4)^2+16}$ 的拉氏反变换。

解 程序如下：[M213]

```
MATLAB Program 2- 2

% - - - - - - - - - - - - - in-Laplace transforms - - - - - - - - - - - - -
syms s F
F= ilaplace(16/(s^2+ 4)+ (s+ 5)/((s+ 4)^2+ 16))
```

运行结果：

```
F=
  8* sin(2* t)+ exp(- 4* t)* cos(4* t)+ 1/4* exp(- 4* t)* sin(4* t)
```

例 2-19 求函数 $G(s)=\frac{s+a}{(s+b)^2(s+c)}$ 的拉氏反变换。

解 程序如下：[M214]

```
MATLAB Program 2-3

% - - - - - - - - - - - - - InverseLaplace transforms - - - - - - - - - - - - -
syms s a b c F
F= ilaplace((s+ a)/((s+ b)^2* (s+ c)))
```

运行结果：

```
F=
  ((- (b- c)* (- b+ a)* t- a+ c)* exp(- b* t)+ (a- c)* exp(- c* t))/(b- c)^2
```

2.6.2 传递函数

2.6.2.1 有理分式模型

传递函数的分子和分母均为多项式的形式称为有理分式模型，如下式所示。

$$G(s)=\frac{C(s)}{R(s)}=\frac{b_0 s^m+b_1 s^{m-1}+\cdots+b_{m-1}s+b_m}{a_0 s^n+a_1 s^{n-1}+\cdots+a_{n-1}s+a_n}$$

在 MATLAB 中，传递函数分子和分母多项式系数用行向量表示。例如，多项式 $P(s)=s^3+2s+4$，其输入为

$$P=[1\ 0\ 2\ 4]$$

传递函数分子或分母为因式时，调用 conv()函数来求多项式向量。例如，$P(s)=5(s+2)(s+3)(10s^2+20s+3)$，其输入为

$$P=5*\text{conv}([1\ 2],\text{conv}([1\ 3],[10\ 20\ 3]))$$

调用函数"tf"可建立传递函数的有理分式模型，其调用格式如下：

$$G=\text{tf}(\text{num},\text{den})$$

例 2-20 已知某一系统的微分方程如下，试求其传递函数。

$$c^{(5)}+6c^{(4)}+12\dddot{c}+20\ddot{c}+36\dot{c}+25c=\dddot{r}+7\ddot{r}+12\dot{r}+20r$$

解 程序如下：[M215]

```
MATLAB Program 2- 4
% --------------- Transfer function ---------------
num= [1 7 12 20];
den= [1 6 12 20 36 25];
G= tf(num,den)
```

运行结果：

```
Transfer function:
          s^3 +  7 s^2 +  12 s +  20
----------------------------
s^5 +  6 s^4 +  12 s^3 +  20 s^2 +  36 s +  25
```

例 2-21 将传递函数 $G(s)=\frac{(s+4)^2}{s^2(s+5)(s^3+5s^2+2s+6)}$转换为有理分式模型。

解 程序如下：[M216]

```
MATLAB Program 2- 5
% --------------- Transfer function ---------------
num= conv([1 4],[1 4]);
den= conv([1 0 0],conv([1 5],[1 5 2 6]));
G= tf(num,den)
```

运行结果：

```
Transfer function:
              s^2 +  8 s +  16
-------------------------
s^6 +  10 s^5 +  27 s^4 +  16 s^3 +  30 s^2
```

2.6.2.2 零极点模型

传递函数的分子和分母均为因式的形式称为零极点模型，如下式所示。

$$G(s)=\frac{C(s)}{R(s)}=\frac{b_0(s-z_1)(s-z_2)\cdots(s-z_m)}{a_0(s-p_1)(s-p_2)\cdots(s-p_n)}$$

MATLAB控制工具箱提供了零极点模型与有理分式模型之间的转换函数，调用格式分别为

[z,p,k]=tf2zp(num,den)

[num,den]=zp2tf(z,p,k)

其中，前一个函数可将有理分式模型转换为零极点模型，而后一个函数可将零极点模型转换为有理分式模型。

例 2-22 将传递函数 $G(s)=\frac{6s^2+18s+12}{s^3+5s^2+2s+6}$ 转换为零极点模型。

解 程序如下：[M217]

```
MATLAB Program 2-6

%------------- Transfer function of Zero-pole ----------
num=[6 18 12];den=[1 5 2 6];
[z,p,k]=tf2zp(num,den)  % 得到零极点及其增益
```

运行结果：

```
z=-2
  -1
p=-4.8428
  -0.0786+1.1103i
  -0.0786-1.1103i
k=6
```

即变换后的零极点模型为

$$G(s)=\frac{6(s+2)(s+1)}{(s+4.8428)(s+0.0786-1.1103i)(s+0.0786+1.1103i)}$$

验证 调用 zp2tf()函数，可得到原传递函数模型，如

```
[num,den]=zp2tf(z,p,k);  % 由零极点形式转换为传递函数形式
G=tf(num,den)  % 形成传递函数表达式
```

运行结果：

```
Transfer function:
 6 s^2+18 s+12
-----------
s^3+5 s^2+2 s+6
```

2.6.2.3 部分分式展开

进行拉氏变换或 z 变换的分析计算时，有时希望对传递函数进行如下式所示的部分分式展开，然后进行其他处理。

$$G(s)=\frac{C(s)}{R(s)}=\frac{r_1}{s+p_1}+\frac{r_2}{s+p_2}+\cdots+\frac{r_n}{s+p_n}$$

MATLAB 有一个命令可用于求传递函数的部分分式展开，直接求出展开式中的留数、极点和余数。调用格式如下：

[r,p,k]=residue(num,den)

其中，num 是分子多项式系数行向量，den 是分母多项式系数行向量。

例 2-23 设传递函数如下，试进行部分分式展开。

$$G(s)=\frac{2s^3+5s^2+3s+6}{s^3+6s^2+11s+6}$$

解 程序如下：[M218]

MATLAB Program 2- 7

```
num= [2 5 3 6];
den= [1 6 11 6];
[r,p,k]= residue(num,den)
```

运行结果：

```
r= - 6.0000
   - 4.0000
   3.0000
p= - 3.0000
   - 2.0000
   - 1.0000
k= 2
```

其中，留数变成列向量 r，极点变成列向量 p，而余数变成行向量 k。

由此可得出进行部分分式展开式：

$$G(s)=\frac{-6}{s+3}+\frac{-4}{s+2}+\frac{3}{s+1}+2$$

本节更多内容见光盘。

2.7 例题精解

例 2-24 试证明图 2-42 中所示的力学系统(a)和电路系统(b)是相似系统(即有相同形式的数学模型)。

解 取 A、B 两点分别进行受力分析，如图 2-43 所示。对 A 点有

$$k_2(x-y)+f_2(\dot{x}-\dot{y})=f_1(\dot{y}-\dot{y}_1)$$

对 B 点有

$$f_1(\dot{y}-\dot{y}_1)=k_1y_1$$

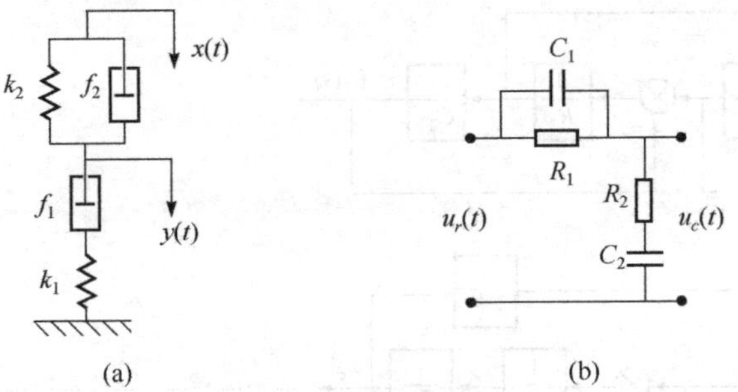

图 2-42　系统原理图

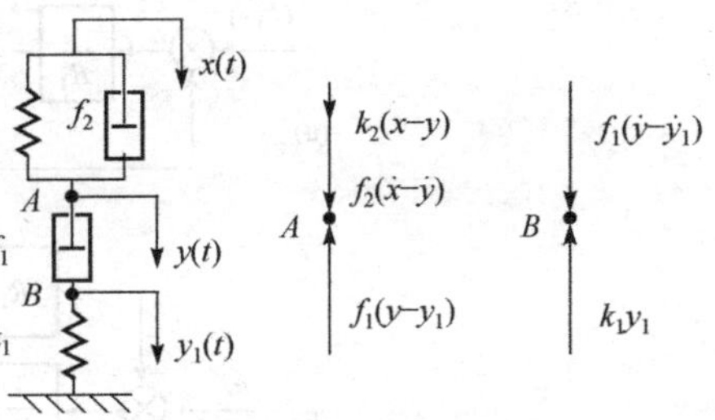

图 2-43　受力分析

对两式分别取拉氏变换，消去中间变量 y_1，整理后得

$$\frac{Y(s)}{X(s)}=\frac{\dfrac{f_1f_2}{k_1k_2}s^2+\left(\dfrac{f_1}{k_1}+\dfrac{f_2}{k_2}\right)s+1}{\dfrac{f_1f_2}{k_1k_2}s^2+\left(\dfrac{f_1}{k_1}+\dfrac{f_2}{k_2}+\dfrac{f_1}{k_2}\right)s+1}$$

由图 2-42(b)可写出

$$\frac{U_c(s)}{R_2+\dfrac{1}{C_2s}}=\frac{U_r(s)}{R_2+\dfrac{1}{C_2s}+\dfrac{R_1\dfrac{1}{C_1s}}{R_1+\dfrac{1}{C_1s}}}$$

整理得

$$\frac{U_c(s)}{U_r(s)}=\frac{R_1R_2C_1C_2s^2+(R_1C_1+R_2C_2)s+1}{R_1R_2C_1C_2s^2+(R_1C_1+R_2C_2+R_1C_2)s+1}$$

例 2-25　双 RC 无源网络电路的结构图如图 2-44(a)所示，求其传递函数 $U_c(s)/U_r(s)$。

解　① 用结构图化简法求传递函数的过程如图 2-44(b)、(c)、(d)所示。[F212]

② 利用梅森公式直接由图 2-44(a) 写出传递函数 $U_c(s)/U_r(s)$。

独立回路有三个

$$L_1=-\frac{1}{R_1}\cdot\frac{1}{C_1s}=\frac{-1}{R_1C_1s}$$

$$L_2=-\frac{1}{R_2}\cdot\frac{1}{C_2s}=\frac{-1}{R_2C_2s}$$

$$L_3=-\frac{1}{C_1s}\cdot\frac{1}{R_2}=\frac{-1}{R_2C_1s}$$

回路相互不接触的情况只有 L_1 和 L_2 两个回路，则

$$L_{12}=L_1L_2=\frac{1}{R_1C_1R_2C_2s^2}$$

由上式可写出特征式为

$$\Delta=1-(L_1+L_2+L_3)+L_1L_2=1+\frac{1}{R_1C_1s}+\frac{1}{R_2C_2s}+\frac{1}{R_2C_1s}+\frac{1}{R_1C_1R_2C_2s^2}$$

前向通路只有一条

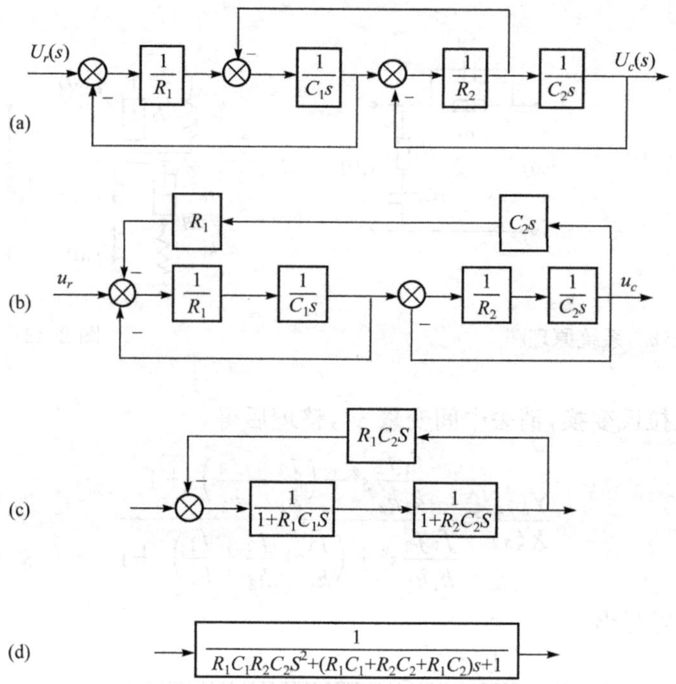

图 2-44　两级 RC 电路的结构图

$$P_1=\frac{1}{R_1}\cdot\frac{1}{C_1 s}\cdot\frac{1}{R_2}\cdot\frac{1}{C_2 s}=\frac{1}{R_1R_2C_1C_2s^2}$$

由于 P_1 与所有回路 L_1, L_2, L_3 都有公共支路，属于相互有接触，则余子式为

$$\Delta_1=1$$

代入梅森公式得传递函数：

$$G=\frac{P_1\Delta_1}{\Delta}=\frac{\dfrac{1}{R_1C_1R_2C_2s^2}}{1+\dfrac{1}{R_1C_1s}+\dfrac{1}{R_2C_2s}+\dfrac{1}{R_2C_1s}+\dfrac{1}{R_1C_1R_2C_2s^2}}$$

$$=\frac{1}{R_1R_2C_1C_2s^2+(R_1C_1+R_2C_2+R_1C_2)s+1}$$

例 2-26　试用复阻抗法求图 2-45 所示各有源网络的传递函数$\dfrac{U_c(s)}{U_r(s)}$。

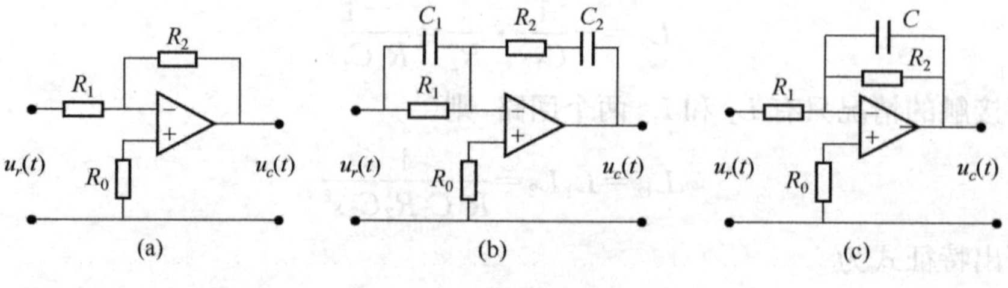

图 2-45　有源网络

解　(a) 根据运算放大器“虚地”概念，可写出

$$\frac{U_c(s)}{U_r(s)}=-\frac{R_2}{R_1}$$

(b)
$$\frac{U_c(s)}{U_r(s)}=-\frac{R_2+\dfrac{1}{C_2 s}}{\dfrac{R_1\cdot\dfrac{1}{C_1 s}}{R_1+\dfrac{1}{C_1 s}}}=-\frac{(1+R_1C_1s)(1+R_2C_2s)}{R_1C_1C_2s^2}$$

(c)
$$\frac{U_c(s)}{U_r(s)}=-\frac{\dfrac{R_2\cdot\dfrac{1}{Cs}}{R_2+\dfrac{1}{Cs}}}{R_1}=-\frac{R_2}{R_1(1+R_2Cs)}$$

例 2-27 已知系统的结构图如图 2-46 所示，图中 $R(s)$ 为输入信号，$N(s)$ 为干扰信号，试求传递函数 $\dfrac{C(s)}{R(s)}$，$\dfrac{C(s)}{N(s)}$。

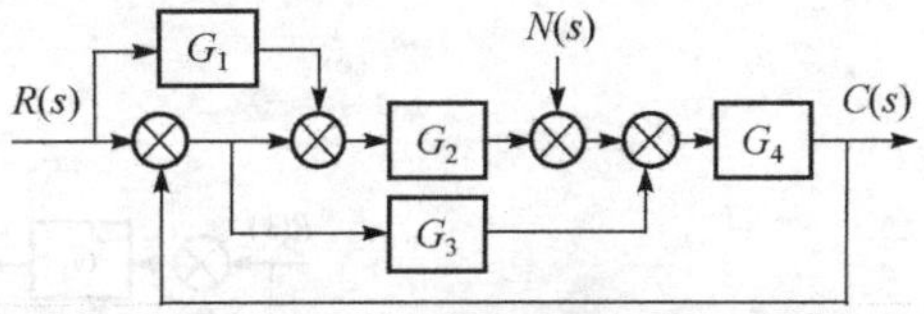

图 2-46 系统结构图

解 令 $N(s)=0$，求 $\dfrac{C(s)}{R(s)}$。图中有三条前向通路，两个回路。

$P_1=G_2G_4$， $\Delta_1=1$， $P_2=G_3G_4$， $\Delta_2=1$， $P_3=G_1G_2G_4$， $\Delta_3=1$

$L_1=-G_2G_4$， $L_2=-G_3G_4$， $\Delta=1-(L_1+L_2)$

则有

$$\frac{C(s)}{R(s)}=\frac{P_1\Delta_1+P_2\Delta_2+P_3\Delta_3}{\Delta}=\frac{G_2G_4+G_3G_4+G_1G_2G_4}{1+G_2G_4+G_3G_4}$$

令 $R(s)=0$，求 $\dfrac{C(s)}{N(s)}$。有一条前向通路，回路不变。

$$P_1=G_4,\quad \Delta_1=1$$

则有

$$\frac{C(s)}{N(s)}=\frac{P_1\Delta_1}{\Delta}=\frac{G_4}{1+G_2G_4+G_3G_4}$$

例 2-28 试用梅森增益公式求图 2-47 中各系统的闭环传递函数。

解 (a)图中有一条前向通路，四个回路

$P_1=G_1G_2G_3G_4$， $\Delta_1=1$

$L_1=G_2G_3H_1$， $L_2=-G_1G_2G_3H_3$， $L_3=G_1G_2G_3G_4H_4$

$L_4=-G_3G_4H_2$， $\Delta=1-(L_1+L_2+L_3+L_4)$

则有

$$\frac{C(s)}{R(s)}=\frac{P_1\Delta_1}{\Delta}=\frac{G_1G_2G_3G_4}{1-G_2G_3H_1+G_1G_2G_3H_3-G_1G_2G_3G_4H_4+G_3G_4H_2}$$

(b) 图中有两条前向通路，三个回路，有一对互不接触回路

$P_1=G_1G_2G_3$， $\Delta_1=1$， $P_2=G_3G_4$， $\Delta_2=1-L_1=1+G_1H_1$

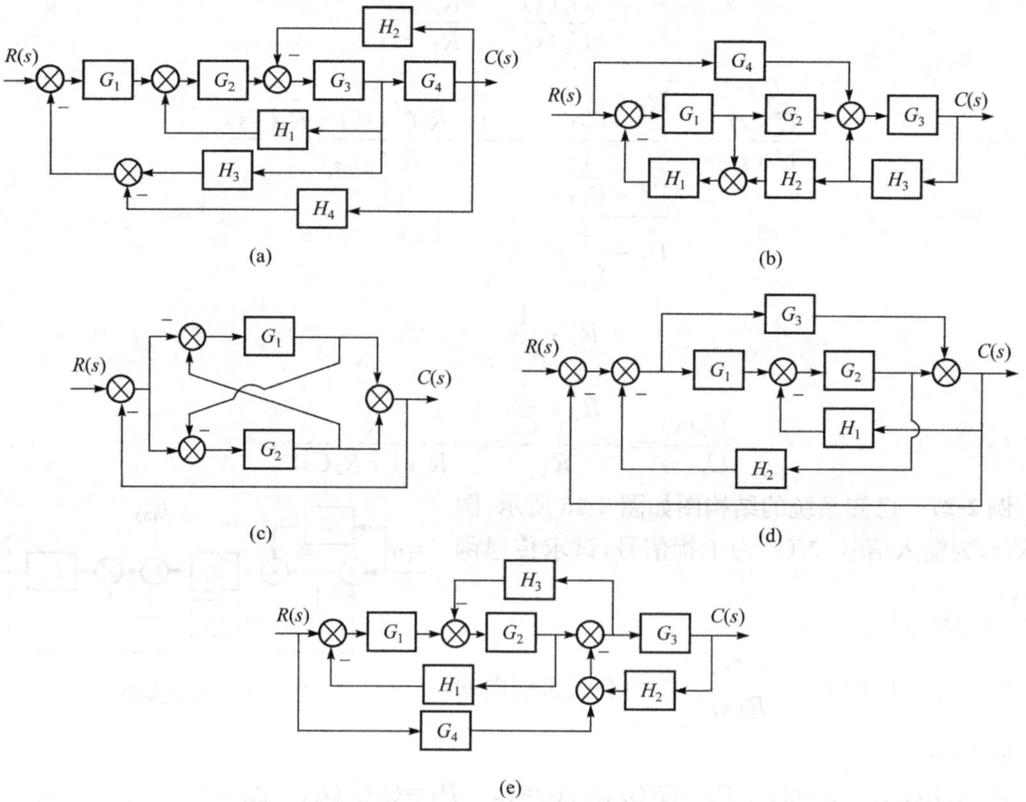

图 2-47　系统结构图

$$L_1=-G_1H_1,\quad L_2=G_3H_3,\quad L_3=-G_1G_2G_3H_1H_2H_3$$
$$\Delta=1-(L_1+L_2+L_3)+L_1L_2$$

则有

$$\frac{C(s)}{R(s)}=\frac{P_1\Delta_1+P_2\Delta_2}{\Delta}=\frac{G_1G_2G_3+G_3G_4(1+G_1H_1)}{1+G_1H_1-G_3H_3+G_1G_2G_3H_1H_2H_3-G_1H_1G_3H_3}$$

(c) 图中有四条前向通路，五个回路

$$P_1=-G_1,\quad P_2=G_1G_2,\quad P_3=G_2,\quad P_4=G_2G_1$$
$$L_1=G_1,\quad L_2=-G_1G_2,\quad L_3=-G_2,\quad L_4=-G_2G_1,\quad L_5=-G_1G_2$$
$$\Delta_1=\Delta_2=\Delta_3=\Delta_4=1,\quad \Delta=1-(L_1+L_2+L_3+L_4)$$

则有

$$\frac{C(s)}{R(s)}=\frac{P_1\Delta_1+P_2\Delta_2+P_3\Delta_3+P_4\Delta_4}{\Delta}=\frac{-G_1+G_1G_2+G_2+G_2G_1}{1-G_1+G_1G_2+G_2+G_2G_1+G_1G_2}=\frac{2G_1G_2-G_1+G_2}{1-G_1+G_2+3G_1G_2}$$

(d) 图中有两条前向通路，五个回路

$$P_1=G_1G_2,\quad \Delta_1=1,\quad P_2=G_3,\quad \Delta_2=1$$
$$L_1=-G_2H_1,\quad L_2=-G_1G_2H_2,\quad L_3=-G_1G_2,\quad L_4=-G_3,\quad L_5=G_3H_1G_2H_2$$
$$\Delta=1-(L_1+L_2+L_3+L_4+L_5)$$

则有

$$\frac{C(s)}{R(s)}=\frac{P_1\Delta_1+P_2\Delta_2}{\Delta}=\frac{G_1G_2+G_3}{1+G_2H_1+G_1G_2H_2+G_1G_2+G_3-G_3H_1G_2H_2}$$

(e) 图中有两条前向通路，三个回路，有一对互不接触回路

$$P_1=G_1G_2G_3,\quad \Delta_1=1,\quad P_2=-G_4G_3,\quad \Delta_2=1-L_1$$

$$L_1=-G_1G_2H_1,\quad L_2=-G_3H_2,\quad L_3=-G_2H_3$$

$$\Delta=1-(L_1+L_2+L_3)+L_1L_2$$

则有

$$\frac{C(s)}{R(s)}=\frac{P_1\Delta_1+P_2\Delta_2}{\Delta}=\frac{G_1G_2G_3-G_4G_3(1+G_1G_2H_1)}{1+G_1G_2H_1+G_3H_2+G_2H_3+G_1G_2G_3H_1H_2}$$

更多例题见光盘。

2.8 工程应用实例

工程应用实例详见光盘。

G201 低通滤波器的设计； G202 电力牵引电机控制； G203 机械式加速度计；
G204 液流系统建模； G205 磁盘驱动读取系统。

本章小结

本章是后面各章的基础，主要介绍了以下几方面的内容。

(1) 数学模型是描述系统输入、输出以及内部各变量之间关系的数学表达式，是对系统进行理论分析研究的主要依据。用解析法建立实际系统的数学模型时，一般要先分析系统中各元部件的工作原理，然后利用有关定理，舍去次要因素并进行适当的线性化处理，最后获得既简单又能反映系统动态本质的数学模型。

(2) 微分方程是系统的时域数学模型，正确地理解和掌握系统的工作过程、各元部件的工作原理是建立系统微分方程的前提。

(3) 传递函数是在零初始条件下系统输出的拉氏变换和输入拉氏变换之比，是经典控制理论中重要的数学模型，熟练掌握和运用传递函数的概念，有助于分析和研究复杂系统。

(4) 根据运动规律和数学模型的共性，任何复杂的系统都可划分为几种典型环节的组合，再利用传递函数和图解法能较方便地建立系统的数学模型。

(5) 结构图和信号流图是两种用图形表示的数学模型，具有直观形象的特点。其优点是可以方便地应用梅森增益公式求复杂系统的传递函数。

(6) 求系统的传递函数常有三种方法：微分方程取拉氏变换法、结构图等效化简法以及梅森增益公式法。

(7) 利用 MATLAB 可进行多项式运算、传递函数零点和极点的计算、闭环传递函数的求取和结构图模型的化简等。

习　　题

2-1　求下列各拉氏变换式的原函数。

(1) $X(s)=\dfrac{e^{-s}}{s-1}$

(2) $X(s)=\dfrac{1}{s(s+2)^3(s+3)}$

(3) $X(s)=\dfrac{s+1}{s(s^2+2s+2)}$

2-2 试建立题 2-2 图所示各系统的微分方程（其中外力 $F(t)$、位移 $x(t)$ 和电压 $u_r(t)$ 为输入量；位移 $y(t)$ 和电压 $u_c(t)$ 为输出量；k（弹性系数）、f（阻尼系数）、R（电阻）、C（电容）和 m（质量）均为常数）。

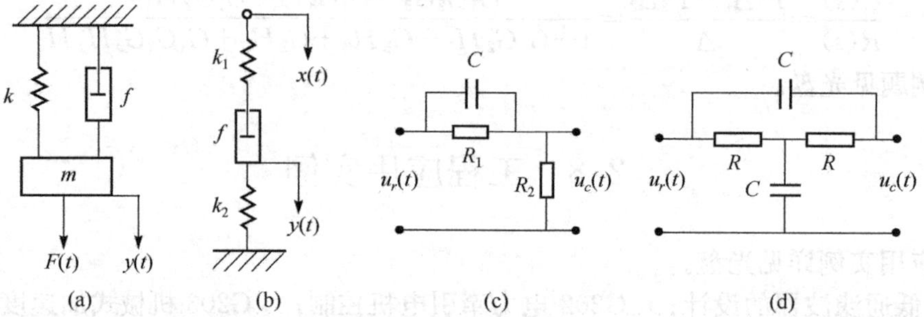

题 2-2 图

2-3 弹簧-质量-阻尼器如题 2-3 图所示，其中 K 为弹簧的弹性系数，f 为阻尼器的阻尼系数，m 表示小车的质量。如果忽略小车与地面的摩擦，试列写以外力 $F(t)$ 为输入，以位移 $y(t)$ 为输出的系统微分方程。

2-4 已知在零初始条件下，系统的单位阶跃响应为 $c(t)=1-2\mathrm{e}^{-2t}+\mathrm{e}^{-t}$，试求系统的传递函数和脉冲响应。

2-5 在题 2-5 图中，u_r、u_c 分别是 RC 电路的输入、输出电压，试建立相应的电路结构图。

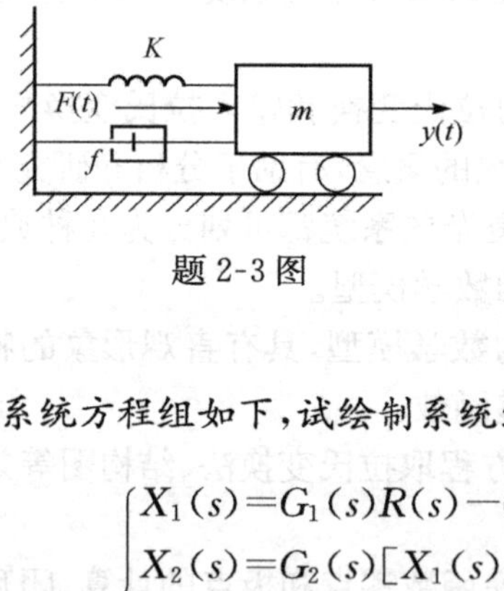

题 2-3 图

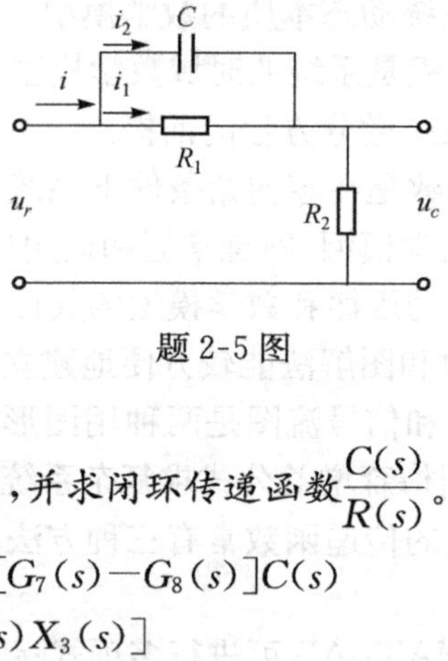

题 2-5 图

2-6 已知系统方程组如下，试绘制系统结构图，并求闭环传递函数 $\dfrac{C(s)}{R(s)}$。

$$\begin{cases}X_1(s)=G_1(s)R(s)-G_1(s)[G_7(s)-G_8(s)]C(s)\\X_2(s)=G_2(s)[X_1(s)-G_6(s)X_3(s)]\\X_3(s)=[X_2(s)-C(s)G_5(s)]G_3(s)\\C(s)=G_4(s)X_3(s)\end{cases}$$

2-7 试用结构图等效化简求题 2-7 图所示各系统的传递函数 $\dfrac{C(s)}{R(s)}$。

2-8 已知控制系统结构图如题 2-8 图所示，求输入 $r(t)=3\cdot 1(t)$ 时系统的输出 $c(t)$。

2-9 试绘题 2-9 图所示系统的信号流图。

2-10 试绘制题 2-10 图所示信号流图对应的系统结构图。

2-11 试用梅森增益公式求题 2-7 图中各结构图对应的闭环传递函数。

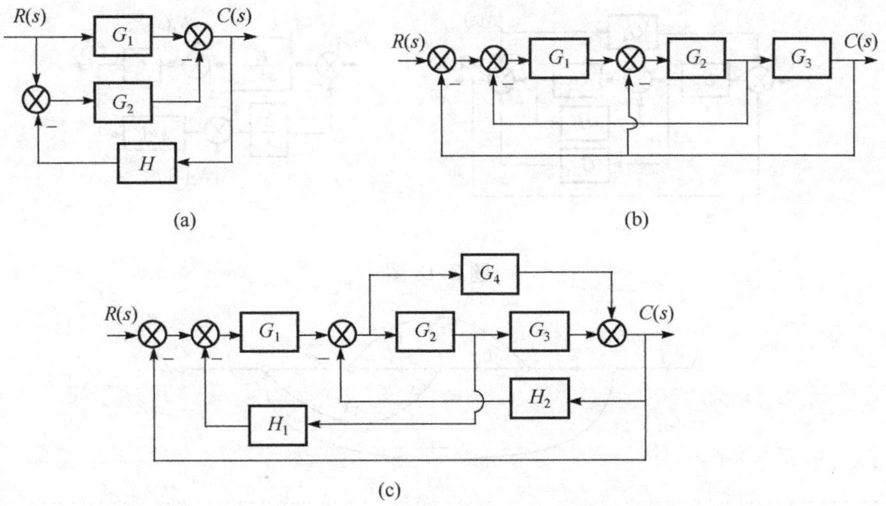

题 2-7 图

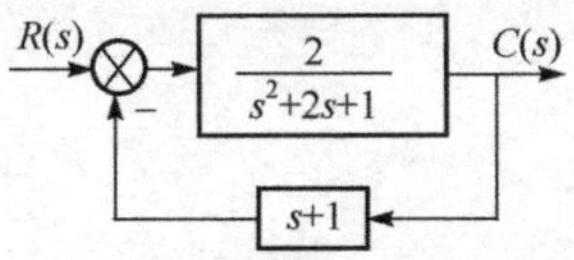

题 2-8 图

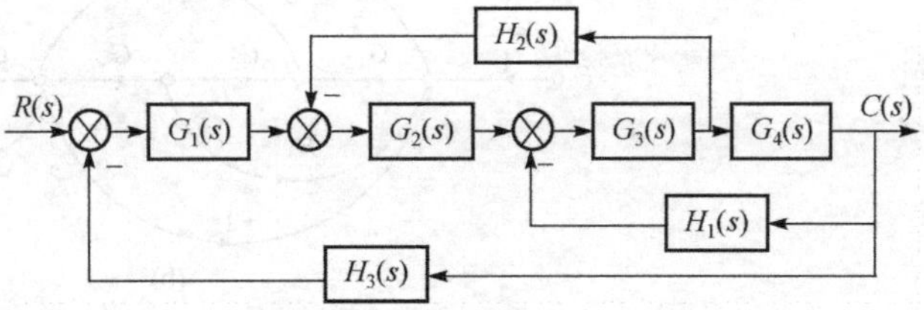

题 2-9 图

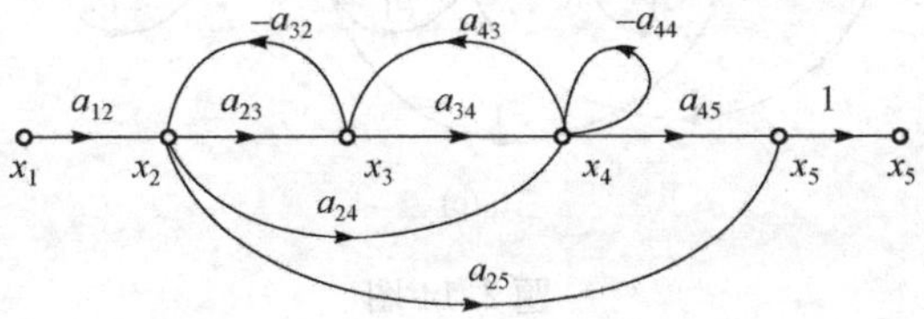

题 2-10 图

2-12　考虑题 2-12 图所示的结构图，试求出 $C(s)/R(s)$。[F213]

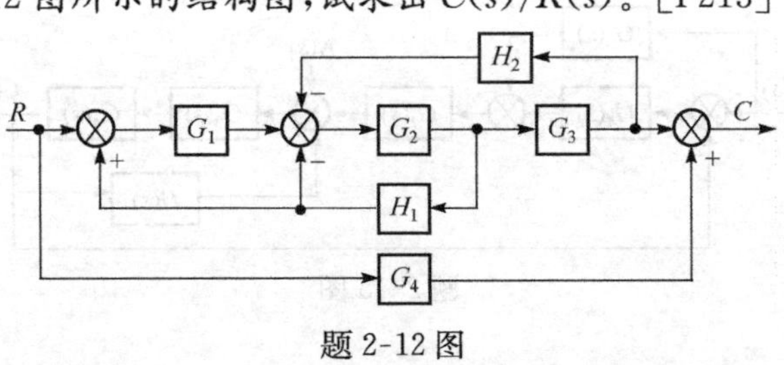

题 2-12 图

2-13　已知系统的结构图如题 2-13 图所示，图中 $R(s)$ 为输入信号，$N(s)$ 为干扰信号，试求传递函数 $\dfrac{C(s)}{R(s)}$，$\dfrac{C(s)}{N(s)}$。

2-14　系统的信号流图如题 2-14 图所示，试求 $C(s)/R(s)$。

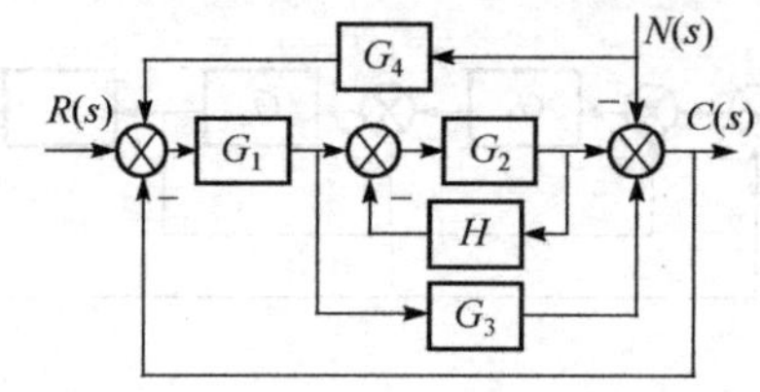

(a)

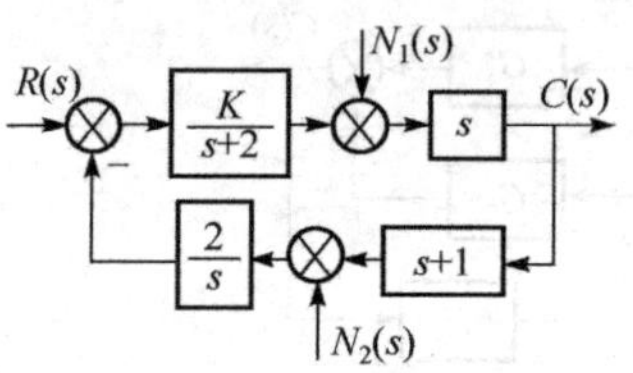

(b)

题 2-13 图

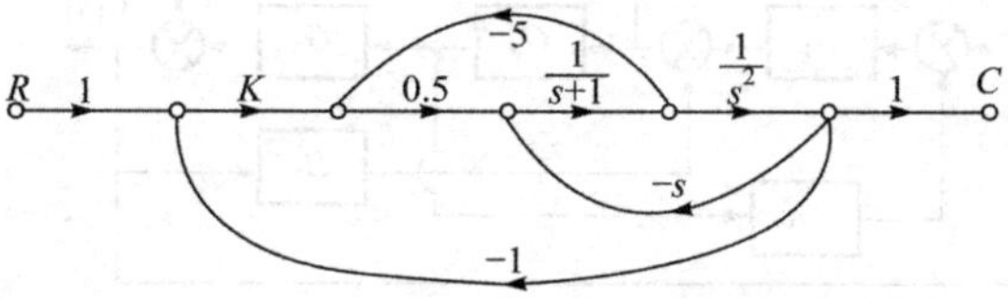

(a)

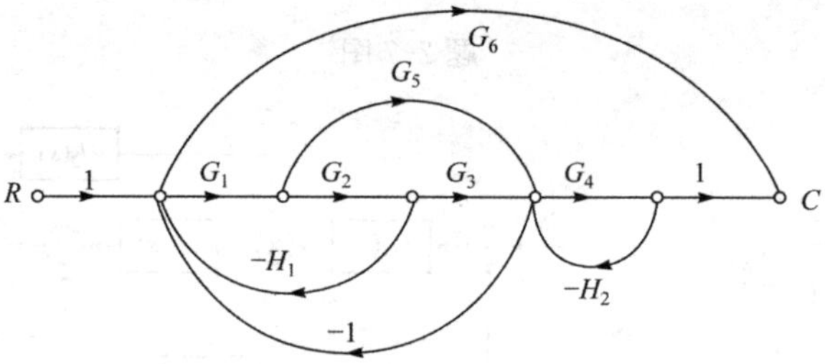

(b)

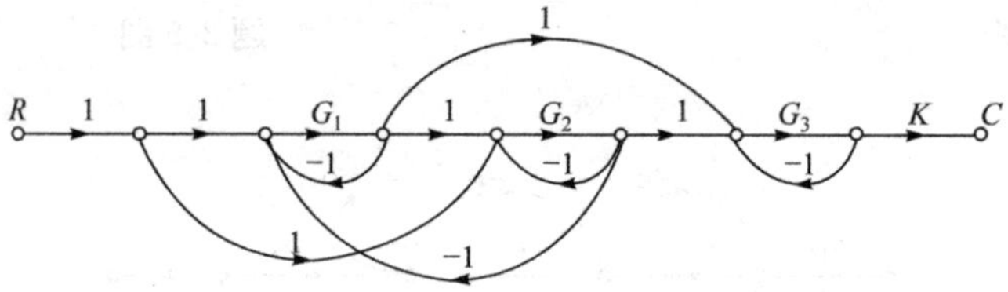

(c)

题 2-14 图

2-15 已知系统结构图如题 2-15 图所示，试求传递函数 $\Phi(s)$ 和 $\Phi_n(s)$ 的表达式。

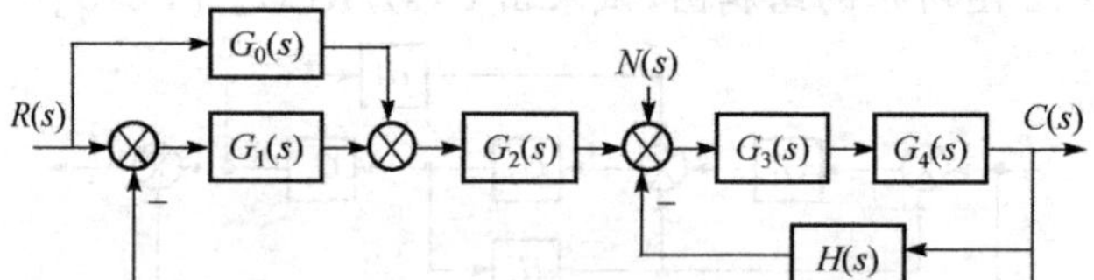

题 2-15 图

第 3 章　线性系统的时域分析

基本要求

(1) 正确理解时域响应的性能指标、稳定性、系统的型别和静态误差系数等概念。

(2) 牢固掌握一阶系统的数学模型和典型时域响应的特点，并能熟练计算性能指标。

(3) 牢固掌握二阶系统的数学模型和典型时域响应的特点，并能熟练计算欠阻尼时域性能指标。

(4) 正确理解线性定常系统稳定的条件，熟练应用劳斯判据判定系统的稳定性。

(5) 正确理解稳态误差的定义并能熟练掌握稳态误差的计算方法，明确终值定理的使用条件。

(6) 掌握改善系统动态性能及提高系统控制精度的措施。

数学模型的建立为分析系统的行为和特性提供了条件；一旦建立了系统的数学模型，就可以用不同的方法分析系统的性能。在经典控制理论中，主要介绍分析系统性能的三种方法：时域分析法、根轨迹法和频域分析法。通过对系统的分析揭示系统在外部输入信号作用下各个变量的运动规律和系统的基本特性，研究改善系统特性使之满足工程要求的基本途径。

时域分析法是一种直接在时间域中对系统进行分析的方法，具有直观、准确的优点，可以提供系统时间响应的全部信息。

本章重点介绍一阶和二阶系统时间响应的分析和计算；讨论系统参数对性能指标的影响，分析改进二阶系统性能的措施；介绍高阶系统时域分析方法；介绍用劳斯稳定性判据分析系统稳定性的方法，以及计算稳态误差的方法。

3.1　引　　言

控制系统的类型很多，物理属性和结构形式也千差万别，但它们可以由相同或相似的数学模型来表征，这就是系统的相似性。后面所讨论的控制系统都以数学模型来抽象，其结论适用于该数学模型所描述的那一类控制系统。

当系统的数学模型确定后，即可采用控制理论的不同方法来分析系统性能。本章介绍的时域分析法根据系统在时间域的响应来分析系统的动态性能和稳态性能。

系统在时间域的响应不仅取决于系统本身的特性，还与外加输入信号的形式有关。由于实际系统的输入信号各种各样而且变化的规律也很复杂，往往难以确定。因此，在分析和设计控制系统时，通常预先规定一些具有特殊形式的试验信号作为系统的输入，然后比较各种系统对这些输入信号的响应。

选取试验信号应遵循以下原则：选取的输入信号应能反映实际系统工作的实际情况；形式简单，易于获得，便于实验研究、数学处理与理论计算；选取能对系统进行严格检验的信号，即使系统工作在最不利的条件下。

3.1.1 典型信号［F301］

在控制工程中，常常采用的典型信号有以下几种，如图 3-1 中(a)～(e)所示。

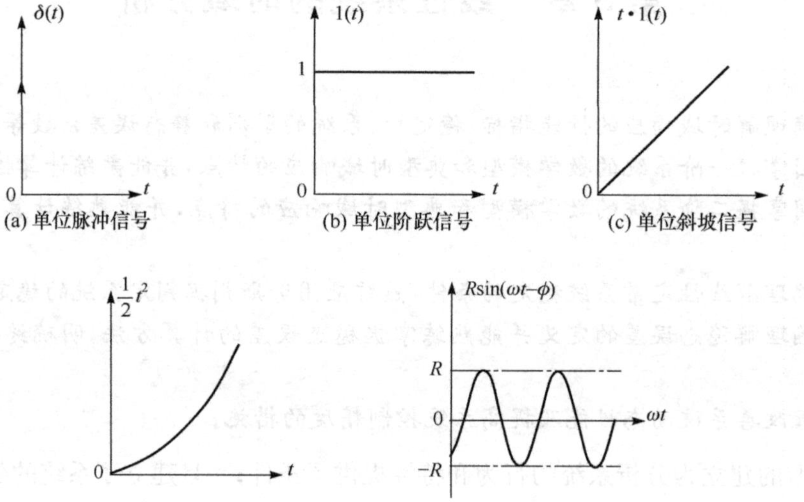

(a) 单位脉冲信号　(b) 单位阶跃信号　(c) 单位斜坡信号

(d) 单位加速度信号　(e) 正弦信号

图 3-1　典型信号

3.1.1.1　脉冲信号

脉冲信号是工程上的脉动信号(窄脉冲)在理论上抽象的结果。实际工程脉冲信号的表达式一般为

$$r(t)=\begin{cases}\dfrac{1}{\tau}, & 0<t<\tau\\ 0, & \text{其他}\end{cases} \tag{3-1}$$

对实际脉冲信号取宽度 τ 趋于零时的极限，则

$$r(t)=\begin{cases}\infty, & 0<t<\tau\\ 0, & t\neq 0\end{cases} \quad \text{及} \int_{-\infty}^{\infty} r(t)\mathrm{d}t=1$$

此时的脉冲函数称为理想单位脉冲函数，记为 $\delta(t)$。

在控制系统的分析和研究中，脉冲函数是一个重要且有效的数学工具。它可以模拟实际工程中的突发干扰，用来研究系统的抗干扰性能和稳定性。利用它还可简便地表示离散信号，通过将输入信号分解成出现在不同时刻的一系列脉冲信号之和，研究系统在任意输入信号作用下的响应特性这一麻烦的问题。

3.1.1.2　阶跃信号

阶跃信号的表达式为

$$r(t)=\begin{cases}R, & t>0\\ 0, & t<0\end{cases} \tag{3-2}$$

式中，R 为常数。当取 $R=1$ 时，称为单位阶跃信号，记为 $1(t)$。

阶跃函数是在实际控制系统中经常遇到的一种典型输入信号形式。电网电压的跳变、负载的突然增大或减小，以及飞机在飞行时遇到的常值阵风等均可视为阶跃输入信号。在系统的分析和设计中，通常以单位阶跃函数作用下系统的响应特性（简称系统的单位阶跃响应特性）作为评价系统性能的依据。

3.1.1.3 斜坡信号（速度信号）

斜坡信号的表达式为

$$r(t)=\begin{cases} Rt, & t\geqslant 0 \\ 0, & t<0 \end{cases} \tag{3-3}$$

式中，R 为常数。当取 $R=1$ 时，称 $r(t)=t\cdot 1(t)$ 为单位斜坡信号。斜坡信号表征匀速信号，或者说，以恒定速率变化的输入可视为斜坡信号。

3.1.1.4 加速度信号（抛物线信号）

加速度信号的表达式为

$$r(t)=\begin{cases} R\cdot \dfrac{t^2}{2}, & t\geqslant 0 \\ 0, & t<0 \end{cases} \tag{3-4}$$

式中，R 为常数。当取 $R=1$ 时，称 $r(t)=\dfrac{t^2}{2}\cdot 1(t)$ 为单位加速度信号。加速度信号表征匀加速信号。在工程上通常以加速度函数来表示作用于系统的较快的外部信号。

3.1.1.5 正弦信号

正弦信号既可用正弦函数也可用余弦函数来描述，它们只是初始相位不同而已。其数学表达式为

$$r(t)=R\sin(\omega t-\varphi) \tag{3-5}$$

正弦信号是控制系统常用的一种典型输入信号，如海浪的影响可用正弦信号来表征。更重要的是，控制系统在不同频率正弦信号作用下的响应特性，是工程上常用的频率响应法的重要依据。

上述函数都是形式上简单的函数，且易于获得。因此，应用这些函数作为典型输入，可方便地对控制系统进行数学分析和实验研究。

实际应用中，究竟选择何种输入信号，应视具体情况而定。一般来说，若控制系统的实际输入多为随时间逐渐增加的信号，则应用斜坡信号较为合适。如果系统的输入信号具有突变性质，选用阶跃信号最恰当。如果是舰船上使用的控制系统，由于受到海浪的干扰，则正弦信号是比较合理的选择。

但是，无论采用何种输入信号，对同一系统来说，其动态特性是一致的。通常，控制系统的性能指标，是通过系统对单位阶跃函数响应特性的特征量来定义的。

3.1.2 性能指标［F302］［F303］

系统的时间响应过程，由动态过程和稳态过程两部分组成。相应地，系统性能分为动态性能和稳态性能，分别由动态性能指标和稳态性能指标来描述。

动态过程，也称过渡过程或瞬态过程，指系统在输入信号作用下，其输出量从初始状态到

最终状态的过程。动态过程随系统结构或参数的变化而呈现不同的形式，可为衰减、发散和等幅振荡等几种形态。显然，只有动态过程衰减时，控制系统才能正常运行。而在正常运行的基础上，系统响应速度、阻尼程度等，则由系统的动态性能描述。

稳态过程，指系统在输入信号作用下，其输出量在时间 t 趋于无穷大时的表现形式。稳态过程提供系统的稳态误差信息，反映系统的稳态性能。

通常控制系统的性能指标，是通过系统的单位阶跃响应特性的特征量来定义的，因此又称为系统阶跃响应性能指标。一般认为，阶跃输入对系统来说是最严峻的工作状态。如果系统在阶跃信号作用下动态性能满足要求，那么系统在其他形式的输入信号作用下，动态性能也令人满意。

为便于对控制系统的性能进行分析和比较，通常假定系统在阶跃输入信号作用前处于静止状态，而且输出量及其各阶导数均为零。

动态性能指标如图 3-2 所示，具体定义如下。

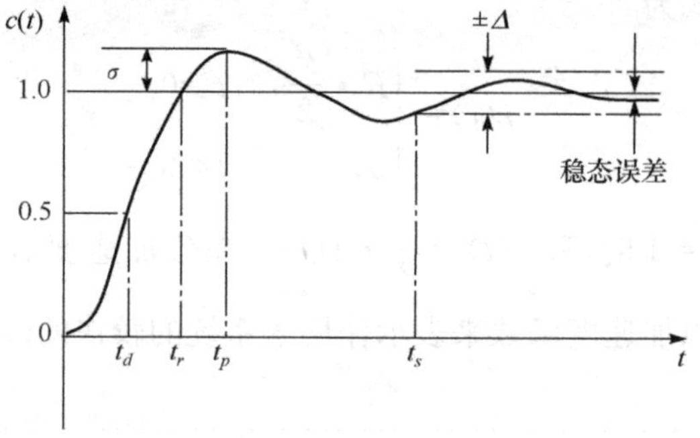

图 3-2　动态性能指标

延迟时间 t_d：响应曲线第一次达到其终值一半所需时间。

上升时间 t_r：响应从终值 10%上升到终值 90%所需时间；对有振荡系统也可定义为响应从零第一次上升到终值所需时间。上升时间是响应速度的度量。

峰值时间 t_p：响应超过其终值到达第一个峰值所需时间。

调节时间 t_s：响应到达并保持在终值的误差带内所需时间。可定义误差带为终值的 5%以内或 2%以内。表示为 $\Delta=5\%$ 或 $\Delta=2\%$。

超调量 $\sigma\%$：响应的最大偏离量 $c(t_p)$ 与终值 $c(\infty)$ 之差的百分比，即

$$\sigma\%=\frac{c(t_p)-c(\infty)}{c(\infty)}\times 100\%$$

稳态性能指标由稳态误差或误差系数来描述，通常在阶跃函数、斜坡函数、加速度函数作用下测定。

3.2　一阶系统的分析和计算

3.2.1　一阶系统的数学模型［F304］

由一阶微分方程来描述的系统称为一阶系统，其微分方程形式为

$$T\frac{\mathrm{d}c(t)}{\mathrm{d}t}+c(t)=r(t)$$

传递函数为

$$\frac{C(s)}{R(s)}=\frac{1}{Ts+1} \tag{3-6}$$

结构图如图 3-3 所示。

一阶系统可表示一个 RC 电路，如图 3-4 所示。这时系统参数 $T=RC$，为系统充电时间常数。一阶系统也可表示其他物理系统、如热系统、液位系统等。对不同物理系统，T 代表不同含义。

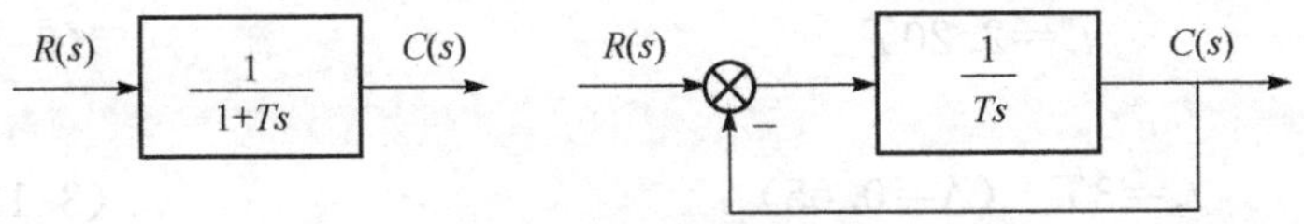

图 3-3　一阶系统结构图

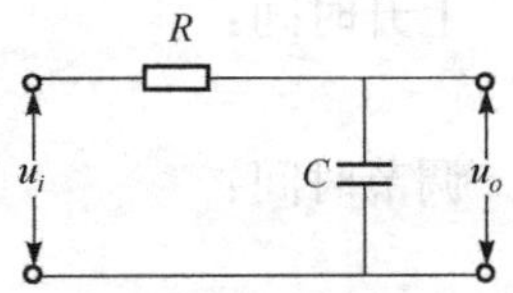

图 3-4　RC 电路

3.2.2　一阶系统的单位阶跃响应［F305］［M301］

单位阶跃函数的拉氏变换为 $1/s$，将 $R(s)=1/s$ 代入式(3-6)，得输出的拉氏变换

$$C(s)=\frac{1}{Ts+1}\cdot\frac{1}{s} \tag{3-7}$$

将 $C(s)$ 进行部分分式展开，得

$$C(s)=\frac{1}{s}-\frac{1}{s+1/T} \tag{3-8}$$

对式(3-8)进行拉氏反变换，得

$$c(t)=1-e^{-\frac{1}{T}t},\quad t\geqslant 0 \tag{3-9}$$

根据式(3-9)可绘出一阶系统的单位阶跃响应曲线如图 3-5 所示。可见，其响应曲线是一条由零开始，按指数规律上升并最终趋于 1 的曲线。该响应曲线的一个重要特征是当 t 分别为 $T,2T,3T,\cdots$ 时，响应数值分别为 0.632，0.865，0.95，…。即输出到达其稳态值的 63.2%，86.5%，95%，…。并且，系统响应速度与时间常数 T 密切相关，T 越小，系统响应就越快。

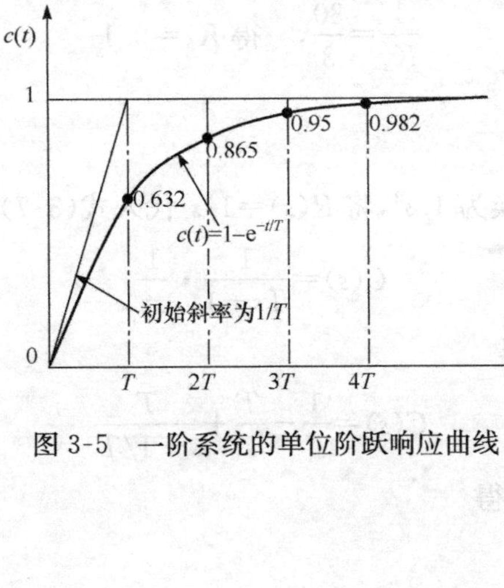

图 3-5　一阶系统的单位阶跃响应曲线

该响应曲线的另一重要特点是，曲线的初始斜率为

$$\frac{dc(t)}{dt}\bigg|_{t=0}=\frac{1}{T}e^{-t/T}\bigg|_{t=0}=\frac{1}{T} \tag{3-10}$$

分析一阶系统的阶跃响应特性，可明显看出，系统无超调，且稳态误差 $e_{ss}=0$。其余性能指标计算如下。

延迟时间：

$$t_d=0.69T \tag{3-11}$$

上升时间：

$$t_r=2.20T \tag{3-12}$$

调节时间：

$$t_s=3T\quad(\Delta=0.05) \tag{3-13a}$$

$$t_s=4T\quad(\Delta=0.02) \tag{3-13b}$$

例 3-1 某温度控制系统可由如图 3-6 所示的一阶系统表示，[F306]

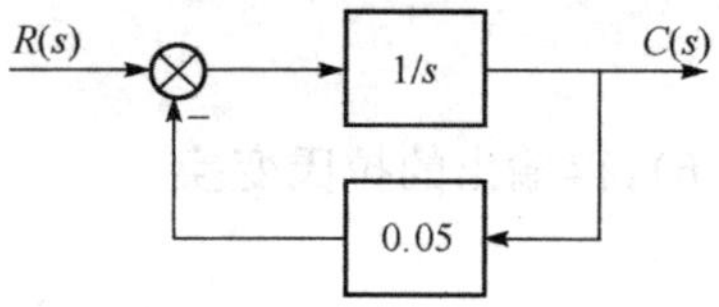

图 3-6 温度系统结构图

(1) 求调节时间 $t_s(\Delta=0.05)$；

(2) 若要求 $t_s=30s$，求反馈系数 K_h。

解 (1) 由图可得系统的传递函数为

$$\Phi(s)=\frac{1/s}{1+0.05/s}=\frac{1}{s+0.05}=\frac{20}{1+20s}$$

与一阶系统的典型形式对比得

$$T=20$$

系统的调节时间

$$t_s=3T=60s$$

(2) 系统的传递函数为

$$\Phi(s)=\frac{1/s}{1+K_h\cdot 1/s}=\frac{1/K_h}{1+s/K_h}$$

对比一阶系统的典型形式得

$$T=\frac{1}{K_h}$$

要求 $t_s=30s$，即 $3T=30s$，即

$$\frac{1}{K_h}=\frac{30}{3},\quad 得\ K_h=0.1$$

3.2.3 单位斜坡响应

单位斜坡函数的拉氏变换为 $1/s^2$，将 $R(s)=1/s^2$ 代入式(3-7)，得输出的拉氏变换

$$C(s)=\frac{1}{Ts+1}\cdot\frac{1}{s^2} \tag{3-14}$$

将 $C(s)$ 进行部分分式展开，得

$$C(s)=\frac{1}{s^2}-\frac{T}{s}+\frac{T}{s+1/T} \tag{3-15}$$

对式(3-15)进行拉氏反变换，得

$$c(t)=t-T+Te^{-\frac{1}{T}t}, \quad t\geqslant 0 \tag{3-16}$$

一阶系统的单位斜坡响应是一条由零开始逐渐变为等速变化的曲线。稳态输出与输入同斜率，但滞后一个时间常数 T，即存在跟踪误差，其数值与时间 T 相等。

3.2.4 单位脉冲响应

单位脉冲函数的拉氏变换为 1，将 $R(s)=1$ 代入式(3-7)，得输出的拉氏变换即系统的传递函数

$$C(s)=\frac{1}{Ts+1} \tag{3-17}$$

求拉氏反变换，得系统输出响应

$$c(t)=\frac{1}{T}e^{-t/T}, \quad t\geqslant 0 \tag{3-18}$$

一阶系统的单位脉冲响应是一条由 $1/T$ 开始，按指数规律单调下降最终趋于零的曲线。

总结上述一阶系统的响应，可得出以下结论。

(1) 一阶系统的典型响应与时间常数 T 密切相关。时间常数 T 越小，系统响应速度越快；单位阶跃响应调节时间 t_s 也越小，同时单位斜坡响应稳态输出与输入的滞后时间越小。

(2) 一阶系统可无误差地跟踪阶跃信号和脉冲信号，但跟踪斜坡信号时存在常值误差。请读者验证其不能跟踪加速度函数。

(3) 比较三种典型响应可清楚地看出：系统对输入信号导数的响应是系统对输入信号响应的导数；系统对输入信号积分的响应是系统对输入信号响应的积分。这是线性定常系统的一个重要特性，线性时变系统和非线性系统不具备这种特性。

3.3 二阶系统的分析和计算

3.3.1 二阶系统的数学模型 [F307]

由二阶微分方程来描述的系统，称为二阶系统。其微分方程形式为

$$T^2\frac{d^2c(t)}{dt^2}+2\zeta T\frac{dc(t)}{dt}+c(t)=r(t) \tag{3-19}$$

闭环传递函数为

$$\frac{C(s)}{R(s)}=\Phi(s)=\frac{1}{T^2s^2+2\zeta Ts+1} \tag{3-20}$$

工程中二阶系统的例子随处可见，如一个 RLC 电路、一个电动机转速控制系统、一个机械位移系统、一个液位控制系统等。而且由于许多高阶系统在一定条件下可近似作为二阶系统来分析，所以研究二阶系统的特性具有重要意义。

为了分析方便，通常将二阶系统传递函数写成如下典型形式

$$\frac{C(s)}{R(s)}=\Phi(s)=\frac{\omega_n^2}{s^2+2\zeta\omega_n s+\omega_n^2}=\frac{\dfrac{\omega_n^2}{s(s+2\zeta\omega_n)}}{1+\dfrac{\omega_n^2}{s(s+2\zeta\omega_n)}} \tag{3-21}$$

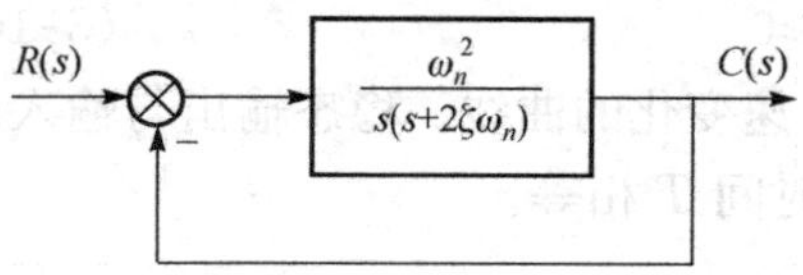

图 3-7　二阶系统结构图

可得，典型二阶系统的结构图如图 3-7 所示。其中，称 ζ 为系统的阻尼比，ω_n 称为无阻尼自然振荡频率。这样，二阶系统的动态特性可以用 ζ 和 ω_n 来描述。

如果 $0<\zeta<1$，则闭环系统极点为位于 s 左半平面的一对共轭复数，这时系统的动态响应是振荡衰减的，称其为欠阻尼系统，如图 3-8(b)所示。如果 $\zeta=1$，系统闭环极点为一对重极点，称该系统为临界阻尼系统，如图 3-8(c)所示。当 $\zeta>1$ 时，系统闭环极点为一对不相等的实根，称其为过阻尼系统，如图 3-8(d)所示。临界阻尼和过阻尼系统的动态响应都是单调的。当 $\zeta=0$ 时，系统称为无阻尼系统，其响应为等幅振荡过程，如图 3-8(a)所示。当 $\zeta<0$ 时，系统响应是发散的，此时系统不能正常工作。讨论系统的响应特性及其性能指标，其前提条件是系统必须稳定。不稳定的系统根本无实用价值，更谈不上性能指标问题。[F308][M302]

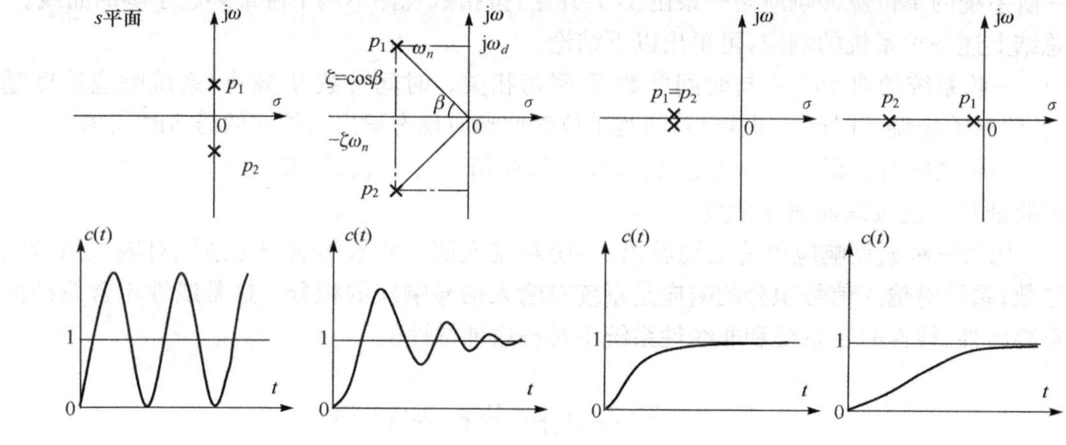

(a) 无阻尼　(b) 欠阻尼　(c) 临界阻尼　(d) 过阻尼

图 3-8　闭环极点分布及相应的单位阶跃响应

3.3.2　单位阶跃响应

现在，来求解典型二阶系统对单位阶跃函数的响应(零初始条件下)并得出系统的性能指标与系统参数之间的关系。考虑四种不同的情况。

3.3.2.1　欠阻尼二阶系统(即 $0<\zeta<1$) [F309] [F310]

这时，系统闭环传递函数可写成

$$\frac{C(s)}{R(s)}=\frac{\omega_n^2}{s^2+2\zeta\omega_n s+\omega_n^2}=\frac{\omega_n^2}{(s+\zeta\omega_n+\mathrm{j}\omega_n\sqrt{1-\zeta^2})(s+\zeta\omega_n-\mathrm{j}\omega_n\sqrt{1-\zeta^2})} \tag{3-22}$$

系统有一对共轭复根：

$$s_{1,2}=-\zeta\omega_n\pm\mathrm{j}\omega_n\sqrt{1-\zeta^2}=\sigma\pm\mathrm{j}\omega_d \tag{3-23}$$

$\omega_d=\omega_n\sqrt{1-\zeta^2}$ 称为阻尼振荡频率。对单位阶跃输入信号，系统输出的拉氏变换为

$$C(s)=\frac{\omega_n^2}{s^2+2\zeta\omega_n s+\omega_n^2}\frac{1}{s} \tag{3-24}$$

将 $C(s)$ 分解为

$$C(s)=\frac{1}{s}-\frac{s+2\zeta\omega_n}{s^2+2\zeta\omega_n s+\omega_n^2}$$

$$=\frac{1}{s}-\frac{s+\zeta\omega_n}{(s+\zeta\omega_n)^2+\omega_d^2}-\frac{\zeta\omega_n}{(s+\zeta\omega_n)^2+\omega_d^2}$$

将上式进行拉氏反变换，得系统单位阶跃响应为

$$c(t)=1-\mathrm{e}^{-\zeta\omega_n t}\left(\cos\omega_d t+\frac{\zeta}{\sqrt{1-\zeta^2}}\sin\omega_d t\right)$$

$$=1-\frac{\mathrm{e}^{-\zeta\omega_n t}}{\sqrt{1-\zeta^2}}\sin(\omega_d t+\beta),\quad (t\geqslant 0) \tag{3-25}$$

式中，$\beta=\arccos\zeta$。

欠阻尼二阶系统的单位阶跃响应由稳态和动态两部分组成。稳态部分（即 t 等于无穷大）等于1，表明输入量与输出量之间不存在稳态误差。动态部分是阻尼正弦振荡过程，其响应特性取决于系统极点的分布。振荡角频率取决于极点的虚部 ω_d（阻尼振荡角频率），其值由阻尼比 ζ 和自然振荡角频率 ω_n 决定；衰减的速度取决于极点的实部 σ，其值也由阻尼比 ζ 和自然振荡角频率 ω_n 决定。系统极点的虚部越大，振荡的角频率 ω_d 就越高；系统极点离虚轴越近，$\zeta\omega_n$ 便越小，衰减的速度就越慢；反之，衰减的速度就越快。ζ、ω_n、ω_d、σ 之间的关系如图 3-8(b)所示。

3.3.2.2 无阻尼二阶系统（即 $\zeta=0$）

这时，系统闭环传递函数可写成

$$\frac{C(s)}{R(s)}=\frac{\omega_n^2}{s^2+\omega_n^2}=\frac{\omega_n^2}{(s+\mathrm{j}\omega_n)(s-\mathrm{j}\omega_n)} \tag{3-26}$$

此时系统有一对纯虚根

$$s_1,s_2=\pm\mathrm{j}\omega_n \tag{3-27}$$

对单位阶跃输入信号，系统输出的拉氏变换为

$$C(s)=\frac{\omega_n^2}{s^2+\omega_n^2}\cdot\frac{1}{s} \tag{3-28}$$

对式(3-28)进行拉氏反变换，得系统单位阶跃响应为

$$c(t)=1-\cos\omega_n t,\quad t\geqslant 0 \tag{3-29}$$

无阻尼二阶系统单位阶跃响应为一条不衰减的等幅余弦振荡曲线。无阻尼系统响应可视为欠阻尼系统响应当 $\zeta=0$ 时的一个特殊情况，但实际系统总存在一定的阻尼，无阻尼只是一种理想的情况。

3.3.2.3 临界阻尼二阶系统（即 $\zeta=1$）

这时，系统闭环传递函数可写成

$$\frac{C(s)}{R(s)}=\frac{\omega_n^2}{s^2+2\omega_n s+\omega_n^2}=\frac{\omega_n^2}{(s+\omega_n)^2} \tag{3-30}$$

系统有两个相同的负实根

$$s_{1,2}=-\omega_n \tag{3-31}$$

系统输出的拉氏变换为

$$C(s)=\frac{\omega_n^2}{(s+\omega_n)^2}\cdot\frac{1}{s} \tag{3-32}$$

对式(3-32)进行拉氏反变换,得系统单位阶跃响应为

$$c(t)=1-e^{-\omega_n t}(1+\omega_n t),\quad t\geqslant 0 \tag{3-33}$$

临界阻尼二阶系统单位阶跃响应是单调上升的,不存在稳态误差。

3.3.2.4　过阻尼二阶系统(即 $\zeta>1$)

这时,系统闭环传递函数可写成

$$\frac{C(s)}{R(s)}=\frac{\omega_n^2}{s^2+2\zeta\omega_n s+\omega_n^2}=\frac{\omega_n^2}{(s+\zeta\omega_n+\omega_n\sqrt{\zeta^2-1})(s+\zeta\omega_n-\omega_n\sqrt{\zeta^2-1})} \tag{3-34}$$

此时系统有两个不相等负实根

$$s_{1,2}=-\zeta\omega_n\pm\omega_n\sqrt{\zeta^2-1} \tag{3-35}$$

引入等效时间常数

$$T_1=\frac{1}{\zeta\omega_n-\omega_n\sqrt{\zeta^2-1}}$$

$$T_2=\frac{1}{\zeta\omega_n+\omega_n\sqrt{\zeta^2-1}}$$

得系统输出的拉氏变换

$$C(s)=\frac{\omega_n^2}{(s+1/T_1)(s+1/T_2)}\cdot\frac{1}{s} \tag{3-36}$$

对式(3-36)进行拉氏反变换,得系统单位阶跃响应为

$$c(t)=1+\frac{1}{\frac{T_2}{T_1}-1}\cdot e^{-\frac{1}{T_1}t}+\frac{1}{\frac{T_1}{T_2}-1}e^{-\frac{1}{T_2}t},\quad t\geqslant 0 \tag{3-37}$$

过阻尼二阶系统的单位阶跃响应无振荡、无超调、无稳态误差。

为比较起见,将不同阻尼时的单位阶跃响应绘制于同一张图,如图 3-9 所示。[F311] [M303]

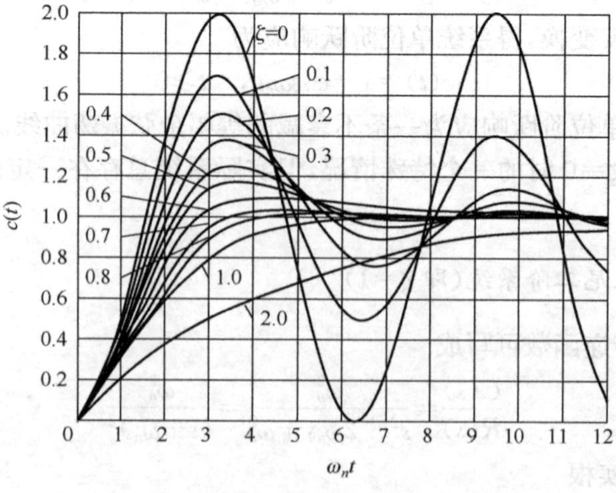

图 3-9　不同阻尼时的单位阶跃响应

3.3.3 二阶系统性能指标分析［F312］

根据3.1节中给出的系统动态响应性能指标的定义及二阶系统阶跃响应表达式，可推导出系统性能指标与其特征参数ζ和ω_n之间的关系。这里，假设系统为欠阻尼系统。

3.3.3.1 上升时间 t_r

根据上升时间的第二种定义，即阶跃响应从零第一次上升到终值所需时间。由式(3-25)可知，欠阻尼二阶系统单位阶跃响应终值为1。将$c(t_r)=1$代入式(3-25)得

$$c(t_r)=1-\frac{e^{-\zeta\omega_n t_r}}{\sqrt{1-\zeta^2}}\sin(\omega_d t_r+\beta)=1 \tag{3-38}$$

解出最小的t_r即所求的上升时间

$$t_r=\frac{\pi-\beta}{\omega_d} \tag{3-39}$$

式中，$\beta=\arccos\zeta$；$\omega_d=\omega_n\sqrt{1-\zeta^2}$。

3.3.3.2 峰值时间 t_p

峰值时间定义为单位阶跃响应到达第一个峰值所需要的时间。

将式(3-25)对时间求导，并令该导数等于0，可求得峰值时间，即

$$\left.\frac{dc(t)}{dt}\right|_{t=t_p}=\left.\frac{d}{dt}\left[1-\frac{e^{-\zeta\omega_n t}}{\sqrt{1-\zeta^2}}\sin(\omega_d t+\beta)\right]\right|_{t=t_p}=0 \tag{3-40}$$

取最小的t_p为峰值时间，得

$$t_p=\frac{\pi}{\omega_d}=\frac{\pi}{\omega_n\sqrt{1-\zeta^2}} \tag{3-41}$$

3.3.3.3 调节时间 t_s［F309］［F310］

单位阶跃响应$c(t)$进入±5%(有时也取±2%)误差带的最小时间。

根据定义来求调节时间的解析表达式是很困难的。工程上通常用包络线代替实际响应曲线来估算调节时间。

由式(3-25)可知，响应曲线的包络线为$1\pm\frac{e^{-\zeta\omega_n t}}{\sqrt{1-\zeta^2}}$，如图3-10所示。响应曲线总包含在这对包络线之内。设稳态响应误差带为Δ，根据需要取2%或5%，则调节时间可由下式近似求得

$$\frac{e^{-\zeta\omega_n t}}{\sqrt{1-\zeta^2}}\leqslant\Delta \tag{3-42}$$

求解上述不等式，得调节时间

$$t_s=\frac{1}{\zeta\omega_n}\ln\left[\frac{1}{\Delta\sqrt{1-\zeta^2}}\right] \tag{3-43}$$

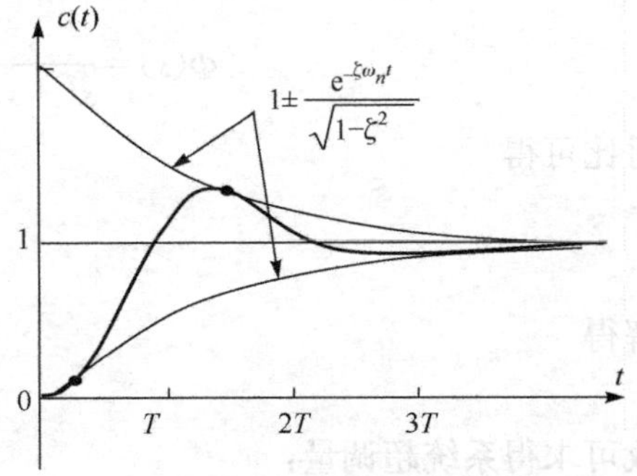

图3-10 阶跃响应曲线的包络线

应该指出，由于实际响应曲线收敛到误差带内的速度要比包络线快，所以按式(3-43)计算

的调节时间比实际调节时间要大。另外，调节时间 t_s 与系统特征参数 ζ 间存在着复杂的函数关系。为便于计算和比较，在 $0.1<\zeta<0.9$ 时，通常采用调节时间与特征参数间的近似关系表达式

$$t_s=\frac{3}{\zeta\omega_n},\quad 取5\%误差带 \tag{3-44a}$$

$$t_s=\frac{4}{\zeta\omega_n},\quad 取2\%误差带 \tag{3-44b}$$

3.3.3.4　超调量 $\sigma\%$

超调量定义为单位阶跃响应中最大超出量与稳态值之比。可见，超调量发生在峰值时间 t_p 处，即

$$\sigma\%=\frac{c(t_p)-c(\infty)}{c(\infty)}\times100\%=c(t_p)-1 \tag{3-45}$$

将式(3-41)代入式(3-45)，得

$$\sigma\%=\mathrm{e}^{-\frac{\pi\zeta}{\sqrt{1-\zeta^2}}}\times100\% \tag{3-46}$$

结构参数 ζ、ω_n 对单位阶跃响应性能的影响如下。

(1) 表征响应平稳性的性能指标超调量取决于 ζ 的大小而与 ω_n 无关。阻尼比 ζ 越小，超调量越大，平稳性越差，调节时间 t_s 长；但 ζ 过大时，系统甚至转入过阻尼状态，响应迟钝，调节时间 t_s 也长，快速性差。当 $\zeta=0.707$ 时，相对来说，系统调节时间较短，快速性较好，而超调量 $\sigma\%<5\%$，平稳性也好，故工程上常称 $\zeta=0.707$ 为最佳阻尼比。

(2) 在一定的阻尼比下，t_r、t_p 均与 ω_n 成反比；或者说，t_r、t_p 与极点的虚部大小成反比。

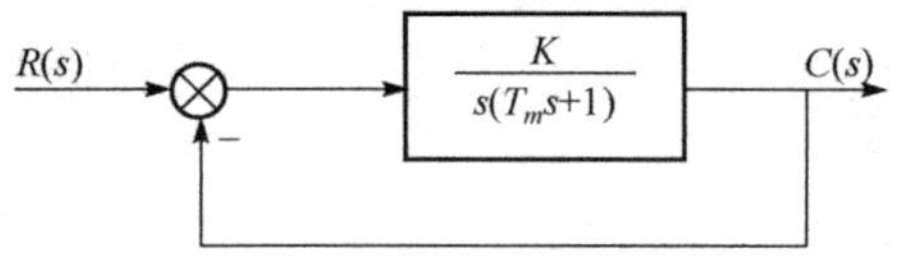

图 3-11　角度随动系统结构图

例 3-2　某角度随动系统结构图可由如图 3-11 所示的典型二阶系统表示，已知图中伺服电机时间常数 $T_m=0.2$，开环增益 $K=5$，求系统单位阶跃响应性能指标。[M304] [M305]

解　系统闭环传递函数为

$$\Phi(s)=\frac{G(s)}{1+G(s)}=\frac{K}{s(T_ms+1)+K}$$

化为典型二阶系统的标准形式

$$\Phi(s)=\frac{K/T_m}{s^2+s/T_m+K/T_m}=\frac{\omega_n^2}{s^2+2\zeta\omega_ns+\omega_n^2}$$

对比可得

$$2\zeta\omega_n=1/T_m=5$$
$$\omega_n^2=K/T_m=25$$

解得

$$\omega_n=5,\quad \zeta=0.5$$

故可求得系统超调量：

$$\sigma\%=\mathrm{e}^{-\frac{\pi\zeta}{\sqrt{1-\zeta^2}}}\times100\%=16.5\%$$

峰值时间：

$$t_p=\frac{\pi}{\omega_d}=\frac{\pi}{\omega_n\sqrt{1-\zeta^2}}=0.73\text{s}$$

上升时间：

$$t_r=\frac{\pi-\beta}{\omega_d}=0.48\text{s}$$

调节时间($\Delta=0.05$)：

$$t_s=\frac{3}{\zeta\omega_n}=1.2\text{s}$$

例 3-3 已知单位负反馈的典型二阶系统单位阶跃响应曲线如图 3-12 所示，试确定系统的开闭环传递函数。[F313]

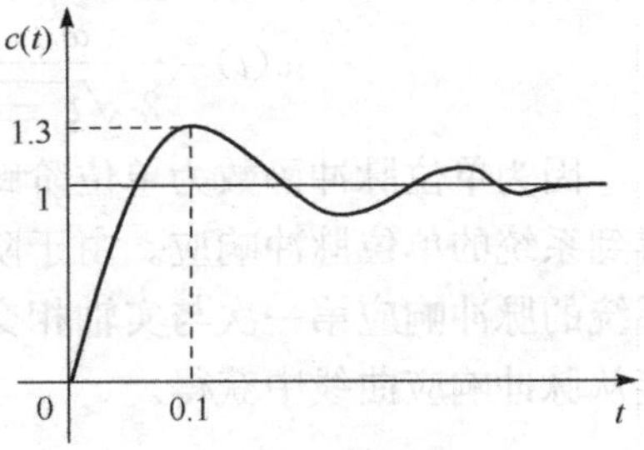

图 3-12 单位阶跃响应曲线

解 由系统的单位阶跃响应曲线，直接求出

超调量

$$\sigma\%=30\%=0.3$$

峰值时间

$$t_p=0.1\text{s}$$

由欠阻尼二阶系统性能指标的计算公式(3-41)和式(3-46)，得

$$0.3=e^{-\pi\zeta/\sqrt{1-\zeta^2}}\times100\%$$

$$t_p=\frac{\pi}{\omega_d}=\frac{\pi}{\omega_n\sqrt{1-\zeta^2}}=0.1\text{s}$$

求解以上两式，得

$$\frac{-\pi\zeta}{\sqrt{1-\zeta^2}}\ln e=\ln 0.3=-1.2,\quad \zeta\approx0.36$$

$$\omega_n=\frac{31.4}{\sqrt{1-\zeta^2}}=\frac{31.4}{0.934}=33.6(\text{s}^{-1})$$

系统闭环传递函数为

$$\Phi(s)=\frac{\omega_n^2}{s^2+2\zeta\omega_n s+\omega_n^2}=\frac{1130}{s^2+24.2s+1130}=\frac{G(s)}{1+G(s)}$$

开环传递函数为

$$G(s)=\frac{\Phi(s)}{1-\Phi(s)}=\frac{\omega_n^2}{s(s+2\zeta\omega_n)}=\frac{1130}{s(s+24.2)}$$

3.3.4 单位脉冲响应

对单位脉冲输入信号，由于

$$L[\delta(t)]=1$$

故对于具有典型形式的二阶系统，其输出的拉氏变换即系统的传递函数，为

$$C(s)=\frac{\omega_n^2}{s^2+2\zeta\omega_n s+\omega_n^2}\tag{3-47}$$

取式(3-47)的拉氏反变换，便可得到下列各种情况下的单位脉冲响应。

(1) 欠阻尼情况(即 $0<\zeta<1$)

$$c(t)=\frac{\omega_n}{\sqrt{1-\zeta^2}}e^{-\zeta\omega_n t}\sin\omega_n\sqrt{1-\zeta^2}t, \quad t\geqslant 0 \tag{3-48}$$

(2)无阻尼情况(即 $\zeta=0$)

$$c(t)=\omega_n\sin\omega_n t, \quad t\geqslant 0 \tag{3-49}$$

(3) 临界阻尼情况(即 $\zeta=1$)

$$c(t)=\omega_n^2 t e^{-\omega_n t}, \quad t\geqslant 0 \tag{3-50}$$

(4) 过阻尼情况(即 $\zeta>1$)

$$c(t)=\frac{\omega_n}{2\sqrt{\zeta^2-1}}\left[e^{-(\zeta-\sqrt{\zeta^2-1})\omega_n t}-e^{-(\zeta+\sqrt{\zeta^2-1})\omega_n t}\right], \quad t\geqslant 0 \tag{3-51}$$

因为单位脉冲函数为单位阶跃函数的导数,所以也可对系统的单位阶跃响应直接求导来得到系统的单位脉冲响应。由于阶跃响应的峰值时间根据阶跃响应的导数等于0求得,所以,系统的脉冲响应第一次与实轴相交的时间即阶跃响应的峰值时间。阶跃响应的超调量也可直接从脉冲响应曲线中获得。

3.4 改善二阶系统性能的措施

从前面的分析可以看出,通过调整系统参数 ζ 和 ω_n,可以使系统性能得到改善。但同时也看到各性能指标之间的矛盾。为了提高系统平稳性,要求增大阻尼比 ζ,但 ζ 的增大,又会使上升时间、峰值时间、延迟时间变长。因此,典型二阶系统难以兼顾系统响应的快速性与平稳性要求,必须研究改善二阶系统性能的其他措施。本节对二阶系统的比例-微分控制和速度反馈控制进行介绍,并简单介绍工程中广泛使用的PID控制,其他校正方式详见第6章。

3.4.1 二阶系统的比例-微分控制 [F314] [M306]

设二阶系统的比例-微分控制如图 3-13 所示。为清楚起见,将结构图分解为图 3-14。图 3-14中,$E(s)$为误差信号,1为比例因子,T_d为微分时间常数。可见,系统输出除受偏差控制外,还受偏差速率的控制。即比例-微分控制可根据偏差的变化趋势产生控制作用,因而是一种“预见”控制。

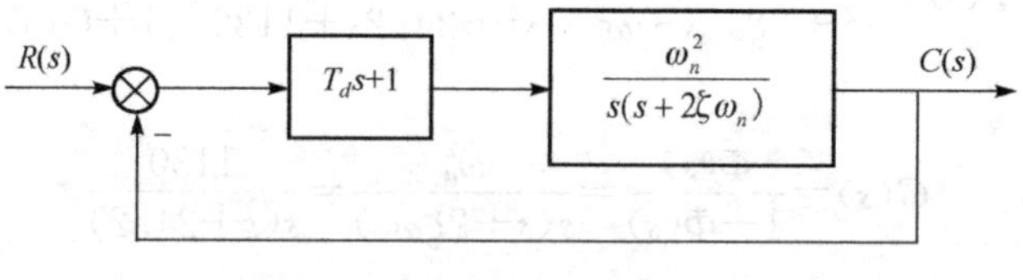

图 3-13 二阶系统的比例-微分控制

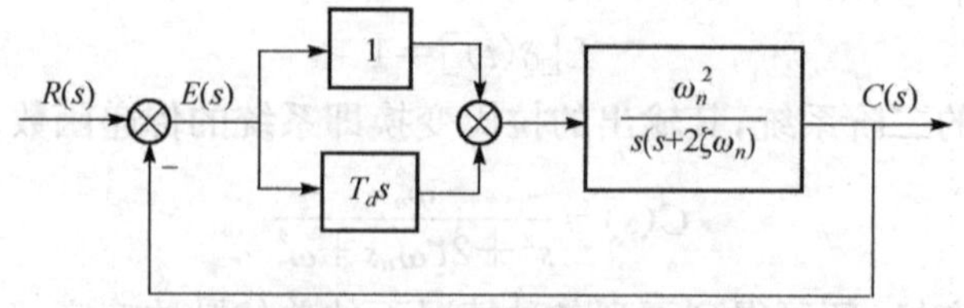

图 3-14 比例-微分控制分解图

开环传递函数为

$$G(s)=\frac{C(s)}{E(s)}=\frac{\omega_n{}^2(T_d s+1)}{s(s+2\zeta\omega_n)}=\frac{K(T_d s+1)}{s\left(\frac{s}{2\zeta\omega_n}+1\right)} \tag{3-52}$$

式中，$K=\omega_n/(2\zeta)$为开环增益。设$a=1/T_d$，则系统闭环传递函数为

$$\Phi(s)=\frac{\omega_n{}^2}{a}\frac{s+a}{s^2+2\zeta_d\omega_n s+\omega_n^2} \tag{3-53}$$

式中，$\zeta_d=\zeta+\frac{\omega_n}{2a}$。

可见，加入比例-微分控制后系统的阻尼比增大；且与原系统相比，增加了闭环零点$-a=-1/T_d$。在典型二阶系统的分析中，已经分析了阻尼比对系统性能的影响，下面接着来分析闭环零点对系统的影响。

由式(3-53)可知，系统输出为

$$C(s)=\frac{\omega^2}{s^2+2\zeta_d\omega_n s+\omega_n^2}R(s)+\frac{\omega_n^2/a}{s^2+2\zeta_d\omega_n s+\omega_n^2}sR(s) \tag{3-54}$$

其时域表达式为

$$c(t)=c_1(t)+\frac{1}{a}\dot{c}_1(t) \tag{3-55}$$

即增加闭环零点后，系统输出是在无零点系统(典型二阶系统)输出的基础上，增加了附加的微分项。其响应曲线示意图如图3-15所示。

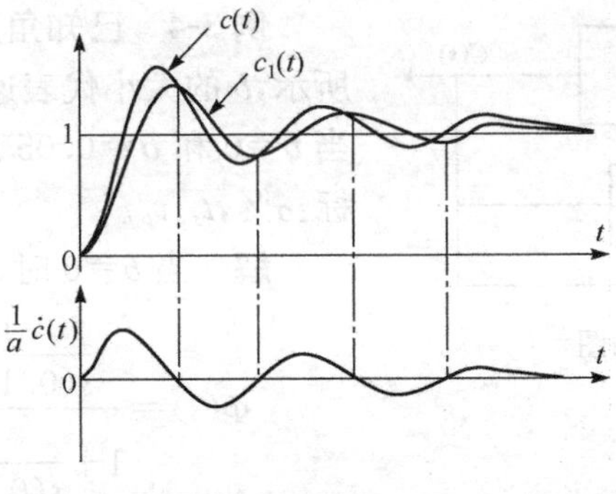

图3-15　闭环零点对系统暂态响应的影响

可见，闭环零点可以提高响应速度，使上升时间缩短，峰值时间提前。

总结以上分析，可知比例-微分控制具有如下特点。

(1)引入比例-微分控制，使系统阻尼比增加，从而抑制振荡，使超调减弱，改善系统平稳性。

(2)零点的出现，将会加快系统响应速度，使上升时间缩短，峰值提前，削弱了“阻尼”作用。因此适当选择微分时间常数T_d将使系统得到比较满意的动态性能。

(3)比例-微分控制不改变系统开环增益和自然振荡频率，对系统误差没有影响。

3.4.2 二阶系统的速度反馈控制［F314］［M307］

在二阶系统中引入速度反馈(又称测速反馈或微分反馈)后的结构图如图 3-16 所示。

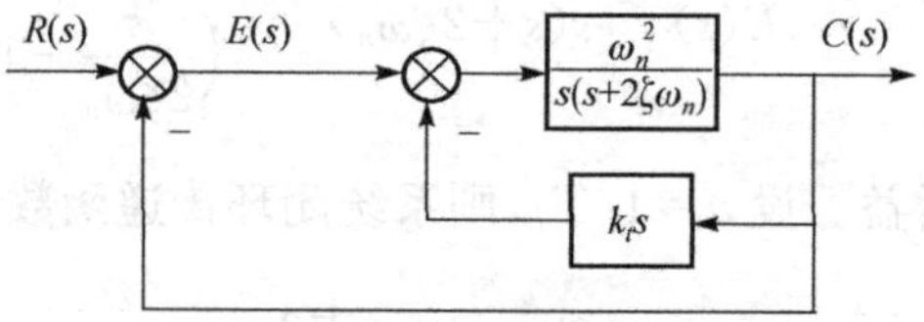

图 3-16 二阶系统的速度反馈控制

其开环传递函数为

$$G(s)=\frac{C(s)}{E(s)}=\frac{\omega_n^2}{s(s+2\zeta\omega_n+k_t\omega_n^2)}$$

$$=\frac{\omega_n}{2\zeta+k_t\omega_n}\times\frac{1}{s[s/(2\zeta\omega_n+k_t\omega_n^2)+1]} \tag{3-56}$$

系统闭环传递函数为

$$\frac{C(s)}{R(s)}=\frac{\omega_n^2}{s^2+(2\zeta\omega_n+k_t\omega_n^2)s+\omega_n^2}=\frac{\omega_n^2}{s^2+2\zeta_t\omega_n s+\omega_n^2} \tag{3-57}$$

式中，$\zeta_t=\zeta+\frac{1}{2}k_t\omega_n$。

由上可知：

(1) 速度反馈使阻尼增大，振荡和超调减小，改善了系统平稳性；

(2) 速度负反馈控制的闭环传递函数无零点，其输出平稳性优于比例-微分控制；

(3) 系统开环增益减小，跟踪斜坡输入时稳态误差会加大，因此应适当提高系统的开环增益。

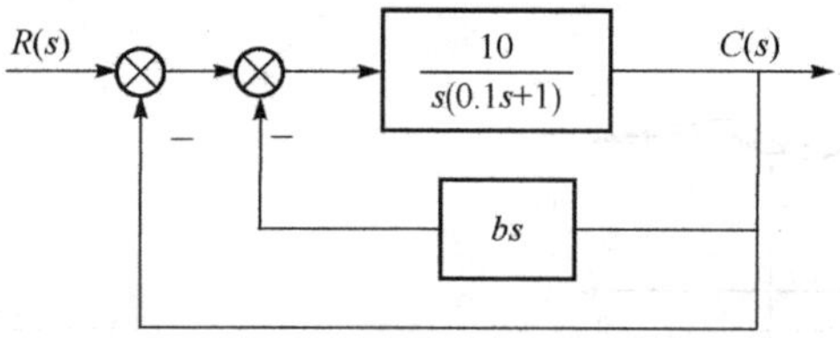

图 3-17 系统结构图

例 3-4 已知角度随动系统结构图如图 3-17 所示，b 的大小代表速度反馈系数的大小。分别求当 $b=0$ 和 $b=0.05$ 时系统单位阶跃响应性能指标：$\sigma\%,t_s,t_p$。

解 当 $b=0$ 时，闭环传递函数为

$$\Phi(s)=\frac{\frac{10}{s(0.1s+1)}}{1+\frac{10}{s(0.1s+1)}}=\frac{100}{s^2+10s+100}$$

对比典型二阶系统标准形式，得

$$\begin{cases}\omega_n^2=100\\2\zeta\omega_n=10\end{cases}\Rightarrow\omega_n=10,\quad\zeta=0.5$$

系统超调量：

$$\sigma\%=e^{-\frac{\pi\zeta}{\sqrt{1-\zeta^2}}}\times100\%=16.3\%$$

峰值时间：

$$t_p=\frac{\pi}{\omega_d}=\frac{\pi}{\omega_n\sqrt{1-\zeta^2}}=0.363\text{s}$$

调节时间($\Delta=0.05$)：

$$t_s=\frac{3}{\zeta\omega_n}=0.6\text{s}$$

当 $b=0.05$ 时,系统闭环传递函数

$$\Phi(s)=\frac{\dfrac{10}{s(0.1s+1)}}{1+\dfrac{10}{s(0.1s+1)}(1+bs)}=\frac{100}{s^2+(10+100b)s+100}=\frac{100}{s^2+15s+100}$$

对比典型二阶系统标准形式,得

$$\begin{cases}\omega_n^2=100\\2\zeta\omega_n=15\end{cases}\Rightarrow\omega_n=10,\quad\zeta=0.75$$

系统超调量：

$$\sigma\%=\mathrm{e}^{-\frac{\pi\zeta}{\sqrt{1-\zeta^2}}}\times100\%=2.8\%$$

峰值时间：

$$t_p=\frac{\pi}{\omega_d}=\frac{\pi}{\omega_n\sqrt{1-\zeta^2}}=0.47\text{s}$$

调节时间($\Delta=0.05$)：

$$t_s=\frac{3}{\zeta\omega_n}=0.4\text{s}$$

可见,选择适当的速度反馈系数,可以显著提高系统动态性能;对于比例-微分控制也如此。

3.4.3 比例-微分控制与速度反馈控制的比较

比例-微分控制与速度反馈控制都可改善系统动态特性,但在实际应用时,有很多必须考虑的因素。下面讨论两种控制方式的主要区别。

(1)附加阻尼来源:比例-微分控制的阻尼作用来源于系统偏差信号的速度;速度反馈控制的阻尼作用来源于系统输出端响应的速度。

(2)对动态性能的影响:比例-微分控制在系统中增加了零点,可加快响应速度。在相同阻尼比的情况下,比例-微分控制的超调量会大于速度反馈控制的超调量。

(3)对开环增益和自然振荡频率的影响:比例-微分控制不改变系统的开环增益和自然振荡频率;速度反馈控制虽不改变自然振荡频率,却降低了系统的开环增益。因而对于具有常值稳态误差的系统,速度反馈要求较大的开环增益。而开环增益的增大,又使自然振荡频率增大,在系统存在高频噪声时,可能引起系统共振。

(4)使用环境:微分作用对噪声有明显的放大作用,当系统输入端噪声水平较高时,一般不宜采用比例-微分控制。同时,由于比例-微分控制的输入信号为偏差信号,其能量水平低,需要相当大的放大作用,为了不明显恶化信噪比,需要选用高质量放大器。而速度反馈控制对系统输入噪声有滤波作用,且其输入信号为系统的输出信号,其能量水平较高,因而对元件没有过高的质量要求,适用范围较广。

3.4.4 控制系统的基本控制律——比例-积分-微分控制

实际上,不仅局限于对二阶系统性能的改善,所有的闭环控制系统都可能需要改善性能;这就需要增加环

节，使得系统的性能满足要求，这就是系统的校正（第 6 章）。工业中常见控制系统的一般结构图如图 3-18 所示，这里控制器就是增加的环节，也称调节器。

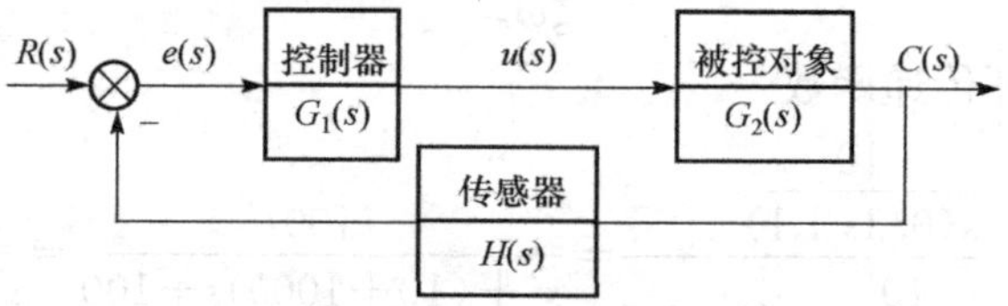

图 3-18　闭环控制系统的结构图

在第 1 章已经知道闭环控制系统具有自动修正偏差的能力，在提升系统性能方面有无可比拟的优势。但也正是由于反馈，闭环控制系统可能出现振荡，甚至发散而使系统无法工作。如果控制系统的性能不能满足指标要求，则需要设计控制器。控制器通过对偏差信号进行运算，输出控制信号作用于被控对象，从而使系统获得满意的性能。

比例-积分-微分控制(Proportional plus Integral plus Derivative Control)，简称 PID 控制，是目前工程上使用最为广泛的基本控制律，它通过对偏差信号进行比例、积分和微分运算的不同组合形成适用于不同系统的控制律。PID 控制器既可以用硬件实现，也可以通过软件编程来实现（对于计算机控制系统）。硬件实现通常采用高增益运算放大器和深度负反馈，在 2.3.2 小节有相关电路构成典型环节的介绍。本节将简单介绍几种控制律的特点和作用。

3.4.4.1　比例控制

比例(P)控制是最简单的控制律，其对应的传递函数为

$$G_1(s)=K_p \tag{3-58}$$

式中，K_p 称为比例增益。在控制系统中使用比例控制时，只要被调量偏离其给定值，控制器就会产生一个与偏差 $e(t)$ 成比例的控制信号 $u(t)$ 作用于受控系统来消除偏差。由于比例环节的这种及时控制作用，所以在实际控制器中通常含有比例环节。但是，单纯调节比例环节通常不能达到理想的效果；若增大 K_p，响应速度提高，但平稳性变差，过大还会造成系统不稳定；K_p 过小，虽然平稳性变好，却降低了系统的快速性。因而，比例控制通常与其他控制规律形成组合控制律。

3.4.4.2　比例-积分控制

积分控制器的传递函数为

$$G_1(s)=\frac{1}{T_i s} \tag{3-59}$$

式中，T_i 称为积分时间常数。积分控制器的输出是输入的积分，只要偏差曾经存在，输出就不为 0。其与比例控制器的根本区别在于：比例控制器的输出只取决于输入偏差信号现时刻的值；而积分控制器的输出不仅取决于输入偏差信号 $e(t)$ 现时刻的值而且与 $e(t)$ 过去时刻的值有关，即取决于 $e(t)$ 的全部历史。或者说，积分控制器具有记忆的功能。积分控制器的这个特点使其可以达到消除稳态误差的目的。但是单纯的积分控制往往导致响应迟缓，调节时间拉长，甚至造成高阶系统不稳定；在系统响应的快速性方面积分控制也不如比例控制。二者的结合在实际工程中应用较为广泛。

比例-积分(PI)控制器的传递函数为

$$G_1(s)=K_p\left(1+\frac{1}{T_i s}\right) \tag{3-60}$$

其输出为与输入成比例的部分和对输入积分部分二者之和。比例-积分控制既可以实现对偏差的及时控制，又可以消除稳态误差；还可以克服积分控制对系统稳定性的不利影响。适当地调整 K_p 和 T_i 的大小，就有可能使系统稳定而且有较好的稳态和动态性能。

3.4.4.3　比例-微分控制

微分控制器的传递函数为

$$G_1(s)=T_d s \tag{3-61}$$

式中，T_d 为微分时间常数。微分控制器的输出为输入信号的一阶导数，也即其反映的是信号的变化，而不是信号本身的大小；它只在系统暂态过程中起作用，在偏差信号变化很小的稳态过程，其作用微不足道。因此，微分控制不能单独使用，在实际中总是与比例控制结合在一起构成比例-微分控制，如前面介绍的典型二阶系统就以比例-微分控制器来改善性能。

比例-微分(PD)控制器的传递函数为

$$G_1(s)=K_p(1+T_d s) \tag{3-62}$$

其输出的控制信号不仅反映了偏差信号的大小而且反映了偏差信号的变化趋势。适当地调整 K_p 和 T_d 的大小，就有可能使系统的平稳性和快速性都得到较大提高。

3.4.4.4　比例-积分-微分控制

如果将比例、积分、微分控制组合在一起，这种综合控制律就称为比例-积分-微分控制，简称 PID 控制。其对应的传递函数为

$$G_1(s)=K_p\left(1+\frac{1}{T_i s}+T_d s\right) \tag{3-63}$$

PID 控制兼有三种基本控制律各自的优点，使系统响应既快速敏捷又平稳准确。实际应用中，只需要根据控制对象的特点调整 PID 参数，就可以取得满意的控制效果。在一般工程系统中，PID 控制得到了广泛应用。

除了可以采用基本控制律——PID 控制外，还可以采用第 6 章介绍的方法对系统进行设计。另外，本节简单介绍几种控制律的特点和作用，在学习系统的频域分析和稳态误差的分析后，大家还可以从多个角度分析各种控制律的作用。

3.5　高阶系统的时间响应

若描述系统的动态方程为三阶或三阶以上微分方程，系统称为高阶系统。实际控制系统往往是高阶系统。由于高阶微分方程求解的复杂性，对其进行准确的时域分析是比较困难的。通常的分析方法是将高阶系统近似为低阶系统，再用低阶系统的分析方法对其动态性能进行近似估计。

3.5.1　高阶系统的阶跃响应

研究图 3-19 所示系统，其闭环传递函数为

$$\Phi(s)=\frac{C(s)}{R(s)}=\frac{G(s)}{1+G(s)H(s)} \tag{3-64}$$

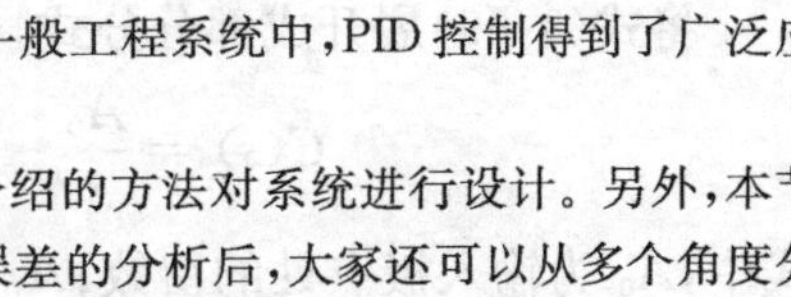

图 3-19　系统结构图

一般情况下，$G(s)$ 和 $H(s)$ 均为复变量 s 的多项式之比，故式(3-64)可写为

$$\Phi(s)=\frac{C(s)}{R(s)}=\frac{M(s)}{D(s)}=\frac{b_0 s^m+b_1 s^{m-1}+\cdots+b_{m-1}s+b_m}{a_0 s^n+a_1 s^{n-1}+\cdots+a_{n-1}s+a_n},\quad m\leqslant n \tag{3-65}$$

为便于求出高阶系统的阶跃响应，将式(3-65)的分子、分母多项式进行因式分解，为

$$\Phi(s)=\frac{M(s)}{D(s)}=\frac{K^*(s-z_1)(s-z_2)\cdots(s-z_m)}{(s-s_1)(s-s_2)\cdots(s-s_n)} \tag{3-66}$$

$$\Phi(s)=K^*\frac{\prod_{i=1}^{m}(s-z_i)}{\prod_{j=1}^{n}(s-s_j)} \tag{3-67}$$

式中，$K^*=b_0/a_0$；z_i 为闭环系统零点；s_j 为闭环系统极点。由于 $M(s)$ 和 $D(s)$ 均为实系数多项式，故 z_i 和 s_j 只能为实数或共轭复数。设系统闭环极点两两相异，并设系统有 q 个实极点和 r 对复极点且 $0<\zeta_k<1$。这时系统闭环传递函数可表示为

$$\Phi(s)=K^*\frac{\prod_{i=1}^{m}(s-z_i)}{\prod_{j=1}^{q}(s-s_j)\prod_{k=1}^{r}(s^2+2\zeta_k\omega_k s+\omega_k^2)} \tag{3-68}$$

在单位阶跃信号输入下，输出量的拉氏变换为

$$C(s)=K^*\frac{\prod_{i=1}^{m}(s-z_i)}{\prod_{j=1}^{q}(s-s_j)\prod_{k=1}^{r}(s^2+2\xi_k\omega_k s+\omega_k^2)}\cdot\frac{1}{s} \tag{3-69}$$

将式(3-69)展开成部分分式，得

$$C(s)=\frac{A_0}{s}+\sum_{j=1}^{q}\frac{A_j}{(s-s_j)}+\sum_{k=1}^{r}\frac{B_k s+C_k}{(s^2+2\xi_k\omega_k s+\omega_k^2)} \tag{3-70}$$

式中，A_0 为输入极点处的留数；$A_j(j=1,2,\cdots,q)$ 为对应闭环极点处的留数；B_k 和 $C_k(k=1,2,\cdots,r)$ 为与对应闭环极点处的留数相关的常数。

对式(3-70)进行拉氏反变换，并设初始条件为 0，得单位阶跃响应的时域表达式

$$c(t)=A_0+\sum_{j=1}^{q}A_j e^{s_j t}+\sum_{k=1}^{r}B_k e^{-\xi_k\omega_k t}\sin(\omega_{dk}t+\beta_k),\quad t\geqslant 0 \tag{3-71}$$

式(3-71)表明，高阶系统的时域响应由一阶和二阶系统的时域响应函数项组成。如果高阶系统的所有闭环极点都具有负实部，高阶系统是稳定的，其稳态输出量为 A_0。对于稳定的高阶系统，闭环极点负实部绝对值越大，其对应的动态响应分量衰减得就越快；反之，则衰减缓慢。

同时应当指出，虽然系统时域响应的类型取决于闭环极点，但其形状却与闭环零极点分布有关。

3.5.2 高阶系统性能估计

对高阶系统的分析可由数值方法解出高阶系统微分方程，并计算时间响应，从而估算出性能指标。但这是一个相对复杂的过程，通常在分析高阶系统时，希望能简化问题，将分析低阶系统的方法，推广到高阶系统中去。本节主要介绍利用系统主导极点和偶极子概念对高阶系统性能进行近似分析的方法。

对于高阶系统的零极点，它们在 s 平面上的分布不同，对系统暂态特性所起的作用也不一样。根据它们的相对重要性，用其中对系统暂态特性起主导作用的几个主要零极点所对应的低阶系统，来近似估算高阶系统的暂态特性是追求的目标。

如果在系统所有的闭环极点中，距离虚轴最近的极点附近没有闭环零点，而其他闭环极点

又远离虚轴。那么，距虚轴最近的闭环极点对应的响应分量，随时间推移衰减缓慢，它们在系统的时间响应过程中起主导作用，这样的闭环极点称为闭环主导极点。工程上，凡比主导极点的实部大 6 倍以上的其他零、极点，其影响均可忽略。有时甚至大 2～3 倍的闭环极点也忽略。

偶极子是指一对靠得很近的零点、极点。它们对系统性能的影响相互抵消，在近似分析中通常可忽略它们的影响。工程上把一对距离比其自身模值还小一个数量级的零、极点看成偶极子。

在许多情况下，利用主导极点和偶极子的概念对系统进行近似处理后，高阶系统往往就可近似地看成一阶或二阶系统，就能用前几节讲过的方法估算动态性能指标。

例如，一个飞机倾斜角控制系统的闭环传递函数为

$$\Phi(s)=\frac{10}{(s+5)(s^2+1.5s+2)}=\frac{10}{(s+5)(s+0.75+\mathrm{j}1.2)(s+0.75-\mathrm{j}1.2)}$$

其极点分布图如图 3-20(a)所示。忽略非主导极点所起的作用，得系统的简化模型为

$$\Phi(s)=\frac{10}{5\left(\frac{s}{5}+1\right)(s+0.75+\mathrm{j}1.2)(s+0.75-\mathrm{j}1.2)}$$

$$\approx\frac{2}{(s+0.75+\mathrm{j}1.2)(s+0.75-\mathrm{j}1.2)}$$

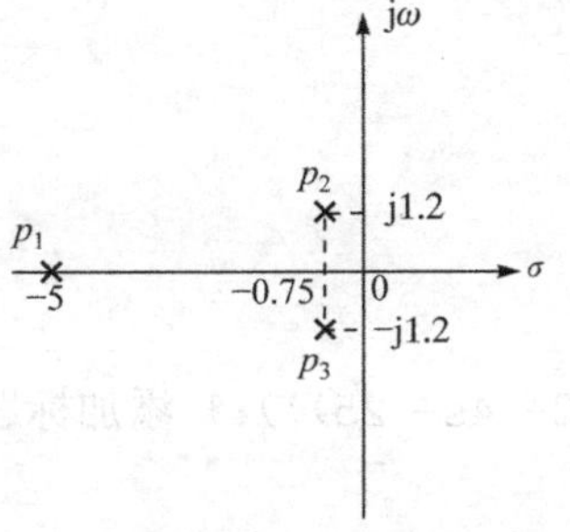

(a) 闭环极点分布图

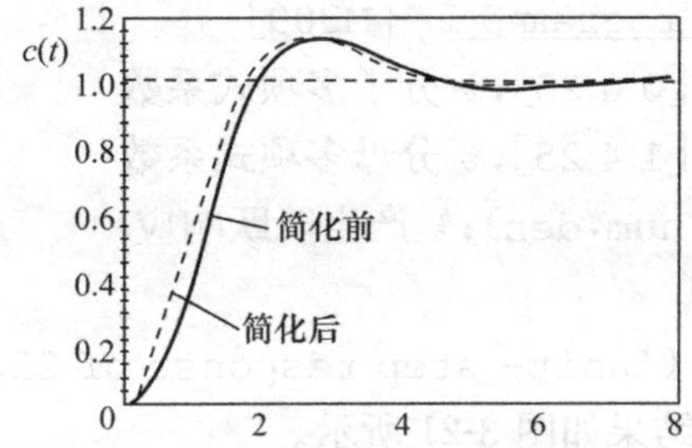

(b) 单位阶跃响应曲线

图 3-20　三阶系统响应图

简化前和简化后的系统单位阶跃响应曲线如图 3-20(b)所示，可清楚地看到，近似后产生的误差很小。这样，这个三阶系统的性能指标就可由近似的二阶系统来分析。[M308]

应当指出，虽然高阶系统可简化为低阶系统来近似分析，但其本身并不是低阶系统。因此，在分析中还应考虑其他非主导闭环零、极点对系统动态性能的影响。这里仅给出一些有益的结论，感兴趣的读者可参阅文献(黄家英 2010，胡寿松 2013)。

一些有用的结论如下。

(1)闭环零点的作用为减小峰值时间，加快响应速度；但增大系统的超调量和调节时间，这种作用随闭环零点接近虚轴而加剧。

(2)闭环非主导极点使峰值时间加长，系统响应速度变缓。

(3)若闭环零、极点彼此接近，则它们对系统响应的影响相互削弱。

3.6 用MATLAB进行动态响应分析

利用MATLAB可方便地进行控制系统的时域分析。若读者对MATLAB的基本功能尚不了解，请先阅读本书配套光盘中的附录Ⅱ部分。

3.6.1 绘制响应曲线

MATLAB提供了求取线性定常连续系统单位脉冲响应和单位阶跃响应的函数。分别为impulse，step。对单位斜坡响应，可间接求取。

如果已知闭环传递函数的分子num与分母den，则命令

impulse(num,den)，impulse(num,den,t)

将产生单位脉冲响应曲线。命令

step(num,den)，step(num,den,t)

将产生单位阶跃响应曲线。(t为用户指定时间)

例 3-5 用MATLAB绘制系统 $\Phi(s)=\dfrac{C(s)}{R(s)}=\dfrac{25}{s^2+4s+25}$ 的单位阶跃响应曲线。

解 首先得到模型，再绘制阶跃响应曲线。

MATLAB Program 3-1 [M309]

```
>> num=[0 0 25];% 分子多项式系数
>> den=[1 4 25];% 分母多项式系数
>> step(num,den);% 产生阶跃响应
>> grid;
>> title('unit- step response of 25/(s^2+ 4s+ 25)');% 添加标题
```

程序运行结果如图3-21所示。

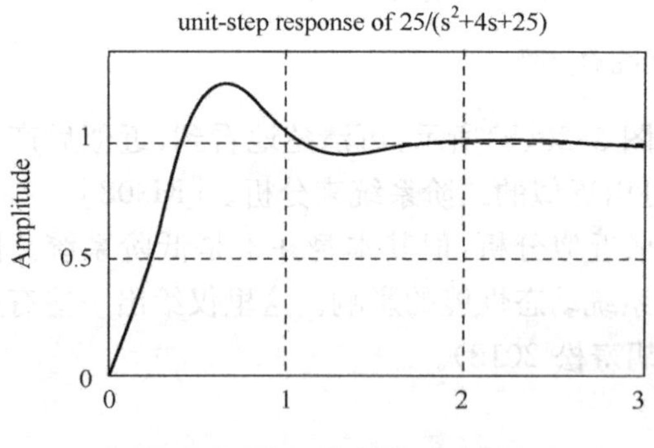

图 3-21 单位阶跃响应曲线

若希望求取单位脉冲响应曲线，只需将step(num,den)命令改成impulse(num,den)函数即可。

MATLAB中没有直接求取单位斜坡响应的命令，可利用单位斜坡函数为单位阶跃函数的积分来间接求得单位斜坡响应。方法是将待求系统传递函数乘以积分因子 $1/s$，求其单位阶跃响应，即为原系统的单位斜坡响应。利用该方法也可通过单位脉冲响应命令来求取系统的单位阶跃响应。

例如，求系统 $\Phi(s)=\dfrac{C(s)}{R(s)}=\dfrac{25}{s^2+4s+25}$ 的单位斜坡响应曲线。此时，系统输出的拉氏变换为

$C(s)=\dfrac{25}{s^2+4s+25}\cdot\dfrac{1}{s^2}=\dfrac{25}{s(s^2+4s+25)}\cdot\dfrac{1}{s}$，为此，求该系统单位斜坡响应曲线的程序如下：

MATLAB Program 3-2 [M310]

```
>> num=[0 0 0 25];
```

```
>> den= [1 4 25 0];
>> step(num,den,3)
>> grid
>> title('unit- ramp response of 25/
(s^2+ 4s+ 25)');
```

程序运行结果如图 3-22 所示。

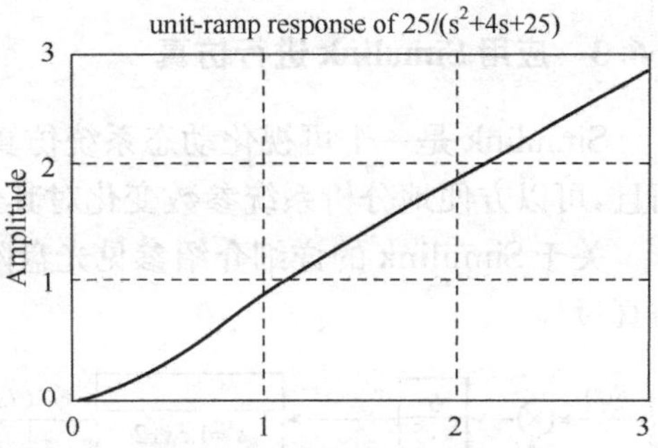

图 3-22 单位斜坡响应曲线

3.6.2 阶跃响应性能分析

当阶跃命令左端含有变量时,如

[y,x,t]=step(num,den,t)

将不会显示响应曲线。阶跃响应的输出数据将保存在 y 中,t 中保存各采样时间点。若希望绘制响应曲线,可采用 plot 命令。

当需要计算阶跃响应性能指标时,可根据各指标的定义,结合 y 和 t 中保存的数据,来计算各项性能指标。

例 3-6 用 MATLAB 求系统 $\Phi(s)=\dfrac{C(s)}{R(s)}=\dfrac{25}{s^2+4s+25}$ 的单位阶跃响应性能指标:上升时间、峰值时间、调节时间和超调量。[M311]

解 返回阶跃响应的数据点,再利用性能指标的定义逐一求取性能指标。

<u>MATLAB Program 3-3</u>

```
>> num= [0 0 25];
>> den= [1 4 25];
>> [y,x,t]= step(num,den);
>> % 求响应曲线的最大值
>> [peak,k]= max(y);
>> % 计算超调量
>> overshoot= (peak- 1)* 100
>> % 求峰值时间
>> tp= t(k)
>> %求上升时间
>> n= 1;
>> while y(n)< 1
>> n= n+ 1;
>> end
>> tr= t(n)
>> %求调节时间
>> m= length(t)
>> while(y(m)> 0.98)&(y(m)< 1.02)
>> m= m- 1;
>> end
>> ts= t(m)
```

3.6.3 应用 Simulink 进行仿真

Simulink 是一个可视化动态系统仿真环境。使用 Simulink 可分析非常复杂的控制系统；而且，可以方便地分析系统参数变化对其性能的影响。

关于 Simulink 的详细介绍参见光盘附录Ⅱ，本节以一简单的例子说明 Simulink 的建模和仿真过程。

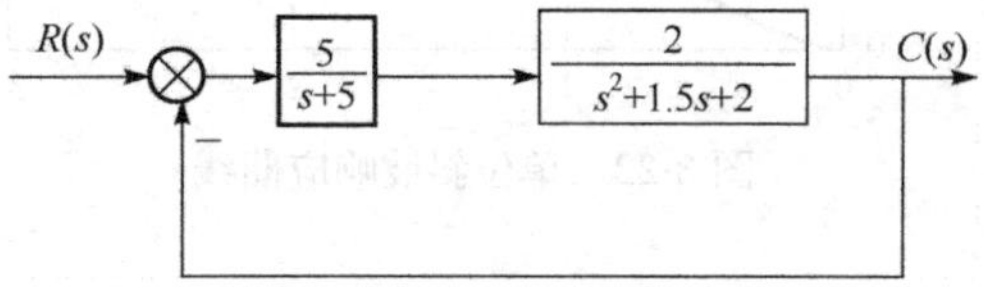

图 3-23 控制系统结构图

例 3-7 控制系统结构图如图 3-23 所示，试在 Simulink 环境下构建系统方框图，并对系统的阶跃响应进行仿真。[M312]

解 第一步：进入 Simulink 环境。

在 MATLAB 命令窗口键入 Simulink，或直接点击命令窗口工具栏的 Simulink 图标 ，即可进入 Simulink 环境。

第二步：新建文件并构建开环系统。

点击“File”菜单下“New→Model”菜单项或直接点击新建工具栏，产生一空白“.mdl”文件。

在元件库左侧点击 Simulink 项，点击 Continuous，进入连续系统元件库。在该界面选择“Transfer Fun”图标，按住鼠标左键，拖至新建的“.mdl”文件。在“.mdl”文件中双击该图标，修改参数为 Numerator[5]（分子多项式系数的排列），Denominator[1 5]（分子多项式系数的排列），形成方框$\dfrac{5}{s+5}$。

重复以上过程，形成方框$\dfrac{2}{s^2+1.5s+2}$。

第三步：选取输入信号。

进入“Sources”元件库，选取“Step”信号，将其拖至所建的“.mdl”文件。可双击图标设置仿真初始时间和阶跃幅值。

第四步：选择输出方式。

进入“Sinks”元件库，选择采取何种方式输出。本例选择“Scope”，即示波器。读者可根据需要选择其他的输出方式。

第五步：连接各元件。

为了形成负反馈，还需从“Math Operations”元件库中找到“Sum”图标，拖至“.mdl”文件，并将“List of Signs”栏改为“＋ －”。“＋”端接输入信号，“－”端接反馈信号。

元件的连接非常简单，只需用鼠标在需连接的部分画线即可。这样，系统模型就建立起来了，接下来可以进行系统仿真。

第六步：系统仿真。

点击“.mdl”文件窗口的“Simulation”菜单下“Start”菜单项或直接点击“Start Simulation”工具栏，Simulink 即自动运行所搭建的系统。

运行结束后，双击“Scope”即可看到系统阶跃响应曲线。

3.7 稳定性分析

对于一个控制系统来说，稳定性是其重要特性，也是系统能够正常工作的首要条件。粗略地说，稳定性是指，由于扰动的作用使系统的工作状态发生变化，若经过一定的时间后能恢复到原来的平衡状态或其附近的容许邻域内，则称系统是稳定的；若随着时间的推移偏离原来的平衡状态越来越远，则称系统是不稳定的。不稳定的系统是没有工程价值的。因此如何分析系统运动的稳定性，是控制工程师的一项重要工作。

本节主要介绍稳定性的定义、控制系统稳定的条件以及判定系统稳定性的方法。

3.7.1 稳定性的概念和定义［F315］［F316］

为了建立稳定概念，先来看一个直观的例子。

图 3-24(a)是一个单摆示意图。假设外界附加一扰动使该系统单摆由原平衡点“a”偏离到点“b”。当外力去掉后，摆在重力作用下，由点“b”回到点“a”，并由于惯性作用，继续向前摆动，直到到达点“c”。随后，在阻尼作用下，摆围绕“a”点作衰减振荡，直到所有能量耗尽，摆最终停留在原平衡点“a”。就平衡点“a”而言，在干扰作用下，摆发生了偏离，但扰动消失后，经过一定的时间，摆能恢复到原来的平衡点。这样的平衡点“a”称为稳定的平衡点。

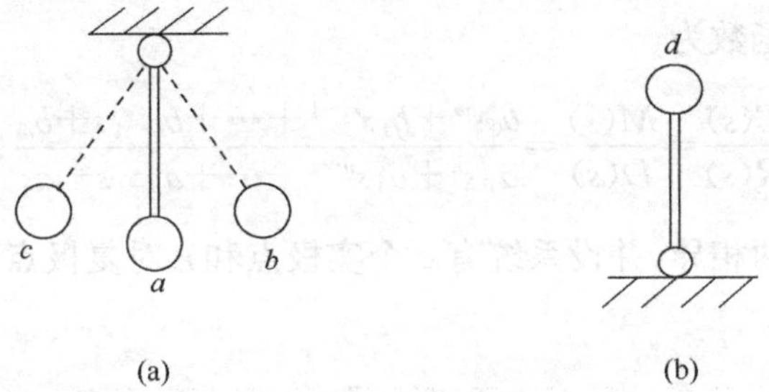

图 3-24　系统的平衡点

如果让摆处于另一平衡点“d”，如图 3-24(b)所示。显然在扰动作用下，摆会离开平衡点“d”，这时，即使扰动消失，无论经过多长时间，摆也不会回到原平衡点“d”。这种平衡点称为不稳定平衡点。

单摆的这种稳定概念(即无论扰动产生的初始偏差多大，只要扰动消失，系统最终总能回到原平衡点)，可以推广至线性系统。而对于用非线性微分方程描述的非线性系统，当扰动产生的初始偏差较小时，扰动消失后，系统可能回到某一稳定的平衡点；但当扰动造成的初始偏差超过一定范围，即使扰动消失，无论经过多长时间，系统也未必能回到原来稳定的平衡点上。也就是说，线性系统的小范围稳定和大范围稳定是等价的；而非线性系统则不然。小范围稳定的非线性系统不一定大范围稳定。

运动稳定性的严格数学定义，首先由俄罗斯学者李雅普诺夫于 1892 年建立，一直沿用至今。有关李雅普诺夫稳定性的数学定义及稳定性定理，一般在现代控制理论相关书籍中介绍。本节只根据李雅普诺夫稳定性理论，从系统的输入输出关系出发，分析线性系统的稳定性问题。

线性控制系统的稳定性可定义如下：若线性控制系统在初始扰动影响下，其动态过程随时间推移逐渐衰减并趋于零（即趋于原平衡点），则称系统渐近稳定，简称稳定；反之，若在初始扰动下，系统的动态过程随时间推移而发散，则称系统不稳定。

3.7.2 线性系统稳定的条件［F317］

上述稳定性定义表明，线性系统的稳定性仅取决于系统的结构和参数，而与外界条件无关。

设系统有一平衡工作点。当受到扰动时，其产生的输出使系统偏离原平衡工作点。如果取干扰信号的消失瞬间为时间起点，即 $t=0$，则 $t=0$ 时刻系统的输出信号及其各阶导数便是研究 $t\geqslant 0$ 时系统的初始条件。即响应 $c(t)$ 可看成控制系统在初始条件作用下的输出响应，即零输入响应。若系统稳定，则随着时间的推移，输出信号 $c(t)$ 趋于零，系统能以足够的精度恢复到原平衡工作状态。系统不稳定，则无法回到原平衡工作状态。

设系统在初始条件为零时，作用一个理想单位脉冲信号 $\delta(t)$，这时系统的输出增量为脉冲响应 $c(t)$。这相当于系统在扰动信号作用下，输出信号偏离原平衡工作点的问题。若此动态过程随时间的推移最终趋于零，即

$$\lim_{t\to\infty} c(t)=0 \tag{3-72}$$

则线性系统是稳定的。反之，系统不稳定。

设系统的闭环传递函数为

$$\Phi(s)=\frac{C(s)}{R(s)}=\frac{M(s)}{D(s)}=\frac{b_0 s^m+b_1 s^{m-1}+\cdots+b_{m-1}s+b_m}{a_0 s^n+a_1 s^{n-1}+\cdots+a_{n-1}s+a_n},\quad m\leqslant n \tag{3-73}$$

设系统闭环极点两两相异，并设系统有 q 个实极点和 r 对复极点，且 $0<\zeta_k<1$。这时系统闭环传递函数可表示为

$$\Phi(s)=K^*\frac{\prod_{i=1}^{m}(s-z_i)}{\prod_{j=1}^{q}(s-s_j)\prod_{k=1}^{r}(s^2+2\zeta_k\omega_k s+\omega_k^2)} \tag{3-74}$$

式中，$K^*=b_0/a_0$；z_i 为闭环系统零点；s_j 为闭环系统极点。

在单位脉冲信号输入下，系统输出量的拉氏变换为

$$C(s)=K^*\frac{\prod_{i=1}^{m}(s-z_i)}{\prod_{j=1}^{q}(s-s_j)\prod_{k=1}^{r}(s^2+2\zeta_k\omega_k s+\omega_k^2)} \tag{3-75}$$

将式(3-75)展开成部分分式，得

$$C(s)=\sum_{j=1}^{q}\frac{A_j}{(s-s_j)}+\sum_{k=1}^{r}\frac{B_k s+C_k}{(s^2+2\zeta_k\omega_k s+\omega_k^2)} \tag{3-76}$$

式中，$A_j(j=1,2,\cdots,q)$ 为对应闭环实极点处的留数；B_k、$C_k(k=1,2,\cdots,r)$ 为与对应闭环复极点处的留数相关的常数。

对式(3-76)进行拉氏反变换,得单位脉冲响应的时域表达式

$$c(t)=\sum_{j=1}^{q}A_j e^{s_j t}+\sum_{k=1}^{r}B_k e^{-\zeta_k\omega_k t}\sin(\omega_{dk}t+\beta_k),\quad t\geqslant 0 \tag{3-77}$$

式(3-77)表明,当且仅当系统的极点全部具有负实部时,式(3-72)才成立;若存在一个或一个以上正实部根,则 $\lim\limits_{t\to\infty}c(t)\to\infty$,表明系统不稳定;若极点中存在一个或一个以上零实部根,则脉冲响应可能趋于常数,或者趋于等幅正弦振荡,按照稳定性的定义,此时系统不是渐近稳定的。通常将这种处于稳定与不稳定之间的临界状态,称为临界稳定情况。在经典控制理论中,只有渐近稳定的系统才称为稳定系统;否则,称为不稳定系统。图 3-25 直观表现了极点在 s 平面的稳定和不稳定区域。[M313]

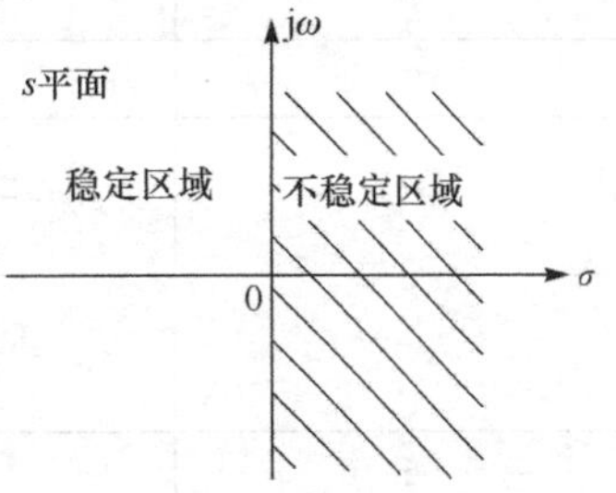

图 3-25　线性系统稳定的区域

由此可见,线性系统稳定的充分必要条件:闭环系统特征方程的所有根都具有负实部;或者说,闭环传递函数的极点均位于 s 左半平面。

对于低阶系统而言,可以简单地对其特征方程进行因式分解而求出其特征根。但对三阶或三阶以上的高阶系统,直接求方程的根比较困难。并且在很多情况下,常常只需了解系统是否稳定,而对特征根的确切数值不感兴趣。因此,在控制工程中,需要一种间接判定系统特征根分布的方法。

判别系统稳定性的基本方法如下:

(1) 劳斯-赫尔维茨判据。

(2) 根轨迹法。

(3) 奈奎斯特判据。

(4) 李雅普诺夫第二方法。

本节仅介绍代数判据——劳斯-赫尔维茨判据,其他方法将在本书第 4 章、第 5 章和现代控制理论相关参考资料中介绍。

3.7.3　劳斯-赫尔维茨判据[F318]

劳斯(Routh)判据和赫尔维茨(Hurwize)判据分别由 Routh 于 1877 年、Hurwize 于 1895 年独立提出。通常合称为劳斯-赫尔维茨判据,也称代数判据。它根据系统特征方程的各项系数,直接利用代数方法判断特征方程的根是否全部位于 s 左半平面,以此判断系统的稳定性。

设线性系统特征方程为

$$D(s)=a_0 s^n+a_1 s^{n-1}+\cdots+a_{n-1}s+a_n=0,\quad a_0>0 \tag{3-78}$$

线性系统稳定的必要条件:特征方程各项系数均大于零且不缺项。

若控制系统的特征方程式不满足以上必要条件,则可立即断定这样的系统是不稳定的。但该条件是不充分的,因为各项系数均大于零且不缺项的特征方程,完全可能有正实部根。这时,可采用劳斯判据或赫尔维茨判据来判断系统的稳定性。需要说明的是,劳斯判据与赫尔维茨判据在本质上是相同的,本节仅对劳斯判据进行介绍,感兴趣的读者可参考文献(黄家英 2010,胡寿松 2013)。

劳斯判据采用表格形式,称劳斯表。劳斯表的前两行由系统特征方程的系数直接构成,以

后各行的数值，需按表 3-1 所示逐行计算，一直计算到第 n 行为止，第 $n+1$ 行仅第一列有值，且正好是特征方程的最后一项系数 a_n。表中系数排列呈上三角形。

表 3-1　劳斯表

s^n	a_0	a_2	a_4	…
s^{n-1}	a_1	a_3	a_5	…
s^{n-2}	$c_{13}=\dfrac{a_1a_2-a_0a_3}{a_1}$	$c_{23}=\dfrac{a_1a_4-a_0a_5}{a_1}$	$c_{33}=\dfrac{a_1a_6-a_0a_7}{a_1}$	…
s^{n-3}	$c_{14}=\dfrac{c_{13}a_3-a_1c_{23}}{c_{13}}$	$c_{24}=\dfrac{c_{13}a_5-a_1c_{33}}{c_{13}}$	$c_{34}=\dfrac{c_{13}a_7-a_1c_{43}}{c_{13}}$	
⋮	⋮	⋮	⋮	
s^2	$c_{1,n-1}$	$c_{2,n-1}$		
s^1	$c_{1,n}$			
s^0	$c_{1,n+1}=a_n$			

根据劳斯稳定判据，由特征方程(3-78)表征的线性系统稳定的充分必要条件：当劳斯表中第一列的所有元素都大于零时，系统稳定；如果第一列的元素出现负值，系统就不稳定，而且第一列各系数符号的改变次数，代表特征方程的正实部根的个数。

例 3-8　设系统特征方程为 $s^4+2s^3+3s^2+4s+5=0$；试用劳斯稳定判据判别系统稳定性。[F319]

解　列出劳斯表

$$
\begin{array}{llll}
s^4 & 1 & 3 & 5 \\
s^3 & 2 & 4 & 0 \\
s^2 & \dfrac{2\times3-1\times4}{2}=1 & \dfrac{2\times5-1\times0}{2}=5 & \\
s^1 & \dfrac{1\times4-2\times5}{1}=-6 & 0 & \\
s^0 & 5 & &
\end{array}
$$

可见，劳斯表第一列出现了负数，系统不稳定。且第一列元素符号变化两次，可知系统存在两个 s 右半平面的特征根。

在应用劳斯判据分析线性系统的稳定性时，有时会遇到一些特殊情况，使得劳斯表的计算无法进行到底，因此需要进行相应的数学处理。

(1)劳斯表中某行的第一列元素为零。[F320]

此时，计算劳斯表下一行的第一个元素时，将出现无穷大，使劳斯表难以构造。例如，特征方程

$$s^5+2s^4+2s^3+4s^2+11s+10=0$$

列出劳斯表

$$
\begin{array}{llll}
s^5 & 1 & 2 & 11 \\
s^4 & 2 & 4 & 10 \\
s^3 & 0 & 6 &
\end{array}
$$

此时，以一接近 0 的正数 ε 代替零元素，继续进行计算，完成劳斯阵列。

s^3	ε	6
s^2	$(4\varepsilon-12)/\varepsilon$	10
s^1	6	
s^0	10	

当 ε 趋于 0 时，$(4\varepsilon-12)/\varepsilon$ 小于零，劳斯表第一列元素的符号改变两次，故系统是不稳定的且在 s 右半平面上有两个极点。

(2)劳斯表中出现全零行。[F320]

这种情况表明特征方程中存在一些绝对值相同但符号相异的特征根。此时的处理方法为，用全零行上一行的系数构成一个辅助方程，将辅助方程对 s 求导，用所得导数方程的系数代替全零行。另外，通过解辅助方程，可以求出所有绝对值相同但符号相异的特征根。

例 3-9 设系统特征方程为 $s^6+2s^5+6s^4+8s^3+10s^2+4s+4=0$，试用劳斯稳定判据判断系统的稳定性。

解 列出劳斯表

s^6	1	6	10	4
s^5	2	8	4	0
s^4	2	8	4	
s^3	0	0	0	

用全零行上一行的系数构成一个辅助方程

$$A(s)=2s^4+8s^2+4$$

对 s 求导，得

$$\mathrm{d}A(s)/\mathrm{d}s=8s^3+16s$$

以求导后的系数取代全零行的各元素，继续列写劳斯表

s^6	1	6	10	4
s^5	2	8	4	0
s^4	2	8	4	
s^3	8	16	0	
s^2	4	4		
s^1	8	0		
s^0	4			

解辅助方程可得共轭纯虚根。令 $s^2=y$，则

$$A(s)=2s^4+8s^2+4=2(y^2+4y+2)=0$$

解方程，得

$$y=-2\pm\sqrt{2}=-0.586,\ -3.414$$

则辅助方程的解为

$$s_{1,2}=\pm\mathrm{j}\sqrt{0.586}=\pm\mathrm{j}0.766$$

$$s_{3,4}=\pm\mathrm{j}\sqrt{3.414}=\pm\mathrm{j}1.848$$

即为系统特征方程中绝对值相同但符号相异的共扼纯虚根。

虽然经处理后劳斯表第一列全为正，但由于存在纯虚根，故系统是临界稳定的。但从工程角度看，系统是不稳定的。

3.8 线性系统的稳态误差计算

控制系统的稳态误差，即稳态时(时间 t 趋于无穷)系统输出的希望值与实际值之间的误差，通常称为稳态性能。这是控制系统的一项重要性能指标，表征了系统的(稳态)控制精度或控制准确度。严格地说，实际系统的稳态误差总是难以避免的。而控制系统设计的任务之一，就是尽量减小系统的稳态误差，或将稳态误差控制在某一容许范围内。

显然，只有当系统稳定时，研究稳态误差才有意义。因为不稳定的系统不存在稳态响应，更谈不上稳态误差问题。

本节主要讨论线性系统稳态误差的变化规律及其计算方法。

3.8.1 稳态误差的定义

一般控制系统的结构图如图 3-26 所示。图中，系统输入有两种，$R(s)$为参考输入信号，$N(s)$为系统的扰动信号。

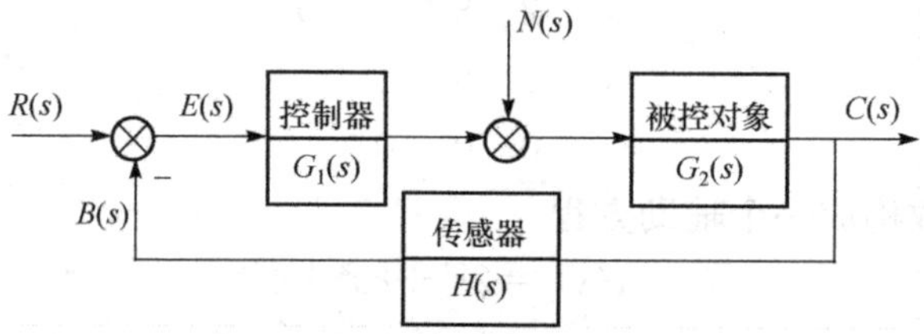

图 3-26 控制系统的结构图

当输入信号 $R(s)$与主反馈信号 $B(s)$不相等时，比较装置的输出为

$$E(s)=R(s)-B(s)=R(s)-H(s)C(s) \tag{3-79}$$

此时，系统将在 $E(s)$信号作用下产生动作，使输出量趋于希望值。通常，将 $E(s)$称为系统的偏差信号。

误差有两种不同的定义方法：一种是按式(3-79)描述的在系统输入端定义，即将偏差信号定义为误差信号；另一种是从系统输出端定义，即输出的希望值与实际值之差。表示为

$$E'(s)=C'(s)-C(s) \tag{3-80}$$

式中，$C'(s)$为希望的输出值。定义当偏差信号 $E(s)$为零时的输出为希望输出。即

$$E(s)=R(s)-H(s)C'(s)=0$$

$$C'(s)=\frac{R(s)}{H(s)} \tag{3-81}$$

结合式(3-80)和式(3-81)可得

$$E'(s)=\frac{R(s)}{H(s)}-C(s)=\frac{R(s)-H(s)C(s)}{H(s)}=\frac{E(s)}{H(s)} \tag{3-82}$$

即两种定义下的误差之间以一简单关系相联系，而对于单位反馈控制系统($H(s)=1$)，两种定义方法相同。另外，这两种定义方法各有其优缺点。按输入端定义的优点是其与结构图中的偏差信号对应，在实际系统中可量测且便于进行理论分析；按输出端定义的优点是物理意义明确，但实际系统中没有一个物理量与之对应，使其难以直接量测。

本书一般采用从系统输入端定义的误差进行分析和计算，若需要计算输出端误差 $E'(s)$，

可利用式(3-82)进行换算。但如果 $H(s)$不是单纯的比例环节,这时宜采用从输出端定义的误差进行分析。

考虑如图 3-26 所示的系统,根据线性系统的叠加原理,可得系统在输入 $R(s)$(参考输入信号)和 $N(s)$(扰动信号)共同作用下误差的表达式

$$E(s)=E_R(s)+E_N(s)=\Phi_e(s)R(s)+\Phi_{ne}(s)N(s) \tag{3-83}$$

式中,$E_R(s)$为参考输入信号 $R(s)$引起的误差,$E_N(s)$为扰动 $N(s)$引起的误差。且

$$\Phi_e(s)=\frac{1}{1+G_1(s)G_2(s)H(s)} \tag{3-84}$$

$$\Phi_{ne}(s)=-\frac{G_2(s)H(s)}{1+G_1(s)G_2(s)H(s)} \tag{3-85}$$

对 $E(s)$求拉氏反变换,即得误差的时域表达式

$$e(t)=L^{-1}[E(s)]=r(t)-b(t) \tag{3-86}$$

在误差信号 $e(t)$中,包含暂态分量和稳态分量两部分。考虑稳定系统,当时间 t 趋于无穷时,$e(t)$的暂态分量必趋于零。因而稳态误差中只包含 $e(t)$的稳态分量,也就是说,控制系统的稳态误差即误差信号 $e(t)$的稳态分量 $e(\infty)$,常用 e_{ss}表示,参考输入作用下的稳态误差记为 e_{ssr},扰动作用下的稳态误差记为 e_{ssn}。参考输入作用下的稳态误差又称跟踪稳态误差,通常用来衡量随动系统的输出量跟踪参考输入信号变化的稳态性能;扰动作用下的稳态误差称为扰动稳态误差,通常用来衡量恒值控制系统的稳态性能。要注意的是,在计算扰动引起的稳态误差时,一般应采用从系统输出端定义的误差来分析和计算,较详细的介绍见 3.8.3 小节,文献(黄家英 2010)中对此有更为详尽的论述。

下面讨论稳态误差的计算问题。

控制系统的稳态误差可表现为两种形式:稳态误差为一常值(包括 0 和∞)或随时间变化的函数。相应的稳态误差计算方法也分为基于终值定理的方法和动态误差系数法两种。本节首先介绍基于终值定理的方法,动态误差系数法在 3.8.4 小节中介绍。

根据拉氏变换的终值定理,如果函数 $sE(s)$在 s 右半平面及虚轴上解析,或者说,$sE(s)$的极点均位于 s 左半平面,则可方便地求出系统的稳态误差

$$e_{ss}=\lim_{t\to\infty}e(t)=\lim_{s\to 0}sE(s) \tag{3-87}$$

需要说明的是,当 $sE(s)$在 s 平面的坐标原点具有极点时,$sE(s)$并不满足在虚轴上解析的条件,不符合运用终值定理的条件。此时,若使用终值定理,得到的结果为无穷大,而这一结果恰好与实际结果一致。因此,当 $sE(s)$具有坐标原点处的极点时,可以使用终值定理来求稳态误差。

例 3-10 设单位反馈系统的开环传递函数为 $G(s)=1/Ts$,求输入信号分别为以下三种信号时系统的稳态误差。[F321]

(1)$r(t)=t$。

(2)$r(t)=t^2/2$。

(3)$r(t)=\sin\omega t$。

解 系统误差传递函数为

$$\Phi_e(s)=\frac{E(s)}{R(s)}=\frac{1}{1+G(s)H(s)}=\frac{Ts}{1+Ts}$$

(1)$R(s)=\dfrac{1}{s^2}$,$E(s)=\dfrac{T}{s(1+Ts)}$,符合终值定理应用条件。

$$e_{ss}=\lim_{s\to 0}sE(s)=\lim_{s\to 0}\frac{T}{1+Ts}=T$$

(2) $R(s)=\frac{1}{s^3}, E(s)=\frac{T}{s^2(1+Ts)}$，符合终值定理应用条件。

$$e_{ss}=\lim_{s\to 0}sE(s)=\lim_{s\to 0}\frac{1}{s(1+Ts)}=\infty$$

(3) $R(s)=\frac{\omega}{s^2+\omega^2}, E(s)=\frac{Ts}{1+Ts}\cdot\frac{\omega}{s^2+\omega^2}$，不符合终值定理应用条件。

使用终值定理将得出错误结论。

3.8.2 参考输入作用下的稳态误差［F322］

仅考虑参考输入作用($N(s)=0$)，由式(3-84)，系统误差的表达式为

$$E_R(s)=\Phi_e(s)R(s)=\frac{R(s)}{1+G_1(s)G_2(s)H(s)} \tag{3-88}$$

对稳定系统，由式(3-87)得，系统的稳态误差为

$$e_{ssr}=\lim_{s\to 0}sE(s)=\lim_{s\to 0}s\frac{R(s)}{1+G_1(s)G_2(s)H(s)} \tag{3-89}$$

一般情况下，系统开环传递函数可表示为

$$G_1(s)G_2(s)H(s)=\frac{K(1+\tau_1 s)(1+\tau_2 s)\cdots(1+\tau_m s)}{s^\nu(1+T_1 s)(1+T_2 s)\cdots(1+T_{n-\nu}s)}=\frac{K\prod_{i=1}^{m}(1+\tau_i s)}{s^\nu\prod_{j=1}^{n-\nu}(1+T_j s)} \tag{3-90}$$

式中，K 为开环增益；τ_i，T_j 为时间常数；ν 为开环系统在 s 平面坐标原点上极点的重数，也称无差度。现根据 ν 的大小对系统进行分类。$\nu=0$ 时，称系统为 0 型系统，或有差系统；$\nu=1$ 时，称系统为Ⅰ型系统，或一阶无差系统，或系统的无差度为 1；$\nu=2$ 时，称系统为Ⅱ型系统，或二阶无差系统，或系统的无差度为 2……。

为讨论方便，令

$$G_0(s)=\frac{\prod_{i=1}^{m}(1+\tau_i s)}{\prod_{j=1}^{n-\nu}(1+T_j s)} \tag{3-91}$$

则式(3-90)改写为

$$G_1(s)G_2(s)H(s)=\frac{K}{s^\nu}G_0(s) \tag{3-92}$$

系统的稳态误差表达式为

$$e_{ssr}=\lim_{s\to 0}sE(s)=\lim_{s\to 0}s\frac{R(s)}{1+\frac{K}{s^\nu}G_0(s)} \tag{3-93}$$

易知，$\lim_{s\to 0}G_0(s)=1$，代入式(3-93)，并整理得

$$e_{ssr}=\frac{\lim_{s\to 0}[s^{\nu+1}R(s)]}{K+\lim_{s\to 0}s^\nu} \tag{3-94}$$

显然，系统的稳态误差取决于原点处开环极点的重数 ν、开环增益 K 以及输入信号的形式和幅值。下面讨论不同型别系统在不同输入信号作用下的稳态误差计算。由于实际输入多为阶跃函数、斜坡函数和加速度函数，或为其组合。因此，这里仅考虑系统分别在阶跃、斜坡和加速度输入作用下的稳态误差计算问题。

3.8.2.1　阶跃输入作用下的稳态误差与静态位置误差系数

设输入信号 $r(t)=R\cdot 1(t)$，其拉氏变换为 $R(s)=R/s$。由式(3-89)，系统的稳态误差为

$$e_{ssr}=\lim_{s\to 0}\frac{R}{1+G_1(s)G_2(s)H(s)}=\frac{R}{1+\lim\limits_{s\to 0}G_1(s)G_2(s)H(s)} \tag{3-95}$$

令 $K_p=\lim\limits_{s\to 0}G_1(s)G_2(s)H(s)$，称为静态位置误差系数。式(3-95)简化为

$$e_{ssr}=\frac{R}{1+K_p} \tag{3-96}$$

各型系统的静态位置误差系数和稳态误差分别如下。

0 型系统，$K_p=K$，$e_{ssr}=\dfrac{R}{1+K}$。

Ⅰ型或以上系统，$K_p=\infty$，$e_{ssr}=0$。

上述关系表明，若要求系统无误差地跟踪阶跃输入信号，则必须使用Ⅰ型或Ⅰ型以上系统。0 型系统在跟踪阶跃信号时，存在非零稳态误差。

3.8.2.2　斜坡输入作用下的稳态误差与静态速度误差系数

设输入信号 $r(t)=Rt\cdot 1(t)$，其拉氏变换为 $R(s)=\dfrac{R}{s^2}$。由式(3-89)，系统的稳态误差为

$$e_{ssr}=\lim_{s\to 0}\frac{R}{s[1+G_1(s)G_2(s)H(s)]}=\frac{R}{\lim\limits_{s\to 0}sG_1(s)G_2(s)H(s)} \tag{3-97}$$

令 $K_v=\lim\limits_{s\to 0}sG_1(s)G_2(s)H(s)$，称为静态速度误差系数。式(3-97)简化为

$$e_{ssr}=\frac{R}{K_v} \tag{3-98}$$

各型系统的静态速度误差系数和稳态误差分别如下。

0 型系统，$K_v=0$，$e_{ssr}=\infty$。

Ⅰ型系统，$K_v=K$，$e_{ssr}=\dfrac{R}{K}$。

Ⅱ型或以上系统，$K_v=\infty$，$e_{ssr}=0$。

上述关系表明，若要求系统无误差地跟踪斜坡输入信号，则必须使用Ⅱ型或Ⅱ型以上系统。Ⅰ型系统在跟踪斜坡信号时，存在非零稳态误差。0 型系统的稳态误差为无穷大，说明其无法跟踪斜坡输入。

3.8.2.3　加速度输入作用下的稳态误差与静态加速度误差系数

设输入信号 $r(t)=\dfrac{Rt^2}{2}\cdot 1(t)$，其拉氏变换为 $R(s)=\dfrac{R}{s^3}$。由式(3-89)，系统的稳态误差为

$$e_{ssr}=\lim_{s\to 0}\frac{R}{s^2[1+G_1(s)G_2(s)H(s)]}=\frac{R}{\lim_{s\to 0}s^2G_1(s)G_2(s)H(s)} \tag{3-99}$$

令 $K_a=\lim_{s\to 0}s^2G_1(s)G_2(s)H(s)$，称为静态加速度误差系数。式(3-99)简化为

$$e_{ssr}=\frac{R}{K_a} \tag{3-100}$$

各型系统的静态加速度误差系数和稳态误差分别如下。

0 型或Ⅰ型系统，$K_a=0$，$e_{ssr}=\infty$。

Ⅱ型系统，$K_a=K$，$e_{ssr}=\dfrac{R}{K}$。

Ⅲ型或以上系统，$K_a=\infty$，$e_{ssr}=0$。

上述关系表明，0 型和Ⅰ型系统的稳态误差为无穷大，说明它们都无法跟踪加速度斜坡输入。Ⅱ型系统在跟踪加速度信号时，存在非零稳态误差。若要求系统无误差地跟踪加速度输入信号，则必须使用Ⅲ型或Ⅲ型以上系统。

控制系统的型别、静态误差系数、稳态误差和典型输入信号之间的关系统一归纳于表 3-2 中。

表 3-2　系统的型别、静态误差系数、稳态误差和典型输入信号之间的关系

系统型别	静态误差系数			典型输入下的稳态误差		
				阶跃输入 $r(t)=R\cdot 1(t)$	斜坡输入 $r(t)=Rt$	加速度输入 $r(t)=\frac{Rt^2}{2}$
	K_p	K_v	K_a	$e_{ss}=R/(1+K_p)$	$e_{ss}=R/K_v$	$e_{ss}=R/K_a$
0 型系统	K	0	0	$R/(1+K)$	∞	∞
Ⅰ型系统	∞	K	0	0	R/K	∞
Ⅱ型系统	∞	∞	K	0	0	R/K
Ⅲ型系统	∞	∞	∞	0	0	0

由表 3-2 可以看出，增加系统型别，可以提高系统无差跟踪输入信号的阶次；增大系统的开环增益，可以减小系统跟踪一定形式输入信号的误差。同一控制系统，在不同输入信号作用下，具有不同的稳态误差。

如果系统的输入信号是几种典型函数的组合，例如 [F323]

$$r(t)=\alpha\cdot 1(t)+\beta t\cdot 1(t)+\frac{\gamma}{2}t^2\cdot 1(t)$$

根据叠加原理，系统的稳态误差等于将每一项输入单独作用于系统时的稳态误差之和，即

$$e_{ss}=\frac{\alpha}{1+K_p}+\frac{\beta}{K_v}+\frac{\gamma}{K_a}$$

显然，这时应选用Ⅱ型或Ⅱ型以上系统，否则稳态误差将变为无穷大。由此可见，提高系统型别，增大开环增益对提高控制准确度有利。但同时，系统的稳定性会变坏。因此，设计系统时，应根据要求，综合考虑系统的各种性能。

3.8.3　扰动作用下的稳态误差

控制系统在扰动作用下的稳态误差反映了系统的抗干扰能力，常用扰动稳态误差来衡量

恒值控制系统的稳态性能。理想情况下，系统对任意形式的扰动作用，其稳态误差总为零，实际上这不可能实现。

仅考虑扰动作用($R(s)=0$)，并考虑从输出端定义误差，系统扰动误差的表达式为

$$E_N(s)=\Phi_{en}(s)N(s)/H(s)=-\frac{G_2(s)N(s)}{1+G_1(s)G_2(s)H(s)} \tag{3-101}$$

实际上，$E_N(s)=0-C_N(s)$，表示在扰动作用下，系统理想的输出为 0。

对稳定系统，由终值定理得，系统扰动稳态误差的时域信号为

$$e_{ssn}=\lim_{s\to 0}sE_N(s)=\lim_{s\to 0}s\frac{-G_2(s)N(s)}{1+G_1(s)G_2(s)H(s)} \tag{3-102}$$

与参考输入作用时相比，扰动误差的表达式中增加了 $G_2(s)$项。这样，影响扰动稳态误差的因素为扰动信号的形式和大小、扰动作用点之前的前向通路传递函数的开环增益及其在 s 平面坐标原点处的极点重数。可见，即使系统在某种形式的参考输入作用下稳态误差为零，对相同形式的扰动作用其稳态误差未必为零。稳态误差与误差信号到干扰作用点之间的积分环节数目和增益有关。若有阶跃扰动作用且误差信号到干扰作用点之间有一个以上的积分环节，那么系统稳态误差为零；若在误差信号到干扰作用点之间有两个以上的积分环节，则斜坡干扰作用下系统的稳态误差也是零。

在输入信号 $r(t)$和扰动信号 $n(t)$同时作用时，可应用叠加原理，分别计算参考输入和扰动产生的稳态误差再叠加。值得注意的是，扰动引起的误差一般按输出端来定义，那么，要求参考输入作用下的误差也按输出端来定义。此时，总的误差信号为

$$E(s)=\frac{1}{1+G_1(s)G_2(s)H(s)}\frac{R(s)}{H(s)}-\frac{G_2(s)}{1+G_1(s)G_2(s)H(s)}N(s) \tag{3-103}$$

对于单位反馈系统，则不存在该问题。

例 3-11 已知系统结构图如图 3-26 所示，其中 $G_1(s)=\frac{250}{s+50}$，$G_2(s)=\frac{2}{s(s+1)}$，$H(s)=1$。求 $r(t)=(1+2t)1(t)$，$n(t)=-1(t)$时系统的稳态误差。

解 $r(t)$作用时，应用静态误差系数法；静态位置误差系数和速度误差系数分别为

$$K_p=\infty,\quad K_v=K=10$$

参考输入作用下的稳态误差为

$$e_{ssr}=\frac{1}{1+K_p}+\frac{2}{K_v}$$

$n(t)$作用时，误差传递函数为

$$\frac{E(s)}{N(s)}=\frac{-G_2(s)}{1+G_1(s)G_2(s)}=\frac{-\frac{2}{s(s+1)}}{1+\frac{250}{s+50}\cdot\frac{2}{s(s+1)}}=\frac{-2(s+50)}{s(s+50)(s+1)+500}$$

采用终值定理，系统扰动稳态误差为

$$e_{ssn}=\lim_{s\to 0}sE(s)=\lim_{s\to 0}\frac{2(s+50)}{s(s+50)(s+1)+500}=0.2$$

运用叠加原理，系统总的稳态误差为

$$e_{ss}=e_{ssr}+e_{ssn}=0.4$$

由该例题可以看出，虽然该系统为Ⅰ型系统，其在参考输入为阶跃函数时，稳态误差为零。但同为阶跃信号的扰动，却产生了非零的稳态误差。读者可以考虑一下，若该系统的前向通路传递函数 $G_1(s)$ 与 $G_2(s)$ 交换，此时的情况又如何？

3.8.4 动态误差系数

一般来说，系统的稳态误差是时间的函数。采用终值定理法或静态误差系数法不能表示稳态误差随时间变化的规律，且需要满足一定的应用条件。为此，需要引入动态误差系数的概念。

动态误差系数法适用于研究输入信号为任意时间函数时系统的稳态误差变化，动态误差系数又称广义误差系数。

误差传递函数为

$$\Phi_e(s)=\frac{E(s)}{R(s)} \tag{3-104}$$

将其在 $s=0$ 的邻域内展开成泰勒级数，得

$$\Phi_e(s)=\Phi_e(0)+\dot{\Phi}_e(0)s+\frac{1}{2!}\ddot{\Phi}_e(0)s^2+\cdots \tag{3-105}$$

误差信号表示为

$$E(s)=\Phi_e(0)R(s)+\dot{\Phi}_e(0)sR(s)+\frac{1}{2!}\ddot{\Phi}_e(0)s^2R(s)+\cdots \tag{3-106}$$

上述级数收敛于 $s=0$ 的邻域，相当于在时域内 t 趋于无穷大时成立。设初始条件为零，对式(3-106)进行拉氏反变换，得稳态误差的时域表达式

$$e_{ss}(t)=C_0r(t)+C_1\dot{r}(t)+C_2\ddot{r}(t)+\cdots \tag{3-107}$$

式中

$$C_i=\frac{1}{i!}\Phi_e^{(i)}(0),\quad i=0,1,2,\cdots \tag{3-108}$$

称为动态误差系数。C_0 称为动态位置误差系数，C_1 称为动态速度误差系数，C_2 称为动态加速度误差系数。

在系统阶次较高的情况下，采用式(3-108)来确定动态误差系数比较烦琐。下面介绍采用长除法的求法。

将系统的误差传递函数按 s 的升幂排列，并进行长除。得到一个 s 的升幂级数

$$\Phi_e(s)=C_0+C_1s+C_2s^2+C_3s^3+\cdots \tag{3-109}$$

将式(3-109)代入式(3-106)，得误差表达式为

$$E(s)=\Phi_e(s)R(s)=(C_0+C_1s+C_2s^2+\cdots)R(s) \tag{3-110}$$

比较式(3-106)与式(3-110)可知,它们是等价的级数。因此式(3-109)中的系数 $C_0,C_1,C_2,\cdots$ 正是要求的动态误差系数。

在特定系统中,可以建立动态误差系数与静态误差系数之间的关系。

0 型系统,$C_0=\dfrac{1}{1+K_p}$。

Ⅰ型系统,$C_1=\dfrac{1}{K_v}$。

Ⅱ型系统,$C_2=\dfrac{1}{K_a}$。

因此,动态误差系数 C_0,C_1 和 C_2 也可以作为控制系统的一种性能指标。

例 3-12 用动态误差系数法求解本章例 3-10。

解 系统误差传递函数为

$$\Phi_e(s)=\frac{E(s)}{R(s)}=\frac{1}{1+G(s)H(s)}=\frac{Ts}{1+Ts}$$

$$=Ts-T^2s^2+T^3s^3-T^4s^4+\cdots$$

系统误差为

$$e_{ss}(t)=C_0r(t)+C_1\dot{r}(t)+C_2\ddot{r}(t)+\cdots$$

$$=T\dot{r}(t)-T^2\ddot{r}(t)+T^3\dddot{r}(t)+\cdots$$

(1) 输入信号 $r(t)=t$,$\dot{r}(t)=1$,其二阶及二阶以上各阶导数均为零。因此 $e_{ss}(t)=T$。

(2) 输入信号 $r(t)=t^2/2$,$\dot{r}(t)=t$,$\ddot{r}(t)=1$,其三阶及三阶以上各阶导数均为零。因此 $e_{ss}(t)=T\cdot t-T^2$,$e_{ss}(\infty)=\infty$。

(3) 输入信号 $r(t)=\sin\omega t$,$\dot{r}(t)=\omega\cos\omega t$,$\ddot{r}(t)=-\omega^2\sin\omega t$,$\cdots$

$$e_{ss}(t)=T\omega\cos\omega t+T^2\omega^2\sin\omega t-T^3\omega^3\cos\omega t-\cdots$$

$$=(T\omega-T^3\omega^3+T^5\omega^5-\cdots)\cos\omega t+(T^2\omega^2-T^4\omega^4+T^6\omega^6-\cdots)\sin\omega t$$

当输入为正弦信号时,系统稳态误差为同频率的正弦信号。

3.9 例题精解

例 3-13 某系统在输入信号 $r(t)=(1+t)1(t)$ 作用下,测得输出响应为

$$c(t)=(t+0.9)-0.9e^{-10t},\quad t\geqslant 0$$

已知初始条件为零,试求系统的传递函数 $\Phi(s)$。

解 因为

$$R(s)=\frac{1}{s}+\frac{1}{s^2}=\frac{s+1}{s^2}$$

$$C(s)=L[c(t)]=\frac{1}{s^2}+\frac{0.9}{s}-\frac{0.9}{s+10}=\frac{10(s+1)}{s^2(s+10)}$$

故系统传递函数为

$$\Phi(s)=\frac{C(s)}{R(s)}=\frac{1}{0.1s+1}$$

例 3-14 温度计的传递函数为$\frac{1}{Ts+1}$，用其测量容器内的水温，1min 才能显示出该温度的 98%的数值。若加热容器使水温按 10℃/min 的速度匀速上升，问温度计的稳态指示误差有多大？

解 根据题意，温度计为一阶系统，其闭环传递函数为

$$\Phi(s)=\frac{1}{Ts+1}$$

由一阶系统阶跃响应特性可知：$c(4T)=98\%$，因此有 $4T=1\text{min}$，得出 $T=0.25\text{min}$。

根据题意，系统误差定义为 $e(t)=r(t)-c(t)$，应有

$$\Phi_e(s)=\frac{E(s)}{R(s)}=1-\frac{C(s)}{R(s)}=1-\frac{1}{Ts+1}=\frac{Ts}{Ts+1}$$

$$e_{ss}=\lim_{s\to 0}s\Phi_e(s)R(s)=\lim_{s\to 0}s\frac{Ts}{Ts+1}\cdot\frac{10}{s^2}=10T=2.5℃$$

即温度计的稳态指示误差为 2.5℃。

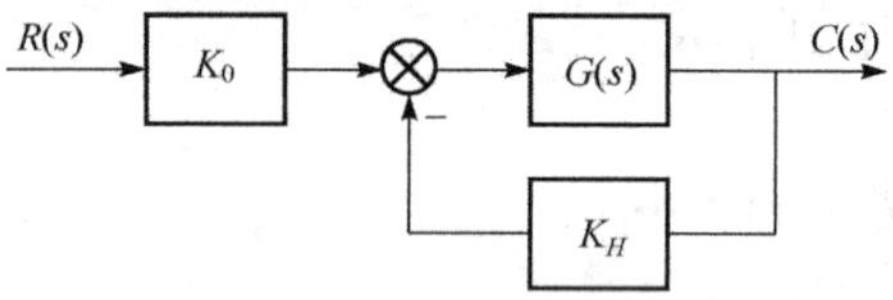

图 3-27 系统的结构图

例 3-15 系统的结构图如图 3-27 所示，已知传递函数 $G(s)=10/(0.2s+1)$。欲采用加负反馈的方法，将调节时间 t_s减小为原来的 0.1 倍，并保证总放大系数不变。试确定参数 K_H和 K_0 的数值。

解 首先求出系统的传递函数 $\Phi(s)$，并整理为标准形式。即

$$\Phi(s)=\frac{C(s)}{R(s)}=\frac{K_0G(s)}{1+K_HG(s)}=\frac{10K_0}{0.2s+1+10K_H}=\frac{\frac{10K_0}{1+10K_H}}{\frac{0.2}{1+10K_H}s+1}$$

因为一阶系统的调节时间 t_s与其时间常数成正比。根据题意，系统传递函数应为

$$\Phi(s)=\frac{10}{0.2s/10+1}$$

比较系数得

$$\begin{cases}\frac{10K_0}{1+10K_H}=10\\ 1+10K_H=10\end{cases}$$

联立求解得

$$K_H=0.9,\quad K_0=10$$

例 3-16 设角度指示随动系统结构图如图 3-28 所示。若要求系统单位阶跃响应无超调，且调节时间尽可能短，问开环增益 K 应取何值，调节时间 t_s ($\Delta=0.05$)是多少？

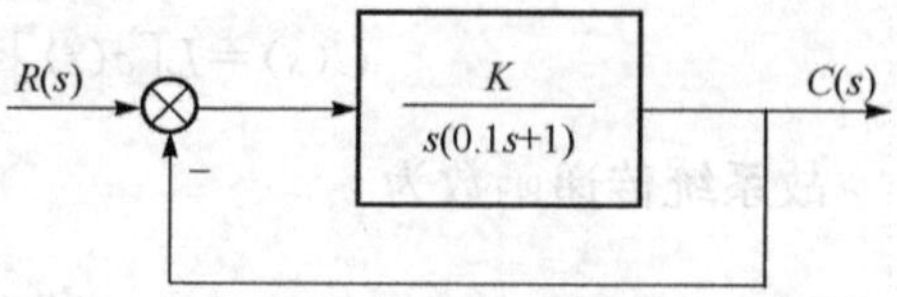

图 3-28 系统结构图

解 根据题意，系统应处于临界阻尼状态，即 $\zeta=1$，设闭环极点为 $\lambda_{1,2}=-1/T_0$。

由图可知系统闭环传递函数为

$$\Phi(s)=\frac{10K}{s^2+10s+10K}$$

闭环特征多项式

$$D(s)=s^2+10s+10K=\left(s+\frac{1}{T_0}\right)^2=s^2+\frac{2}{T_0}s+\left(\frac{1}{T_0}\right)^2$$

比较系数有

$$\begin{cases}\dfrac{2}{T_0}=10\\ \left(\dfrac{1}{T_0}\right)^2=10K\end{cases}$$

联立求解得

$$\begin{cases}T_0=0.2\\ K=2.5\end{cases}$$

因为系统响应无超调，所以

$$1-0.05=1-e^{-\omega_n t_s}(1+\omega_n t_s)$$

因此有

$$t_s=4.75/\omega_n=4.75T_0=0.95\text{s}$$

注意：系统处于临界阻尼状态，不能直接采用欠阻尼情况求调节时间的公式。

例 3-17 给定典型二阶系统的设计指标：超调量 $\sigma\%\leqslant5\%$，调节时间 $t_s<3\text{s}$，峰值时间 $t_p<1\text{s}$。试确定系统极点配置的区域，以获得预期的响应特性。

解 根据题意，有

$$\sigma\%=e^{-\zeta\pi/\sqrt{1-\zeta^2}}\leqslant5\%\Rightarrow\zeta\geqslant0.707(\beta\leqslant45°)$$

$$t_s=\frac{3}{\zeta\omega_n}<3\Rightarrow\zeta\omega_n>1$$

$$t_p=\frac{\pi}{\omega_n\sqrt{1-\zeta^2}}<1\Rightarrow\omega_n\sqrt{1-\zeta^2}>3.14$$

综合以上条件可画出满足要求的特征根区域如图 3-29 所示。

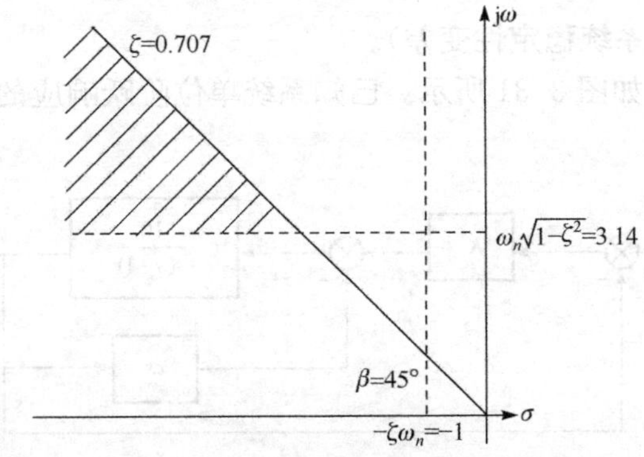

图 3-29 特征根区域图

例 3-18　设控制系统如图 3-30 所示。试设计反馈通道传递函数 $H(s)$，使系统阻尼比提高到希望的 ζ_1 值，但保持增益 K 及自然频率 ω_n 不变。

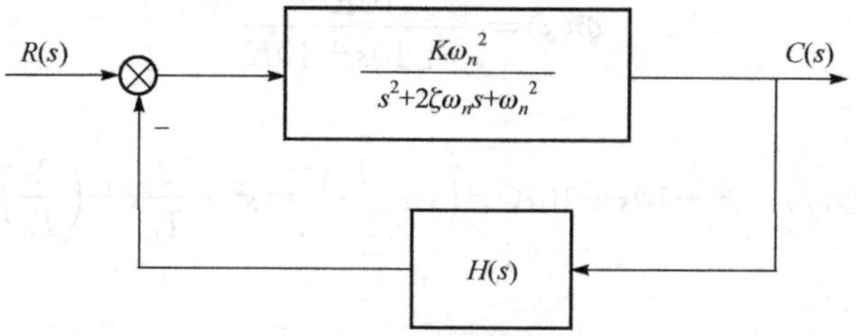

图 3-30　系统结构图

解　由图得闭环传递函数 $\Phi(s)=\dfrac{K\omega_n^2}{s^2+2\zeta\omega_n s+\omega_n^2+K\omega_n^2 H(s)}$。

根据题意，应取 $H(s)=K_t s$。此时，闭环特征方程为

$$s^2+(2\zeta+KK_t\omega_n)\omega_n s+\omega_n^2=0$$

若 $2\zeta+KK_t\omega_n=2\zeta_1$，则可满足题意要求。这时，$K_t=2(\zeta_1-\zeta)/(K\omega_n)$。

所以反馈通道传递函数为 $H(s)=2(\zeta_1-\zeta)s/(K\omega_n)$。

例 3-19　已知反馈系统的开环传递函数为

$$G(s)=\frac{K}{s(0.1s+1)(0.5s+1)}$$

试确定系统稳定时的 K 值范围。

解　闭环特征方程为

$$s(0.1s+1)(0.5s+1)+K=0\Rightarrow 0.05s^3+0.6s^2+s+K=0$$

列出劳斯表

$$\begin{array}{lcc} s^3 & 0.05 & 1 \\ s^2 & 0.6 & K \\ s^1 & \dfrac{0.05K-0.6}{-0.6} & \\ s^0 & K & \end{array}$$

根据系统稳定的条件，有 $\dfrac{0.05K-0.6}{-0.6}>0\Rightarrow 0<K<12$，即 $K<12$ 时系统稳定，当 $K=12$ 时临界稳定（当比例增益变大，系统稳定性变差）。

例 3-20　系统结构图如图 3-31 所示。已知系统单位阶跃响应的超调量 $\sigma\%=16.3\%$，峰值时间 $t_p=1\text{s}$。

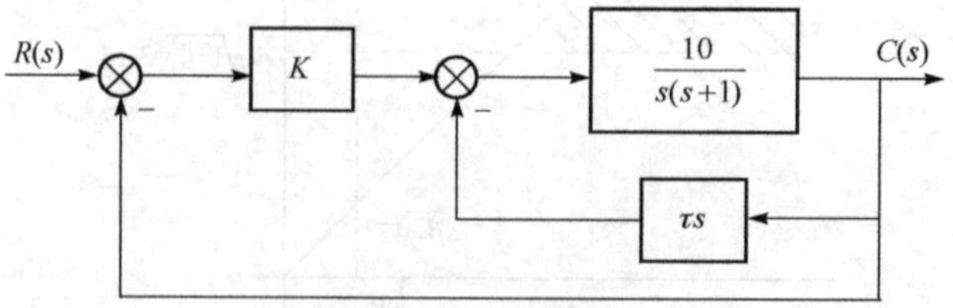

图 3-31　系统结构图

(1) 求系统的开环传递函数 $G(s)$；

(2) 求系统的闭环传递函数 $\Phi(s)$；

(3) 根据已知的性能指标 $\sigma\%$、t_p 确定系统参数 K 及 τ；

(4) 计算等速输入 $r(t)=1.5t(°/s)$时系统的稳态误差。

解 (1) 开环传递函数为

$$G(s)=K\frac{\dfrac{10}{s(s+1)}}{1+\dfrac{10\tau s}{s(s+1)}}=\frac{10K}{s(s+10\tau+1)}$$

(2) 闭环传递函数为

$$\Phi(s)=\frac{G(s)}{1+G(s)}=\frac{10K}{s^2+(10\tau+1)s+10K}$$

(3) 根据题意

$$\begin{cases}\sigma\%=\mathrm{e}^{-\zeta\pi/\sqrt{1-\zeta^2}}=16.3\% \\ t_p=\dfrac{\pi}{\omega_n\sqrt{1-\zeta^2}}=1\end{cases}$$

联立解出

$$\begin{cases}\zeta=0.5 \\ \omega_n=3.63 \\ \tau=0.263\end{cases}$$

由(2)对比二阶系统的典型形式，有 $10K=\omega_n^2=3.63^2=13.18$，解得 $K=1.318$。

(4)静态速度误差系数

$$K_v=\lim_{s\to 0}sG(s)=\frac{10K}{10\tau+1}=\frac{13.18}{10\times 0.263+1}=3.63$$

稳态误差

$$e_{ss}=\frac{R}{K_v}=\frac{1.5}{3.63}=0.413$$

例 3-21 系统结构图如图 3-32 所示。试求局部反馈加入前后系统的静态位置误差系数、静态速度误差系数和静态加速度误差系数。

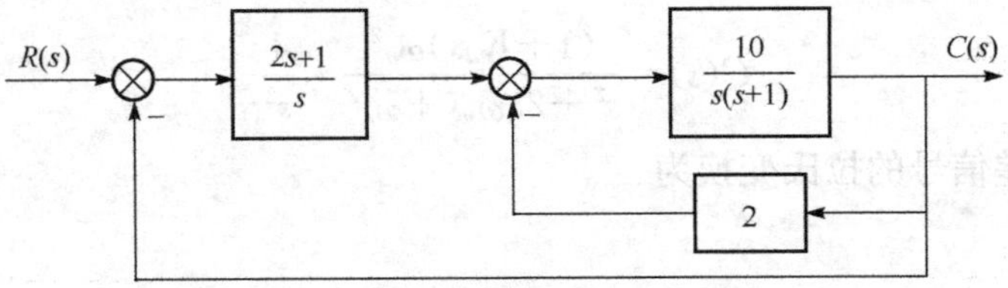

图 3-32 系统结构图

解 局部反馈加入前，系统开环传递函数为

$$G(s)=\frac{10(2s+1)}{s^2(s+1)}$$

静态误差系数分别为

$$K_p=\lim_{s\to 0}G(s)=\infty$$
$$K_v=\lim_{s\to 0}sG(s)=\infty$$
$$K_a=\lim_{s\to 0}s^2G(s)=10$$

加入局部反馈后，系统开环传递函数为

$$G(s)=\frac{2s+1}{s}\cdot\frac{\frac{10}{s(s+1)}}{1+\frac{20}{(s+1)}}=\frac{10(2s+1)}{s(s^2+s+20)}$$

静态误差系数分别为

$$K_p=\lim_{s\to 0}G(s)=\infty$$
$$K_v=\lim_{s\to 0}sG(s)=0.5$$
$$K_a=\lim_{s\to 0}s^2G(s)=0$$

即加入局部反馈后，系统的型别由Ⅱ型变为Ⅰ型。

例 3-22 一控制系统如图 3-33 所示，其中输入 $r(t)=t$，试证明当 $K_d=\frac{2\zeta}{\omega_n}$，在稳态时系统的输出能无误差地跟踪单位斜坡输入信号。

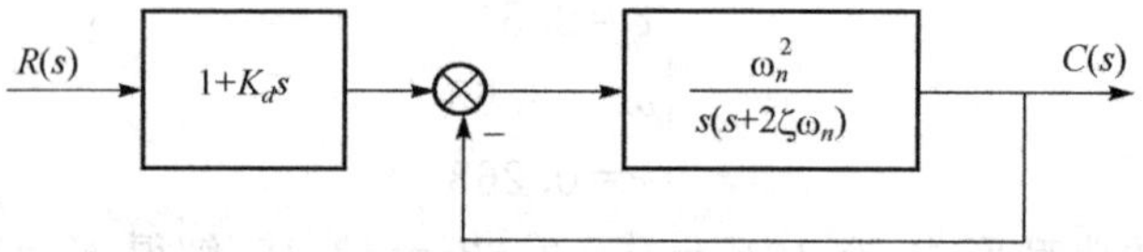

图 3-33 系统结构图

解 图 3-33 系统的闭环传递函数为

$$\frac{C(s)}{R(s)}=\frac{(1+K_ds)\omega_n{}^2}{s^2+2\zeta\omega_ns+\omega_n{}^2}$$

输入信号的拉氏变换为

$$R(s)=\frac{1}{s^2}$$

输出的拉氏变换为

$$C(s)=\frac{(1+K_ds)\omega_n{}^2}{s^2+2\zeta\omega_ns+\omega_n{}^2}\cdot\frac{1}{s^2}$$

根据题意，误差信号的拉氏变换为

$$\begin{aligned}E(s)&=R(s)-C(s)\\&=\frac{1}{s^2}-\frac{(1+K_ds)\omega_n{}^2}{s^2(s^2+2\zeta\omega_ns+\omega_n{}^2)}=\frac{s^2+2\zeta\omega_ns-K_d\omega_n{}^2s}{s^2(s^2+2\zeta\omega_ns+\omega_n{}^2)}\end{aligned}$$

稳态误差

$$e_{ss}=\lim_{s\to 0}sE(s)=\lim_{s\to 0}\frac{s+2\zeta\omega_n-K_d\omega_n{}^2}{s^2+2\zeta\omega_ns+\omega_n{}^2}=\frac{2\zeta}{\omega_n}-K_d$$

由上式知，只要选择 $K_d=\dfrac{2\zeta}{\omega_n}$，就可以实现系统在稳态时无误差地跟踪单位斜坡输入。

例 3-23 设单位负反馈系统开环传递函数为 $G(s)=K_p\dfrac{K_g}{s(Ts+1)}$。如果要求系统的位置稳态误差 $e_{ss}=0$，单位阶跃响应的超调量 $\sigma\%=4.3\%$，试问 K_p、K_g、T 各参数之间应保持什么关系？

解 开环传递函数

$$G(s)=\frac{K_pK_g}{s(Ts+1)}=\frac{K_pK_g/T}{s\left(s+\dfrac{1}{T}\right)}=\frac{\omega_n^2}{s(s+2\zeta\omega_n)}$$

对比二阶系统的典型形式，有

$$\omega_n^2=\frac{K_pK_g}{T},\quad 2\zeta\omega_n=\frac{1}{T}$$

联立求解，得

$$K_pK_gT=1/(4\zeta^2)$$

根据题意有

$$\sigma\%=\mathrm{e}^{-\pi\zeta/\sqrt{1-\zeta^2}}\times100\%\leqslant4.3\%$$

故应有 $\zeta\geqslant0.707$。于是，各参数之间应有如下关系

$$K_pK_gT\leqslant0.5$$

另外，由于本例为Ⅰ型系统，位置稳态误差 $e_{ss}=0$ 的要求自然满足。

例 3-24 已知控制系统结构图如图 3-34(a)所示，其单位阶跃响应如图 3-34(b)所示，系统的稳态位置误差 $e_{ss}=0$。试确定 K_1，ν 和 T 的值($T\neq0$)。

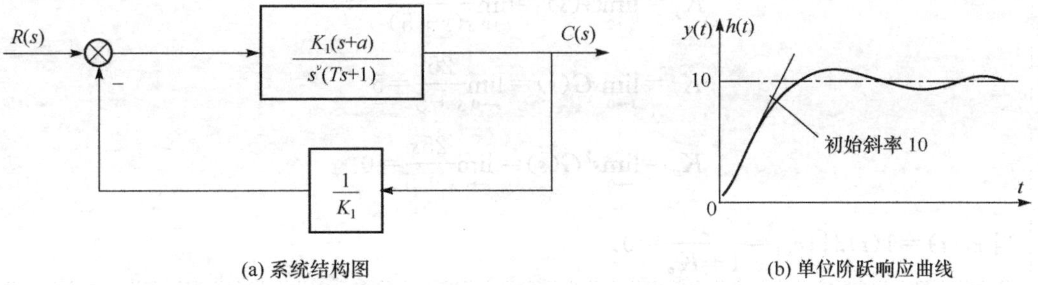

图 3-34 系统结构图及单位阶跃响应

解 系统开环传递函数 $G(s)=\dfrac{s+a}{s^{\nu}(Ts+1)}$，开环增益 $K=a$，系统型别 ν 待定。

由 $r(t)=1(t)$时，$e_{ss}=0$，可以判定：$\nu\geqslant1$。

系统闭环传递函数

$$\Phi(s)=\frac{\dfrac{K_1(s+a)}{s^{\nu}(Ts+1)}}{1+\dfrac{s+a}{s^{\nu}(Ts+1)}}=\frac{K_1(s+a)}{s^{\nu}(Ts+1)+s+a}$$

特征方程

$$D(s)=Ts^{\nu+1}+s^{\nu}+s+a$$

由于系统单位阶跃响应收敛，系统稳定，因此必有 $\nu\leqslant 2$。

根据单位阶跃响应曲线，有

$$c(\infty)=\lim_{s\to 0}s\,\Phi(s)\cdot R(s)=\lim_{s\to 0}s\cdot\frac{1}{s}\cdot\frac{K_1(s+a)}{s^{\nu}(Ts+1)+s+a}=K_1=10$$

$$\dot{c}(0)=\lim_{s\to\infty}s\Phi(s)=\lim_{s\to\infty}\frac{sK_1(s+a)}{s^{\nu}(Ts+1)+s+a}=\lim_{s\to\infty}\frac{K_1s^2+aK_1s}{Ts^{\nu+1}+s^{\nu}+s+a}=10$$

由于 $T\neq 0$，若 $\nu=1$，有 $\dot{c}(0)=\dfrac{K_1}{T}=10\Rightarrow T=1$。

若 $\nu=2$，有 $\dot{c}(0)=0$，与已知矛盾，故所求的参数为

$$\begin{cases}K_1=10\\ \nu=1\\ T=1\end{cases}$$

例 3-25 单位反馈系统的开环传递函数为

$$G(s)=\frac{25}{s(s+5)}$$

(1)求各静态误差系数和 $r(t)=1+2t+0.5t^2$ 时的稳态误差 e_{ss}；

(2)当输入作用 10s 时的动态误差是多少？

解 (1)系统的静态误差系数分别为

$$K_p=\lim_{s\to 0}G(s)=\lim_{s\to 0}\frac{25}{s(s+5)}=\infty$$

$$K_v=\lim_{s\to 0}sG(s)=\lim_{s\to 0}\frac{25}{s+5}=5$$

$$K_a=\lim_{s\to 0}s^2G(s)=\lim_{s\to 0}\frac{25s}{s+5}=0$$

当 $r_1(t)=1(t)$时，$e_{ss1}=\dfrac{1}{1+K_p}=0$。

当 $r_2(t)=2t$ 时，$e_{ss2}=\dfrac{R}{K_v}=\dfrac{2}{5}=0.4$。

当 $r_3(t)=0.5t^2$ 时，$e_{ss3}=\dfrac{R}{K_a}=\dfrac{1}{0}=\infty$。

由叠加原理

$$e_{ss}=e_{ss1}+e_{ss2}+e_{ss3}=\infty$$

(2)根据已知条件，系统误差传递函数为

$$\Phi_e(s)=\frac{1}{1+G(s)}=\frac{s(s+5)}{s^2+5s+25}$$

用长除法可得

$$\Phi_e(s)=C_0+C_1s+C_2s^2+C_3s^3+\cdots=0.2s+0.008s^3+\cdots$$

$$\begin{array}{ll} C_0=0 & r(t)=1+2t+0.5t^2 \\ C_1=0.2 & r'(t)=2+t \\ C_2=0 & r''(t)=1 \\ C_3=0.008 & r'''(t)=0 \\ \vdots & \vdots \end{array}$$

动态误差表达式

$$e_{ss}(t)=C_0r(t)+C_1r'(t)+C_2r''(t)+C_3r'''(t)+\cdots=0.4+0.2t$$

所以

$$e_{ss}(10)=2.4$$

更多例题见光盘。

3.10 工程应用实例

工程应用实例详见光盘。

G301 液流系统性能分析；　　G302 机械式加速度计性能分析；

G303 电力牵引电机控制；　　G304 磁盘驱动读取系统；

G305 哈勃太空望远镜性能分析。

本章小结

时域分析法是通过求解控制系统在典型输入信号作用下的时间响应(时域响应)来研究系统控制性能的。线性系统时域响应的形式及稳定性由闭环系统的特征方程决定，而幅值的大小则由闭环传递函数的分子、分母多项式决定。稳定是系统正常工作的必要条件，线性定常系统稳定性完全由闭环系统的特征方程决定，稳定的充要条件是全部特征根位于 s 平面的左半平面。系统的性能指标可分为动态性能指标和稳态性能指标。动态性能指标反映系统的动态特性或暂态特性，一般通过阶跃响应的特征量来定义，包括延迟时间、上升时间、超调量等。稳态性能指标由稳态误差描述，它和误差的定义、系统结构参数及外作用的大小、形式和作用点均有关系，讨论问题应该全面考虑。

习　题

3-1　已知系统脉冲响应为 $c(t)=0.0125e^{-1.25t}$，试求系统闭环传递函数 $\Phi(s)$。

3-2　一阶系统结构图如题 3-2 图所示。要求系统闭环增益 $K_\Phi=2$，调节时间 $t_s\leqslant 0.4s$，试确定参数 K_1，K_2 的值。

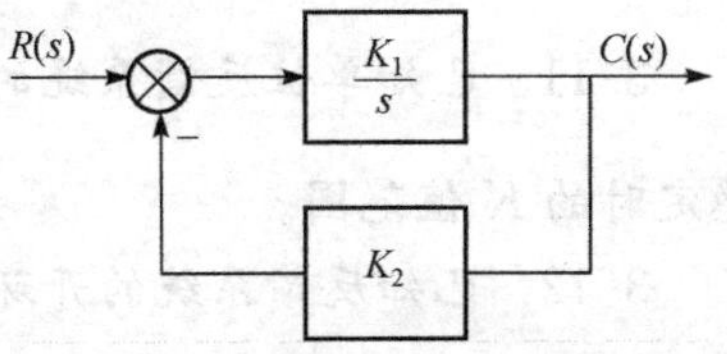

题 3-2 图

3-3　设单位反馈系统的开环传递函数为

$$G(s)=\frac{1}{s(s+1)}$$

试求系统的上升时间 t_r、峰值时间 t_p、超调量 $\sigma\%$ 和调节时间 t_s。

3-4　已知二阶系统单位阶跃响应 $c(t)=10-12.5e^{-1.2t}\sin(1.6t+53.1°)$，求系统超调量、峰值时间和调节时间。

3-5　选择题 3-5 图中参数 K_1、K_t，使系统 $\omega_n=6,\zeta=1$。

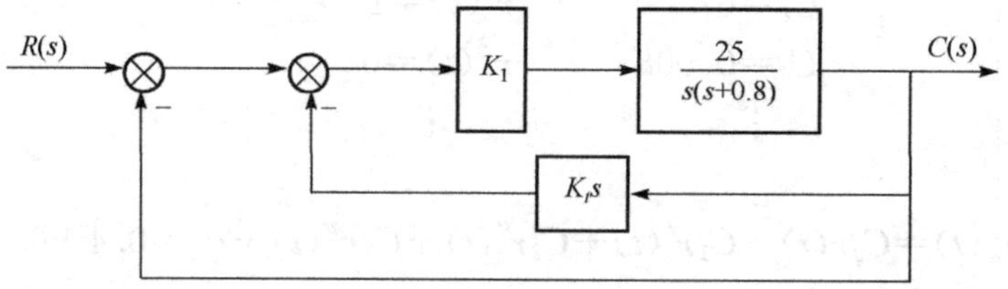

题 3-5 图

3-6　设控制系统闭环传递函数为 $\Phi(s)=\dfrac{\omega_n^2}{s^2+2\zeta\omega_n s+\omega_n^2}$，试在 s 平面上绘出满足下述要求的系统特征方程式根可能位于的区域。

(1) $1>\zeta\geqslant 0.707,\omega_n\geqslant 2$

(2) $0.5\geqslant\zeta>0,4\geqslant\omega_n\geqslant 2$

(3) $0.707\geqslant\zeta>0.5,\omega_n\leqslant 2$

3-7　某典型二阶系统的单位阶跃响应如题 3-7 图所示。试确定系统的闭环传递函数。

3-8　要求如题 3-8 图所示系统具有性能指标：$\sigma\%=20\%,t_p=1\text{s}$。试确定系统参数 K 和 A，并计算 t_r,t_s。

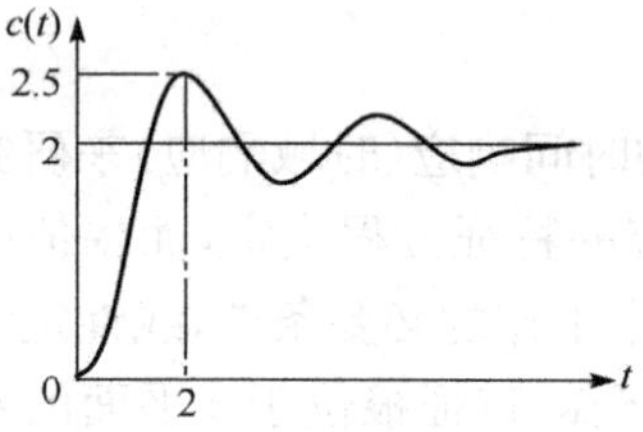

题 3-7 图

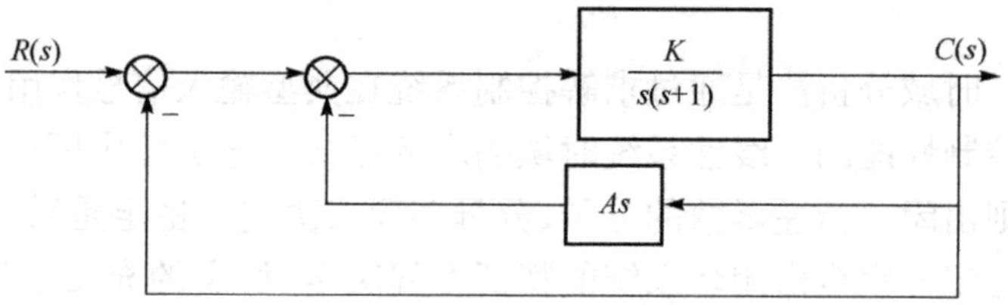

题 3-8 图

3-9　设系统特征方程为

(1) $D(s)=3s^4+10s^3+5s^2+s+2=0$

(2) $D(s)=s^5+2s^4+24s^3+48s^2-25s-50=0$

试用劳斯稳定判据判别系统稳定性，并确定在 s 右半平面根的个数及纯虚根。

3-10　已知某调速系统的特征方程式为 $s^3+41.5s^2+517s+1670(1+K)=0$，求该系统稳定的 K 值范围。

3-11　已知单位反馈系统的开环传递函数为 $G(s)=\dfrac{K(0.5s+1)}{s(s+1)(0.5s^2+s+1)}$，试确定系统稳定时的 K 值范围。

3-12　已知反馈系统的开环传递函数为

$$G(s)=\frac{s+2}{s^2(s^3+2s^2+9s+10)}$$

试用劳斯判据判别系统稳定性。若系统不稳定，指出位于 s 右半平面和虚轴上的特征根的数目。

3-13 某控制系统如题3-13图所示。其中控制器采用增益为K_p的比例控制器，即$G_c(s)=K_p$，试确定使系统稳定的K_p值范围；为使系统特征根全部位于s平面$s=-1$的左侧，K_p应取何值？

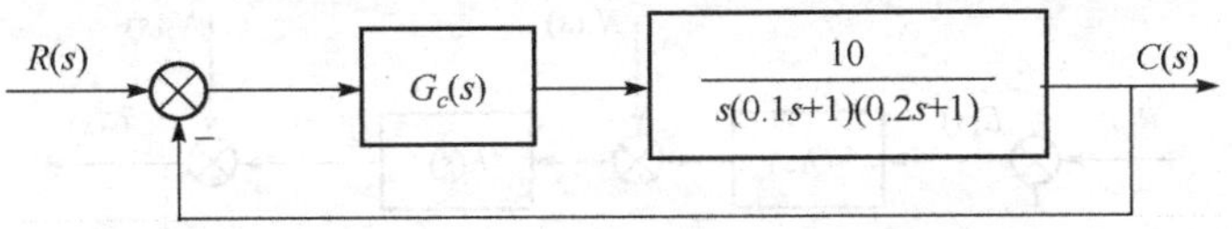

题3-13图

3-14 设单位反馈系统的开环传递函数为

$$G(s)=\frac{\omega_n^2}{s(s+2\zeta\omega_n)}$$

已知系统的误差响应为$e(t)=1.4e^{-1.07t}-0.4e^{-3.73t}(t\geqslant 0)$，试求系统的阻尼比$\zeta$、自然振荡频率$\omega_n$、系统的闭环传递函数和稳态误差$e_{ss}$。

3-15 单位负反馈控制系统的开环传递函数为

$$G(s)=\frac{100}{s(s+10)}$$

试求：(1) 位置误差系数K_p、速度误差系数K_v和加速度误差系数K_a；

(2) 当参考输入$r(t)=1+t+at^2$时，系统的稳态误差。

3-16 单位反馈系统的开环传递函数为

$$G(s)=\frac{K}{(s+2)(s+5)}$$

求在单位阶跃信号的作用下，稳态误差终值$e_{ss}=0.1$时的K值。

3-17 已知三个单位反馈系统的开环传递函数分别为

(1) $G(s)=\dfrac{100}{(0.1s+1)(s+5)}$　　(2) $G(s)=\dfrac{50}{s(0.1s+1)(s+5)}$

(3) $G(s)=\dfrac{10(2s+1)}{s^2(s^2+6s+100)}$

试求输入分别为$r(t)=2t$和$r(t)=2+2t+2t^2$时，系统的稳态误差。

3-18 单位反馈系统的开环传递函数为

$$G(s)=\frac{4}{s(s^2+2s+2)}$$

(1)求系统在单位阶跃输入信号$r(t)=1(t)$作用下的误差函数$e(t)$；

(2)是否可以用拉氏变换的终值定理求系统的稳态误差，为什么？

3-19 已知单位反馈系统闭环传递函数为

$$\frac{C(s)}{R(s)}=\frac{b_1s+b_0}{s^4+1.25s^3+5.1s^2+2.6s+10}$$

(1)在单位斜坡输入时，确定使稳态误差为零的参数b_0、b_1应满足的条件；

(2)在(1)求得的参数b_0、b_1下，求单位抛物线输入时，系统的稳态误差。

3-20 题3-20图中，已知$G(s)=K_p+K/s$，$F(s)=1/(Js)$，输入$r(t)$和扰动$n_1(t)$、$n_2(t)$

均为单位阶跃函数，试求：

(1)$r(t)$作用下的稳态误差；

(2)$n_1(t)$作用下的稳态误差；

(3)$n_1(t)$、$n_2(t)$同时作用下的稳态误差。

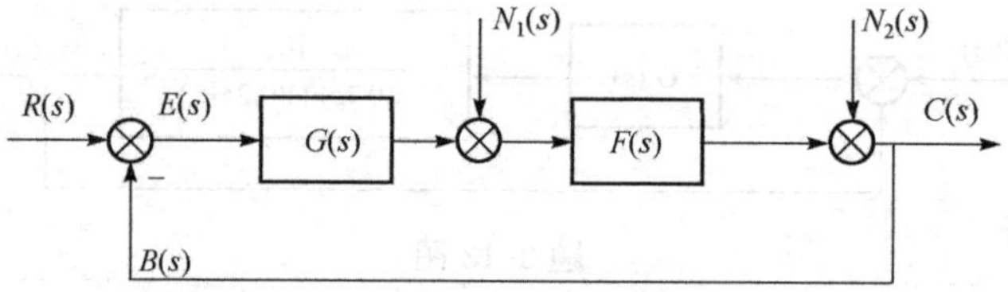

题 3-20 图

3-21　系统的结构图如题 3-21 图所示，其中 $e=r-c$，K、T_1、T_2 均大于零。

(1)当 $\beta=1$ 时系统是几型的？

(2)如果 $r(t)$为单位阶跃函数，试选择 β 使系统的稳态误差为零。

3-22　某系统的闭环传递函数为

$$\frac{C(s)}{R(s)}=\frac{96(s+3)}{(s^2+8s+36)(s+8)}$$

试分析零点 -3 和极点 -8 对系统动态性能(如超调量、调整时间等)的影响。

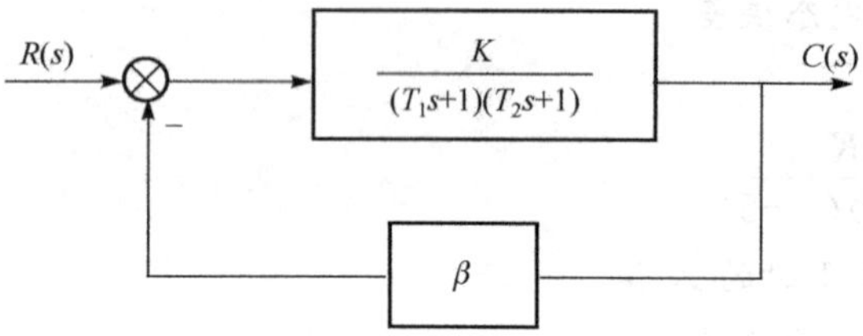

题 3-21 图

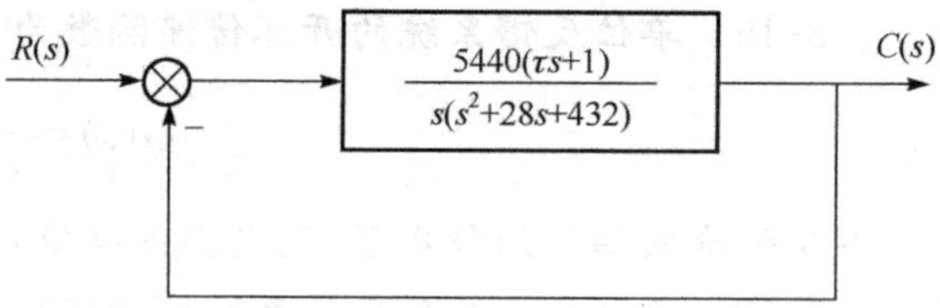

题 3-23 图

3-23　某闭环系统的结构图如题 3-23 图所示，其中 τ 分别为 0、0.05、0.1 和 0.5。

(1) 分别用 MATLAB 绘制系统的单位阶跃响应曲线，并求出系统的超调量、上升时间和调整时间；

(2) 讨论 τ 对系统响应的影响，并比较开环零点 $-1/\tau$ 与闭环极点的位置关系。

3-24　某闭环系统的结构图如题 3-24 图所示，其中 τ 分别为 0、0.5、2 和 5。

(1) 分别用 MATLAB 绘制系统的单位阶跃响应曲线，并求出系统的超调量、上升时间和调整时间；

(2) 讨论 τ 对系统响应的影响，并比较开环极点 $-1/\tau$ 与闭环极点的位置关系。

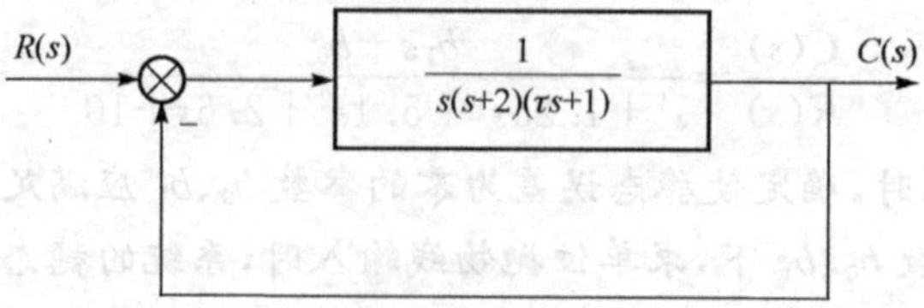

题 3-24 图

3-25　某闭环系统的结构图如题 3-25 图所示，其控制器的零点可变。用 MATLAB 画出 $a=0$、10 和 100 这三种情况下系统对阶跃干扰的响应曲线，并从 a 的 3 个取值中选择最佳值。

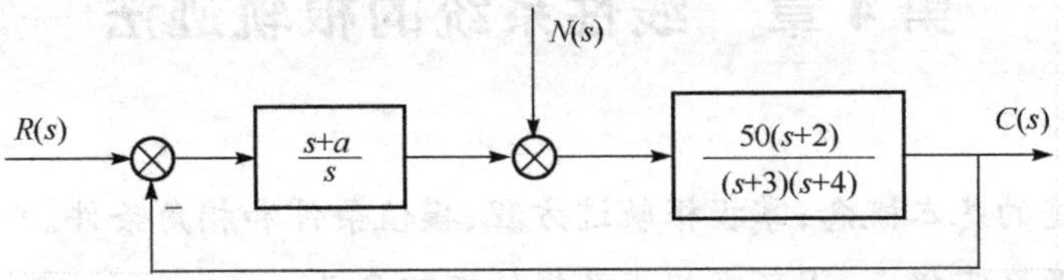

题 3-25 图

3-26　已知单位反馈系统的闭环传递函数为

$$\Phi(s)=\frac{5s+200}{0.01s^3+0.502s^2+6s+200}$$

输入 $r(t)=5+20t+10t^2$，求动态误差表达式。

第 4 章　线性系统的根轨迹法

基本要求

(1)掌握根轨迹的基本概念;掌握根轨迹方程、模值条件和相角条件。

(2)正确理解开环零极点、闭环零极点及根轨迹的含义。

(3)掌握控制系统根轨迹的绘制方法,熟练绘制系统根轨迹。

(4)能够运用根轨迹法对控制系统进行分析;明确闭环零、极点的分布和系统阶跃响应的定性关系。

伊万思(W. R. Evans)于 1948 年提出的根轨迹法是分析与设计反馈控制系统的一种有效方法。它是一种直接由系统的开环传递函数确定系统闭环特征根的图解法,具有形象、直观、使用方便等优点,在工程上得到了广泛的应用。

本章主要介绍根轨迹的基本原理和快速绘制概略根轨迹曲线的绘制规则,以及如何使用根轨迹法来分析控制系统。

4.1　根轨迹的基本概念

本节主要介绍根轨迹的基本概念、根轨迹与系统性能之间的关系,并从闭环零、极点与开环零、极点之间的关系推导出根轨迹方程的模值条件和相角条件。

4.1.1　闭环零、极点与开环零、极点之间的关系

考虑图 4-1 所示的系统,可将系统的开环传递函数写成如下两种形式

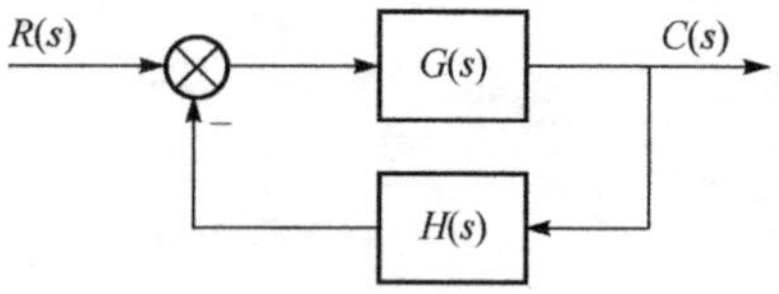

图 4-1　系统结构图

$$G(s)H(s)=\frac{K(1+\tau_1 s)(1+\tau_2 s)\cdots(1+\tau_m s)}{s^{\nu}(1+T_1 s)(1+T_2 s)\cdots(1+T_{n-\nu} s)}=\frac{K\prod_{i=1}^{m}(1+\tau_i s)}{s^{\nu}\prod_{j=1}^{n-\nu}(1+T_j s)} \tag{4-1}$$

或

$$G(s)H(s)=\frac{b_0(s-z_1)(s-z_2)\cdots(s-z_m)}{a_0(s-p_1)(s-p_2)\cdots(s-p_n)}=K^*\frac{\prod_{i=1}^{m}(s-z_i)}{\prod_{j=1}^{n}(s-p_j)} \tag{4-2}$$

式中,z_i,$i=1,2,3,\cdots$为系统开环传递函数中分子多项式方程的根,即开环零点;p_j,$j=1,2,3,\cdots$为系统开环传递函数中分母多项式方程的根,即开环极点;K 为开环增益;τ_i,

T_j为时间常数；$K^* = K\dfrac{\tau_1\tau_2\cdots\tau_m}{T_1T_2\cdots T_n} = \dfrac{b_0}{a_0}$为开环系统根轨迹增益。

系统的闭环传递函数为

$$\Phi(s) = \frac{G(s)}{1+G(s)H(s)} = \frac{G(s)\prod_{j=1}^{n}(s-p_j)}{\prod_{j=1}^{n}(s-p_j) + K^*\prod_{i=1}^{m}(s-z_i)} \tag{4-3}$$

可见，系统的闭环零点由前向通道的零点和反馈通道的极点构成；对于单位反馈系统，闭环零点就是开环零点。闭环系统根轨迹增益等于开环系统前向通路根轨迹增益；对于单位反馈系统，闭环系统根轨迹增益等于开环系统根轨迹增益。闭环极点与开环零、极点以及根轨迹增益均有关。

从第 3 章的分析可知，控制系统的基本特性取决于零极点的分布。闭环系统的零点不难确定，因此分析和设计控制系统的关键在于确定系统极点的分布。如果能绘制出系统某个参数变化时(由 0→∞)，闭环特征根在 s 平面上移动的轨迹，那么，就可以较方便地分析系统性能随参数的变化情况。这个轨迹就称为根轨迹。

4.1.2 根轨迹的基本概念［F401］［F402］［M401］

为了说明根轨迹的基本概念，先考察图 4-2 所示的二阶系统，其中开环增益 K 为可调参数。下面分析当系统参数 K 在 0→∞范围内变化时，闭环特征方程的根在 s 平面变化的轨迹(系统的根轨迹)。

由图 4-2 可知：系统的开环极点有两个，$p_1=0$，$p_2=-1$。系统的闭环传递函数为

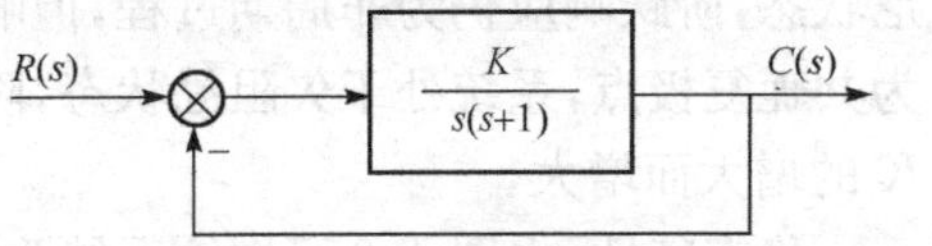

图 4-2　二阶系统结构图

$$\Phi(s) = \frac{K}{s(s+1)+K} = \frac{K}{s^2+s+K}$$

系统的特征方程为

$$s^2+s+K=0$$

特征方程的根为

$$s_1 = -\frac{1}{2}+\frac{\sqrt{1-4K}}{2},\quad s_2 = -\frac{1}{2}-\frac{\sqrt{1-4K}}{2}$$

由上式可用解析法确定，当系统参数 K 在 0→∞范围内变化时，特征方程的根在 s 平面上变化的轨迹，即系统的根轨迹。当 $K=0$ 时，两个闭环极点 s_1、s_2 与两个开环极点 p_1、p_2 重合；当 $K=1/4$ 时两个闭环极点重合，即 $s_1=s_2=-1/2$；当 $0<K<1/4$ 时，两个闭环极点为在 -1 到 0 之间取值的两个相异的负实根；当 $1/4<K<\infty$ 变化时两个闭环极点为一对共轭复根，它们的实部为 $-1/2$，虚部值随 K 的增大而增大。

根据以上分析可绘制系统极点随 K 变化的根轨迹曲线，如图 4-3(a)所示。图中箭头表示随着 K 值的增大，闭环极点的变化方向。

分析系统的根轨迹可以看到：系统的根轨迹曲线反映了系统特性的有关信息，有了根轨迹，就可以分析控制系统的各种性能。

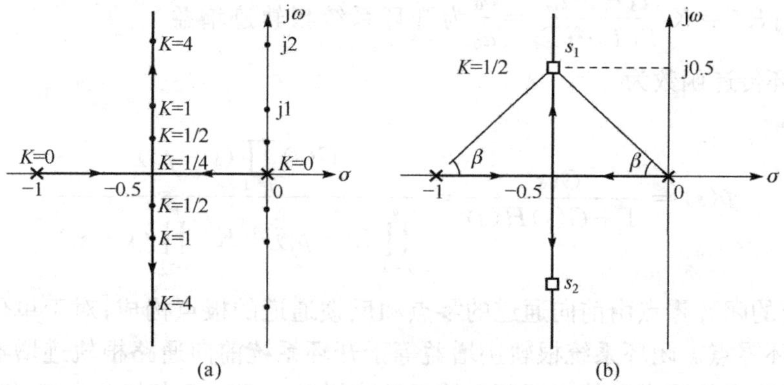

图 4-3　系统根轨迹图

稳定性：由根轨迹图可见，无论开环增益 K 取何值，系统的根轨迹曲线和相应的系统极点均分布在 s 的左半平面内，故该闭环系统总是稳定的。

动态性能：由于闭环零点可直接得到，而当开环增益 K 为某一值时，由根轨迹图可确定闭环极点的具体位置，因此可确定系统的动态性能。例如，当 $K=1/4$ 时两个闭环极点重合，即二阶系统处于临界阻尼状态，其阶跃响应为单调的，不存在超调量；当 $K=1/2$ 时系统的闭环极点为 $s_{1,2}=-\dfrac{1}{2}\pm \mathrm{j}\,\dfrac{1}{2}$，如图 4-3(b)所示，相应的阻尼比 $\zeta=\cos\beta=0.707$，自然振荡频率 $\omega_n=0.707$。当然，还可以得出随着 K 的变化，动态性能的变化规律：当 $0<K<1/4$ 时，所有闭环极点位于实轴上，系统处于过阻尼状态，阶跃响应为非周期过程；当 $K=1/4$ 时，系统为临界阻尼状态，阶跃响应仍为非周期过程，但响应速度比 $0<K<1/4$ 时快；当 $K>1/4$ 时，闭环极点为共轭复极点，系统处于欠阻尼状态，阶跃响应为振荡衰减过程，且系统超调量、振荡频率随着 K 的增大而增大。

稳态特性：由图 4-2 可知该系统为 Ⅰ 型系统，于是 $K_p=\infty$，$K_a=0$，而速度误差系数等于系统的开环增益，即 $K_v=K$。故该系统为一阶无差系统，跟踪阶跃输入信号无稳态误差；跟踪斜坡输入信号 $r(t)=Rt$ 的稳态误差为 R/K。要注意的是，一般情况下，根轨迹图中标注的是系统的开环根轨迹增益，而非开环增益。因此，需要进行简单的比例变换。而该系统的开环增益与开环根轨迹增益正好相等，所以不存在该问题。

通过上述分析可知，根轨迹与系统性能之间存在着密切联系。然而，上述绘制根轨迹的解析方法显然不能适用于高阶系统。为此，希望有一种简便的方法，能根据已知的开环零、极点分布及根轨迹增益，通过图解的方法迅速绘制出系统的根轨迹。这就是根轨迹法的基本任务。

4.2　根轨迹方程

为了用图解法确定所有的闭环极点，首先分析闭环极点所应满足的条件。

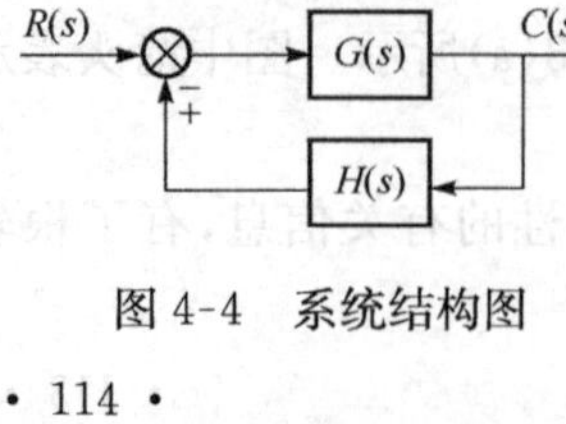

图 4-4　系统结构图

对于如图 4-4 所示控制系统的一般结构，其闭环传递函数

$$\Phi(s)=\frac{G(s)}{1\pm G(s)H(s)} \tag{4-4}$$

于是系统的特征方程为

$$1\pm G(s)H(s)=0 \tag{4-5}$$

即 $G(s)H(s)=\mp 1$，这就是系统的根轨迹方程。注意到 $G(s)H(s)$ 为一复变量，$G(s)H(s)=\mp 1$ 为一向量方程，直接使用很不方便。而 $G(s)H(s)$ 可表示为模和幅角的形式，向量"∓ 1"可表示为

$$-1=1\angle(2k+1)\pi=e^{j(2k+1)\pi}, \quad k=0,\pm1,\pm2,\pm3,\cdots \tag{4-6}$$

或

$$1=1\angle 2k\pi=e^{j2k\pi}, \quad k=0,\pm1,\pm2,\pm3,\cdots \tag{4-7}$$

利用式(4-2)，可将特征方程式(4-5)等价地写成

$$\frac{K^*\prod_{j=1}^{m}(s-z_j)}{\prod_{i=1}^{n}(s-p_i)}=-1=e^{j(2k+1)\pi}, \quad k=0,\pm1,\pm2,\cdots \tag{4-8a}$$

或

$$\frac{K^*\prod_{j=1}^{m}(s-z_j)}{\prod_{i=1}^{n}(s-p_i)}=1=e^{j2k\pi}, \quad k=0,\pm1,\pm2,\cdots \tag{4-8b}$$

利用复变量相等的条件，可得下列两个关系式。

模值方程为

$$\frac{K^*\prod_{j=1}^{m}|s-z_j|}{\prod_{i=1}^{n}|s-p_i|}=1 \tag{4-9}$$

相角方程如下：

负反馈系统
$$\sum_{j=1}^{m}\angle(s-z_j)-\sum_{i=1}^{n}\angle(s-p_i)=(2k+1)\pi \tag{4-10a}$$

或

正反馈系统
$$\sum_{j=1}^{m}\angle(s-z_j)-\sum_{i=1}^{n}\angle(s-p_i)=2k\pi \tag{4-10b}$$

由模值方程和相角方程可以看出，模值方程和增益 K^* 有关，而相角方程和 K^* 无关。因此满足相角方程的 s 值代入模值方程中，总可以求得一个对应的 K^* 值。绘制根轨迹只要根据相角方程就够了，相角方程是决定闭环根轨迹的充分必要条件。

通常将满足式(4-10a)的根轨迹称为 180°根轨迹，而满足式(4-10b)的根轨迹称为 0°根轨迹。

4.3 根轨迹绘制的基本规则

绘制根轨迹的基本依据是模值条件和相角条件。由这些条件可找出控制系统根轨迹的一些基本特征点。若将它们归纳成绘制根轨迹的基本规则，应用这些简单的绘制规则，就可以快速地绘制系统的概略根轨迹。也可采用 MATLAB 来精确绘制系统根轨迹(4.5 节)。

下面讨论的是系统根轨迹增益 K^* 变化时绘制闭环根轨迹的规则，对于系统其他参数变化，经适当变换这些基本规则仍然能够适用(4.4.4 小节)。

4.3.1 180°根轨迹绘制的基本规则［F403］［M402］

规则 1 根轨迹的分支数与连续性。

根轨迹是连续曲线且其在 s 平面上的分支数与有限开环极点数 n 和有限开环零点数 m 中大者相等。

证明 按照根轨迹的定义，根轨迹为系统参数在一定范围内变化时，闭环特征方程的根在 s 平面变化的轨迹。因而，根轨迹的分支数必与闭环特征方程根的数目一致。由式(4-3)可见，闭环特征方程根的数目为有限开环极点数 n 和有限开环零点数 m 中大者，因此，根轨迹的分支数与 n 和 m 中大者相等。

对连续性作如下说明：线性定常系统特征方程的系数是常数或可变参数 K^* 的函数。根据根对系数的连续依赖性，当 K^* 从 0 至∞连续变化时相应的特征方程的根也将连续改变，故系统的根轨迹是连续的。

规则 2 根轨迹的对称性。

根轨迹对称于实轴。

证明 由于实际系统的特征方程是实系数的，故系统的开环或闭环零极点总是实数或共轭复数，它们在 s 平面上的分布是关于实轴对称的，相应的系统根轨迹也是对称于实轴的。

根据这个特点，绘制时只需画出上半 s 平面的根轨迹，而下半平面部分则可应用对称关系来作出。

规则 3 根轨迹的起点与终点。

根轨迹起始于开环极点，终止于开环零点。如果开环零点数 m 小于开环极点数 n，则有 $(n-m)$ 条根轨迹终止于无穷远处。

证明 根轨迹的起点为 $K^*=0$ 的点，终点为 K^* 趋于无穷大的点。

由根轨迹方程

$$\frac{\prod_{j=1}^{m}(s-z_j)}{\prod_{i=1}^{n}(s-p_i)}=-\frac{1}{K^*} \tag{4-11}$$

可知，当 $K^*=0$ 时，式(4-11)右端趋于∞，对应于 $s=p_i(i=1,2,\cdots,n)$，即根轨迹起始于开环极点。当 K^* 趋于∞时，式(4-11)右端趋于 0，对应于 $s=z_j(j=1,2,\cdots,m)$，即根轨迹终止于开环零点。另外，当开环零点数 m 小于开环极点数 n 时，由于

$$\lim_{s\to\infty}\frac{\prod_{j=1}^{m}(s-z_j)}{\prod_{i=1}^{n}(s-p_i)}=\lim_{s\to\infty}\frac{1}{s^{n-m}}=0$$

故其余 $n-m$ 条根轨迹终止于无穷远处。

规则 4 实轴上的根轨迹。

实轴上根轨迹区段的右侧，开环零、极点数目之和应为奇数。

证明 设系统开环零、极点分布如图 4-5 所示。图中，s_0 为实轴上任一试探点，它属于根轨迹的充分必要条件是系统所有的开环零极点引向该点的幅角之和满足幅角条件(即 π 的奇数倍)。分析系统开环零、极点分布对幅角条件的影响可以看到：开环共轭复极点与复零点到

实轴上任一点所引向量的幅角为 $2k\pi$，故点 s_0 是否满足幅角条件不受开环复数零极点的影响；试探点 s_0 左侧的开环零极点到 s_0 所引向量的幅角均为零。因此点 s_0 是否满足幅角条件只取决于其右侧的开环实数零极点，而这些开环实数零极点到 s_0 所引向量的幅角均为 π。若试探点 s_0 右侧的开环实数零极点个数之和为奇数，则 s_0 点满足幅角条件，故它所在的那一段实轴为根轨迹的一部分，否则便没有根轨迹的分布。

因此实轴上若有根轨迹分布的线段，则该线段右侧的开环（有限）实数零极点个数之和必为奇数。由于开环复数零极点总是共轭成双的，故上述结论也可以笼统地说，该线段右侧的开环有限零极点个数之和必为奇数，从而结论得证。

根据本规则，对于开环零极点如图 4-6 所示的系统，在实轴上 0 和 −2 之间，−4 和负无穷之间，都是根轨迹的一部分。[M403]

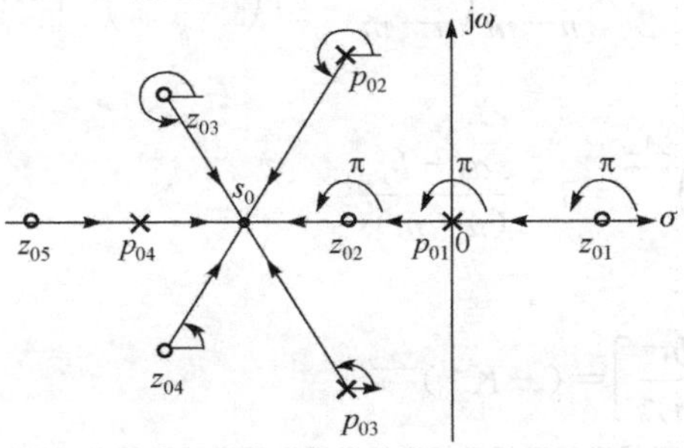

图 4-5　开环零、极点分布图

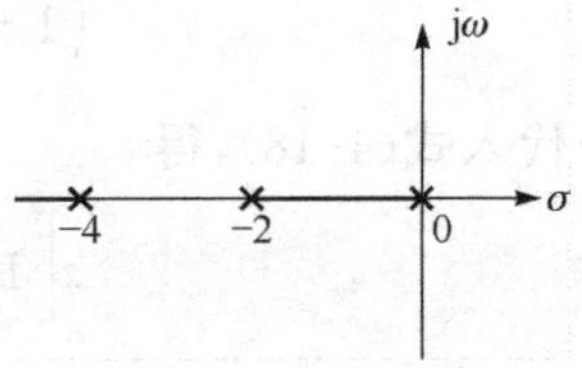

图 4-6　实轴上的根轨迹

规则 5　根轨迹的渐近线。[F404]

当有限开环极点数大于有限开环零点数时，有 $n-m$ 条根轨迹趋于无穷远处，根轨迹的渐近线与实轴交点的坐标为

$$\sigma_a=\frac{\sum_{i=1}^{n}p_i-\sum_{i=1}^{m}z_i}{n-m} \tag{4-12}$$

渐近线与实轴正方向的夹角为

$$\varphi_a=\frac{(2k+1)\pi}{n-m},\quad k=0,1,2,\cdots,n-m-1 \tag{4-13}$$

证明　渐近线即当 s 趋于无穷大时的根轨迹，因此，渐近线也一定关于实轴对称。将系统开环传递函数写为

$$G(s)H(s)=K^*\frac{\prod_{i=1}^{m}(s-z_i)}{\prod_{j=1}^{n}(s-p_j)}=K^*\frac{s^m+b_1s^{m-1}+\cdots+b_{m-1}s+b_m}{s^n+a_1s^{n-1}+\cdots+a_{n-1}s+a_n} \tag{4-14}$$

式中

$$b_1=-\sum_{j=1}^{m}z_j,\quad a_1=-\sum_{i=1}^{n}p_i$$

当 s 很大时，式(4-14)近似为

$$G(s)H(s)=\frac{K^*}{s^{n-m}+(a_1-b_1)s^{n-m-1}} \tag{4-15}$$

由根轨迹方程

$$1+G(s)H(s)=0 \tag{4-16}$$

得

$$s^{n-m}\left(1+\frac{a_1-b_1}{s}\right)=-K^* \tag{4-17}$$

或

$$s\left(1+\frac{a_1-b_1}{s}\right)^{\frac{1}{n-m}}=(-K^*)^{\frac{1}{n-m}} \tag{4-18}$$

根据牛顿二项式定理,式(4-18)左端展开为

$$\left(1+\frac{a_1-b_1}{s}\right)^{\frac{1}{n-m}}=1+\frac{a_1-b_1}{(n-m)s}+\frac{1}{2}\times\frac{1}{n-m}\left(\frac{1}{n-m}-1\right)\left(\frac{a_1-b_1}{s}\right)^2+\cdots$$

取近似线性项,有

$$\left(1+\frac{a_1-b_1}{s}\right)^{\frac{1}{n-m}}=1+\frac{a_1-b_1}{(n-m)s} \tag{4-19}$$

将式(4-19)代入式(4-18),得

$$s\left[1+\frac{a_1-b_1}{(n-m)s}\right]=(-K^*)^{\frac{1}{n-m}} \tag{4-20}$$

令 $s=\sigma+j\omega$,并代入式(4-20),得

$$\left(\sigma+\frac{a_1-b_1}{n-m}\right)+j\omega=\sqrt[n-m]{K^*}\left[\cos\frac{(2k+1)\pi}{n-m}+j\sin\frac{(2k+1)\pi}{n-m}\right],\quad k=0,1,2,\cdots \tag{4-21}$$

令实部和虚部分别相等,有

$$\left(\sigma+\frac{a_1-b_1}{n-m}\right)=\sqrt[n-m]{K^*}\cos\frac{(2k+1)\pi}{n-m}$$

$$\omega=\sqrt[n-m]{K^*}\sin\frac{(2k+1)\pi}{n-m} \tag{4-22}$$

简化式(4-22),得

$$\sqrt[n-m]{K^*}=\frac{\omega}{\sin\varphi_a}=\frac{\sigma-\sigma_a}{\cos\varphi_a} \tag{4-23}$$

$$\omega=(\sigma-\sigma_a)\tan\varphi_a \tag{4-24}$$

式中

$$\varphi_a=\frac{(2k+1)\pi}{n-m},\quad k=0,1,2,\cdots \tag{4-25}$$

$$\sigma_a=-\frac{a_1-b_1}{n-m}=\frac{\sum_{i=1}^{n}p_i-\sum_{i=1}^{m}z_i}{n-m} \tag{4-26}$$

式(4-24)是 s 平面中的直线方程,它与实轴夹角为 φ_a,交点为 σ_a。当 k 取不同值时,可得 $n-m$ 个 φ_a 角。k 的选取可从 0 取到 $n-m-1$,也可依次取 $0,+1,-1,+2,-2,\cdots$一直到获得 $n-m$ 个倾角为止。

例 4-1 已知系统三个开环极点分别为 $0,-2,-4$,无开环零点,可得其渐近线与实轴交点的坐标为

$$\sigma_a = \frac{\sum_{i=1}^{n} p_i - \sum_{i=1}^{m} z_i}{n-m} = \frac{(-2)+(-4)}{3} = -2$$

渐近线与实轴正方向的夹角为

$$\varphi_a = \frac{(2k+1)\pi}{n-m} = \frac{\pi}{3}, \pi, -\frac{\pi}{3}$$

可绘制出三条渐近线如图 4-7 所示。其中与实轴正方向的夹角为 π 的渐近线与实轴部分重合。[M404]

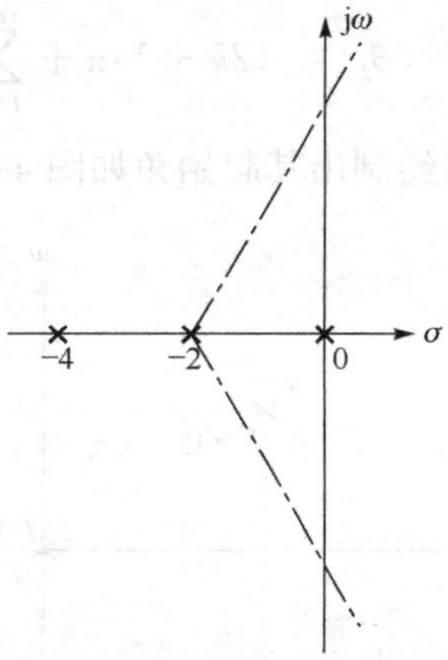

图 4-7　根轨迹的渐近线

规则 6　根轨迹的起始角和终止角。[F405]

根轨迹的起始角是指起始于开环极点的根轨迹在起点处的切线与正实轴方向的夹角。起始角为

$$\theta_{p_k} = (2k+1)\pi + \sum_{j=1}^{m} \angle(p_k - z_j) - \sum_{\substack{i=1 \\ i\neq k}}^{n} \angle(p_k - p_i) \tag{4-27}$$

根轨迹的终止角是指终止于开环零点的根轨迹在终点处的切线与正实轴方向的夹角。终止角为

$$\theta_{z_k} = (2k+1)\pi + \sum_{i=1}^{n} \angle(z_k - p_i) - \sum_{\substack{j=1 \\ j\neq k}}^{m} \angle(z_k - z_j) \tag{4-28}$$

证明　由根轨迹方程的相角条件 $\sum_{j=1}^{m} \angle(s - z_j) - \sum_{i=1}^{n} \angle(s - p_i) = (2k+1)\pi$，假设在一开环极点 p_k 附近取一点 s_1，则

$$\angle(s_1 - p_k)\big|_{s_1 \to p_k} = (2k+1)\pi + \sum_{j=1}^{m} \angle(s_1 - z_j) - \sum_{\substack{i=1 \\ i\neq k}}^{n} \angle(s_1 - p_i) \tag{4-29}$$

式(4-29)左端为 s_1 无限接近于待求起始点 p_k 时 p_k 到 s_1 的向量相角，即为开环极点 p_k 处的起始角，用 θ_{p_k} 表示，即

$$\theta_{p_k} = (2k+1)\pi + \sum_{j=1}^{m} \angle(p_k - z_j) - \sum_{\substack{i=1 \\ i\neq k}}^{n} \angle(p_k - p_i)$$

同理，在开环零点 z_k 附近取一点，使其无限接近该零点，并以 θ_{z_k} 表示开环零点 z_k 处的终值角，得

$$\theta_{z_k} = (2k+1)\pi + \sum_{i=1}^{n} \angle(z_k - p_i) - \sum_{\substack{j=1 \\ j\neq k}}^{m} \angle(z_k - z_j)。$$

例 4-2　已知系统三个开环极点分别为 0，$-1+\mathrm{j}$，$-1-\mathrm{j}$，无开环零点。从极点 0 出发的起始角为

$$\theta_{p_1} = \pi + \sum_{j=1}^{m} \angle(p_1 - z_j) - \sum_{\substack{i=1 \\ i\neq 1}}^{3} \angle(p_1 - p_i) = \pi + 0 - \left(-\frac{\pi}{4} + \frac{\pi}{4}\right) = \pi$$

从 $-1+\mathrm{j}$ 极点出发的根轨迹起始角为

$$\theta_{p_2} = (2k+1)\pi + \sum_{j=1}^{m} \angle(p_2 - z_j) - \sum_{\substack{i=1 \\ i\neq 2}}^{3} \angle(p_2 - p_i) = \pi + 0 - \left(\frac{\pi}{2} + \frac{3\pi}{4}\right) = -\frac{\pi}{4}$$

从 $-1-\mathrm{j}$ 极点出发的根轨迹起始角为

$$\theta_{p_3}=(2k+1)\pi+\sum_{j=1}^{m}\angle(p_3-z_j)-\sum_{\substack{i=1\\i\neq 3}}^{3}\angle(p_3-p_i)=\pi+0-\left(-\frac{\pi}{2}+\frac{5\pi}{4}\right)=\frac{\pi}{4}$$

可绘制出其起始角如图 4-8 所示。

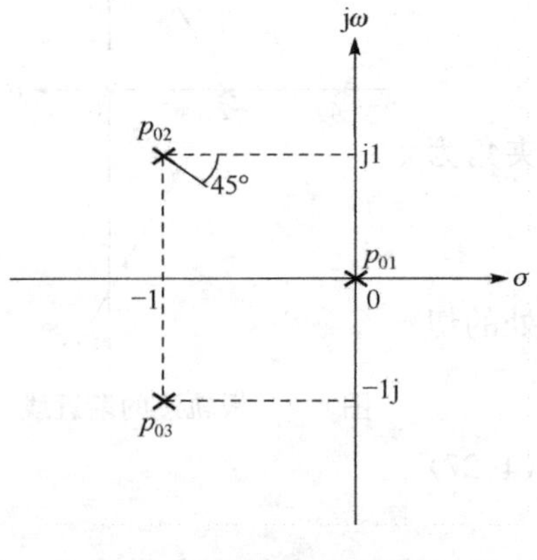

图 4-8　根轨迹的起始角

可以得出两个显然的结论。

(1)若零极点位于实轴上，则起始角或终止角必为 π 或 −π(除非它们同时为分离角或会合角)。

(2)复数零极点的起始角或终止角必关于实轴对称，因此计算时只需其中一个即可。

规则 7　分离点(会合点)坐标 d。

几条根轨迹在 s 平面上相遇后又分开的点，称为根轨迹的分离点或会合点。

分离点的坐标 d 可由方程

$$\sum_{i=1}^{n}\frac{1}{d-p_i}=\sum_{i=1}^{m}\frac{1}{d-z_i} \tag{4-30}$$

解出。在实轴上的分离点处，系统的阶跃响应无超调，即系统的闭环特征根都在负实轴上。所以分离点处对应的 K 值是使系统阶跃响应有无超调的临界开环增益值。

证明　系统闭环特征方程为

$$\prod_{i=1}^{n}(s-p_i)+K^*\prod_{j=1}^{m}(s-z_j)=0 \tag{4-31}$$

根轨迹若存在分离点，则表明闭环特征方程有重根，而存在重根的条件为

$$\prod_{i=1}^{n}(s-p_i)+K^*\prod_{j=1}^{m}(s-z_j)=0$$

和

$$\frac{\mathrm{d}}{\mathrm{d}s}\left[\prod_{i=1}^{n}(s-p_i)+K^*\prod_{j=1}^{m}(s-z_j)\right]=0 \tag{4-32}$$

两式相除得

$$\frac{\frac{\mathrm{d}}{\mathrm{d}s}\left[\prod_{i=1}^{n}(s-p_i)\right]}{\prod_{i=1}^{n}(s-p_i)}=\frac{\frac{\mathrm{d}}{\mathrm{d}s}\left[\prod_{j=1}^{m}(s-z_j)\right]}{\prod_{j=1}^{m}(s-z_j)} \tag{4-33}$$

即

$$\frac{\mathrm{d}\ln\prod_{i=1}^{n}(s-p_i)}{\mathrm{d}s}=\frac{\mathrm{d}\ln\prod_{j=1}^{m}(s-z_j)}{\mathrm{d}s} \tag{4-34}$$

又

$$\ln\prod_{i=1}^{n}(s-p_i)=\sum_{i=1}^{n}\ln(s-p_i)$$

$$\ln\prod_{j=1}^{m}(s-z_j)=\sum_{j=1}^{m}\ln(s-z_j)$$

代入得

$$\sum_{i=1}^{n}\frac{\mathrm{d}\ln(s-p_i)}{\mathrm{d}s}=\sum_{j=1}^{m}\frac{\mathrm{d}\ln(s-z_j)}{\mathrm{d}s} \tag{4-35}$$

即

$$\sum_{i=1}^{n}\frac{1}{s-p_i}=\sum_{i=1}^{m}\frac{1}{s-z_i}$$

需要指出的是，由式(4-30)或式(4-32)得出的解并不一定是根轨迹上的点，因此在应用时要注意判断是否同时满足根轨迹方程(或特征方程)。

例 4-3 已知系统开环传递函数为$\dfrac{K^*}{s(s+2)(s+4)}$。分离点坐标满足方程[F406]

$$\frac{1}{d}+\frac{1}{d+2}+\frac{1}{d+4}=0$$

解得，$d_1=-0.845$，$d_2=-3.155$，由规则 4，$d_2=-3.155$ 不是根轨迹上的点，所以根轨迹分离点为 $d=-0.845$。将分离点坐标代入模值方程求得 d 对应的根轨迹增益

$$K^*=|d||d+2||d+4|=3.08$$

规则 8 分离角与会合角。

根轨迹在 s 平面上某点相遇必然产生重极点，根轨迹以什么方向趋向重极点由根轨迹的会合角公式确定。根轨迹在 s 平面某点相遇后分开，其分离的方向由根轨迹的分离角公式确定。

分离角 θ_d：指根轨迹离开重极点处的切线与实轴正方向的夹角。

会合角 φ_d：指根轨迹进入重极点处的切线与实轴正方向的夹角。

若 $\varphi_d=\dfrac{1}{l}2k\pi$，则 $\theta_d=\dfrac{1}{l}(2k+1)\pi$；若 $\varphi_d=\dfrac{1}{l}(2k+1)\pi$，则 $\theta_d=\dfrac{1}{l}2k\pi$。式中，$l$ 为重极点 d 处的根轨迹条数；$k=0,+1,-1,+2$，直到取得 l 个角度。

规则 9 根轨迹与虚轴的交点。

根轨迹与虚轴相交，意味着闭环极点中有一部分极点位于虚轴上，即闭环特征方程有纯虚根，系统处于临界稳定状态。将 $s=\mathrm{j}\omega$ 代入特征方程中，得

$$1+G(\mathrm{j}\omega)H(\mathrm{j}\omega)=0 \tag{4-36}$$

即

$$\begin{cases}\mathrm{Re}[1+G(\mathrm{j}\omega)H(\mathrm{j}\omega)]=0\\ \mathrm{Im}[1+G(\mathrm{j}\omega)H(\mathrm{j}\omega)]=0\end{cases} \tag{4-37}$$

由式(4-37)可解出 ω 值及对应的临界稳定开环增益 K 值。

也可采用劳斯表来计算根轨迹与虚轴的交点。由劳斯表第一列含 K^* 的元素等于零(系统处于稳定的边缘，即与虚轴有交点)可解得 K 值。再由上一行系数构成的辅助方程式可解得纯虚极点值，而这一数值就是根轨迹与虚轴交点处的 ω 值。

规则 10 根之和。

若 $n-m\geqslant 2$，则有

$$\sum_{i=1}^{n}s_i=\sum_{i=1}^{n}p_i=-a_1 \tag{4-38}$$

式中，s_i 为闭环极点；p_i 为开环极点；a_1 为闭环特征方程中 s^{n-1} 次方项系数。

证明 当 $n>m$ 时，系统闭环特征方程可表示为

$$s^n+a_1s^{n-1}+\cdots+a_{n-1}s+a_n=\prod_{j=1}^{n}(s-p_j)+K^*\prod_{i=1}^{m}(s-z_i)$$

$$=\prod_{j=1}^{n}(s-s_j)=s^n+(-\sum_{i=1}^{n}s_i)s^{n-1}+\cdots+\prod_{j=1}^{n}(-s_j)$$

当 $n-m\geqslant 2$ 时，有

$$\prod_{j=1}^{n}(s-p_j)+K^*\prod_{i=1}^{m}(s-z_i)=s^n+(-\sum_{j=1}^{n}p_i)s^{n-1}+\cdots+[\prod_{j=1}^{n}(-p_j)+K^*\prod_{i=1}^{m}(-z_i)]$$

对比以上各式，得

$$\sum_{i=1}^{n}s_i=\sum_{i=1}^{n}p_i=-a_1$$

该规则表明，当 $n-m\geqslant 2$ 时，系统闭环极点之和与开环极点之和相等。在开环极点确定的情况下，这是一个不变的常数。所以，当开环增益 K^* 增大时，若闭环某些根在 s 平面上向左移动，则另一部分根必向右移动。这对判断根轨迹的走向是很有用的。

例 4-4 设负反馈系统的开环传递函数为

$$G(s)H(s)=\frac{K}{s(s^2+2s+2)}$$

试绘制闭环系统的根轨迹。

解 [M405]

(1) 确定开环零极点，绘制零极点分布图。系统开环极点分别为 0，$-1+\mathrm{j}$，$-1-\mathrm{j}$，无开环零点。

(2) 根据规则 1，根轨迹为连续曲线且对称于实轴。

(3) 根据规则 2，根轨迹一共有三条。

(4) 根据规则 3，三条根轨迹均趋于无穷远处。

(5) 确定实轴上根轨迹。

根据规则 4，整个实轴负半轴均为根轨迹部分。

(6)确定起始角。

由前例知三条根轨迹起始角分别为 π，$-\dfrac{\pi}{4}$，$\dfrac{\pi}{4}$。

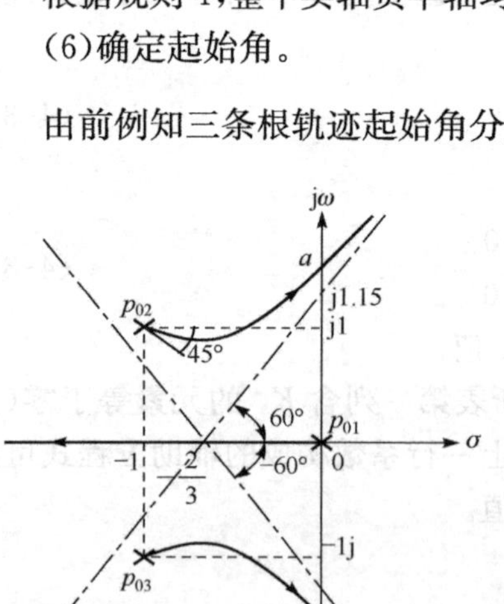

图 4-9 系统的根轨迹

(7) 确定渐近线。

根据规则 5 可得其渐近线与实轴交点的坐标为

$$\sigma_a=\frac{\sum_{i=1}^{n}p_i-\sum_{i=1}^{m}z_i}{n-m}=\frac{(-1+\mathrm{j})+(-1-\mathrm{j})}{3}=-\frac{2}{3}$$

渐近线与实轴正方向的夹角为

$$\varphi_a=\frac{(2k+1)\pi}{n-m}=\frac{\pi}{3},\pi,-\frac{\pi}{3}$$

绘出渐近线如图 4-9 中虚线所示。

(8)确定与虚轴的交点。

系统的闭环特征方程为 $s^3+2s^2+2s+K=0$，可有两

种方法来确定根轨迹与虚轴的交点。

方法1：令 $s=\mathrm{j}\omega$，代入闭环特征方程，得

$$-\mathrm{j}\omega^3+\mathrm{j}2\omega-2\omega^2+K=0$$

令其实部、虚部分别为零，得

$$\begin{cases}2\omega-\omega^3=0\\K-2\omega^2=0\end{cases}$$

解得 $\omega=0,\omega=\pm\sqrt{2},K=4$。所以，根轨迹与虚轴交点处坐标为 $\pm\mathrm{j}\sqrt{2}$，交点处对应的增益为 $K=4$。

方法2：由劳斯表确定。根据特征方程系数列出劳斯表为

$$\begin{array}{lcc}s^3 & 1 & 2\\ s^2 & 2 & K\\ s^1 & \dfrac{4-K}{2} & 0\\ s^0 & K & \end{array}$$

当 $K=4$ 时，劳斯表第一列出现零元素，系统存在共轭虚根。由 s^2 行系数构成辅助方程

$$2s^2+K=0$$

解得

$$s=\pm\mathrm{j}\sqrt{2}$$

(9) 最后，绘制出粗略根轨迹如图 4-9 所示。可见，该轨迹符合根之和规则。

4.3.2 零度根轨迹的绘制规则

如果系统特征方程的形式为 $1-G(s)H(s)=0$，那么它的根轨迹是零度根轨迹。由式(4-9)和式(4-10b)可以看出，零度根轨迹的模值方程与180°根轨迹方程一致，仅相角条件有所改变。因此，只要将常规根轨迹绘制规则中与相角条件有关的规则作相应的调整，其余规则与180°根轨迹绘制规则完全相同。下面仅给出与180°根轨迹绘制规则相异的部分。

(1)实轴上的根轨迹应改为：实轴上的某一区域，若其右方开环实数零、极点的个数之和为偶数，则该区域必是根轨迹。

(2)根轨迹的渐近线与实轴的交角应改为

$$\varphi_a=\frac{2k\pi}{n-m},\quad k=0,1,\cdots,n-m-1 \tag{4-39}$$

(3) 根轨迹的起始角和终止角应改为：起始角为其他零、极点到所求极点的诸向量相角之差，即

$$\theta_{p_k}=\sum_{j=1}^{m}\angle(p_k-z_j)-\sum_{\substack{i=1\\i\neq k}}^{n}\angle(p_k-p_i) \tag{4-40}$$

终止角等于其他零、极点到所求零点的诸向量相角之差的负值，即

$$\theta_{z_k}=\sum_{i=1}^{n}\angle(z_k-p_i)-\sum_{\substack{j=1\\j\neq k}}^{m}\angle(z_k-z_j) \tag{4-41}$$

(4)根轨迹与虚轴的交点：确定方法与180°根轨迹相同，但应注意0°根轨迹的特征方程为 $1-G(s)H(s)=0$，以 $s=\mathrm{j}\omega$ 代入得

$$1-G(j\omega)H(j\omega)=0 \tag{4-42}$$

即

$$\begin{cases}\mathrm{Re}[1-G(j\omega)H(j\omega)]=0\\ \mathrm{Im}[1-G(j\omega)H(j\omega)]=0\end{cases} \tag{4-43}$$

由式(4-43)可解出 ω 值及对应的临界稳定开环增益 K 值。

除绘制正反馈系统的根轨迹,必然产生 $0^\circ+2k\pi$ 的相角条件外,非最小相位系统,即使在负反馈情况下,也可能产生 $0^\circ+2k\pi$ 的相角条件。因此,一般来说,零度根轨迹的来源有两个方面:其一是控制系统中包含正反馈内回路;其二是非最小相位系统(4.4.3 小节)。

例 4-5 设正反馈系统的开环传递函数为

$$G(s)H(s)=\frac{K}{s(s^2+2s+2)}$$

试绘制闭环系统的根轨迹。

解 与例 4-4 不同之处如下。[M406]

(1) 实轴上的根轨迹。

根据零度根轨迹绘制规则,整个实轴的正半轴均为根轨迹部分。

(2) 根轨迹的渐近线。

渐近线与实轴的交角为 $\varphi_a=\dfrac{2k\pi}{n-m}=0,\dfrac{2\pi}{3},-\dfrac{2\pi}{3}$。

(3) 根轨迹的起始角。

$$\theta_{p_1}=\sum_{j=1}^{m}\angle(p_1-z_j)-\sum_{\substack{i=1\\i\neq1}}^{3}\angle(p_1-p_i)=0-(-\frac{\pi}{4}+\frac{\pi}{4})=0$$

$$\theta_{p_2}=\sum_{j=1}^{m}\angle(p_2-z_j)-\sum_{\substack{i=1\\i\neq2}}^{3}\angle(p_2-p_i)=0-(\frac{\pi}{2}-\frac{5\pi}{4})=\frac{3\pi}{4}$$

$$\theta_{p_3}=\sum_{j=1}^{m}\angle(p_3-z_j)-\sum_{\substack{i=1\\i\neq3}}^{3}\angle(p_3-p_i)=0-\left(-\frac{\pi}{2}+\frac{5\pi}{4}\right)=-\frac{3\pi}{4}$$

(4) 由根之和规则可知,根轨迹与虚轴无交点。

其余与例 4-4 相同,总结以上各规则,可绘出根轨迹如图 4-10 所示。为比较起见,图中同时用虚线画出了负反馈情况下的根轨迹。

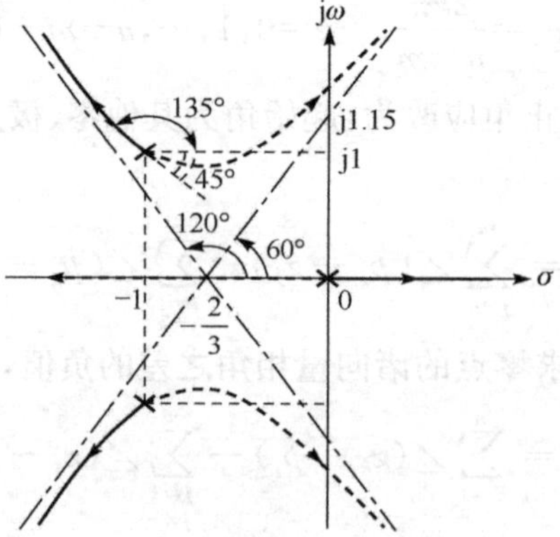

图 4-10 系统的根轨迹

4.4 典型反馈系统的根轨迹分析

4.4.1 反馈系统的根轨迹分析举例

例 4-6 某位置随动系统结构图如图 4-11 所示，其中被控对象传递函数为$\dfrac{1}{s(s+2)}$，控制器传递函数为$\dfrac{K}{s+4}$；试绘制闭环系统的根轨迹，根据根轨迹分析系统的稳定性，并计算闭环主导极点阻尼比为 0.5 时的性能指标。

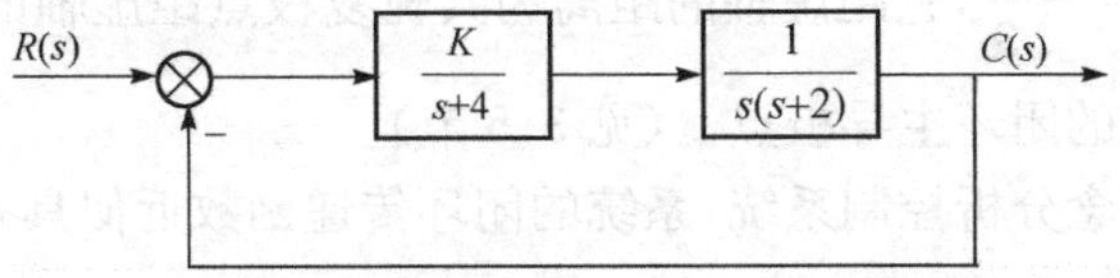

图 4-11 位置随动控制系统结构图

解 可知该负反馈系统的开环传递函数为

$$G(s)H(s)=\frac{K}{s(s+2)(s+4)}$$

(1)先粗略绘制系统实轴上根轨迹。

很容易确定实轴上根轨迹；且由前例，知根轨迹分离点为 $d=-0.845$(对应 $K=3.08$)；其渐近线与实轴交点的坐标为

$$\sigma_a=-2$$

渐近线与实轴正方向的夹角为

$$\varphi_a=\frac{\pi}{3},\pi,-\frac{\pi}{3}$$

根轨迹与虚轴的交点求取：

系统闭环特征方程为

$$s^3+6s^2+8s+K=0$$

令 $s=\mathrm{j}\omega$，代入闭环特征方程，并令其实部、虚部分别为零，得

$$\begin{cases}8\omega-\omega^3=0\\K-6\omega^2=0\end{cases}$$

解得，$\omega=\pm2\sqrt{2}$，$K=48$。所以，根轨迹与虚轴交点处坐标为 $\pm\mathrm{j}2\sqrt{2}$，交点处对应的增益为 $K=48$。

最后，绘制出粗略根轨迹如图 4-12 所示。

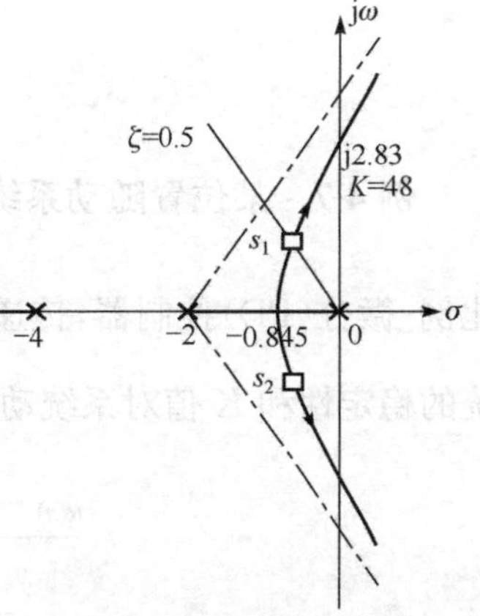

图 4-12 系统根轨迹

(2)分析系统的稳定性。

从根轨迹图看，当系统开环增益 K 大于其临界值 48 时，有两条根轨迹分支进入 s 右半平面，这时系统不稳定。因此，仅当开环增益小于 48 时，系统才是稳定的。

另外，当 $K\leqslant3.08$ 时，系统所有极点位于负实轴，系统的阶跃响应是单调的，不会出现超调；当$K>3.08$时，有两支根轨迹进入复平面，共轭复极点为主导极点，系统处于欠阻尼状态，阶跃响应为振荡的。

(3)计算性能指标。

由题意，闭环主导极点阻尼比为0.5，即主导极点与负实轴的夹角为60°。在根轨迹图中绘制该60°线即等阻尼线如图4-12所示。该线与根轨迹的交点为$-\frac{2}{3}\pm j\frac{2\sqrt{3}}{3}$，$\omega_n^2=\left(\frac{2}{3}\right)^2+\left(\frac{2\sqrt{3}}{3}\right)^2=1.778$，先判断这两个极点能否作为系统的主导极点。根据根之和规则，此时，第三个极点为$-6+\frac{2}{3}+\frac{2}{3}=-\frac{14}{3}$，它距虚轴的距离为共轭复极点距虚轴的7倍。因此，这对共轭极点可以看成控制系统的闭环主导极点。(见3.5节)

根据主导极点的概念分析控制系统，系统的闭环传递函数近似具有二阶系统的形式，即

$$\Phi(s)=\frac{1.778}{s^2+1.33s+1.778}$$

此时，控制系统各项性能指标如下。

超调量

$$\sigma\%=e^{-\frac{\pi\zeta}{\sqrt{1-\zeta^2}}}\times100\%=e^{-\frac{0.5\pi}{\sqrt{1-0.5^2}}}=16.5\%$$

峰值时间

$$t_p=\frac{\pi}{\omega_d}=\frac{\pi}{\omega_n\sqrt{1-\zeta^2}}=\frac{\pi}{1.33\sqrt{1-0.5^2}}=\frac{\pi}{1.152}=2.72\text{s}$$

上升时间

$$t_r=\frac{\pi-\beta}{\omega_d}=\frac{2\pi/3}{1.152}=1.82\text{s}$$

调节时间(取2%误差带)

$$t_s=\frac{4}{\zeta\omega_n}=\frac{4}{0.667}=6\text{s}$$

例4-7 某位置随动系统结构图如图4-13所示，其中被控对象传递函数为$\frac{1}{s(s+2)}$，采用比例-微分(PD)控制器，传递函数为$\frac{K(s+4)}{2}$；试绘制闭环系统的根轨迹，根据根轨迹分析系统的稳定性和K值对系统动态性能的影响。[M407]

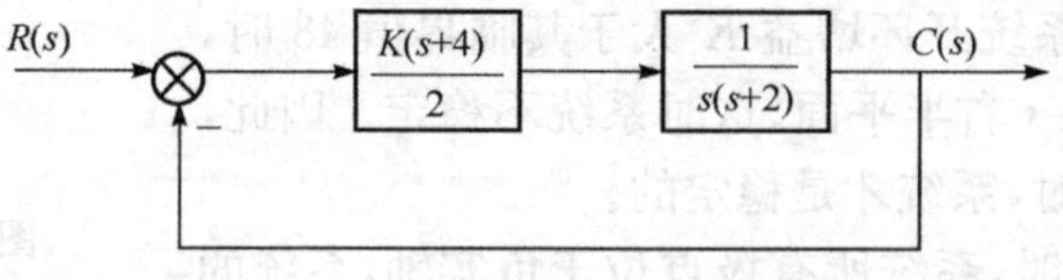

图4-13 位置随动控制系统结构图

解 可知该负反馈系统的开环传递函数为

$$G(s)H(s)=\frac{K(s+4)}{2s(s+2)}$$

(1)绘制系统根轨迹。

容易确定实轴上的根轨迹:[0,−2],[−4,−∞]。
分离点坐标满足方程

$$\frac{1}{d}+\frac{1}{d+2}=\frac{1}{d+4}$$

解得,$d_1=-1.17$,$d_2=-6.83$。利用模值方程求对应的根轨迹增益

$$K_1^*=\frac{|d_1|\cdot|d_1+2|}{|d_1+4|}=0.343$$

$$K_2^*=\frac{|d_2|\cdot|d_2+2|}{|d_2+4|}=11.7$$

对应的开环增益为

$$K_1=2K_1^*=0.686,\quad K_2=2K_2^*=23.4$$

系统根轨迹如图 4-14 所示。

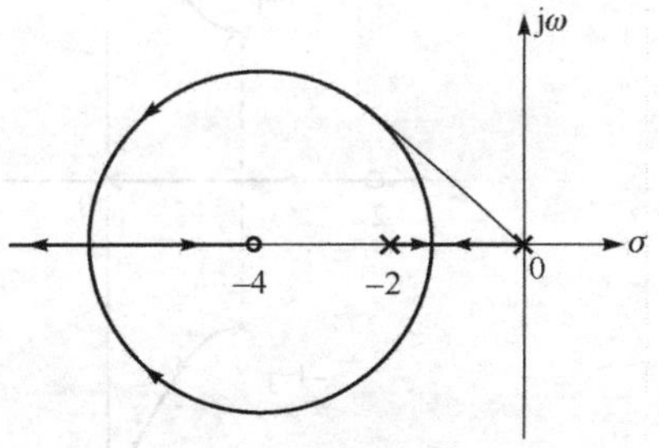

图 4-14 系统的根轨迹

可以证明,此二阶系统根轨迹的复数部分为圆,圆心为开环零点,半径为开环零点与分离点之间的距离。读者可参考例 4-15 来导出该根轨迹方程。

(2)响应分析。

当开环增益为 0~0.686 时,系统两个闭环极点位于负实轴,阶跃响应是单调的;当 K 值为 0.686~23.4 时,系统有一对共轭复极点,阶跃响应是振荡衰减的;当 K 值大于 23.4 时,两个闭环极点又为负实数,响应又单调变化。但由于此时极点远离虚轴,且其中一个随 K 值增大逐渐靠近开环零点−4,构成一对偶极子,故响应快速性大大提高。但增益过高又会降低系统对输入端噪声的抑制能力,也未必可取。

另外,从根轨迹图可以看出,系统最小阻尼比为 0.707,系统响应的平稳性较好。

例 4-8 设负反馈系统的开环传递函数分别为

(1) $G(s)H(s)=\dfrac{K}{s(s^2+2s+2)}$; (2) $G(s)H(s)=\dfrac{K(s+3)}{s(s^2+2s+2)}$;

(3) $G(s)H(s)=\dfrac{K(s+2)}{s(s^2+2s+2)}$; (4) $G(s)H(s)=\dfrac{Ks}{s(s^2+2s+2)}$。

试绘制闭环系统的根轨迹,并分析系统开环零点变化对系统稳定性和动态性能的影响。

解 四个系统具有相同的开环极点,只是开环零点位置不同;因此,比较它们的根轨迹对研究附加开环零点对系统性能的影响有参考价值。

四个系统的根轨迹如图 4-15 所示。由图可见,当开环极点位置不变,而在系统中附加开环负实零点时,可使系统根轨迹向 s 左半平面弯曲,而且这种影响将随开环极点接近坐标原点的程度而加强。

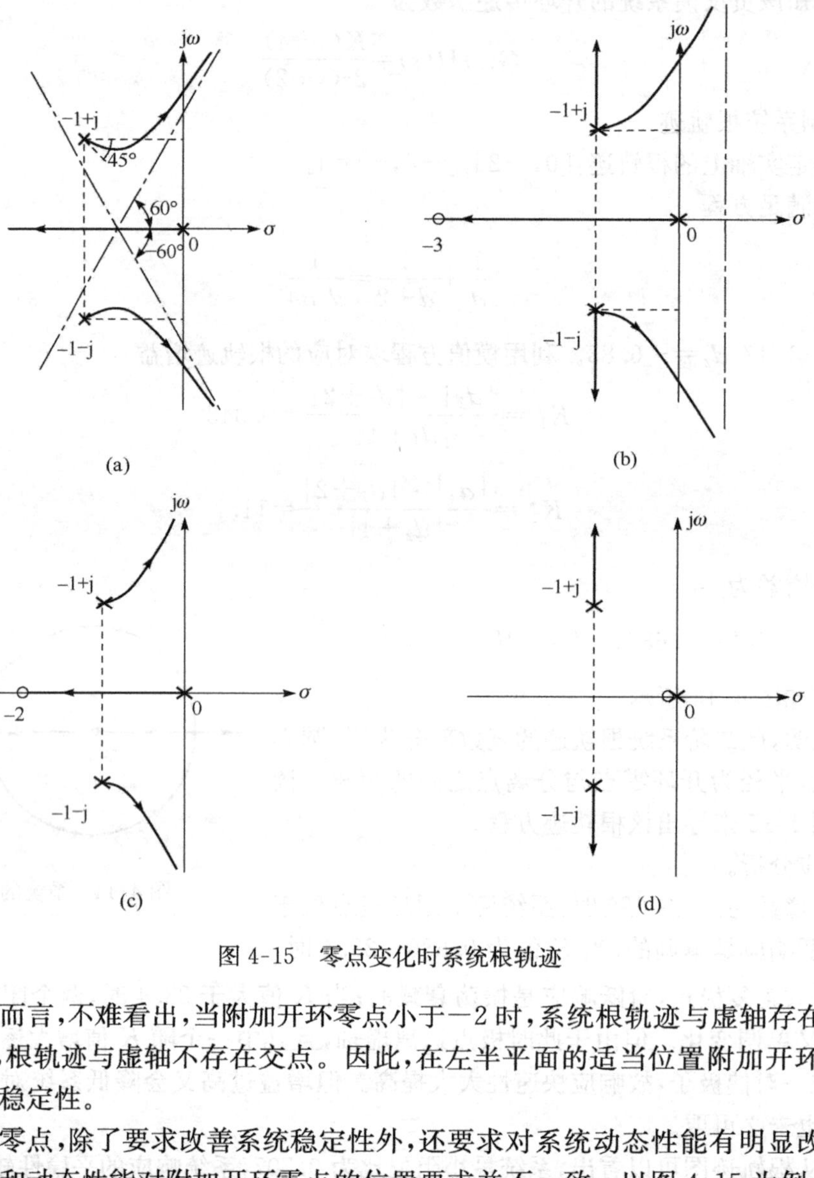

图 4-15　零点变化时系统根轨迹

对稳定性而言，不难看出，当附加开环零点小于−2 时，系统根轨迹与虚轴存在交点；当大于等于−2 时，根轨迹与虚轴不存在交点。因此，在左半平面的适当位置附加开环零点，可以显著改善系统稳定性。

附加开环零点，除了要求改善系统稳定性外，还要求对系统动态性能有明显改善。然而，有时候稳定性和动态性能对附加开环零点的位置要求并不一致。以图 4-15 为例，(d)稳定性最好，但对动态性能的改善却不利。

另外，增加开环零点同时也增加了闭环零点，而闭环零点对系统动态性能的影响，相当于减小系统阻尼，使系统超调增大。（见 3.4 节）

从以上定性分析可以看出，只有当附加开环零点位置选择得当，才能使系统的稳定性和动态性能同时得到显著改善。

从该例可以看出开环零点的不同对系统性能的影响。[F407][M408]

可以用相同的方法分析开环极点对系统性能的影响；在开环系统中增加极点，会使根轨迹向右移动，从而降低系统的相对稳定性。[F408][M409]

4.4.2　典型的根轨迹图

熟悉典型的根轨迹图有助于确定根轨迹的走向和减少计算量，因此也可以简化运算。例如，并非每一个根轨迹图都与虚轴有交点，若能在计算之前大致确定根轨迹的走向，确定与虚轴有无交点，则可避免不必要的计算。当然，有时也可用根之和的规则得到根轨迹的走向。图 4-16 中给出了几种常见的零极点分布及对应的概略 180°根轨迹，以供读者参考。

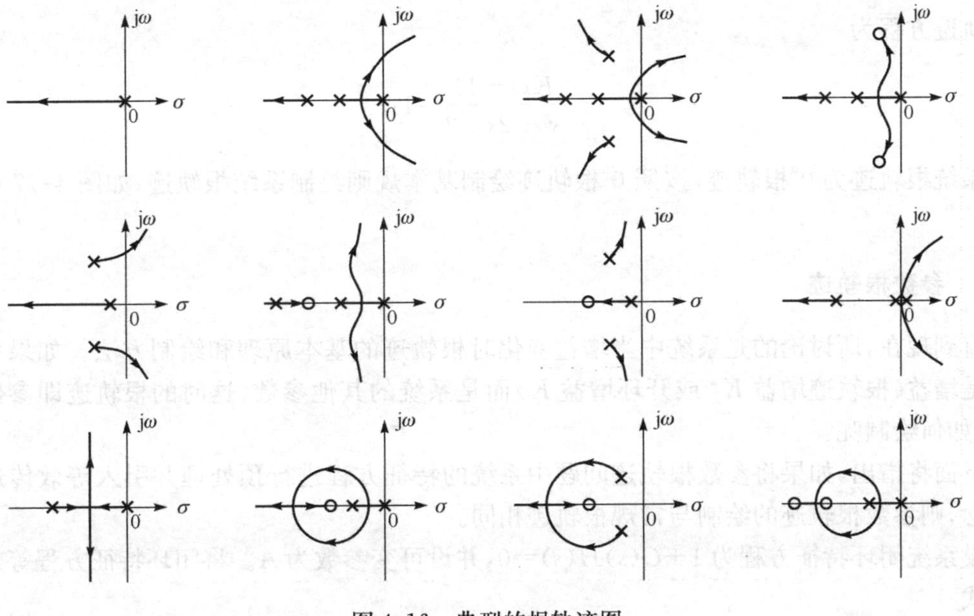

图 4-16 典型的根轨迹图

4.4.3 非最小相位系统的根轨迹

前面分析的控制系统的所有开环零点、极点均位于 s 左半平面，这样的系统称为最小相位系统。反之，若控制系统存在 s 右半平面的开环极点或(和)开环零点，则称为非最小相位系统。

非最小相位系统的根轨迹的绘制与最小相位系统一致。但要注意，当其分子或分母的 s 最高次幂系数为负时，其相角遵循 $0°+2k\pi$ 条件，而不是$180°+2k\pi$ 条件，故应采用零度根轨迹规则绘制。

例 4-9 设负反馈系统的开环传递函数分别为

(1) $G_1(s)H_1(s)=\dfrac{K(s-1)}{s^2+2s+2}$； (2)$G_2(s)H_2(s)=\dfrac{K(1-s)}{s^2+2s+2}$。

试绘制闭环系统的根轨迹

解 两个系统开环零极点分布一样，且都属于非最小相位系统。

对(1)，其闭环特征方程为

$$D(s)=1+G_1(s)H_1(s)=1+\frac{K(s-1)}{s^2+2s+2}=0$$

其根轨迹方程为

$$\frac{K(s-1)}{s^2+2s+2}=-1$$

系统根轨迹为 180°根轨迹，按照 180°根轨迹绘制基本规则绘制系统根轨迹，如图 4-17 中实线部分。

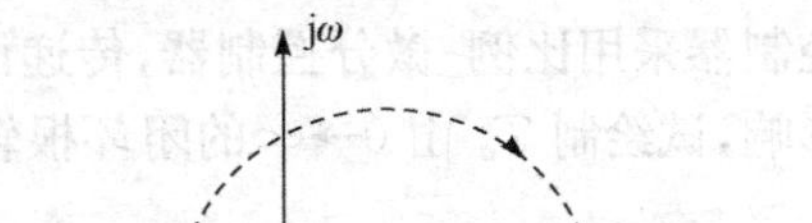

图 4-17 系统根轨迹图

对(2)，其闭环特征方程为

$$D(s)=1+G_2(s)H_2(s)=1+\frac{K(1-s)}{s^2+2s+2}=0$$

其根轨迹方程为

$$\frac{K(s-1)}{s^2+2s+2}=1$$

系统根轨迹为0°根轨迹，按照0°根轨迹绘制基本规则绘制系统根轨迹，如图4-17中虚线部分。

4.4.4 参数根轨迹

直到现在，所讨论的是系统中当增益变化时根轨迹的基本原理和绘制方法。如果可变参数不是增益(根轨迹增益K^*或开环增益K)而是系统的其他参数，这时的根轨迹即参数根轨迹，应如何绘制呢？

下面将指出，如果将参数根轨迹问题中系统的特征方程进行预处理并引入等效传递函数的概念，则参数根轨迹的绘制与常规根轨迹相同。

设系统闭环特征方程为$1+G(s)H(s)=0$，并设可变参数为A。将闭环特征方程等效为以下形式

$$A\frac{P(s)}{Q(s)}=-1 \tag{4-44}$$

式中，$P(s)$、$Q(s)$为两个与A无关的首一多项式。根据闭环特征方程相同的原则，显然应有

$$Q(s)+AP(s)=1+G(s)H(s)=0 \tag{4-45}$$

可得等效开环传递函数为

$$G_1(s)H_1(s)=A\frac{P(s)}{Q(s)} \tag{4-46}$$

通过这种变换，使可变参数处于开环增益K的位置，就可以采用绘制常规根轨迹时的规则。

值得注意的是，由于“等效”的含义仅在闭环极点相同这一点上成立，而闭环零点一般是不相同的。所以由闭环零、极点的分布来分析和估算系统性能时，可以采用参数根轨迹上的闭环极点，但必须采用原来闭环系统的零点。

例4-10 已知负反馈系统的结构图如图4-18所示，其中控制对象传递函数为$\dfrac{1}{s(s+0.2)}$，控制器采用比例-微分控制器，传递函数为$T_a s+1$；为了分析微分时间常数对控制系统性能的影响，试绘制T_a由0→∞的闭环根轨迹。

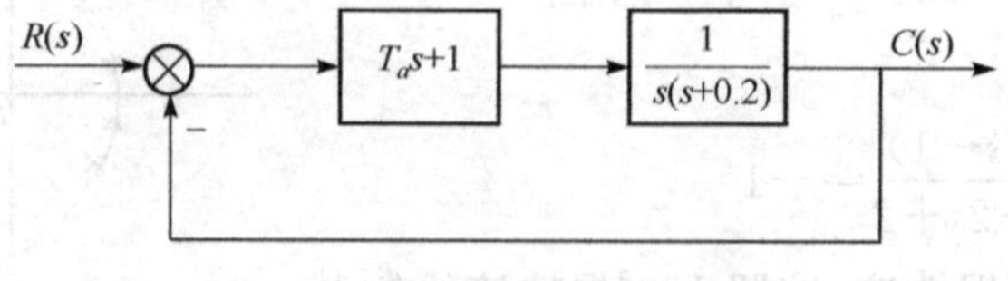

图4-18 控制系统结构图

解　系统开环传递函数为$G(s)H(s)=\dfrac{5(T_as+1)}{s(5s+1)}$，闭环特征方程为

$$D(s)=1+G(s)H(s)=s(5s+1)+5(T_as+1)=0$$

将和参数有关的各项归并在一起，上式可写为

$$5s^2+s+5+5T_as=0$$

所以$\dfrac{5T_as}{5s^2+s+5}$就是新的等效开环传递函数，而T_a相当于新的开环增益。在进行等效的过程中，有可能出现开环传递函数极点数大于零点数的情况。这时，可作适当变形，化为大家习惯的形式。

例 4-11　某角度随动系统结构图如图 4-19 所示，为了分析电机时间常数对控制系统性能的影响，试绘制T_m从 0→∞时的根轨迹。

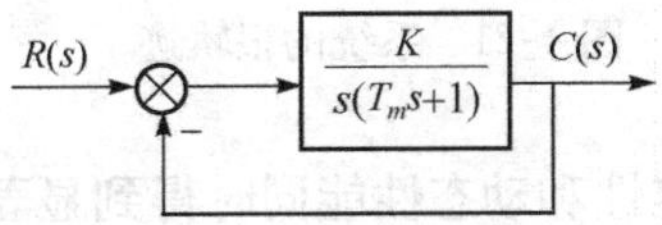

图 4-19　系统的结构图

解　[F409] [F410] [M410]

由图 4-19 可得，原系统的闭环特征方程为

$$T_ms^2+s+K=0$$

则等效开环传递函数为

$$\frac{T_ms^2}{s+K}=0$$

为避免出现零点个数多于极点个数，可将闭环特征方程作以下变形

$$s^2+(s+K)/T_m=0$$

则新的等效开环传递函数为

$$\frac{\frac{1}{T_m}(s+K)}{s^2}$$

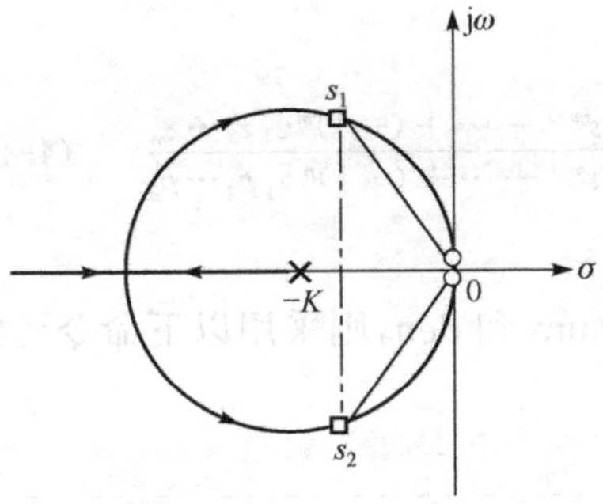

图 4-20　系统的根轨迹

根据常规根轨迹的绘制规则，可绘制出$\dfrac{1}{T_m}$由 0→∞变化的根轨迹。在此基础上将所有箭头反向，即得到T_m从 0→∞时的根轨迹，如图 4-20所示。

例 4-12　设负反馈系统的开环传递函数为$G(s)H(s)=\dfrac{K(s+z)}{s(s^2+2s+2)}$，试绘制开环零点$z$由 0→∞的根轨迹。

解　系统的闭环特征方程为

$$s(s^2+2s+2)+K(s+z)=0$$

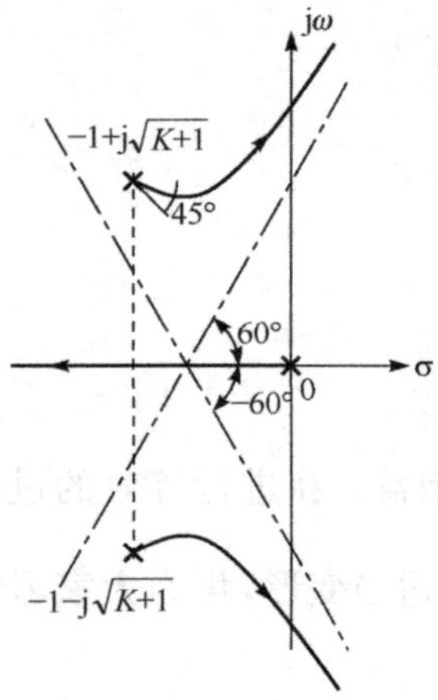

图 4-21　系统的根轨迹

新的等效开环传递函数为$\dfrac{Kz}{s(s^2+2s+2+K)}$，假设 K 固定不变，根据 180°根轨迹规则绘制 z 从 0到∞的根轨迹如图 4-21 所示。而 z 的变化相当于在开环系统

$$G(s)H(s)=\frac{K}{s(s^2+2s+2)}$$

中增加的负实开环零点距虚轴距离的变化。

从图中可以看出，当 z 值很小时，系统有一个闭环极点在实轴上离虚轴很接近，稳定性不好；当 z 值较小时，系统稳定性较好，选择得当动态性能也不错；当 z 超过一定值时，系统进入不稳定状态。

综上分析，只有附加开环零点位置选择得当，才能使系统的稳定性和动态性能同时得到显著改善。这个结论和例 4-8 的分析一致。

4.5　用 MATLAB 绘制系统的根轨迹

利用 MATLAB 可以十分方便地绘制系统根轨迹图。本节将介绍如何利用 MATLAB 产生根轨迹图。

4.5.1　命令介绍

在应用 MATLAB 绘制根轨迹时，首先要将系统的开环传递函数写成如下形式

$$G(s)H(s)=K^*\frac{\prod\limits_{i=1}^{m}(s-z_i)}{\prod\limits_{j=1}^{n}(s-p_j)}=K^*\frac{s^m+(-z_1-z_2-\cdots-z_m)s^{m-1}+\cdots+(-1)^m z_1z_2\cdots z_m}{s^n+(-p_1-p_2-\cdots-p_n)s^{n-1}+\cdots+(-1)^n p_1p_2\cdots p_n} \tag{4-47}$$

将分子多项式与分母多项式按 s 的降幂写成向量形式 num 和 den，则采用以下命令可绘制根轨迹图。

```
rlocus (num,den)
```

该命令不仅可用于连续系统，还可用于离散系统。另外，还可自动获得根轨迹上各点的增益。

命令 rlocus (num,den,K)直接绘制出给定 K 值时的闭环极点。

如果引入左端变量，即

```
[r,K]= rlocus (num,den,K)
```

则 r 向量中元素为指定 K 值闭环极点的位置。如果不指定 K，即

```
[r,K]= rlocus (num,den)
```

则 r 矩阵的行数与 K 向量的元素相同，列数与极点的个数相同。r 中元素分别为各对应 K 值的闭环极点。这时，使用绘图命令

```
plot(r)
```

也可绘制系统根轨迹。

如果希望在绘制根轨迹时标上符号“o”或“x”，则需要采用下列绘图命令

```
plot(r,'o')或 plot(r,'x')
```

这时，每一个计算的闭环极点都被图解表示出来。

因为 MATLAB 中增益向量是自动确定的，所以，下列系统根轨迹相同。

$$G(s)H(s)=\frac{K(s+1)}{s(s+2)(s+3)}$$

$$G(s)H(s)=\frac{10K(s+1)}{s(s+2)(s+3)}$$

$$G(s)H(s)=\frac{100K(s+1)}{s(s+2)(s+3)}$$

以上三个系统，分子分母向量均可表示为

```
num= [1 1]
den= [1 5 6 0]
```

使用时自行将所得增益调整即可。也可将三系统的分子向量分别表示成

```
num1=[1 1]
num2= [10 10]
num3= [100 100]
```

另外，可采用命令 roots(v)直接得到多项式的根。其中 v 为多项式由高到低各项系数组成的向量。

4.5.2 绘图示例

例 4-13 已知系统的开环传递函数为 $G(s)H(s)=\frac{K(s^2+2s+2)}{s(s^2+4s+16)}$，应用 MATLAB 绘制系统根轨迹。

解 程序如下：[M411]

<u>MATLAB Program 4-1</u>

```
num= [1 2 2];
den= [1 4 16 0];
rlocus(num,den)
v= [-5 0 -4 4];
axis(v)
grid
title('Root Locus Plot of G(s)H(s)= K(s^2+ 2s+ 2)/[s(s^2+ 4s+ 16)]')
```

运行结果如图 4-22 所示。

例 4-14 已知系统的开环传递函数为 $G(s)H(s)=\frac{K(s^2+4s+16)}{s(s+4)(s^2+2s+2)}$，应用 MATLAB

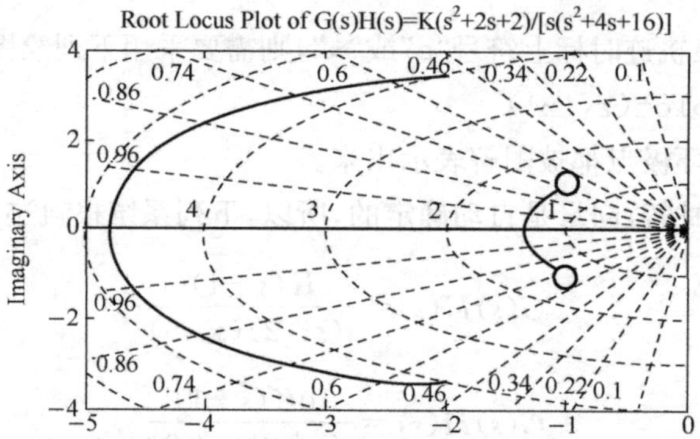

图 4-22　系统根轨迹

绘制系统根轨迹。

解　程序如下：[M412]

MATLAB Program 4-2

```
a= [1 4 0];
b= [1 2 2];
den= conv(a,b);
num= [1 4 16];
rlocus(num,den)
v= [-4 0.5 -15 15];
axis(v);
grid
title('Root Locus Plot of G(s)H(s)= K(s^2+ 4s+ 16)/[s(s+ 4)(s^2+ 2s+ 2)]')
```

或

```
a= [1 4 0];
b= [1 2 2];
den= conv(a,b);
num= [1 4 16];
K1= 0:0.2:20;
K2= 20:0.1:30;
K3= 30:5:1000;
K= [K1 K2 K3];
r= rlocus(num,den,K)
plot(r,'o')
v= [-4 0.5 -15 15];
axis(v);
grid
title('Root Locus Plot of G(s)H(s)= K(s^2+ 4s+ 16)/[s(s+ 4)(s^2+ 2s+ 2)]')
```

运行结果如图 4-23 所示。

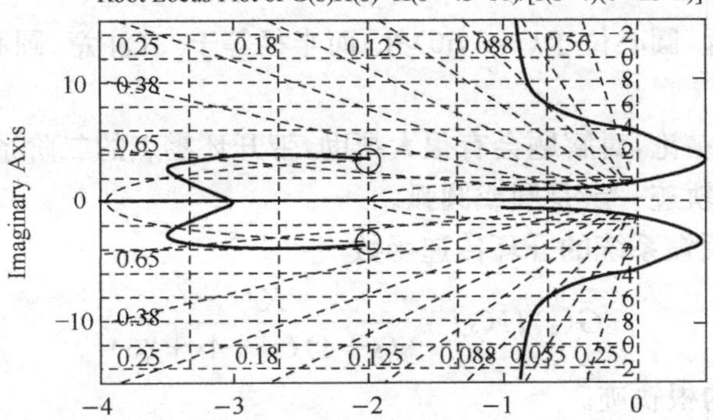

图 4-23　系统的根轨迹

4.6 例题精解

例 4-15　设控制系统的结构图如图 4-24 所示,试证明系统根轨迹的一部分是圆。

解　系统的开环极点为 0 和 -2,开环零点为 -3。

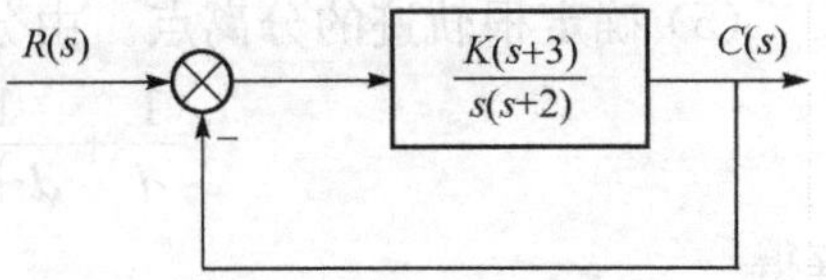

图 4-24　系统的结构图

由根轨迹的幅角条件

$$\sum_{i=1}^{m}\angle(s-z_i)-\sum_{j=1}^{n}\angle(s-p_j)=(2k+1)\pi$$

得

$$\angle(s+3)-\angle s-\angle(s+2)=(2k+1)\pi$$

s 为复数。将 $s=\sigma+\mathrm{j}\omega$ 代入上式,则有

$$\angle(\sigma+\mathrm{j}\omega+3)-\angle(\sigma+\mathrm{j}\omega)-\angle(\sigma+\mathrm{j}\omega+2)=(2k+1)\pi$$

即

$$\arctan\frac{\omega}{\sigma+3}-\arctan\frac{\omega}{\sigma}=180^\circ+\arctan\frac{\omega}{\sigma+2}$$

取上述方程两端的正切,并利用下列关系

$$\tan(x\pm y)=\frac{\tan x\pm\tan y}{1\mp\tan x\tan y}$$

得

$$\tan\left(\arctan\frac{\omega}{\sigma+3}-\arctan\frac{\omega}{\sigma}\right)=\frac{\dfrac{\omega}{\sigma+3}-\dfrac{\omega}{\sigma}}{1+\dfrac{\omega}{\sigma+3}\cdot\dfrac{\omega}{\sigma}}=\frac{-3\omega}{\sigma(\sigma+3)+\omega^2}$$

$$\tan\left(180^\circ+\arctan\frac{\omega}{\sigma+2}\right)=\frac{0+\dfrac{\omega}{\sigma+2}}{1-0\times\dfrac{\omega}{\sigma+2}}=\frac{\omega}{\sigma+2}$$

$$\frac{-3\omega}{\sigma(\sigma+3)+\omega^2}=\frac{\omega}{\sigma+2}$$

即

$$(\sigma+3)^2+\omega^2=(\sqrt{3})^2$$

这是一个圆的方程，圆心位于$(-3, \mathrm{j}0)$处，而半径等于$\sqrt{3}$(注意，圆心位于开环传递函数的零点上)。

实际上，记住以下结论，对解题会有很大帮助：带开环零点的二阶系统，若能在复平面上画出根轨迹，则复平面根轨迹一定是圆或圆弧。

例 4-16 已知负反馈系统的开环传递函数

$$G(s)H(s)=\frac{K^*}{s(s+4)(s^2+4s+20)}$$

试概略绘制闭环系统的根轨迹。

解 按照基本规则依次确定根轨迹的参数。

(1) 系统无开环有限零点，开环极点有四个，分别为 0，-4，和$-2\pm \mathrm{j}4$。

(2) 轴上的根轨迹区间为$[-4, 0]$。

(3) 根轨迹的渐近线有四条，与实轴的交点及夹角分别为

$$\sigma_a=-2; \varphi_a=\pm\pi/4, \pm 3\pi/4$$

(4) 复数开环极点 $p_{3,4}=-2\pm \mathrm{j}4$ 处，根轨迹的起始角为 $\theta_{p_{3,4}}=\pm 90°$。

(5) 确定根轨迹的分离点。由分离点方程

$$\frac{1}{d}+\frac{1}{d+4}+\frac{1}{d+2+\mathrm{j}4}+\frac{1}{d+2-\mathrm{j}4}=0$$

解得

$$d_1=-2, d_{2,3}=2\pm \mathrm{j}\sqrt{6}$$

因为

$$d_1=-2 \text{ 时}, K^*=64>0$$

$$d_{2,3}=-2\pm \mathrm{j}\sqrt{6}\text{时}, K^*=100>0$$

所以，d_1、d_2、d_3 皆为闭环系统根轨迹的分离点。

(6) 确定根轨迹与虚轴的交点。系统闭环特征方程为

$$D(s)=s^4+8s^3+36s^2+80s+K^*=0$$

列出劳斯表如下

s^4	1	36	K^*
s^3	8	80	
s^2	26	K^*	
s^1	$\frac{80\times 26-8K^*}{26}$		
s^0	K^*		

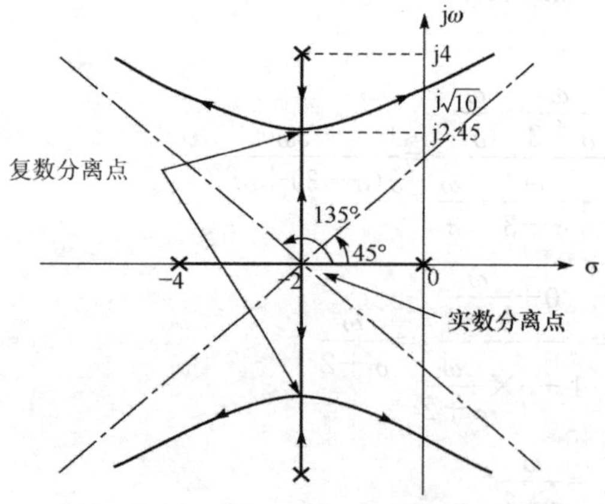

图 4-25 系统的根轨迹

当 $K^*=260$ 时，劳斯表出现全零行。求解辅助方程

$$A(s)=26s^2+K^*=0$$

得根轨迹与虚轴的交点为 $s=\pm \mathrm{j}\sqrt{10}$。概略绘制系统根轨迹如图 4-25 所示。

关于对称性有以下普遍结论：若开环零、极

点个数均为偶数，且左右对称分布于一条平行于虚轴的直线，则根轨迹一定关于该直线左右对称。[M413]

例 4-17 各负反馈系统的开环传递函数如下，试概略绘出系统根轨迹。

(1) $G(s)H(s)=\dfrac{K(s+1)}{s(2s+1)}$;

(2) $G(s)H(s)=\dfrac{K^*}{s(s^2+8s+20)}$。

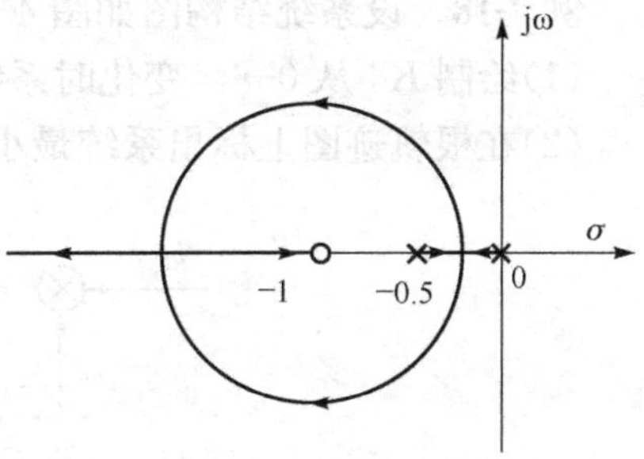

图 4-26 系统根轨迹

解 (1) $G(s)H(s)=\dfrac{K(s+1)}{s(2s+1)}=\dfrac{K(s+1)}{2s(s+\frac{1}{2})}$

根轨迹绘制如下。

① 实轴上的根轨迹：$(-\infty,-1]$，$[-0.5,0]$。

② 分离点满足方程：

$$\frac{1}{d}+\frac{1}{d+0.5}=\frac{1}{d+1}$$

解得：$d_1=-0.293$，$d_2=-1.707$。根轨迹如图 4-26 所示。

(2) $G(s)H(s)=\dfrac{K^*}{s(s^2+8s+20)}$

根轨迹绘制如下。

① 实轴上的根轨迹：$(-\infty,0]$。

② 渐近线与实轴的交点和夹角分别为

$$\begin{cases}\sigma_a=\dfrac{0+(-4+j2)+(-4-j2)}{3}=-\dfrac{8}{3}\\[2ex]\varphi_a=\dfrac{(2k+1)\pi}{3}=\pm\dfrac{\pi}{3},\pi\end{cases}$$

③ 分离点满足方程：

$$\frac{1}{d}+\frac{1}{d+4+j2}+\frac{1}{d+4-j2}=0$$

解得：$d_1=-2$，$d_2=-3.33$。

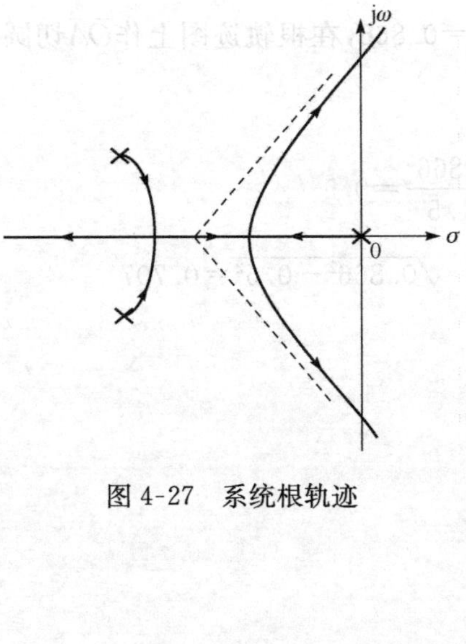

图 4-27 系统根轨迹

④ 与虚轴交点。

系统特征方程为

$$D(s)=s^3+8s^2+20s+K^*$$

将 $s=j\omega$ 代入上方程，并令其实、虚部分别为零得

$$\begin{cases}\mathrm{Re}(D(j\omega))=K^*-8\omega^2=0\\\mathrm{Im}(D(j\omega))=20\omega-\omega^3=0\end{cases}$$

解得

$$\begin{cases}\omega=0\\K^*=0\end{cases},\quad\begin{cases}\omega=\pm2\sqrt{5}\\K^*=160\end{cases}$$

⑤ 起始角：由相角条件 $\theta_{p_2}=-63°$，$\theta_{p_3}=63°$。

根轨迹如图 4-27 所示。

本题的开环零极点分布图与例 4-4 相似，但绘制的根轨迹却有所不同，共轭极点实部的增大使得增加了实轴上的分离点。

例 4-18 设系统结构图如图 4-28 所示，要求：

(1)绘制 K^* 从 $0\to\infty$ 变化时系统的根轨迹；并求出系统呈欠阻尼时的开环增益范围；

(2)在根轨迹图上标出系统最小阻尼比时的闭环极点(用 s_1, s_2 表示)。

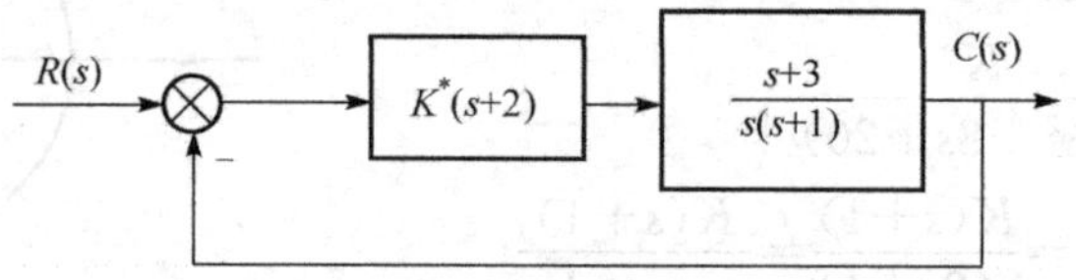

图 4-28　系统结构图

解　$G(s)=\dfrac{K^*(s+2)(s+3)}{s(s+1)}$，开环增益 $K=6K^*$，系统类型 $\nu=1$。

(1) 分离点：$\dfrac{1}{d}+\dfrac{1}{d+1}=\dfrac{1}{d+2}+\dfrac{1}{d+3}$，整理得：$2d^2+6d+3=0$。

解出：$d_1=-0.634, d_2=-2.366$。

对应的 K^* 值为

$$K_{d_1}^*=\frac{|d_1||d_1+1|}{|d_1+2||d_1+3|}=0.0718$$

$$K_{d_2}^*=\frac{|d_2||d_2+1|}{|d_2+2||d_2+3|}=13.928$$

将根轨迹增益换算为开环增益

$$K_{d_1}=6K_{d_1}^*=0.4308$$

$$K_{d_2}=6K_{d_2}^*=83.568$$

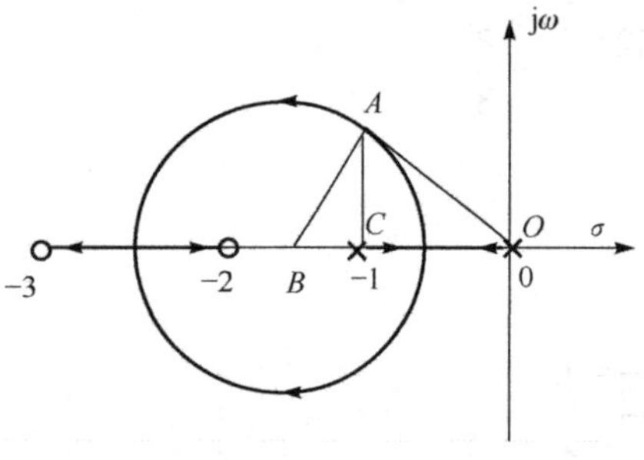

图 4-29　系统根轨迹

绘出系统根轨迹如图 4-29 所示。由根轨迹图可以确定使系统呈欠阻尼状态的 K 值范围为 $0.4308<K<83.568$。

(2) 复平面根轨迹是圆，圆心位于 $\dfrac{d_1+d_2}{2}=-1.5$ 处，半径是 $\dfrac{d_2-d_1}{2}=0.866$，在根轨迹图上作 $\overline{OA}$ 切圆于 A 点(A 点即所求极点位置)。由相似三角形关系

$$\frac{\overline{AB}}{\overline{BO}}=\frac{\overline{BC}}{\overline{AB}}\quad\Rightarrow\quad\overline{BC}=\frac{\overline{AB}^2}{\overline{BO}}=\frac{0.866^2}{1.5}=0.5$$

$$\overline{OC}=\overline{BO}-\overline{BC}=1.5-0.5=1,\quad \overline{AC}=\sqrt{\overline{AB}^2-\overline{BC}^2}=\sqrt{0.866^2-0.5^2}=0.707$$

故对应最小阻尼状态的闭环极点为

$$s_{1,2}=-1\pm j0.707$$

例 4-19　已知系统的开环传递函数为

$$G(s)=\frac{K^*}{s(s^2+3s+9)}$$

(1) 试用根轨迹法确定使闭环系统稳定的 K 值范围；

(2) 若要求系统在单位斜坡信号作用下稳态误差小于 0.5，K^* 如何取值？

(3) 如果已知系统一对共轭极点的实部为－1，求另一闭环极点及此时的 K^* 值。

解 (1) 根轨迹绘制如下。

① 实轴上的根轨迹：$(-\infty,0]$。

② 起始角：$-30°$。

③ 渐近线与实轴的交点和夹角分别为

$$\begin{cases}\sigma_a=\dfrac{-1.5+\mathrm{j}2.6-1.5-\mathrm{j}2.6}{3}=-1\\ \varphi_a=\dfrac{(2k+1)\pi}{3}=\pm\dfrac{\pi}{3},\pi\end{cases}$$

④ 与虚轴交点：闭环特征方程

$$D(s)=s(s^2+3s+9)+K^*=0$$

把 $s=\mathrm{j}\omega$ 代入上方程，并令实虚部分别为零得

$$\begin{cases}\mathrm{Re}(D(\mathrm{j}\omega))=K^*-3\omega^2=0\\ \mathrm{Im}(D(\mathrm{j}\omega))=9\omega-\omega^3=0\end{cases}$$

解得

$$\begin{cases}\omega=0\\ K^*=0\end{cases},\quad \begin{cases}\omega=\pm3\\ K^*=27\end{cases}$$

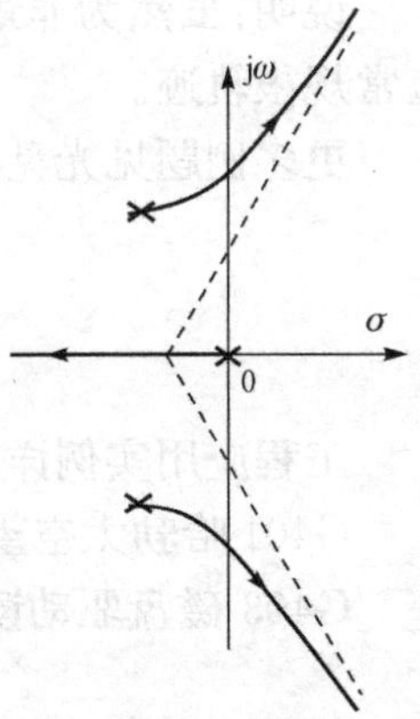

图 4-30 系统根轨迹

根轨迹如图 4-30 所示。从根轨迹图可知，闭环系统稳定的 K^* 范围为 $0<K^*<27$，又 $K=K^*/9$，故相应的 K 范围为 $0<K<3$。

(2) 系统速度误差系数为 $K_v=\lim\limits_{s\to0}sG(s)H(s)=\dfrac{K^*}{9}$，稳态误差 $e_{ss}=\dfrac{1}{K_v}=\dfrac{9}{K^*}<0.5$，解得 K^* 应大于 18，又由于系统稳定的 K^* 范围为 $0<K^*<27$，故所求的 K^* 应满足 $18<K^*<27$。

(3) 可知系统开环极点之和为－3，根据根之和规则 $\sum p_i=\sum s_i$，容易得到所求极点 $s=-1$。将其代入系统特征方程可求得 K^*。

$$D(s)=s(s^2+3s+9)+K^*\big|_{s=-1}=0，解得\ K^*=7。$$

例 4-20 单位负反馈系统的开环传递函数为

$$G(s)=\frac{K^*(s^2-2s+5)}{(s+2)(s-0.5)}$$

试绘制系统根轨迹，确定使系统稳定的 K 值范围。

解 根轨迹绘制如下。

① 实轴上的根轨迹：$[-2,0.5]$。

② 分离点：由

$$\frac{1}{d-0.5}+\frac{1}{d+2}=\frac{1}{d-1+\mathrm{j}2}+\frac{1}{d-1-\mathrm{j}2}$$

解得：$d_1=-0.41$。

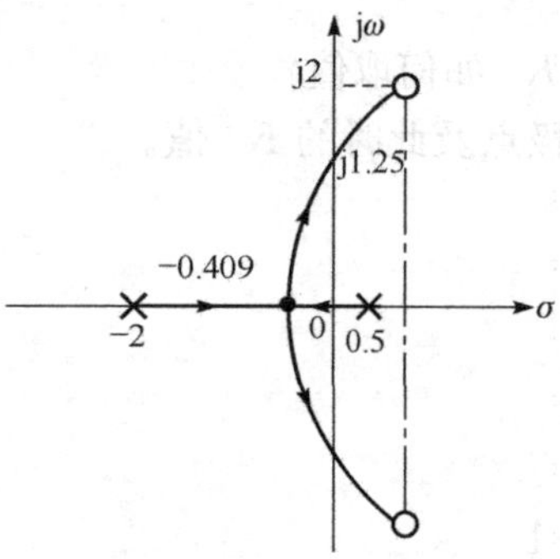

图 4-31 系统根轨迹

③与虚轴交点：

$$D(s)=(s+2)(s-0.5)+K^*(s^2-2s+5)=0$$

把 $s=j\omega$ 代入上方程，令

$$\begin{cases}\mathrm{Re}(D(j\omega))=-(1+K^*)\omega^2+5K^*-1=0\\ \mathrm{Im}(D(j\omega))=(1.5-2K^*)\omega=0\end{cases}$$

解得

$$\begin{cases}\omega=0\\ K^*=0.2\end{cases},\quad \begin{cases}\omega=\pm 1.25\\ K^*=0.75\end{cases}$$

根轨迹如图 4-31 所示。由图 4-31 可知，系统稳定的 K^* 值范围为 $0.2<K^*<0.75$，又 $K=5K^*$，所以系统稳定的 K 值范围为 $1<K<3.75$。

说明：虽然为非最小相位系统，但实质处于负反馈状态，即根轨迹相角方程为 180°，故对应常规根轨迹。

更多例题见光盘。

4.7 工程应用实例

工程应用实例详见光盘。

G401 哈勃太空望远镜；　G402 电力牵引电机控制；

G403 磁盘驱动读取系统。

本 章 小 结

根轨迹法是研究高阶系统动态性能的一种图解方法，讨论问题只在 s 平面中进行，不求解时域响应，故又称复域分析法。系统的闭环根轨迹，直接由系统开环零极点利用根轨迹的绘制规则来完成。规则包括 180°根轨迹绘制规则和 0°根轨迹绘制规则，前者适用于本质负反馈系统，后者适用于本质正反馈系统，两者仅与相角方程相关的规则不同。利用根轨迹分析系统性能时，通常利用主导极点和偶极子的概念以及时域分析理论来完成。

习　题

4-1　设开环系统的零、极点在 s 平面上的分布图如题 4-1 图所示，试绘制相应的根轨迹草图。

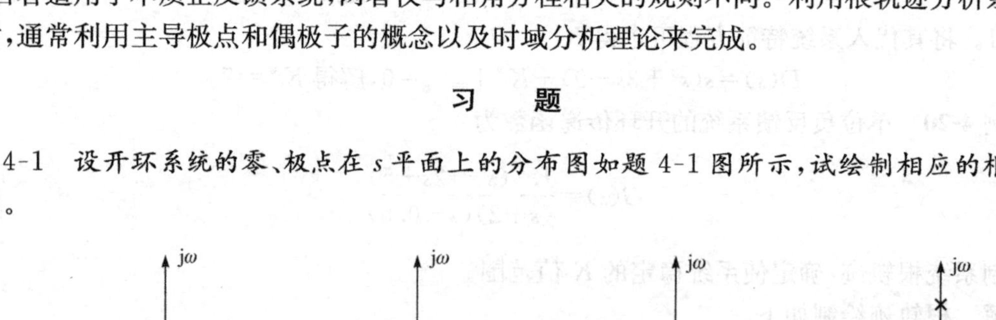

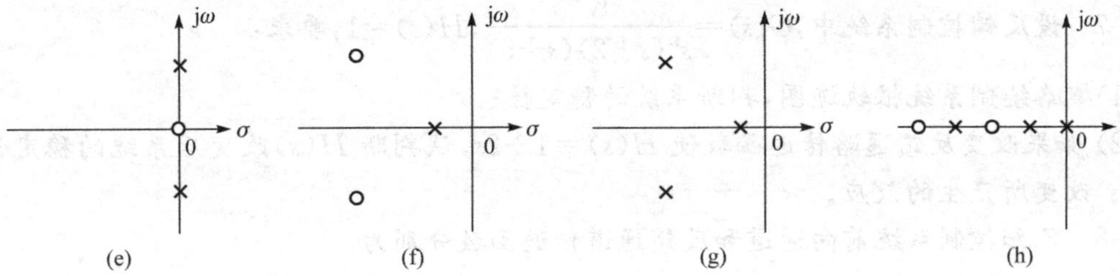

题 4-1 图

4-2　绘制下列各开环传递函数所对应的负反馈系统的根轨迹，并确定使闭环系统稳定的 K 值范围。

(1) $G(s)H(s)=\dfrac{K^*}{s(s+1)(s+2)(s+5)}$

(2) $G(s)H(s)=\dfrac{K^*(s+2)}{s(s+3)(s^2+2s+2)}$

4-3　绘制下列各开环传递函数所对应的负反馈系统的根轨迹。

(1) $G(s)H(s)=\dfrac{K}{(s+1)(5s+1)(2s+1)}$

(2) $G(s)H(s)=\dfrac{K}{(s+1)(2s+1)}$

(3) $G(s)H(s)=\dfrac{K(s+2)}{s^2+2s+5}$

(4) $G(s)H(s)=\dfrac{K}{(s+1)(s+5)(s^2+6s+13)}$

(5) $G(s)=\dfrac{K(s+20)}{s(s+10+\mathrm{j}10)(s+10-\mathrm{j}10)}$

4-4　某单位反馈系统

$$G(s)=\frac{K}{s(s+2)(s+5)}$$

(1) 绘制根轨迹；

(2) 确定引起振荡的 K 的最小值和等幅振荡发生前 K 的最大值；

(3) 找出等幅振荡的频率。

(4) 如果已知闭环系统有一对共轭极点为 $s_{1,2}=-\dfrac{1}{2}\pm\mathrm{j}\dfrac{\sqrt{15}}{2}$，求此时的 K 值和另一闭环极点。

4-5　设控制系统的结构图如题 4-5 图所示，要求：

(1) 试用根轨迹法确定系统响应无超调的 K 值范围；

(2) 若要求系统在单位斜坡输入下稳态误差小于 0.5，且系统响应无超调，此时 K 应如何取值？

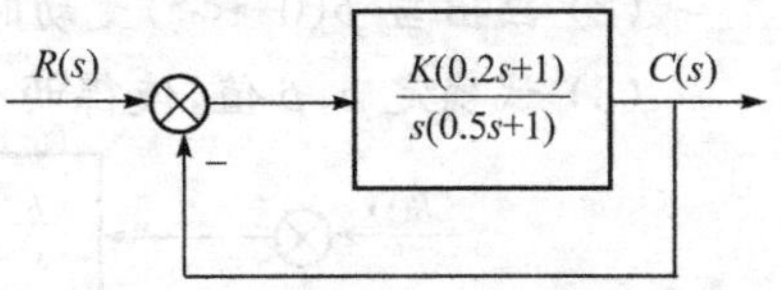

题 4-5 图

4-6　对例 4-18，要求：

(1) 试根据系统的根轨迹分析系统的稳定性；

(2) 估算 $\sigma\%=16.3\%$ 时的 K 值。（提示：应用主导极点的概念）

4-7 设反馈控制系统中，$G(s)=\dfrac{K^*}{s^2(s+2)(s+5)}$，$H(s)=1$，要求：

(1)概略绘制系统根轨迹图，判断系统的稳定性；

(2) 如果改变反馈通路传递函数使 $H(s)=1+2s$，试判断 $H(s)$ 改变后系统的稳定性，研究 $H(s)$ 改变所产生的效应。

4-8 已知控制系统前向通道和反馈通道传递函数分别为

$$G(s)=\frac{K^*(s-1)}{s^2+4s+4},\quad H(s)=\frac{5}{s+5}$$

(1) 绘制 K^* 从 $0\to\infty$ 变化时系统的根轨迹，确定使闭环系统稳定的 K^* 值范围；

(2) 若已知系统闭环极点 $s_1=-1$，试确定系统的闭环传递函数。

4-9 试绘出多项式方程 $s^3+2s^2+3s+Ks+2K=0$ 的根轨迹。

4-10 设单位反馈系统的开环传递函数如下，试绘制参数 b 从零变到无穷时的根轨迹图，并写出 $b=2$ 时系统的闭环传递函数。

(1) $G(s)=\dfrac{20}{(s+4)(s+b)}$

(2) $G(s)=\dfrac{30(s+b)}{s(s+10)}$

4-11 已知单位负反馈系统的开环传递函数为 $G(s)=\dfrac{K}{s^2(Ts+1)(s^2+2s+2)}$，求当 $K=4$ 时，以 T 为参变量的根轨迹。

4-12 某单位反馈系统的开环传递函数为 $G(s)=\dfrac{(s+a)}{s(s+1)^2}$，要求：

(1) 绘制系统的闭环根轨迹图(a:$0\to\infty$)；

(2) 当 $r(t)=1.2t$ 时，确定 a 的范围，使系统的稳态误差 $e_{ss}\leqslant 0.6$；

(3) 当系统的一个极点为 -1 时，求出系统的其他各个极点的值。

4-13 已知单位负反馈系统的闭环传递函数为 $\Phi(s)=\dfrac{as}{s^2+as+16}(a>0)$，要求：

(1) 绘出闭环系统的根轨迹(a:$0\to\infty$)；

(2) 判断($-\sqrt{3}$,j)点是否在根轨迹上；

(3) 由根轨迹求出使闭环系统阻尼比 $\zeta=0.5$ 时的 a 值。

4-14 两个系统的结构图分别如题 4-14 图(a)和(b)所示，要求：

(1) 画出当 $k(0\to\infty)$ 变动时，图(a)所示系统的根轨迹；

(2) 画出当 $p(0\to\infty)$ 变动时，图(b)所示系统的根轨迹(即广义根轨迹)；

(3) 试确定 k,p 值，使得两个系统的闭环极点相同。

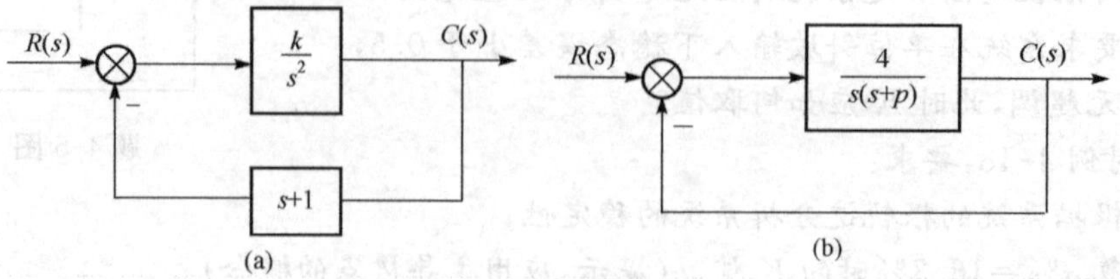

题 4-14 图

4-15　控制系统的结构如题 4-15 图所示，试概略绘制其根轨迹。

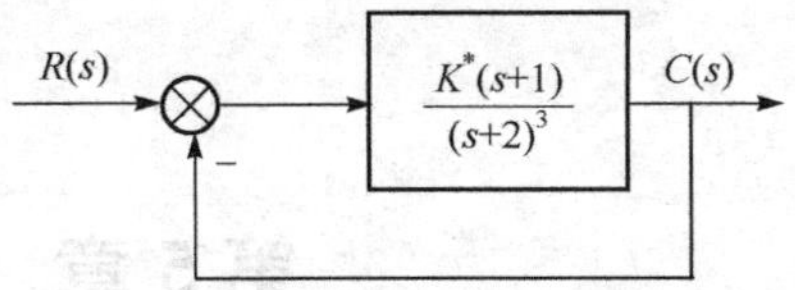

题 4-15 图　系统结构图

4-16　已知非最小相位负反馈系统的开环传递函数为 $G(s)=\frac{K^*(1-0.5s)}{s(s+1)}$，试绘制该系统的根轨迹图。

4-17　已知负反馈系统的传递函数为

$$G(s)=\frac{K}{s^2(s+1)},\quad H(s)=s+a$$

(1) 利用 MATLAB 有关函数作出 $0\leqslant a<1$ 时系统的根轨迹和单位阶跃响应曲线；

(2) 讨论 a 值变化对系统动态性能及稳定性的影响。

4-18　已知反馈控制系统的开环传递函数为 $G(s)H(s)=\frac{K^*}{(s^2+2s+2)(s^2+2s+5)}$ $(K^*>0)$，但反馈极性未知，欲保证闭环系统稳定，试用 MATLAB 确定根轨迹增益 K^* 的范围。

第 5 章　线性系统的频域分析法

基本要求

(1) 掌握频率特性的基本概念，熟练绘制系统的 Bode 图和 Nyquist 图。

(2) 掌握最小相位系统和非最小相位系统的概念，熟练应用奈奎斯特稳定判据判断系统的稳定性。

(3) 掌握幅值裕度 h 和相角裕度 γ 的计算。

(4) 理解三频段的概念。

(5) 了解系统开环频率性能指标和时域指标的关系。

频域分析法以控制系统的频率特性为数学模型，采用图解法分析控制系统的动态性能与稳态性能，是研究线性系统的一种工程方法。

时域法在分析控制系统时较为直观、精确，但是计算复杂，并且不适于分析参数变化对系统性能的影响；而频域分析法可以根据开环频率特性分析闭环系统的性能，并能方便地分析参数变化对系统性能的影响，不仅适用于线性定常系统，也可以推广应用到某些非线性系统。基于上述优点，频域分析法被广泛地应用于自动控制系统的分析。

本章将研究频率特性的基本概念、典型环节和控制系统的频率特性曲线、奈奎斯特(Nyquist)稳定判据以及开环频域性能分析等内容。

5.1　频率特性的基本概念

5.1.1　频率特性的定义［F501］

图 5-1 所示 RC 网络的微分方程为

$$T\frac{\mathrm{d}c(t)}{\mathrm{d}t}+c(t)=r(t) \tag{5-1}$$

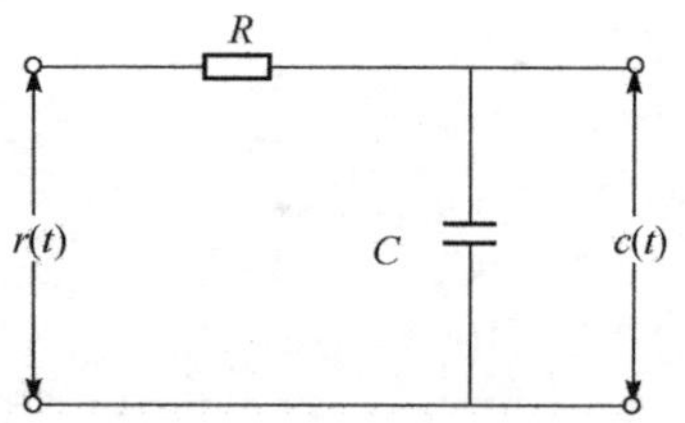

图 5-1　RC 网络

式中，$T=RC$ 为电路的时间常数；$r(t)$ 为输入；$c(t)$ 为输出，可得此 RC 网络的传递函数为

$$\frac{C(s)}{R(s)}=\frac{1}{Ts+1} \tag{5-2}$$

若给网络输入一正弦电压信号，$r(t)=R\cdot\sin\omega t$，则由式(5-2)可得

$$C(s)=\frac{1}{Ts+1}R(s)=\frac{1}{Ts+1}\cdot\frac{R\omega}{s^2+\omega^2} \tag{5-3}$$

经拉氏反变换，得电容两端的输出电压为

$$c(t)=\frac{R\omega T}{1+\omega^2T^2}\cdot \mathrm{e}^{-\frac{t}{T}}+\frac{R}{\sqrt{1+\omega^2T^2}}\cdot\sin(\omega t-\arctan\omega T) \tag{5-4}$$

式中，第一项为输出电压的瞬态分量，当时间 t 趋于无穷时趋于零；第二项为稳态分量。可得

$$\lim_{t\to\infty} c(t)=\frac{R}{\sqrt{1+\omega^2T^2}}\cdot\sin(\omega t-\arctan\omega T) \tag{5-5}$$

由式(5-5)可看到，网络的稳态输出仍然是正弦电压，其频率和输入电压频率相同，幅值是输入信号幅值的 $1/\sqrt{1+\omega^2T^2}$ 倍，相角则比输入信号滞后 $\arctan\omega T$。显然，当系统结构参数给定时，$1/\sqrt{1+\omega^2T^2}$ 和 $-\arctan\omega T$ 皆为输入电压频率 ω 的函数，前者为 RC 网络的幅频特性，后者为 RC 网络的相频特性。

进一步研究 RC 网络的幅频特性和相频特性。将 $1/\sqrt{1+\omega^2T^2}$ 作为幅值，$-\arctan\omega T$ 作为相角，有

$$\frac{1}{\sqrt{1+\omega^2T^2}}\cdot e^{-j\arctan\omega T}=\left|\frac{1}{1+j\omega T}\right|\cdot e^{j\angle\frac{1}{1+j\omega T}}=\frac{1}{1+j\omega T} \tag{5-6}$$

故函数 $1/(1+j\omega T)$ 完整地描述了网络在正弦输入电压作用下，稳态输出电压的幅值和相角随正弦输入电压频率 ω 变化的规律，$1/(1+j\omega T)$ 称为网络的频率特性。将频率特性和传递函数表达式(5-2)比较可知，只要将式(5-2)中 s 以 $j\omega$ 置换，即得频率特性，即［F502］

$$\frac{1}{1+j\omega T}=\left.\frac{1}{1+Ts}\right|_{s=j\omega} \tag{5-7}$$

从 RC 网络得到的这一重要结论适用于任何稳定的线性定常系统。

频率特性记为 $G(j\omega)=A(\omega)\cdot e^{j\varphi(\omega)}=|G(j\omega)|\cdot e^{j\angle G(j\omega)}$，其中 $A(\omega)=|G(j\omega)|$ 为幅频特性，是线性定常系统在正弦函数作用下，系统稳态输出与输入信号的振幅之比，描述了系统对不同频率的输入信号在稳态情况下的衰减（或放大）特性；$\varphi(\omega)=\angle G(j\omega)$ 为相频特性，是稳态输出与输入信号的相移，描述了系统的稳态输出对不同频率的正弦输入信号在相位上产生的相角滞后（$\varphi(\omega)<0$）或超前（$\varphi(\omega)>0$）的特性。

5.1.2 频率特性的几何表示法［F503］

用频率法分析、设计控制系统时，通常将频率特性绘制成曲线，常用频率特性曲线包括幅相频率特性曲线和对数频率特性曲线。

5.1.2.1 幅相频率特性曲线

幅相频率特性曲线又称奈奎斯特(Nyquist)曲线或简称为极坐标图，设系统的频率特性为

$$G(j\omega)=A(\omega)e^{j\varphi(\omega)} \tag{5-8}$$

对于某个特定的频率 ω_i 下的 $G(j\omega_i)$，可在以横轴为实轴、纵轴为虚轴的复平面上用一个向量表示，向量的长度为 $A(\omega_i)$，相角为 $\varphi(\omega_i)$。当 ω 从 $0\to\infty$ 时，向量 $G(j\omega)$ 的端点在复平面上描绘出的轨迹就是幅相频率特性曲线。通常把 ω 作为参变量标在曲线的旁边，并用箭头表示 ω 增大时特性曲线的走向。

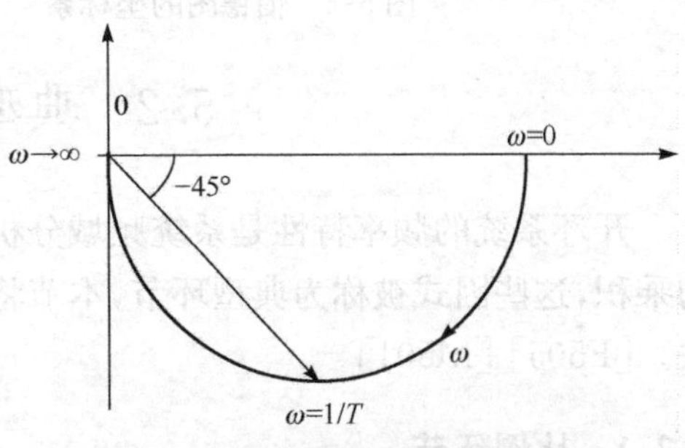

图 5-2 RC 网络的幅相特性曲线

图 5-2 为 RC 网络的幅相频率特性曲线，实轴正方向为相角零度线，逆时针方向为正。

绘制 $G(j\omega)$ 的幅相频率特性曲线时需取 ω 的增量逐点作出，不便于手工作图。一般情况下可依

据作图原理粗略绘制出 Nyquist 曲线的草图，具体绘制方法将在 5.2 节中介绍。

5.1.2.2 对数频率特性曲线［F504］

对数频率特性曲线又称伯德(Bode)图，由对数幅频和对数相频两条曲线组成。对数频率特性曲线的横坐标是频率 ω，按其对数 $\lg\omega$ 分度，单位为弧度/秒(rad/s)。对数幅频特性曲线的纵坐标表示对数幅频特性的函数值，均匀分度，单位是分贝(dB)。频率特性 $G(j\omega)$ 的对数幅频特性定义为

$$L(\omega)=20\lg A(\omega) \tag{5-9}$$

对数相频特性曲线的纵坐标表示相频特性的函数值，均匀分度，单位是度(°)。Bode 图的坐标系如图 5-3 所示。

此坐标系称为半对数坐标，其优点如下。

(1) 横坐标采用对数刻度，将低频段相对展宽，高频段相对压缩，可在较宽的频段范围内研究系统的频率特性。

(2) 对数运算可将乘除运算变成加减运算，当绘制由多个环节串联而成的系统的对数幅频特性曲线时，只要将各个环节的对数幅频特性曲线的纵坐标相加、减即可，简化了画图过程。

(3) ω 频率每变化十倍称为一个十倍频程，记为 dec，例如，ω 从 1 到 10，2 到 20，10 到 100 等，在 ω 轴上的长度都相等，每个 dec 沿横坐标走过的间隔为一个单位长度。

(4) 在对数坐标图上，所有典型环节的对数幅频特性乃至系统的对数幅频特性均可用分段线性近似表示，且有相当的精度。若对分段直线进行修正，即可得到精确的特性曲线。

(5) 对一些难以建立传递函数的环节或系统，可将实验获得的频率特性数据画成对数频率特性曲线，能方便地进行系统分析。

图 5-4 是 RC 网络 $G(j\omega)=1/(1+jT\omega)$，$T=0.5$ 时对应的 Bode 图。

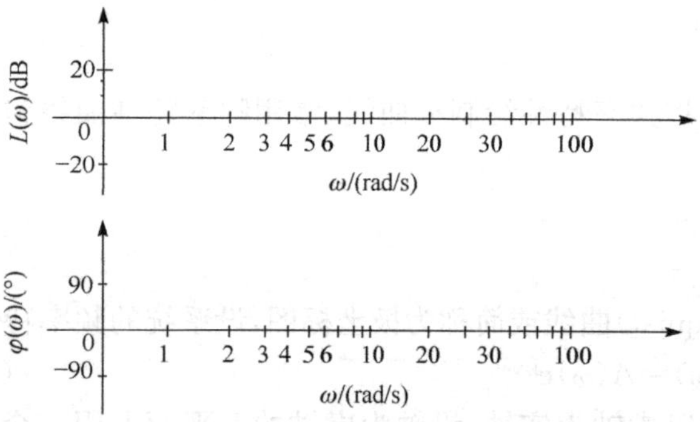

图 5-3 伯德图的坐标系

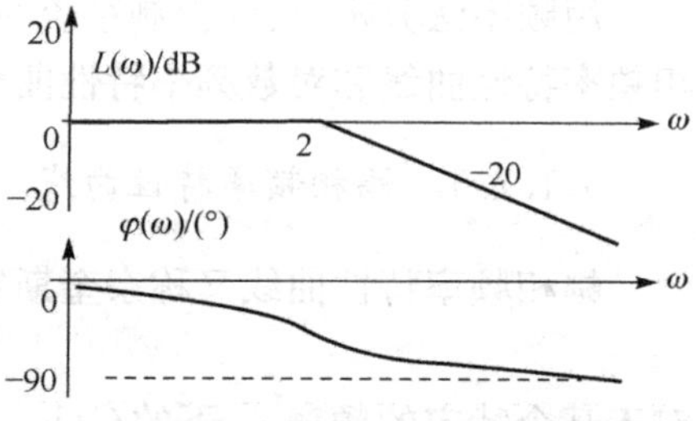

图 5-4 $G(j\omega)=1/(1+jT\omega)$的伯德图

5.2 典型环节的频率特性

开环系统的频率特性是系统频域分析的依据，而开环传递函数可以分解为一些基本因式的乘积，这些因式被称为典型环节，本节将研究各典型环节频率特性曲线的绘图要点及绘制方法。［F505］［M501］

5.2.1 比例环节

比例环节的传递函数为

$$G(s)=K \tag{5-10}$$

频率特性为

$$G(\mathrm{j}\omega)=K \tag{5-11}$$

(1) Nyquist 图。

幅频特性为

$$A(\omega)=K \tag{5-12}$$

相频特性为

$$\varphi(\omega)=0^\circ \tag{5-13}$$

其 Nyquist 图如图 5-5 所示。

(2) Bode 图。

对数幅频特性表达式为

$$L(\omega)=20\lg K \tag{5-14}$$

对数相频特性表达式为

$$\varphi(\omega)=0^\circ \tag{5-15}$$

其 Bode 图如图 5-6 所示。

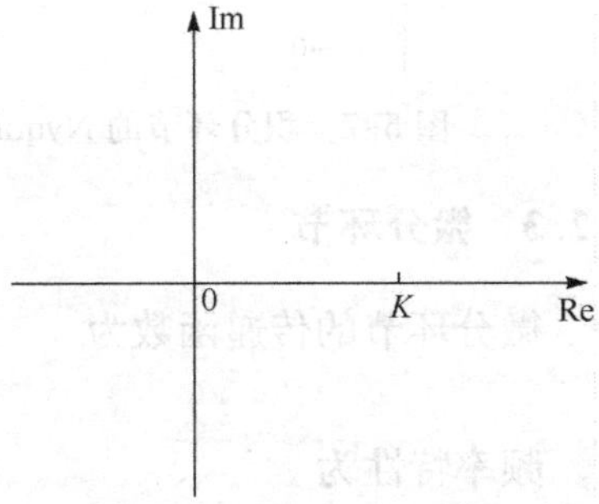

图 5-5　比例环节的 Nyquist 图

5.2.2　积分环节

积分环节的传递函数为

$$G(s)=\frac{1}{s} \tag{5-16}$$

频率特性为

$$G(\mathrm{j}\omega)=\frac{1}{\mathrm{j}\omega} \tag{5-17}$$

(1) Nyquist 图。

幅频特性为

$$A(\omega)=\frac{1}{\omega} \tag{5-18}$$

相频特性为

$$\varphi(\omega)=-90^\circ \tag{5-19}$$

当 ω 从 $0\to\infty$ 时，其幅角恒为-90°，幅值的大小与 ω 成反比。因此，其 Nyquist 曲线在负虚轴上，如图 5-7 所示。

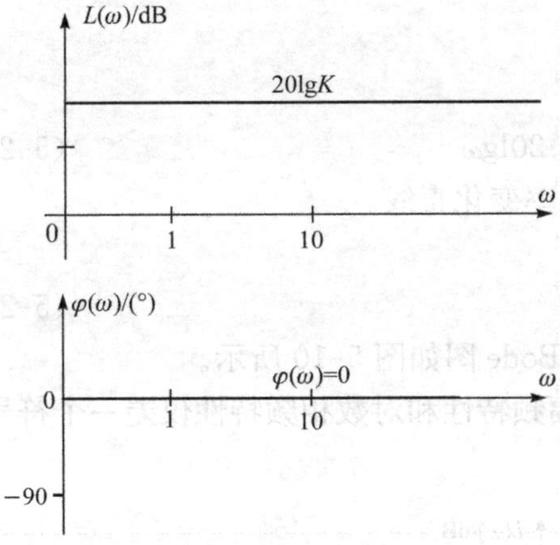

图 5-6　比例环节的 Bode 图

(2) Bode 图。

对数幅频特性表达式为

$$L(\omega)=20\lg A(\omega)=-20\lg\omega \tag{5-20}$$

曲线为每十倍频程衰减 20dB 的等斜率变化直线。

对数相频特性表达式为

$$\varphi(\omega)=-90^\circ \tag{5-21}$$

因此，在图上是相角为-90°的一条直线。积分环节的 Bode 图如图 5-8 所示。

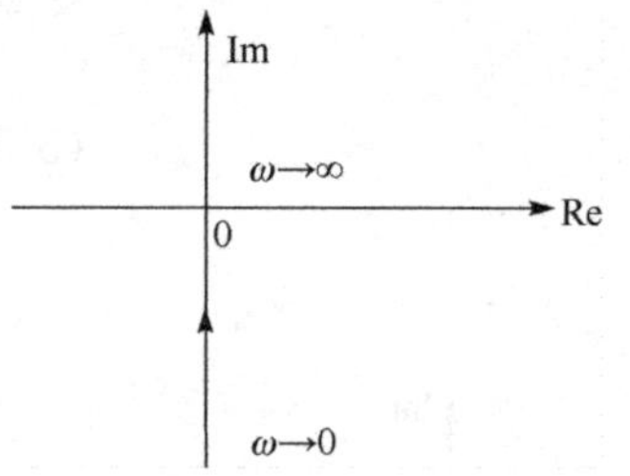

图 5-7　积分环节的 Nyquist 图

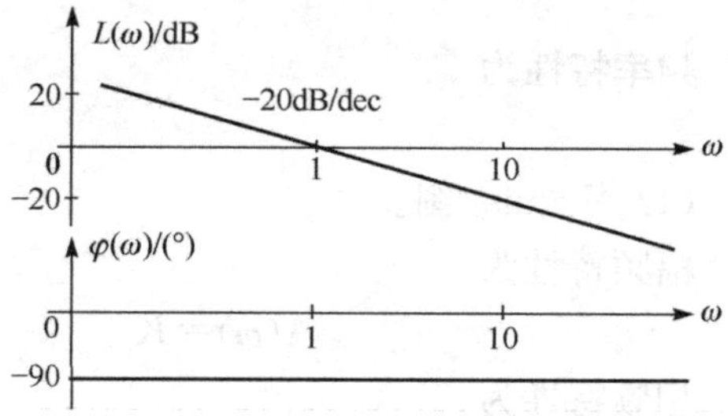

图 5-8　积分环节的 Bode 图

5.2.3 微分环节

微分环节的传递函数为

$$G(s)=s \tag{5-22}$$

频率特性为

$$G(\mathrm{j}\omega)=\mathrm{j}\omega \tag{5-23}$$

(1) Nyquist 图。

幅频特性为

$$A(\omega)=\omega \tag{5-24}$$

当 ω 从 $0\to\infty$ 时，其幅角恒为 $+90°$，幅值的大小与 ω 成正比。因此其 Nyquist 曲线在正虚轴上，如图 5-9 所示。

(2) Bode 图。

对数幅频特性表达式为

$$L(\omega)=20\lg A(\omega)=+20\lg\omega \tag{5-25}$$

与积分环节相反，曲线为每十倍频程增加 20dB 的等斜率变化直线。

对数相频特性表达式为

$$\varphi(\omega)=+90° \tag{5-26}$$

因此，在图上是相角为 $+90°$ 的一条直线。微分环节的 Bode 图如图 5-10 所示。

微分环节与积分环节的传递函数互为倒数，对数幅频特性和对数相频特性仅差一个符号，因此它们的 Bode 图对称于横轴。

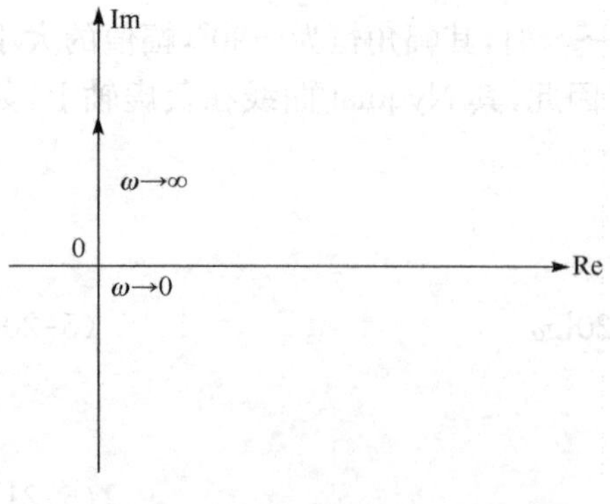

图 5-9　微分环节的 Nyquist 图

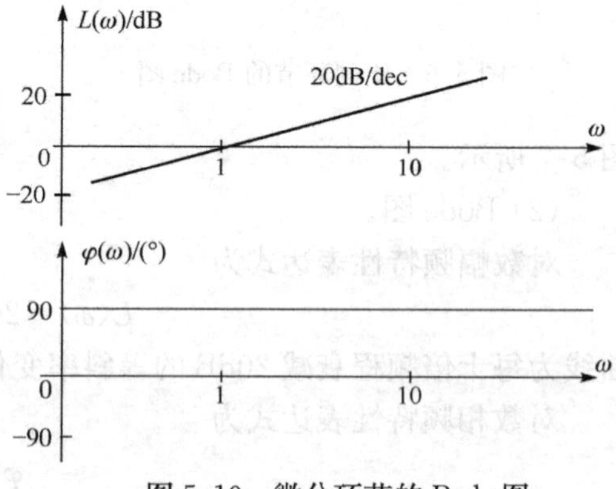

图 5-10　微分环节的 Bode 图

5.2.4 惯性环节

惯性环节的传递函数为

$$G(s)=\frac{1}{1+Ts} \tag{5-27}$$

频率特性为

$$G(j\omega)=\frac{1}{1+j\omega T} \tag{5-28}$$

(1) Nyquist 图。

实部与虚部表达式为

$$G(j\omega)=\frac{1}{1+\omega^2T^2}-j\frac{\omega T}{1+\omega^2T^2} \tag{5-29}$$

其模角表达式为

$$G(j\omega)=\frac{1}{\sqrt{1+\omega^2T^2}}\angle-\arctan\omega T \tag{5-30}$$

幅频特性为

$$A(\omega)=\frac{1}{\sqrt{1+\omega^2T^2}} \tag{5-31}$$

显然，$\varphi(\omega)|_{\omega\to 0}=0°$，$\varphi(\omega)|_{\omega\to\infty}\to-90°$。依据上述趋势分析可以作出惯性环节的 Nyquist 图如图 5- 11所示。可以证明，惯性环节的 Nyquist 曲线是圆心为(0. 5，j0)、半径为 0. 5 位于第Ⅳ象限的半圆。

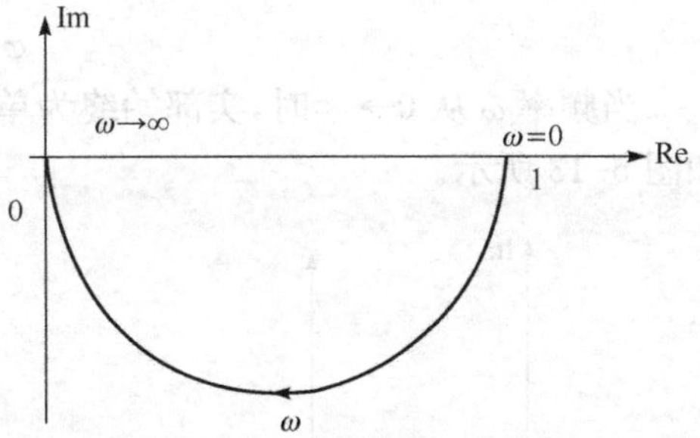

图 5-11 惯性环节的 Nyquist 图

(2) Bode 图。

对数幅频特性表达式为

$$L(\omega)=20\lg\frac{1}{\sqrt{1+\omega^2T^2}}=-20\lg\sqrt{1+\omega^2T^2} \tag{5-32}$$

当 ω 由零至无穷大取值时，计算出相应的对数幅值，即可绘制 $L(\omega)$ 曲线。但工程上有更简便的作图法。

① 当 $\omega\ll 1/T$ 时，对数幅频特性可近似表示为

$$L(\omega)=-20\lg 1=0$$

② 当 $\omega\gg 1/T$ 时，对数幅频特性可近似表示为

$$L(\omega)=-20\lg\omega T$$

因此，惯性环节的对数幅频曲线可用两条直线近似，低频部分为零分贝线，高频部分为斜率为 -20dB/dec 的直线，两条直线交于 $\omega=1/T$，如图 5-12所示。频率 $\omega=1/T$ 称为惯性环节的转折频率或交接频率。

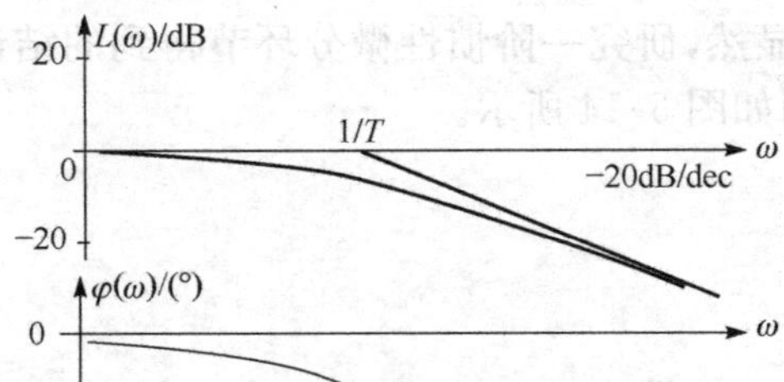

图 5-12 惯性环节的伯德图

对数相频特性表达式为

$$\varphi(\omega)=-\arctan\omega T \tag{5-33}$$

当 ω 为零时，$\varphi(\omega)=0°$；在交接频率 $\omega=1/T$ 处，$\varphi(\omega)=-45°$；当 ω 趋于无穷时，$\varphi(\omega)=-90°$，通过计算多个特殊点可得到对数相频曲线，如图 5-12 所示，相频曲线是单调衰减的，而且以转折频率为中心，两边是斜对称的。

5.2.5 一阶微分环节

一阶微分环节的传递函数为

$$G(s)=1+Ts \tag{5-34}$$

频率特性

$$G(j\omega)=1+j\omega T \tag{5-35}$$

(1) Nyquist 图。

幅频特性为

$$A(\omega)=\sqrt{1+\omega^2T^2} \tag{5-36}$$

相频特性为

$$\varphi(\omega)=\arctan\omega T \tag{5-37}$$

当频率 ω 从 $0\to\infty$ 时，实部始终为单位 1，虚部则随着 ω 线性增长。所以，它的 Nyquist 图如图 5-13 所示。

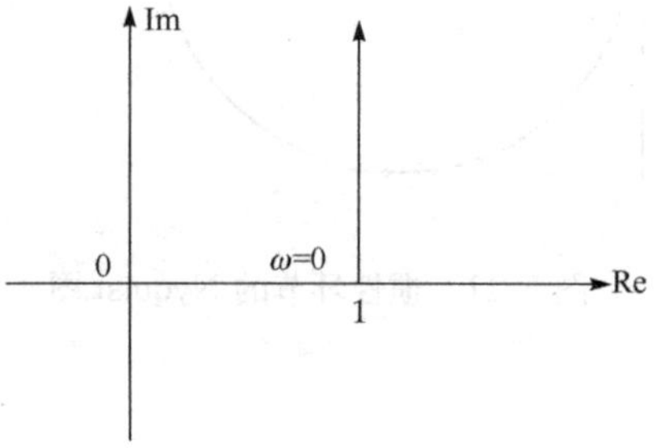

图 5-13 一阶微分环节的 Nyquist 图

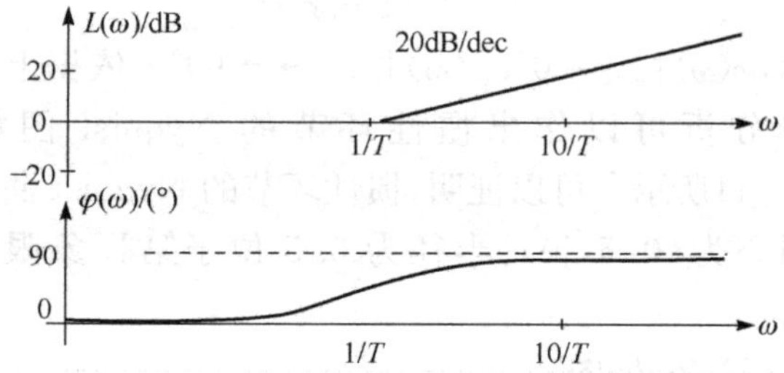

图 5-14 一阶微分环节的 Bode 图

(2) Bode 图。

对数幅频特性表达式为

$$L(\omega)=20\lg\sqrt{1+\omega^2T^2} \tag{5-38}$$

对数相频特性表达式为

$$\varphi(\omega)=\arctan\omega T \tag{5-39}$$

从前面的表达式可以看出，由于一阶微分环节与惯性环节的对数幅频特性和对数相频特性相差一个符号，它们的 Bode 图以横轴互为镜像。显然，研究一阶惯性微分环节得到的结论可以类推到一阶微分环节。一阶微分环节的 Bode 图如图 5-14 所示。

5.2.6 振荡环节

振荡环节的传递函数为

$$G(s)=\frac{1}{T^2s^2+2T\zeta s+1}=\frac{\omega_n^2}{s^2+2\zeta\omega_n s+\omega_n^2} \tag{5-40}$$

式中，$\omega_n>0$；$0<\zeta<1$。式(5-40)也是欠阻尼二阶系统的传递函数。因此，研究欠阻尼二阶系统得到的结论也完全适用于振荡环节。

其频率特性为

$$G(\mathrm{j}\omega)=\frac{\omega_n^2}{(\mathrm{j}\omega)^2+\mathrm{j}2\zeta\omega_n\omega+\omega_n^2}=\frac{1}{1-\left(\frac{\omega}{\omega_n}\right)^2+\mathrm{j}2\zeta\frac{\omega}{\omega_n}} \tag{5-41}$$

(1) Nyquist 图。

幅频特性为

$$A(\omega)=\frac{1}{\sqrt{\left(1-\frac{\omega^2}{\omega_n^2}\right)^2+4\zeta^2\frac{\omega^2}{\omega_n^2}}} \tag{5-42}$$

相频特性为

$$\varphi(\omega)=-\arctan\frac{2\zeta\frac{\omega}{\omega_n}}{1-\frac{\omega^2}{\omega_n^2}} \tag{5-43}$$

当 $\omega=0$ 时，$A(0)=1$，$\varphi(0)=0°$；当 $\omega=\omega_n$ 时，$A(\omega_n)=1/(2\zeta)$，$\varphi(\omega_n)=-90°$；当 $\omega=\infty$时，$A(\omega)=0$，$\varphi(\infty)=-180°$。故振荡环节的 Nyquist 曲线从实轴上(1,j0)点开始，最后在第三象限和负实轴相切并交于原点，如图 5-15 所示。

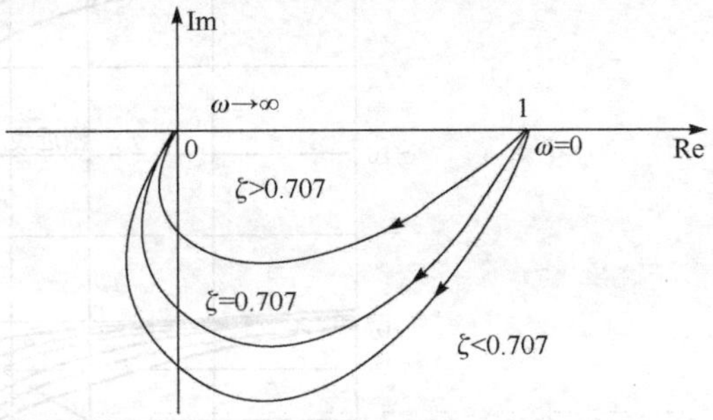

图 5-15　振荡环节的 Nyquist 图

由图 5-15 可见，振荡环节的幅相特性曲线形状与 ζ 值有关。幅频特性的最大值随 ζ 减小而增大，其值可能大于 1。当 ζ 较小时，随 ω 从 $0\to\infty$，$A(\omega)$ 先增加然后逐渐衰减至零。$A(\omega)$ 达到极大值时对应的幅值称为谐振峰值，记为 M_r，对应的频率称为谐振频率，记为 ω_r。

在产生谐振峰值处，必有

$$\frac{\mathrm{d}}{\mathrm{d}\omega}A(\omega)\Big|_{\omega=\omega_r}=0 \tag{5-44}$$

因此，可以解出谐振频率为

$$\omega_r=\omega_n\sqrt{1-2\zeta^2} \tag{5-45}$$

将其代入幅值表达式，求得谐振幅值为

$$M_r=A(\omega_r)=\frac{1}{2\zeta\sqrt{1-\zeta^2}} \tag{5-46}$$

可以看出：

① $\zeta>0.707$，没有峰值，$A(\omega)$ 单调衰减；

② $\zeta=0.707$，$M_r=1$，$\omega_r=0$，这正是幅频特性曲线的初始点；

③ $\zeta<0.707$，$M_r>1$，$\omega_r>0$，幅频 $A(\omega)$ 出现峰值，ζ 越小，峰值 M_r 及谐振频率 ω_r 越高；

④ $\zeta=0$，峰值 M_r 趋于无穷，谐振频率 ω_r 趋于 ω_n，这表明外加正弦信号的频率和自然振荡频率相同，引起环节的共振，环节处于临界稳定的状态。

峰值过高，意味着动态响应的超调量大，过程不平稳。对振荡环节或二阶系统来说，相当于阻尼比 ζ 小，这和时域分析法所得结论是一致的。

(2) Bode 图。

对数幅频特性表达式为

$$L(\omega)=20\lg\frac{1}{\sqrt{\left(1-\frac{\omega^2}{\omega_n^2}\right)^2+4\zeta^2\frac{\omega^2}{\omega_n^2}}} \tag{5-47}$$

根据式(5-47)可以作出两条渐近线。

当 $\omega\ll\omega_n$ 时，$L(\omega)\approx0$；

当 $\omega\gg\omega_n$ 时，$L(\omega)\approx-20\lg\omega^2/\omega_n^2=-40\lg\omega/\omega_n$。

这是一条斜率为-40dB/dec 的直线，和零分贝线交于 $\omega=\omega_n$。以上得到的两条渐近线都与阻尼比无关，实际上，幅频特性在谐振频率处有峰值，峰值大小取决于阻尼比，这一特点也必然反映在对数幅频曲线上。图 5-16 展示了渐近线及实际系统中不同阻尼比情况下得到的振荡环节的对数幅频特性曲线。

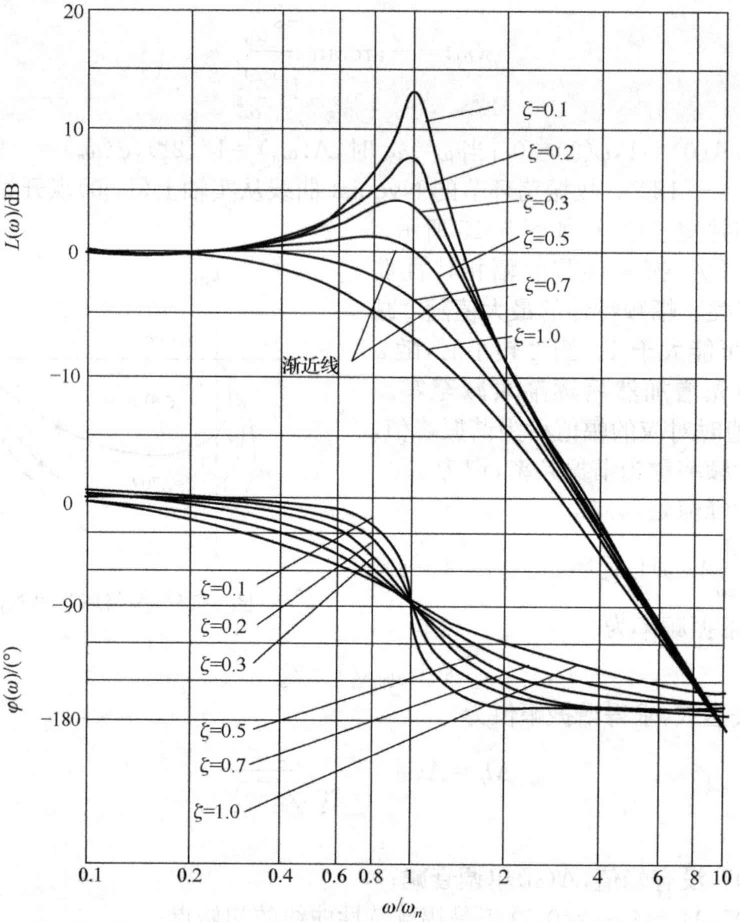

图 5-16　振荡环节的伯德图

对数相频特性表达式为

$$\varphi(\omega)=-\arctan\frac{2\zeta\frac{\omega}{\omega_n}}{1-\frac{\omega^2}{\omega_n^2}} \tag{5-48}$$

当 $\omega=0$ 时，有 $\varphi(0)=0°$；

当 $\omega=\omega_n$ 时，有 $\varphi(\omega_n)=-90°$；

当 $\omega\to\infty$时，有 $\varphi(\infty)=-180°$。

由于系统阻尼比取值不同，$\varphi(\omega)$在 $\omega=\omega_n$ 邻域的角度变化率也不同，阻尼比越小，变化率越大。对数相频特性曲线如图 5-16 所示。

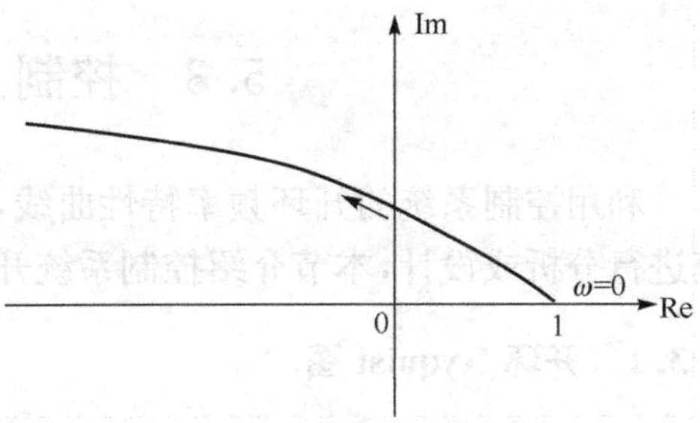

图 5-17　二阶微分环节的 Nyquist 图

5.2.7　二阶微分环节

二阶微分环节的传递函数为

$$G(s)=T^2s^2+2\zeta Ts+1=\frac{s^2+2\zeta\omega_n s+\omega_n^2}{\omega_n{}^2} \tag{5-49}$$

其频率特性为

$$G(\mathrm{j}\omega)=1-\frac{\omega^2}{\omega_n^2}+\mathrm{j}2\zeta\frac{\omega}{\omega_n} \tag{5-50}$$

它的 Nyquist 图如图 5-17 所示。由于二阶微分环节与振荡环节的传递函数互为倒数，因此，其 Bode 图与振荡环节的 Bode 图以横轴互为镜像。

5.2.8　延迟环节

延迟环节的传递函数为

$$G(s)=\mathrm{e}^{-\tau s} \tag{5-51}$$

频率特性为

$$G(\mathrm{j}\omega)=\mathrm{e}^{-\mathrm{j}\omega\tau} \tag{5-52}$$

幅频特性为

$$A(\omega)=|\mathrm{e}^{-\mathrm{j}\omega\tau}|=1 \tag{5-53}$$

相频特性为

$$\varphi(\omega)=-\omega\tau\ (\mathrm{rad})=-57.3\omega\tau\ (°) \tag{5-54}$$

Nyquist 图如图 5-18 所示。由于幅值总是 1，相角随频率而变化，其 Nyquist 曲线为一圆心在原点的单位圆。Bode 图如图 5-19 所示，由于 $\varphi(\omega)$随频率的增长而线性滞后，将严重影响系统的稳定性。

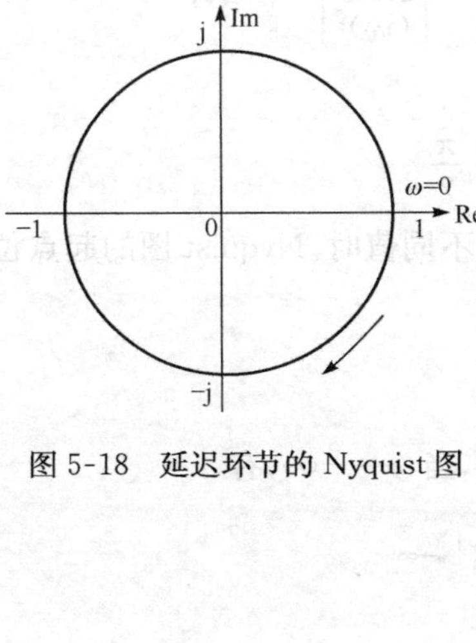

图 5-18　延迟环节的 Nyquist 图

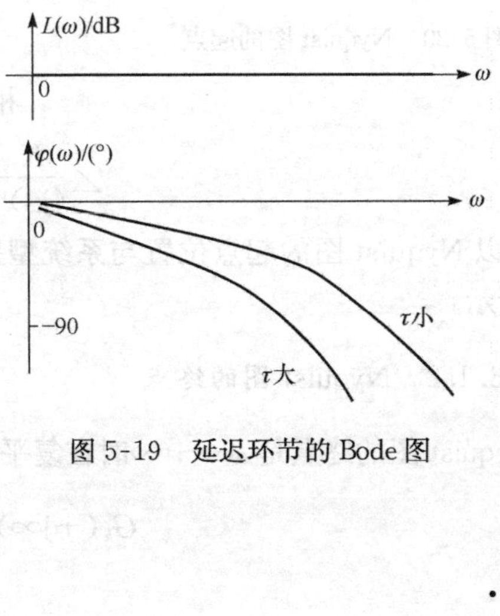

图 5-19　延迟环节的 Bode 图

5.3 控制系统的开环频率特性

利用控制系统的开环频率特性曲线，即开环 Nyquist 图和开环 Bode 图，可对所研究的系统进行分析或设计，本节介绍控制系统开环 Nyquist 图和开环 Bode 图的绘制方法。

5.3.1 开环 Nyquist 图

开环 Nyquist 图的画法和典型环节一样，可按开环传递函数的零、极点分布图，用计算法绘制；或列出开环幅频特性和相频特性表达式（或实频特性和虚频特性表达式），用解析法计算绘制；或利用开环频率特性的一些特点正确地估计出曲线的形状，近似绘制出草图，用于系统的定性分析。

下面主要介绍开环 Nyquist 图的近似绘制方法，需要确定开环极坐标图的起点和终点位置，以及计算一些关键点的坐标，定性地画出开环极坐标草图。[F506]

控制系统开环频率特性 $G_k(\mathrm{j}\omega)$ 可以表示为

$$G_k(\mathrm{j}\omega)=\frac{K}{(\mathrm{j}\omega)^{\nu}}\cdot\frac{\prod_{h=1}^{m_1}(T_h\mathrm{j}\omega+1)\cdot\prod_{l=1}^{m_2}(-T_l\omega^2+2\zeta_l T_l\mathrm{j}\omega+1)}{\prod_{i=1}^{n_1}(T_i\mathrm{j}\omega+1)\cdot\prod_{j=1}^{n_2}(-T_j\omega^2+2\zeta_j T_j\mathrm{j}\omega+1)} \tag{5-55}$$

5.3.1.1 Nyquist 图的起点

Nyquist 图的起点是 $\omega\to 0$ 时 $G_k(\mathrm{j}0_+)$ 在复平面上的位置，可由零、极点分布图得到。对于 0 型系统，有

$$G_k(\mathrm{j}0)=K\angle 0^\circ \tag{5-56}$$

起始于正实轴上的一点。

对于 I 型以及 I 型以上的系统，有

$$G_k(\mathrm{j}0)=\left.\frac{K}{(\mathrm{j}\omega)^{\nu}}\right|_{\omega\to 0} \tag{5-57}$$

幅值为

$$\left|\frac{K}{(\mathrm{j}\omega)^{\nu}}\right|_{\omega\to 0}\to\infty \tag{5-58}$$

相角为

$$\angle\left.\frac{K}{(\mathrm{j}\omega)^{\nu}}\right|_{\omega\to 0}=-\nu\cdot\frac{\pi}{2} \tag{5-59}$$

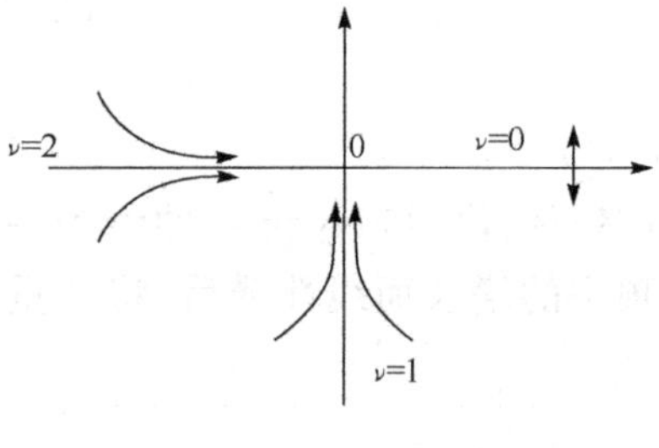

图 5-20 Nyquist 图的起点

所以 Nyquist 图的起点位置与系统型别有关，ν 取不同值时，Nyquist 图的起点位置如图 5-20 所示。

5.3.1.2 Nyquist 图的终点

Nyquist 图的终点是 $\omega\to+\infty$ 时在复平面上的位置，当 $\omega\to+\infty$，有

$$G_k(+\mathrm{j}\infty)=\left.\frac{K}{(\mathrm{j}\omega)^{\nu+n-m}}\right|_{\omega\to\infty} \tag{5-60}$$

模值为

$$\left|\frac{K}{(\mathrm{j}\omega)^{\nu+n-m}}\right|_{\omega\to\infty}=0 \tag{5-61}$$

相角为

$$\angle\frac{K}{(\mathrm{j}\omega)^{\nu+n-m}}\Big|_{\omega\to\infty}=-(\nu+n-m)\cdot\frac{\pi}{2} \tag{5-62}$$

所以 Nyquist 图的终点趋于坐标原点，只是入射的角度不同，入射角度的大小由分母多项式的次数与分子多项式的次数之差 $\nu+n-m$ 来决定。各种趋势情况如图 5-21 所示。

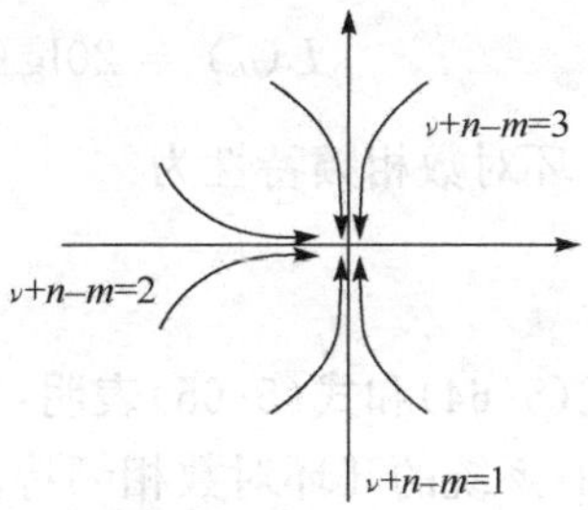

图 5-21 Nyquist 图的终点

5.3.1.3 与实轴的交点

令幅相特性表达式中虚部为零，解得 ω_x，再把 ω_x 代入 $G_k(\mathrm{j}\omega)$ 的实部，即得与实轴的交点坐标。根据上述三条，可以定性地作出开环频率特性 $G_k(\mathrm{j}\omega)$ 的 Nyquist 草图。

例 5-1 某 0 型反馈控制系统，其开环传递函数为 $G(s)H(s)=\dfrac{K}{(T_1s+1)(T_2s+1)}$，试概略绘制系统开环幅相曲线。[M502]

解 系统开环频率特性为

$$G_k(\mathrm{j}\omega)=G(\mathrm{j}\omega)H(\mathrm{j}\omega)=\frac{K}{T_1T_2\left(\mathrm{j}\omega+\dfrac{1}{T_1}\right)\left(\mathrm{j}\omega+\dfrac{1}{T_2}\right)}$$

若 $T_1>T_2$，则零、极点分布图如图 5-22 (a)所示，$G_k(\mathrm{j}0)=K\angle 0°$，$G_k(\mathrm{j}\infty)=0\angle-180°$，所以，幅相曲线大致形状如图 5-22 (b)所示。[F507]

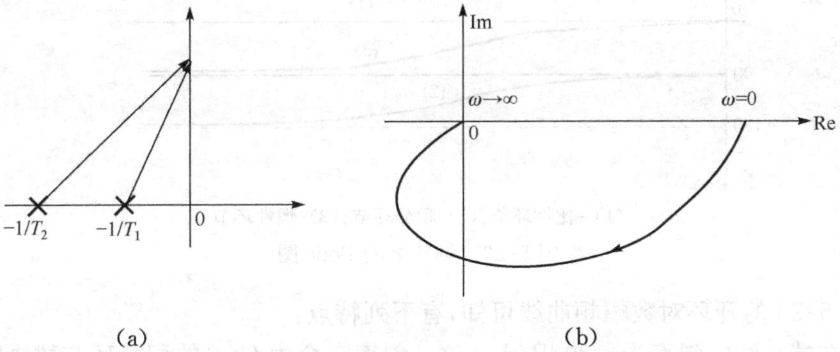

图 5-22 零、极点分布图(a)和幅相曲线(b)

5.3.2 开环 Bode 图

系统的开环对数幅频特性可表示为典型环节连乘积的形式，对 n 个环节串联的系统，其开环传递函数为 $G(s)=G_1(s)G_2(s)\cdots G_n(s)$，其频率特性为

$$G(\mathrm{j}\omega)=G_1(\mathrm{j}\omega)G_2(\mathrm{j}\omega)\cdots G_n(\mathrm{j}\omega)=A(\omega)\cdot \mathrm{e}^{\mathrm{j}\varphi(\omega)} \tag{5-63}$$

式中，$A(\omega)=A_1(\omega)A_2(\omega)\cdots A_n(\omega)=\prod\limits_{i=1}^{n}A_i(\omega)$；$\varphi(\omega)=\sum\limits_{i=1}^{n}\varphi_i(\omega)$。则系统的开环对数幅频特性为

$$L(\omega) = 20\lg A(\omega) = 20\lg \prod_{i=1}^{n} A_i(\omega) = \sum_{i=1}^{n} 20\lg A_i(\omega) = \sum_{i=1}^{n} L_i(\omega) \tag{5-64}$$

开环对数相频特性为

$$\varphi(\omega) = \sum_{i=1}^{n} \varphi_i(\omega) \tag{5-65}$$

式(5-64)和式(5-65)表明：系统的开环对数幅频特性 $L(\omega)$ 等于各个串联环节对数幅频特性之和；系统的开环对数相频特性 $\varphi(\omega)$ 等于各个环节对数相频特性之和。

典型环节的对数幅频特性可近似用渐近线表示，对数相频特性又具有对称的特点，因此开环对数频率特性曲线的绘制，可以利用各个环节的近似曲线图形相加得到。[F508]

例 5-2 已知单位反馈控制系统的开环传递函数为 $G(s)=\dfrac{10}{s(0.2s+1)}$，要求绘制系统的开环 Bode 图。[M503]

解 开环传递函数由以下三个典型环节组成：比例环节 10、积分环节 $1/s$ 和惯性环节 $1/(0.2s+1)$。

三个典型环节的对数频率特性曲线如图 5-23 所示。将这些典型环节的对数幅频和对数相频曲线分别相加即得开环 Bode 图，如图 5-23 所示。

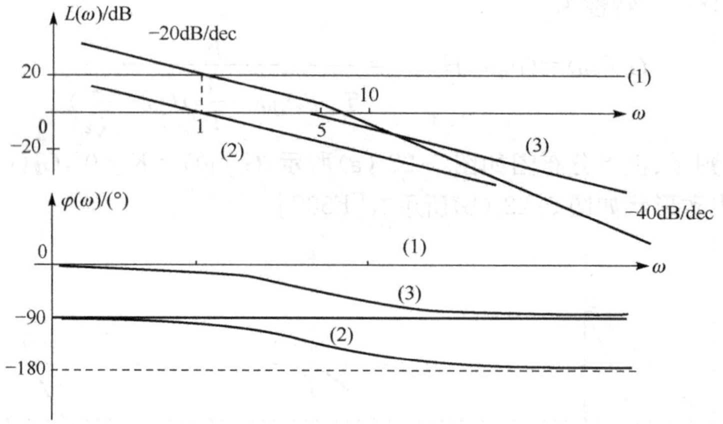

(1) -比例环节；(2)-积分环节；(3)-惯性环节

图 5-23　例 5-2 的 Bode 图

分析图 5-23 的开环对数幅频曲线可知，有下列特点：

(1) 最左端直线的斜率为 −20dB/dec，这一斜率完全由 $G(s)$ 的积分环节数决定；

(2) 当 $\omega=1$ 时，曲线的分贝值等于 $20\lg K$；

(3) 在惯性环节交接频率 5(rad/s)处，斜率从 −20dB/dec 变为 −40dB/dec。

由例 5-2 可推知，一般的近似对数幅频曲线有如下特点：

(1) 最左端直线的斜率为 -20νdB/dec，这里 ν 是积分环节的个数；

(2) 在 $\omega=1$ 时，最左端直线或其延长线的分贝值等于 $20\lg K$；

(3) 在交接频率处，曲线的斜率发生改变，改变多少取决于典型环节种类。例如，惯性环节后，斜率减少 20dB/dec；而在振荡环节后，斜率减少 40dB/dec。

掌握以上特点，就能根据开环传递函数直接绘制对数幅频特性曲线。

例 5-3 已知单位反馈系统的开环传递函数为$G(s)=\frac{100(s+2)}{s(s+1)(s+20)}$,试绘制系统的开环对数幅频特性曲线。[M504]

解 先将$G(s)$化成由典型环节串联的标准形式

$$G(s)=\frac{10(0.5s+1)}{s(s+1)(0.05s+1)}$$

系统由五个典型环节组成。

比例环节:$G_1(j\omega)=10$。

积分环节:$G_2(j\omega)=1/(j\omega)$。

惯性环节 1:$G_3(j\omega)=1/(j\omega+1)$。

惯性环节 2:$G_4(j\omega)=1/(0.05j\omega+1)$。

一阶比例微分环节:$G_5(j\omega)=0.5j\omega+1$。

然后按下列步骤绘制近似$L(\omega)$曲线。

(1) 把各典型环节对应的交接频率标在ω轴上,交接频率分别为1,2,20,如图 5-24 所示。

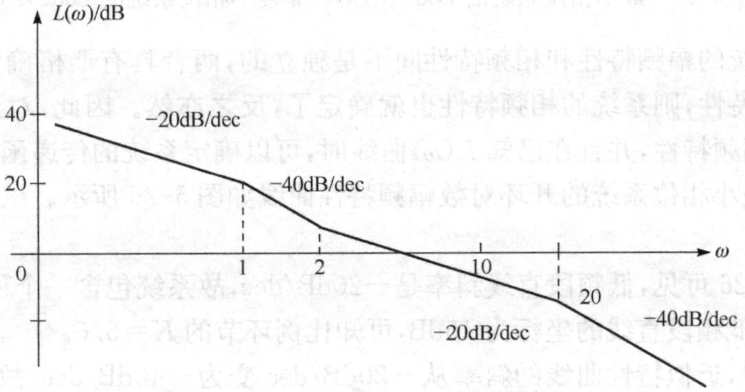

图 5-24 例 5-3 的对数幅频特性曲线

(2) 画出低频段直线(最左端)。

$\nu=1$,所以斜率为-20dB/dec;当$\omega=1$时,为$20\lg K=20\text{dB}$。

(3) 由低频向高频延续,每经过一个交接频率,斜率作适当的改变。$\omega=1,2,20$分别为惯性环节、一阶比例微分环节和惯性环节的交接频率,故当低频段直线延续到$\omega=1$时,直线斜率由-20dB/dec变为-40dB/dec;当$\omega=2$时,直线斜率由-40dB/dec变为-20dB/dec;当$\omega=20$时,直线斜率由-20dB/dec变为-40dB/dec。绘制出的对数幅频特性曲线如图 5-24 所示。

5.3.3 最小相位系统与非最小相位系统

开环零点与开环极点全部位于s左半平面的系统为最小相位系统,否则称为非最小相位系统。如果两个系统有相同的幅频特性,那么对大于零的任何频率,最小相位系统的相角总小于非最小相位系统的相角,已知两个系统的开环传递函数分别为$G_1(s)=\frac{1+T_2s}{1+T_1s}$,$G_2(s)=\frac{1-T_2s}{1+T_1s}(T_1>T_2>0)$,可作出两系统的开环 Bode 图,如图 5-25 所示,可看出两个系统的幅频特性是相同的，而相频特性不同，最小相位系统的相角变化范围比非最小相位系统相角变化范围小。这就是“最小相位”的由来。［F509］

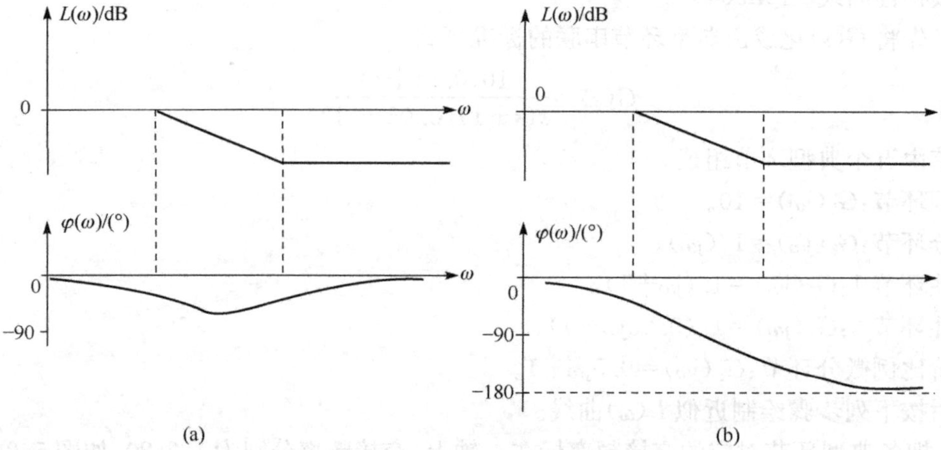

图 5-25　最小相位系统的 Bode 图(a)和非最小相位系统的 Bode 图(b)

最小相位系统的幅频特性和相频特性间不是独立的，两者具有严格确定的关系。如果确定了系统的幅频特性，则系统的相频特性也就确定了，反之亦然。因此，对最小相位系统的研究，可以只考虑幅频特性，并且在已知 $L(\omega)$ 曲线时，可以确定系统的传递函数。

例 5-4　某最小相位系统的开环对数幅频特性曲线如图 5-26 所示。试写出该系统的开环传递函数。

解　由图 5-26 可见，低频段直线斜率是－20dB/dec，故系统包含一个积分环节。

据 $\omega=1$ 时，低频段直线的坐标为 15dB，可知比例环节的 $K=5.6$。

因为 $\omega=2$ 时，近似特性曲线的斜率从－20dB/dec 变为－40dB/dec，故 $\omega=2$ 是惯性环节的交接频率。类似分析得知，$\omega=7$ 是一阶比例微分环节的交接频率。于是系统的开环传递函数为 $G(s)=\dfrac{5.6\left(1+\frac{1}{7}s\right)}{s\left(1+\frac{1}{2}s\right)}$。

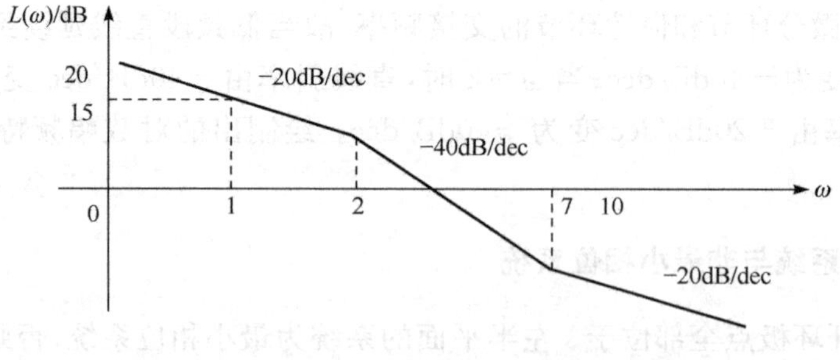

图 5-26　例 5-4 的 $L(\omega)$ 曲线图

5.4 奈奎斯特稳定判据

奈奎斯特(Nyquist)稳定判据(简称奈氏判据)由 Nyquist 于 1932 年提出，具有以下特点。

(1) 系统的开环传递函数表达式未知时，无法用劳斯判据或根轨迹法判断闭环稳定性，而奈氏判据可应用开环频率特性曲线判断闭环稳定性。开环频率特性曲线可按开环频率特性绘制，也可全部或部分由实验方法绘制。

(2) 便于研究系统参数和结构改变对稳定性的影响。

(3) 方便研究包含延迟环节系统的稳定性。

(4) 奈氏判据稍加推广还可用来分析某些非线性系统的稳定性。

5.4.1 辅助函数 $F(s)$

研究如图 5-27 所示系统，图中 $G(s)$ 和 $H(s)$ 是两个多项式之比

$$G(s)=\frac{M_1(s)}{N_1(s)} \tag{5-66}$$

$$H(s)=\frac{M_2(s)}{N_2(s)} \tag{5-67}$$

式中，$M_1(s)$，$M_2(s)$ 为分子多项式；$N_1(s)$，$N_2(s)$ 为分母多项式。分子多项式的最高次为 m_1 和 m_2，分母多项式的最高次为 n_1 和 n_2，且有 $m_1\leqslant n_1$，$m_2\leqslant n_2$。

若 $G(s)$ 和 $H(s)$ 无零点和极点对消，则系统的开环传递函数为

$$G_k(s)=G(s)H(s)=\frac{M_1(s)M_2(s)}{N_1(s)N_2(s)} \tag{5-68}$$

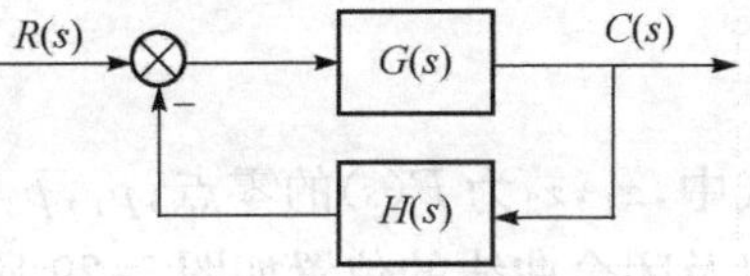

图 5-27　负反馈控制系统

闭环传递函数为

$$\Phi(s)=\frac{G(s)}{1+G(s)H(s)}=\frac{M_1(s)N_2(s)}{N_1(s)N_2(s)+M_1(s)M_2(s)} \tag{5-69}$$

奈氏判据是从研究闭环和开环特征多项式之比这一函数着手的，这个函数仍是复变量 s 的函数，称为辅助函数，记为 $F(s)$，即

$$F(s)=\frac{D_B(s)}{D(s)}=\frac{N_1(s)N_2(s)+M_1(s)M_2(s)}{N_1(s)N_2(s)}=1+\frac{M_1(s)M_2(s)}{N_1(s)N_2(s)}=1+G(s)H(s) \tag{5-70}$$

显然，辅助函数和开环传递函数之间仅相差 1。考虑到物理系统中，开环传递函数分子的最高次幂 m 小于分母的最高次幂 n，故 $F(s)$ 的分子和分母两个多项式的最高次幂一样，均为 n。$F(s)$ 可改写为

$$F(s)=\frac{\prod_{i=1}^{n}(s-z_i)}{\prod_{i=1}^{n}(s-p_i)} \tag{5-71}$$

式中，z_i 和 p_i 分别为 $F(s)$ 的零点和极点。

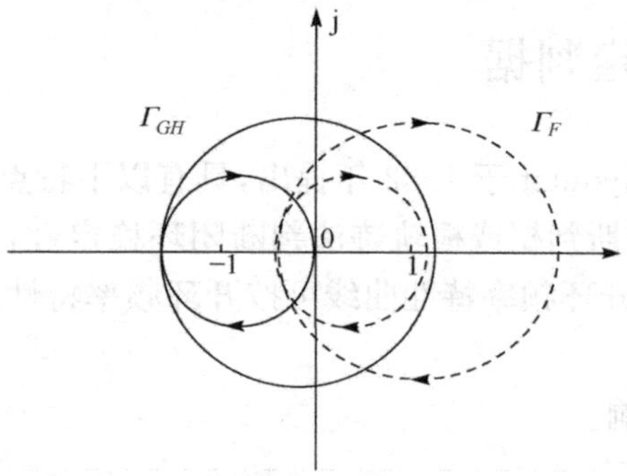

图 5-28 两闭合曲线的几何关系

由前面可知，$F(s)$具有如下特点：第一，其零点和极点分别是闭环和开环特征根；第二，零点和极点个数相同；第三，$F(s)$和$G(s)H(s)$只相差常数1；第四，s沿闭合曲线Γ运动一周所产生的闭合曲线Γ_F沿实轴负方向平移一个单位就能获得闭合曲线Γ_{GH}。闭合曲线Γ_F包围$F(s)$平面(0,0)点的圈数同闭合曲线Γ_{GH}包围$F(s)$平面(−1,j0)点的圈数相等，如图5-28所示。

通过辅助函数$F(s)$将控制系统的开环极点与闭环极点联系起来，在已知开环极点的情况下可判别未知的闭环极点的情况，从而判断闭环系统的稳定性。

5.4.2 幅角原理

设s为复数变量，$F(s)$为s的有理分式函数。对于s平面上任意一点s，通过复变函数$F(s)$的映射关系，在$F(s)$平面上可以确定关于s的像。在s平面上任选一条闭合曲线Γ，且不通过$F(s)$的任一零点和极点，s从闭合曲线Γ上任一点A起，顺时针沿Γ运动一周，再回到A点，则相应地，$F(s)$平面上也从点$F(A)$起，到$F(A)$点止也形成一条闭合曲线Γ_F。为讨论方便，取$F(s)$为下述简单形式：

$$F(s)=\frac{(s-z_1)(s-z_2)}{(s-p_1)(s-p_2)} \tag{5-72}$$

式中，z_1，z_2为$F(s)$的零点；p_1，p_2为$F(s)$的极点。不失一般性，取s平面上$F(s)$的零点和极点以及闭合曲线的位置如图5-29所示，Γ包围$F(s)$的零点z_1和极点p_1。

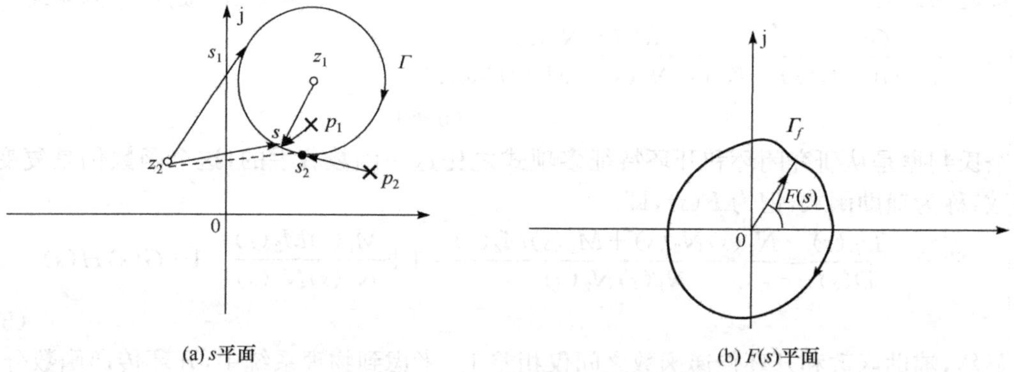

图 5-29 s和$F(s)$平面的映射关系

设复变量s沿闭合曲线Γ顺时针运动一周，研究$F(s)$相角的变化情况

$$\delta\angle F(s)=\oint_{\Gamma}\angle F(s)\mathrm{d}s$$

因为

$$\angle F(s)=\angle(s-z_1)+\angle(s-z_2)-\angle(s-p_1)-\angle(s-p_2) \tag{5-73}$$

所以，有

$$\delta\angle F(s)=\delta\angle(s-z_1)+\delta\angle(s-z_2)-\delta\angle(s-p_1)-\delta\angle(s-p_2) \tag{5-74}$$

由于 z_1 和 p_1 被 Γ 所包围，故按复平面向量的相角定义，逆时针旋转为正，顺时针旋转为负，则有 $\delta\angle(s-z_1)=\delta\angle(s-p_1)=-2\pi$。而对于零点 z_2，由于未被 Γ 所包围，过 z_2 作两条直线与闭合曲线 Γ 相切，设 s_1，s_2 为切点，则在 Γ 的 $\overset{\frown}{s_1s_2}$ 段，$s-z_2$ 的角度减小，在 Γ 的 $\overset{\frown}{s_2s_1}$ 段，角度增大，且有

$$\delta\angle(s-z_2)=\oint_{\Gamma}\angle(s-z_2)\mathrm{d}s=\oint_{\Gamma\overset{\frown}{s_1s_2}}\angle(s-z_2)\mathrm{d}s+\oint_{\Gamma\overset{\frown}{s_2s_1}}\angle(s-z_2)\mathrm{d}s=0$$

p_2 未被 Γ 包围，同理可得 $\delta\angle(s-p_2)=0$。上述讨论表明，当 s 沿 s 平面任意闭合曲线 Γ 运动一周时，$F(s)$ 绕 $F(s)$ 平面原点的圈数只和 $F(s)$ 被闭合曲线 Γ 所包围的极点和零点的代数和有关。上例中 $\delta\angle F(s)=0$。

幅角原理：设 s 平面闭合曲线 Γ 包围 $F(s)$ 的 Z 个零点和 P 个极点，则 s 沿 Γ 顺时针运动一周时，在 $F(s)$ 平面上相对应的封闭曲线 Γ_f 包围原点的圈数

$$R=P-Z \tag{5-75}$$

$R<0$ 和 $R>0$ 分别表示 Γ_f 顺时针包围和逆时针包围 $F(s)$ 平面的原点，$R=0$ 表示不包围 $F(s)$ 平面的原点。

5.4.3 奈奎斯特稳定判据

如果把 s 平面虚轴和半径 ρ 为无穷的半圆取为封闭曲线 Γ，如图 5-30 所示，那么 Γ 就包括全部右半 s 平面。幅角原理表达式(5-75)中的 P 和 Z 则分别表示辅助函数 $F(s)$ 位于右半 s 平面的极点、零点数。[F510]

根据辅助函数 $F(s)$ 的第四个特点，闭合曲线 Γ_F 逆时针包围 $F(s)$ 平面原点(0,0)的圈数同闭合曲线 Γ_{GH} 逆时针包围 $F(s)$ 平面(−1,j0)点的圈数相等，且物理系统中开环传递函数分母的最高次幂总大于分子最高次幂，当 s 沿 ρ 为无穷的半圆取值时，通过 $G(s)H(s)$ 映射到 $G(s)H(s)$ 平面的像是原点，这恰好是 s 平面虚轴无穷远点映射到 $G(s)H(s)$ 平面的像。

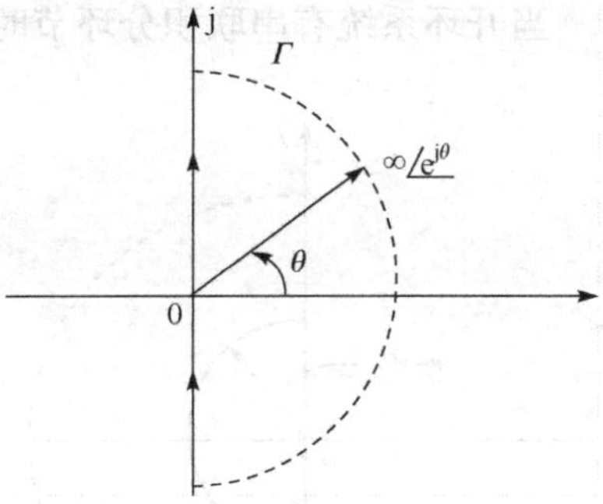

图 5-30 包括全部右半 s 平面的闭合曲线

于是式(5-75)中的 R、P 和 Z 的含义变为：R 为当 ω 从 $-\infty\to+\infty$ 时，$G(\mathrm{j}\omega)H(\mathrm{j}\omega)$(Nyquist)曲线绕临界点(−1,j0)逆时针转过的圈数，P 为辅助函数 $F(s)$ 的右半 s 平面极点数，Z 为辅助函数 $F(s)$ 的右半 s 平面零点数。

闭环系统稳定的充要条件是 $Z=0$，即要求 $R=P$。另外，当闭环系统临界稳定时，特征方程有纯虚根，奈氏曲线绕过临界点，这时奈氏曲线绕临界点逆时针转过的圈数 R 不定。

当系统的开环传递函数 $G(s)H(s)$ 在 s 平面的原点及虚轴上无极点时，奈氏判据可表述为：反馈控制系统稳定的充要条件是当 ω 从 $-\infty\to+\infty$ 变化时，奈氏曲线逆时针包围临界点(−1,j0)的圈数 R 等于开环传递函数 $G(s)H(s)$ 在右半 s 平面的极点数 P，即 $R=P$；否则闭环系统不稳定，闭环系统正实部特征根的个数 Z 由下式确定：

$$Z=P-R \tag{5-76}$$

对于开环稳定系统，闭环系统稳定的充要条件为系统的开环频率特性曲线不包围(−1,j0)点。如果奈氏曲线刚好通过(−1,j0)点，表明闭环极点在 s 平面的虚轴上，闭环系统

处于临界稳定状态。

为简单起见，通常只画 ω 从 $0\to+\infty$ 变化时 $G(j\omega)H(j\omega)$ 的奈氏曲线，对于 ω 从 $-\infty\to0$ 变化时 $G(j\omega)H(j\omega)$ 的奈氏曲线可由以实轴为对称轴的镜像对称得到。此时，由 $G(j\omega)H(j\omega)$（ω 从 $0\to+\infty$）判别闭环系统稳定的奈氏判据为 $G(j\omega)H(j\omega)$ 奈氏曲线（ω 从 $0\to+\infty$）逆时针包围 $(-1,j0)$ 的次数为 $R/2$。

例 5-5 试判断图 5-31 所示各个系统的稳定性。

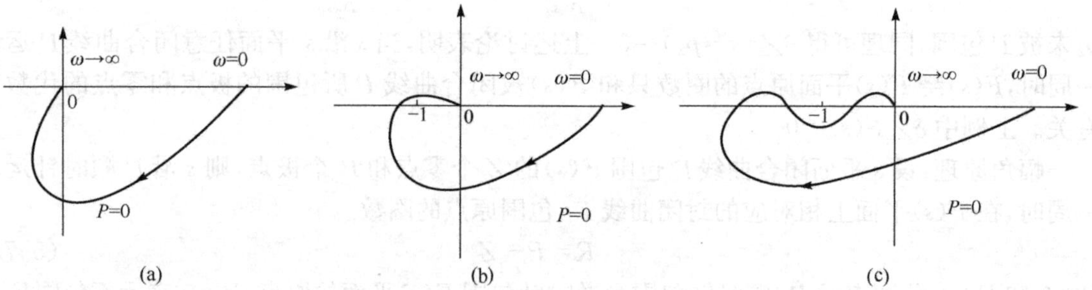

图 5-31 例 5-5 开环幅相曲线

解 (a) 由图知，$P=0$，且 $R=0$，所以闭环系统是稳定的。

(b) 因为 ω 从 $0\to+\infty$ 时，开环 Nyquist 曲线顺时针包围 $(-1,j0)$ 点 1 圈，$\frac{R}{2}=-1$，所以 $Z=P-R=2$，闭环系统不稳定。

(c) 因为 $R=0$，$P=0$，所以闭环系统是稳定的。

当开环系统有串联积分环节时，在原点处存在开环极点，其表达式为

$$G_k(s)=\frac{K_0}{s^\nu}G_0(s) \tag{5-77}$$

此时系统临界稳定，不能直接应用奈氏判据。若要应用奈氏判据，可把零根视为稳定根。因此在数学上作如下处理：在 s 平面上的 $s=0$ 邻域作一半径无穷小的半圆，绕过原点，即 $s=\varepsilon e^{j\theta}$（$\varepsilon$ 正无穷小，$\theta\in[-90°,90°]$），如图 5-32 所示。[F511]

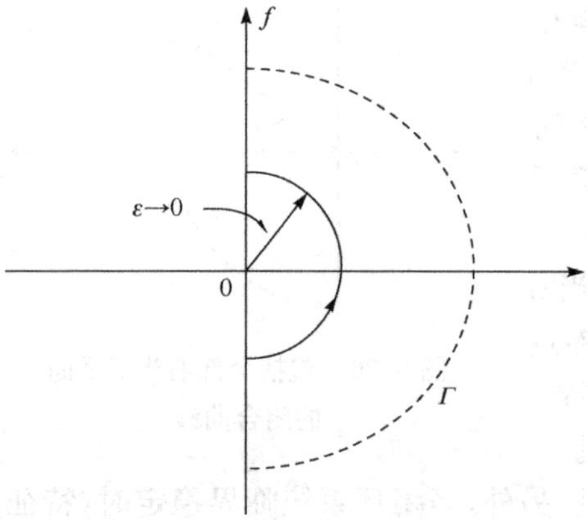

图 5-32 $G(s)H(s)$ 包含积分环节时的 Γ 曲线

相应地，在 $G(j\omega)H(j\omega)$ 平面上开环 Nyquist 图在 $\omega=0$ 时，小半圆通过 $G(j\omega)H(j\omega)$ 映射到 $G(j\omega)H(j\omega)$ 平面上是一个从 $G(j0_+)H(j0_+)$ 开始、半径无穷大、逆时针旋转 $\nu\cdot90°$ 的大圆弧。如此处理之后，就可以根据奈氏判据来判断系统稳定性。[F512]

所以，当开环系统在原点处有开环极点，在应用奈氏判据时，应先从开环 Nyquist 图 $\omega=0_+$ 处，补作一个半径为无穷大、逆时针旋转 $\nu\cdot90°$ 的大圆弧增补线，把它视为奈氏曲线的一部分。然后，利用奈氏判据来判断系统的稳定性。

例 5-6 已知系统的开环传递函数为

$$G_k(s)=\frac{K}{s(T_1s+1)(T_2s+1)},\quad K>0$$

判断闭环系统的稳定性。[M505]

解 (1) 从开环传递函数知 $P=0$。

(2) 作开环幅相频率特性曲线

$$G_k(\mathrm{j}\omega)=\frac{K}{\mathrm{j}\omega(T_1\mathrm{j}\omega+1)(T_2\mathrm{j}\omega+1)}$$

起点:$G_k(\mathrm{j}0)=\infty\angle-90°$。

终点:$G_k(\mathrm{j}\infty)=0\angle-270°$。

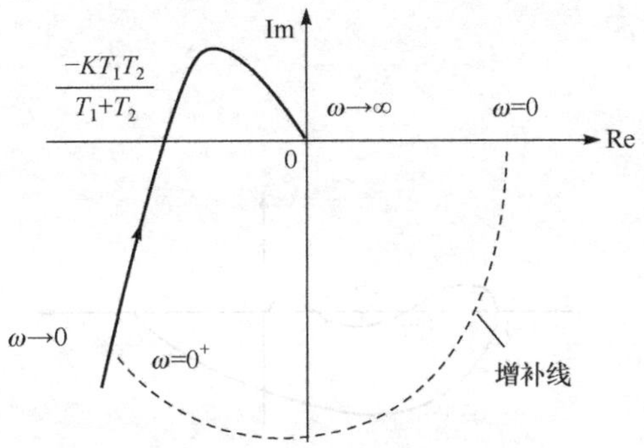

图 5-33 例 5-6 开环 Nyquist 图

与坐标轴交点:

$$G_k(\mathrm{j}\omega)=\frac{1}{1+\omega^2(T_1^2+T_2^2)+\omega^4T_1^2T_2^2}\left[-K(T_1+T_2)-\mathrm{j}\frac{K}{\omega}(1-\omega^2T_1T_2)\right]$$

令虚部为零,得 $\omega_x^2=\frac{1}{T_1T_2}$,则 $\mathrm{Re}(\omega_x)=-\frac{KT_1T_2}{T_1+T_2}$。开环 Nyquist 图如图 5-33 所示。

(3) 稳定性判别。由于原点处有一个开环极点,$\nu=1$,需作增补线如图 5-33 所示。

当 $-KT_1T_2/(T_1+T_2)<-1$ 时,开环频率特性曲线顺时针包围$(-1,\mathrm{j}0)$点 1 圈,$\frac{R}{2}=-1$,此时,$Z=2$,所以闭环系统是不稳定的。

当 $-KT_1T_2/(T_1+T_2)>-1$ 时,开环频率特性曲线不包围$(-1,\mathrm{j}0)$点,$R=0$,此时,$Z=0$,所以闭环系统是稳定的。

5.4.4 对数频率特性稳定判据

奈氏判据除了可以表示在 Nyquist 图上,还可以表示在 Bode 图上。图 5-34 是一条幅相曲线及其对应的对数频率特性曲线。[F513]

由图 5-34 (a)可知,幅相曲线不包围$(-1,\mathrm{j}0)$点。此结果也可根据 ω 增加时幅相曲线自下而上(幅角减小)和自上向下(幅角增加)穿越实轴区间$(-\infty,-1)$的次数决定。如果把自上向下的穿越称为正穿越,自实轴区间$(-\infty,-1)$开始向下称为半次正穿越,正穿越次数用 N_+ 表示。而把自下向上的穿越称为负穿越,自实轴区间$(-\infty,-1)$开始向上称为半次负穿越,负穿越次数用 N_- 表示,则 R 可以用 N_+ 和 N_- 之差确定,即

$$\frac{R}{2}=N=N_+-N_- \tag{5-78}$$

图 5-34 (a)中,$N_+=1$,$N_-=1$,故 $R=0$。比较幅相曲线和对数频率特性曲线得知,正负穿越次数可根据对数幅频曲线在大于零分贝的频率范围,对数相频特性曲线穿越 $-180\pm2k\pi$ (其中 $k=0,1,2,\cdots$)线次数确定。图 5-34 (b)中,同样得 $N_+=1$,$N_-=1$,因而 $R=0$。

当 $G(s)H(s)$ 包含积分环节时在对数相频曲线 ω 为 0^+ 的地方,应该补画一条从相角 $\angle G(\mathrm{j}0^+)H(\mathrm{j}0^+)+\nu\cdot90°$到$\angle G(\mathrm{j}0)H(\mathrm{j}0)$的虚线($\nu$ 为积分环节数)。计算正负穿越数时,应将补画的虚线看成对数相频特性曲线的一部分。

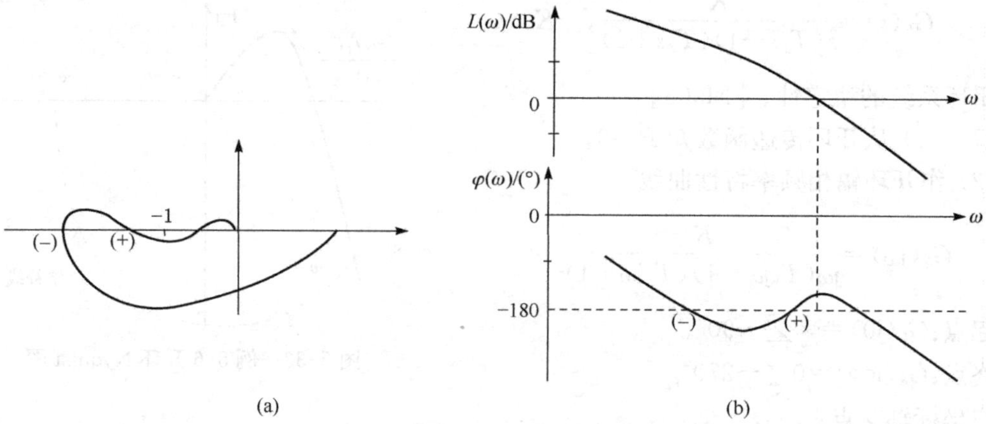

图 5-34　系统幅相曲线(a)和系统的对数频率特性曲线(b)

对数频率特性稳定判据：一个反馈控制系统，其闭环特征方程正实部根个数 Z，可以根据开环传递函数在 s 右半平面极点数 P 和开环对数幅频特性为正值的所有频率范围内，对数相频特性曲线与 $-180\pm2k\pi$ 线的正负穿越次数之差 $N=N_+-N_-$ 确定：

$$Z=P-2N \tag{5-79}$$

Z 为零，闭环系统稳定；否则，不稳定。

例 5-7　已知一反馈控制系统的开环传递函数为

$$G(s)H(s)=\frac{K}{s^2(Ts+1)}$$

试用对数频率特性稳定判据判断系统稳定性。[M506]

解　(1) 由开环传递函数知 $P=0$。

(2) 作系统的开环对数频率特性曲线如图 5-35 所示。

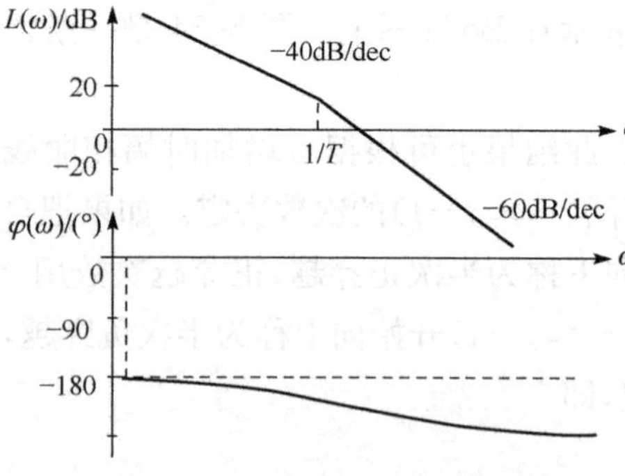

图 5-35　例 5-7 的对数频率特性曲线

(3) 稳定性判别。$G(s)H(s)$ 有两个积分环节 $\nu=2$，故在对数相频曲线 ω 为 0^+ 处，补画了 0°到 −180°的虚线作为相频特性曲线的一部分，显见 $N_+=0, N_-=1$，则 $N=N_+-N_-=-1, Z=P-2N=2$，故系统不稳定。

例 5-8　已知一反馈控制系统的开环传递函数

$$G(s)H(s)=\frac{K(T_2s+1)}{s(T_1s-1)}$$

试用对数频率特性稳定判据判断系统的稳定性。

解　(1) 由开环传递函数知 $P=1$。

(2) 作系统的开环对数频率特性曲线如图 5-36 所示。

$$\varphi(\omega)=-90°+\arctan\omega T_2-(180°-\arctan\omega T_1)=-270°+\arctan\frac{\omega(T_1+T_2)}{1-\omega^2T_1T_2}$$

$$\varphi(\omega)=-90°+\arctan\omega T_2-(180°-\arctan\omega T_1)=-270°+\arctan\frac{\omega(T_1-T_2)}{1-\omega^2T_1T_2}$$

当 $\varphi(\omega)=-180°$ 时，$\omega_g=(1/T_1T_2)^{1/2}$，$A(\omega_g)=KT_2$。

(3) 稳定性判别。由于开环传递函数有一原点处的开环极点，$\nu=1$，故在对数相频曲线 ω 为 0^- 时补画一条从 $-180°$ 到 $-270°$ 的虚线。

当 $\omega_g<\omega_c$ 时，$A(\omega_g)>1$，$K>1/T_2$，$N_+=1$，$N_-=1/2$，则有 $R=N_+-N_-=1/2$，$Z=P-2N=0$。故闭环系统是稳定的。

当 $\omega_g>\omega_c$ 时，$K<1/T_2$，$N_+=0$，$N_-=1/2$，则有 $R=N_+-N_-=-1/2$，$Z=P-2N=2$。故闭环系统是不稳定的。

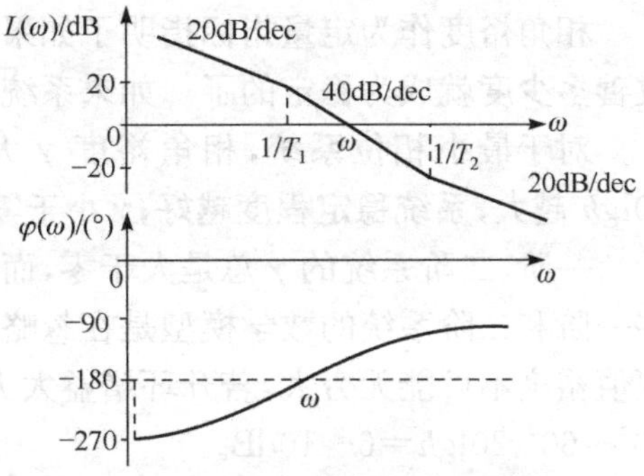

图 5-36 例 5-8 的对数频率特性曲线

5.5 控制系统的稳定裕度 [F514]

实际控制系统正常工作的前提是必须具有绝对稳定性，其次系统还要有一定的稳定程度，不会因参数变化而变得不稳定。系统的稳定裕度是用于衡量闭环系统的相对稳定程度的指标，是控制系统常用的开环频率性能指标，它与闭环系统的动态性能密切相关。

根据奈氏判据可知，系统开环幅相曲线临界点附近的形状，对闭环稳定性影响很大，曲线越接近临界点，系统的稳定程度就越差。本节介绍两个表征系统稳定程度的指标：相角裕度 γ 和幅值裕度 h。其几何表示如图 5-37 所示。[F515]

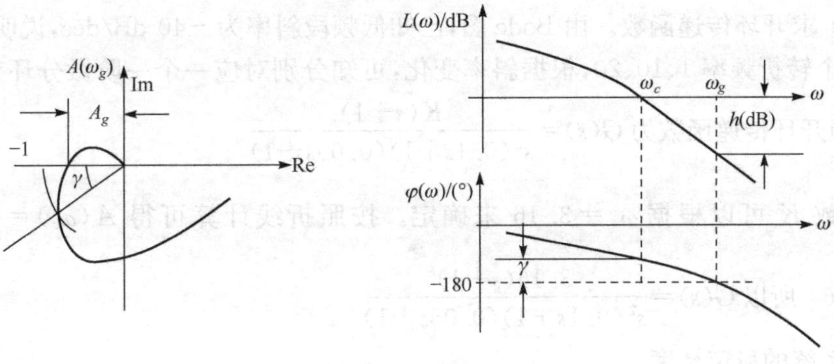

图 5-37 幅值裕度和相角裕度

(1) 幅值裕度 h：相角为 $-180°$ 时对应的频率为相角穿越频率 ω_g，频率为 ω_g 时对应的幅值 $A(\omega_g)$ 的倒数，定义为幅值裕度 h，即

$$h=\frac{1}{A(\omega_g)} \quad 或 \quad 20\lg h=-20\lg A(\omega_g) \tag{5-80}$$

幅值裕度 h 有明确的物理意义：如果系统是稳定的，那么系统的开环增益增大到原来的 h 倍，则系统就处于临界稳定状态，或者在 Bode 图上，开环对数幅频特性再向上移动多少分贝，系统就不稳定了。如果系统是不稳定的系统，则相反。

(2) 相角裕度 γ：幅频特性过零分贝时的频率为幅值穿越频率 ω_c，则定义相角裕度 γ 为

$$\gamma=180°+\varphi(\omega_c) \tag{5-81}$$

相角裕度作为定量指标指明了如果系统是不稳定系统，那么系统的开环相频特性还需要改善多少度就成为稳定的了。如果系统是稳定的，则与上述描述相反。

对于最小相位系统，相角裕度 γ 大于零，对数幅值裕度 $20\lg h$ 大于零，系统稳定，γ 和 $20\lg h$ 越大，系统稳定程度越好；γ 小于零，对数幅值裕度 $20\lg h$ 小于零，则系统不稳定。

一阶、二阶系统的 γ 总是大于零，而 $20\lg h$ 无穷大，因此理论上系统不会不稳定。但是，某些一阶和二阶系统的数学模型是在忽略了一些次要因素后建立的，实际系统常常是高阶的，其幅值裕度不可能无穷大，若开环增益太大，系统仍可能不稳定。一个良好的系统通常要求 $\gamma=40°\sim60°$，$20\lg h=6\sim10\text{dB}$。

例 5-9 已知单位负反馈的最小相位系统，其开环对数幅频特性如图 5-38 所示，试求开环传递函数，并计算系统的稳定裕度。

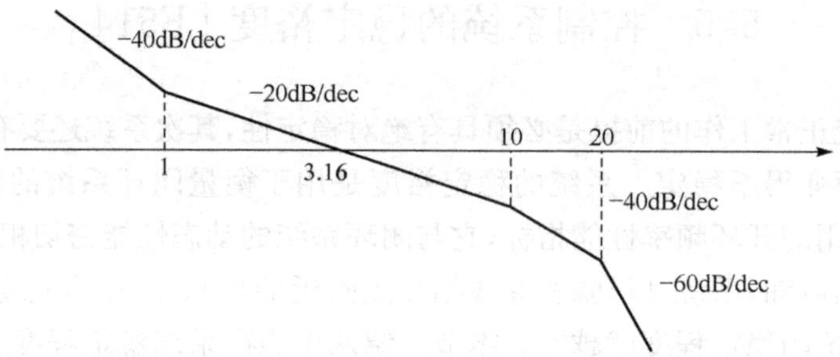

图 5-38 例 5-9 系统的开环对数幅频特性

解 (1) 求开环传递函数。由 Bode 图，已知低频段斜率为 -40 dB/dec，说明有两个积分环节。有三个转折频率 1、10、20，根据斜率变化，可知分别对应一个一阶微分环节、两个惯性环节，系统的开环传递函数为 $G(s)=\dfrac{K(s+1)}{s^2(0.1s+1)(0.05s+1)}$。

未知参数 K 可以根据 $\omega_c=3.16$ 来确定。按照折线计算可得 $A(\omega_c)=\dfrac{K\omega_c}{\omega_c^2\cdot 1^2}=1$，$K=\omega_c=3.16$，所以 $G(s)=\dfrac{3.16(s+1)}{s^2(0.1s+1)(0.05s+1)}$。

(2) 求系统的稳定裕度。

$\varphi(\omega)=\arctan\omega-180°-\arctan0.1\omega-\arctan0.05\omega$，且 $\omega_c=3.16$，则有

$$\gamma=180°+\varphi(\omega_c)=180°+\arctan\omega_c-180°-\arctan0.1\omega_c-\arctan0.05\omega_c=45.9°$$

当 $\varphi(\omega_g)=-180°=\arctan\omega_g-180°-\arctan0.1\omega_g-\arctan0.05\omega_g$ 时，求得 $\omega_g=13.04$，则幅值裕度(按照折线计算)

$$20\lg h=-20\lg A(\omega_g)=-20\lg\frac{K\cdot\omega_g}{\omega_g^2\cdot 0.1\omega_g\cdot 1}=14.62(\text{dB})$$

因为 $\gamma>0$，$20\lg h>0$，所以闭环系统是稳定的。

例 5-10 单位反馈系统的开环传递函数为

$$G(s)H(s)=\frac{K}{s(s+1)(0.1s+1)}$$

试分别确定系统开环增益 $K=5$ 和 $K=20$ 时的相角裕度和幅值裕度。

解 首先作出 $K=5$ 和 $K=20$ 时的对数幅频渐近特性和对数相频特性曲线，如图 5-39 所

示，它们具有相同的相频特性，但幅频特性不同。

$$A(\omega_c)=\frac{K}{\omega_c\sqrt{\omega_c{}^2+1^2}\sqrt{(0.1\omega_c)^2+1^2}},\quad \varphi(\omega_c)=-90^\circ-\arctan\omega_c-\arctan 0.1\omega_c$$

由图 5-39 可得，当 $K=5$ 时，$\gamma\approx 12^\circ$，$20\lg h\approx 6\text{dB}$；而当 $K=20$ 时，$\gamma\approx -12^\circ$，$20\lg h\approx -6\text{dB}$。

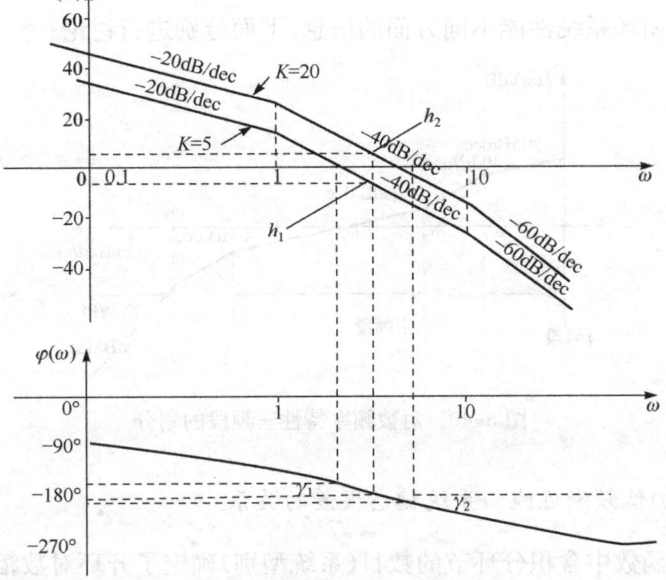

图 5-39　例 5-10 系统开环对数频率特性

例 5-10 表明，减小开环增益 K，可以增大系统的相角裕度，但 K 的减小会使系统的稳态误差变大。为了使系统具有良好的过渡过程，通常要求相角裕度达到 45°～70°。而欲满足这一要求应使开环对数幅频特性在截止频率附近的斜率大于－40dB/dec，且有一定宽度。因此，为了兼顾系统的稳态误差和过渡过程的要求，有必要应用校正方法。

对于最小相位系统，开环对数幅频和对数相频曲线有单值对应的关系。当要求的相角裕度为 30°～70°时，意味着开环对数幅频曲线在幅值穿越频率附近（中频段）的斜率要大于－40dB/dec，且有一定宽度。在大多数实际系统中，要求斜率为－20dB/dec。如果此斜率设计为－40dB/dec，系统即使是稳定的，其相角裕度也很小。如果此斜率为－60dB/dec 或更小，则系统是不稳定的。

5.6　闭环频率特性

和系统的开环频率特性一样，也可以通过闭环频率特性来对系统进行研究。详见光盘内容。

5.7　频率特性分析

在频域中对系统进行分析、设计时，通常是以频域指标作为依据的，但是不如时域指标直接、明确。因此，须进一步探讨频域指标和时域指标之间的关系。

5.7.1 用开环频率特性分析系统的性能

实际系统的开环频率特性 $L(\omega)$ 一般情况如图 5-40 所示。将 $L(\omega)$ 人为地分为三个频段：低频段、中频段、高频段。低频段指第一个转折频率以前的频段；中频段指截止频率 ω_c 附近的频段；高频段指频率远大于 ω_c 的频段。三段的划分是相对的，各频段之间没有严格的界限。这三个频段包含了闭环系统性能不同方面的信息，下面分别进行讨论。

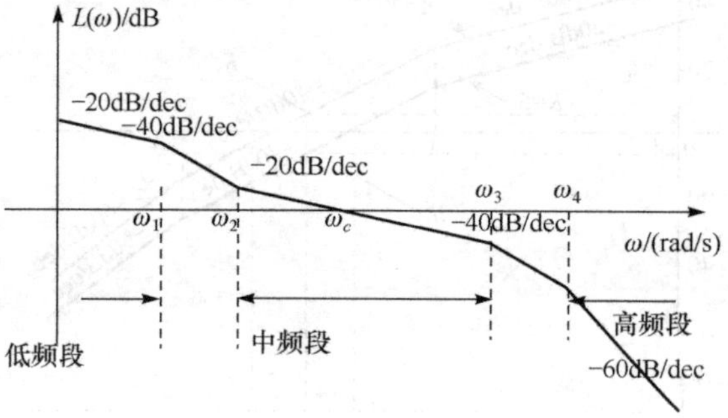

图 5-40　对数频率特性三频段的划分

5.7.1.1 $L(\omega)$ 低频渐近线与系统稳态误差的关系

系统开环传递函数中含积分环节的数目（系统型别）确定了开环对数幅频特性低频渐近线的斜率，而低频渐近线的高度则取决于开环放大系数的大小。所以，$L(\omega)$ 低频渐近线反映了控制系统跟踪给定信号的稳态精度信息。是否引起稳态误差，以及稳态误差的大小，都可以由对数幅频特性的低频渐近线确定。

将低频段对数幅频渐近线的延长线交于 0dB 线，有 $K=\omega^{\nu}$，则可以求出开环增益 K。可以看出，低频段的斜率越小，对应于系统的积分环节的数目越多；位置越高，开环增益越大，闭环系统在满足稳定的条件下，其稳态误差越小。

5.7.1.2 $L(\omega)$ 中频段特性与系统的暂态性能的关系

中频段是指开环对数幅频特性曲线在开环截止频率 ω_c 附近（0dB 附近）的频段，这段特性集中反映闭环系统动态响应的平稳性和快速性。

由于闭环截止频率 ω_b 往往与开环截止频率 ω_c 相近，闭环谐振频率 ω_r 又略小于闭环截止频率 ω_b。因此，在闭环频率特性上有谐振峰值的一段为中频段。前面已知，谐振峰值 M_r 决定时域响应的平稳性，闭环截止频率 ω_b 的大小决定时域响应的快速性。也就是说，时域响应的动态特性主要取决于中频段的形状。

反映中频段的三个参数为开环截止频率 ω_c、中频段的斜率、中频段的宽度。开环截止频率 ω_c 的大小决定系统时域响应的快速性，且 ω_c 越大，系统过渡过程时间越短。在 ω_c 处，$L(\omega)$ 曲线的斜率对相角裕度 γ 的影响最大，远离 ω_c 的对数幅频特性的斜率对 γ 的影响较小。为了保证系统有满意的动态性能，希望 $L(\omega)$ 曲线以 -20dB/dec 的斜率过 0dB 线，并保持较宽的频段。当 $L(\omega)$ 曲线中频段斜率为 -20dB/dec 时，由图 5-40 可得

$$\varphi(\omega)\approx-90^{\circ}-\arctan\frac{\omega}{\omega_1}+\arctan\frac{\omega}{\omega_2} \tag{5-82}$$

相角裕度

$$\gamma=180°+\varphi(\omega_c)=90°-\arctan\frac{\omega_c}{\omega_1}+\arctan\frac{\omega_c}{\omega_2} \tag{5-83}$$

可以看出，中频段越宽，系统的相角裕度 γ 越大，系统的平稳性越好。

当 $L(\omega)$ 曲线中频段斜率为 -40dB/dec 时，则系统可能稳定，也可能不稳定。如果中频段斜率更陡，系统将是不稳定的。

5.7.1.3　$L(\omega)$ 高频段特性对系统性能的影响

高频段是指开环对数幅频特性在中频段以后的频段。高频段的形状主要影响系统的抗干扰性能和时域响应起始段的性能。由于这部分特性是由系统中一些时间常数很小的环节决定的，且高频段远离开环截止频率 ω_c，对系统的动态响应特性影响不大，故在分析时，将高频段作近似处理，即把多个小惯性环节等效为一个小惯性环节，等效小惯性环节的时间常数等于被代替的多个小惯性环节的时间常数之和。

另外，从系统抗干扰能力来看，高频段开环幅值一般较低，即 $L(\omega)\ll 0$，$|G(j\omega)|\ll 1$，故对单位反馈系统，有

$$|\Phi(j\omega)|=\frac{|G(j\omega)|}{|1+G(j\omega)|}\approx|G(j\omega)| \tag{5-84}$$

因此，系统开环对数幅频特性在高频段的幅值，直接反映了系统对高频干扰信号的抑制能力：高频部分的幅值越低，系统的抗干扰能力就越强。

5.7.2　开环频域性能指标与时域指标的关系

由开环频率特性分析系统的暂态性能时，一般用开环频率特性的两个特征量，即相角裕度 γ 和幅值穿越频率 ω_c。由于系统的暂态性能由超调量 $\sigma\%$ 和调节时间 t_s 来描述，具有直观和准确的优点，故用开环频率特性评价系统的动态性能，就必须找出开环频域指标 γ 和 ω_c 与时域指标 $\sigma\%$ 和 t_s 的关系。频域指标和系统暂态性能指标之间有确定的或近似的关系，频域指标是表征系统暂态性能的间接指标。

5.7.2.1　二阶系统

典型二阶系统的结构图如图 5-41 所示。开环传递函数为

$$G(s)=\frac{\omega_n^2}{s(s+2\zeta\omega_n)},\quad 0<\zeta<1 \tag{5-85}$$

(1) γ 与 $\sigma\%$ 之间的关系。

二阶系统的开环频率特性为

$$G(j\omega)=\frac{\omega_n^2}{j\omega(j\omega+2\zeta\omega_n)} \tag{5-86}$$

由 $A(\omega_c)=1$，计算开环截止频率 ω_c 有

$$\frac{\omega_n^2}{\omega_c\cdot\sqrt{\omega_c^{\ 2}+(2\zeta\omega_n)^2}}=1 \tag{5-87}$$

解出 ω_c 为

$$\omega_c=\omega_n\cdot\sqrt{\sqrt{1+4\zeta^4}-2\zeta^2} \tag{5-88}$$

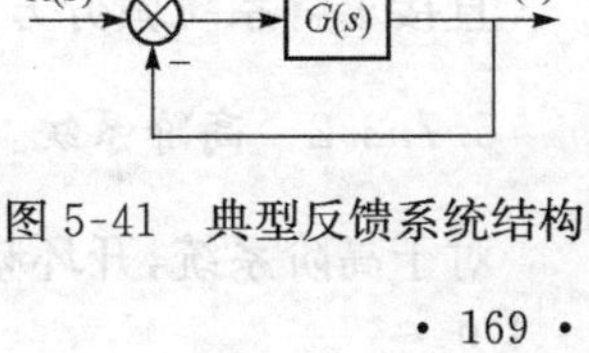

图 5-41　典型反馈系统结构图

则相角裕度γ为

$$\gamma=180°+\varphi(\omega_c)=180°-90°-\arctan\frac{2\zeta\omega_n}{\omega_c}=\arctan\frac{2\zeta}{\sqrt{\sqrt{1+4\zeta^4}-2\zeta^2}} \tag{5-89}$$

从而得到γ和ζ的关系，其关系曲线如图 5-42 (a)所示。

在时域分析中，知

$$\sigma\%=e^{-\frac{\pi\zeta}{\sqrt{1-\zeta^2}}}\times100\% \tag{5-90}$$

为便于比较，把式(5-90)的关系也绘于图 5-42 (a)中。

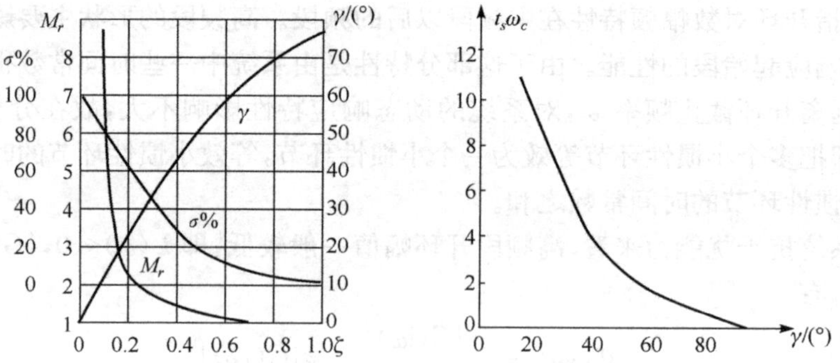

(a) $\sigma\%$、γ、M_r与ζ的关系曲线 (b) t_s、ω_c与γ之间的关系

图 5-42 二阶系统时域指标与频域指标的关系

由图明显看出，γ越小，$\sigma\%$越大；γ越大，$\sigma\%$越小。为使二阶系统不致振荡得太厉害以及调节时间太长，一般希望$30°\leqslant\gamma\leqslant70°$。

(2) γ、ω_c与t_s之间的关系。

在时域分析中，知

$$t_s\approx\frac{3}{\zeta\omega_n} \tag{5-91}$$

所以

$$\omega_c\cdot t_s=\frac{3}{\zeta}\sqrt{\sqrt{1+4\zeta^4}-2\zeta^2}=\frac{6}{\tan\gamma} \tag{5-92}$$

式(5-92)的关系绘成曲线，如图 5-42 (b)所示。

可以看出，调节时间与相角裕度和幅值穿越频率都有关系。如果两个二阶系统的γ相同，则它们的超调量也相同，这时ω_c比较大的系统，调节时间t_s较短。

例 5-11 一单位反馈控制系统，其开环传递函数

$$G(s)=\frac{7}{s(0.087s+1)}$$

试用相角裕度估算过渡过程指标$\sigma\%$与t_s。

解 系统开环 Bode 图如图 5-43 所示。

由图可得，$\omega_c=7$，$\gamma=58.7°$，可算出$\zeta=0.55$，则$\sigma\%=12.6\%$，$t_s=0.55$s。

直接求解系统微分方程，得到的结果是$\sigma\%=7.3\%$，$t_s=0.59$s，两者基本上是一致的。

5.7.2.2 高阶系统

对于高阶系统，开环频域指标与时域指标之间没有准确的关系式。但是大多数实际系统，

开环频域指标 γ 和 ω_c 能反映暂态过程的基本性能。其近似关系为

$$\sigma=0.16+0.4\left(\frac{1}{\sin\gamma}-1\right),\quad 35^\circ\leqslant\gamma\leqslant 90^\circ \tag{5-93}$$

和

$$t_s=\frac{k\pi}{\omega_c} \tag{5-94}$$

其中

$$k=2+1.5\left(\frac{1}{\sin\gamma}-1\right)+2.5\left(\frac{1}{\sin\gamma}-1\right)^2,\quad 35^\circ\leqslant\gamma\leqslant 90^\circ \tag{5-95}$$

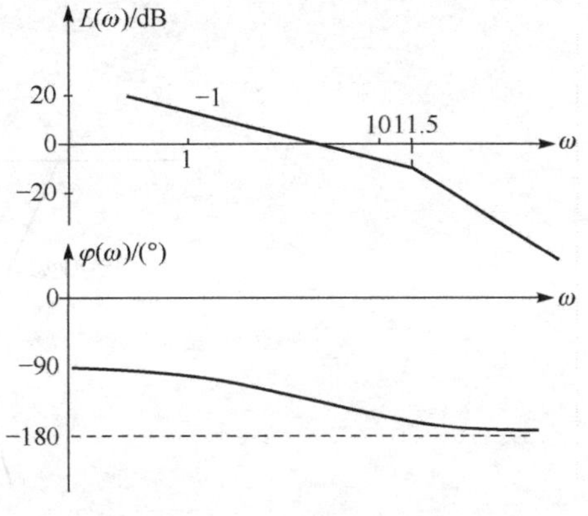

图 5-43　例 5-11 系统开环 Bode 图

式(5-95)表明，高阶系统的 $\sigma\%$ 随着 γ 的增大而减小，调节时间 t_s 随 γ 的增大也减小，且随 ω_c 增大而减小。

应用以上公式估算高阶系统时域指标，一般偏保守，实际性能比估算结果要好，但在初步设计时应用这组公式，便于留有一定余地。

由前面对二阶系统和高阶系统的分析可知，系统的开环频率特性反映了系统的闭环响应特性，对于最小相位系统，由于开环幅频特性与相频特性有确定的关系，所以相角裕度取决于系统开环对数幅频特性的形状，特别是开环对数幅频特性中频段(零分贝频率附近的区段)的形状，对相角裕度影响最大，所以闭环系统的动态性能主要取决于开环对数幅频特性的中频段。

通过以上分析，可以看出系统开环对数频率特性表征了系统的性能。对于最小相位系统，系统的性能完全可以由开环对数幅频特性反映。对系统开环对数幅频特性的要求包括以下几个方面。

(1) 如果要求具有一阶或二阶无静差特性，则开环对数幅频特性的低频段应有 −20 dB/dec或 −40dB/dec 的斜率。为保证系统的稳态精度，低频段应有较高的增益。

(2) 开环对数幅频特性以 −20dB/dec 斜率穿越零分贝线，且具有一定的中频段宽度，这样系统就有一定的稳定裕度，以保证闭环系统具有一定的平稳性。

(3) 具有尽可能大的零分贝频率，以提高闭环系统的快速性。

(4) 为了提高系统抗干扰的能力，开环对数幅频特性高频段应有较大的负斜率。

5.7.3　开环频域指标与闭环频域指标的关系

(1) γ 与 M_r 的关系。

对于二阶系统，通过图 5-42 中的曲线可以看到 γ 与 M_r 之间的关系。对于高阶系统，可通过图 5-44 找出它们之间的关系。一般 M_r 出现在 ω_c 附近，就是说用 ω_c 代替 ω_r 来计算 M_r，并且 γ 较小，可近似认为 $AB=|1+G(\mathrm{j}\omega_c)|$，于是有

$$M_r=\frac{|G(\mathrm{j}\omega_c)|}{|1+G(\mathrm{j}\omega_c)|}\approx\frac{|G(\mathrm{j}\omega_c)|}{AB}=\frac{|G(\mathrm{j}\omega_c)|}{|G(\mathrm{j}\omega_c)|\cdot\sin\gamma}=\frac{1}{\sin\gamma} \tag{5-96}$$

当 γ 较小时，式(5-96)的准确性较高。

(2) ω_c 与 ω_b 的关系。

对于二阶系统，ω_c 与 ω_b 有如下关系

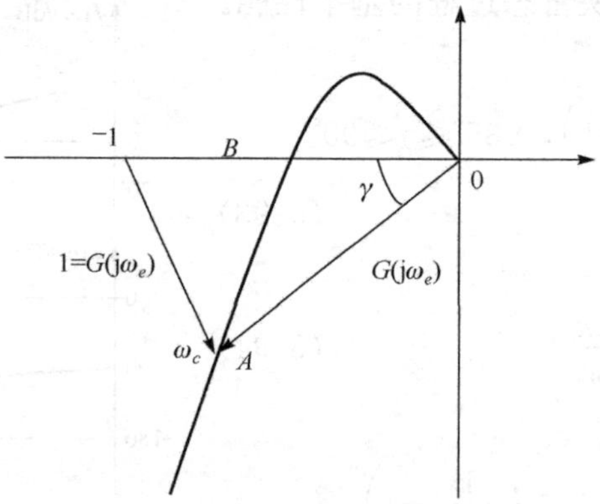

图 5-44 求取和之间的近似

$$\frac{\omega_b}{\omega_c}=\sqrt{\frac{1-2\zeta^2+\sqrt{2-4\zeta^2+4\zeta^4}}{-2\zeta^2+\sqrt{1+4\zeta^4}}} \tag{5-97}$$

可见,ω_c 与 ω_b 的比值是 ζ 的函数,有

$$\begin{cases}\zeta=0.4, & \omega_b=1.6\omega_c\\ \zeta=0.7, & \omega_b=1.55\omega_c\end{cases}$$

对于高阶系统,初步设计时,可近似取 $\omega_b=1.6\omega_c$。

5.8 MATLAB 频率特性分析

MATLAB 控制系统工具箱在频率响应法方面提供了许多函数支持,使用它们可以很方便地绘制控制系统的频率特性图并对系统进行频域分析或设计。常用的 MATLAB 函数有:bode(),绘制控制系统的伯德图;nyquist(),绘制控制系统的奈奎斯特曲线;nichols(),绘制控制系统的尼科尔斯图;margin(),计算控制系统的稳定裕量;freqresp(),计算系统在指定频率处的频率响应值;evalfr(),计算 LTI 系统在单个复频率处的频率响应值。

其中 bode、nyquist 和 nichols 函数,既适用于单变量系统也适用于多变量(即 MIMO)系统,既适用于连续时间系统也适用于离散时间系统。在这一节将通过具体的例子来说明如何应用 bode、nyquist 和 nichols 等函数绘制控制系统的伯德图和奈奎斯特曲线以及尼科尔斯图。

5.8.1 Bode 图

MATLAB 中绘制 Bode 图的函数是 bode(),调用格式为

```
bode (num,den)
bode (num,den, w )
[mag,phase,w]= bode (num,den)
[ mag,phase ]= bode (num,den,w)
```

bode(num,den)可以绘制传递函数为 $G(s)=\dfrac{\mathrm{num}(s)}{\mathrm{den}(s)}$ 时系统的 Bode 图。带左端变量的 bode 函数运行后,屏幕上将不显示 Bode 图,而是在用户指定的频率点向量 w 上把系统的频率特性表示成幅值和相角,并分别由 mag 矩阵和 phase 矩阵来表示。

bode 函数具有自动频率选择功能，函数的输入变量部分未给出频率的范围，则该函数能根据系统模型的特性自动选择频率的变化范围。若需要人为地指定频率范围或频率点 w，可以在函数的输入变量部分包含所定义 w。w 的定义可以采用 logspace 函数，其格式为

$$w=\text{logspace}(a,b,n)$$

式中，a 表示最小频率 10^a；b 表示最大频率 10^b；n 表示 $10^a \sim 10^b$ 的频率点数。

例 5-12 绘制 $G(s)=\dfrac{100(s+2)}{s(s+1)(s+20)}$ 的 Bode 图。

解 程序如下：[M507]

```
MATLAB Program5-1
%--------------------------- Bode ---------------------------
num=100*[1 2];
den=[1 21 20 0];
bode(num,den);
grid;
```

Bode 图如图 5-45 所示。

如果指定频率范围：$\omega=10^{-1}\sim10^2$，则 MATLAB 命令改写为：[M508]

```
MATLAB Program5-2
%--------------------------- Bode ---------------------------
num=100*[1 2];
den=[1 21 20 0];
w=logspace(-1,2,200);
bode(num,den,w);
grid;
```

Bode 图如图 5-46 所示。

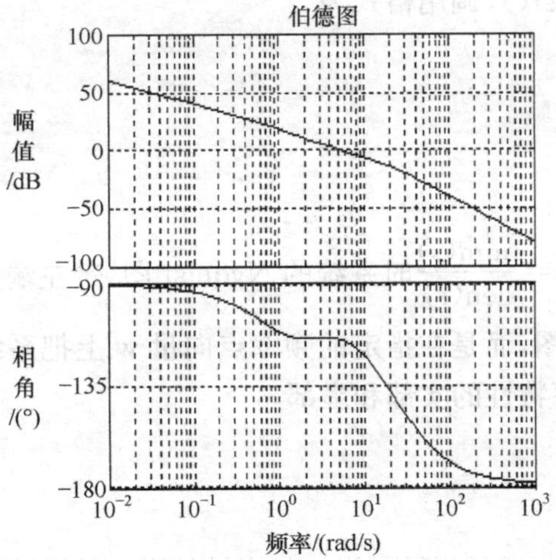

图 5-45 Bode 图

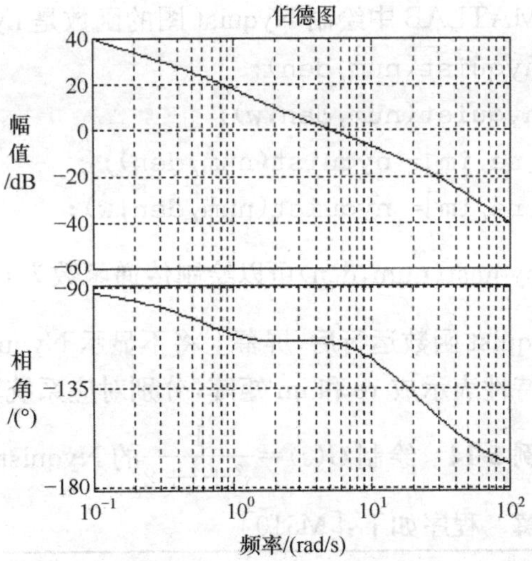

图 5-46 Bode 图

在 MATLAB 中可采用函数 margin()来求取相对稳定性，调用格式为

$$[Gm,Pm,w_{cg},w_{cp}]=\text{margin}(num,den)$$

式中，Gm 为幅值裕度；Pm 为相角裕度；w_{cg} 为穿越 $-180°$ 线所对应的频率；w_{cp} 为幅值为 0dB 时所对应的频率。

例 5-13 绘制 $G(s)=\dfrac{100(s+2)}{s(s+1)(s+20)}$ 的 Bode 图，并求取相对稳定性。

解 程序如下：[M509]

```
MATLAB Program5-3
%-------------------------------- Bode ------------------------------------
num= 100* [1 2];
den= [1 21 20 0];
margin(num,den)
```

调用结果如图 5-47 所示。

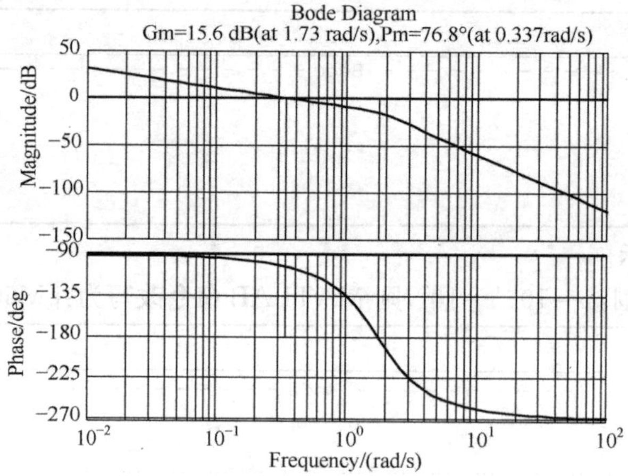

图 5-47 Bode 图及相对稳定裕度

5.8.2 Nyquist 图

MATLAB 中绘制 Nyquist 图的函数是 nyquist()，调用格式为

```
nyquist(num,den);
nyquist(num,den,w);
[re,im]= nyquist(num,den);
[re,im]= nyquist(num,den,w);
```

nyquist(num,den)可以绘制传递函数为 $G(s)=\dfrac{\mathrm{num}(s)}{\mathrm{den}(s)}$ 时系统的 Nyquist 图，带左端变量的 nyquist 函数运行后，屏幕上将不显示 Nyquist 图，而是在指定的频率点向量 w 上把系统的频率特性表示成 re 和 im 矩阵，分别对应系统频率特性的实部和虚部。

例 5-14 绘制 $G(s)=\dfrac{1}{s^2+s+2}$ 的 Nyquist 图。

解 程序如下：[M510]

```
MATLAB Program5-4
%-------------------------------- Nyquist ------------------------------------
num= 1;
den= [1 1 2];
nyquist(num,den);
grid;
```

Nyquist 图如图 5-48 所示，而开环极点可用下面命令求出：

```
    roots(den);
ans =
    -0.5000 + 1.3229i
    -0.5000 - 1.3229i
```

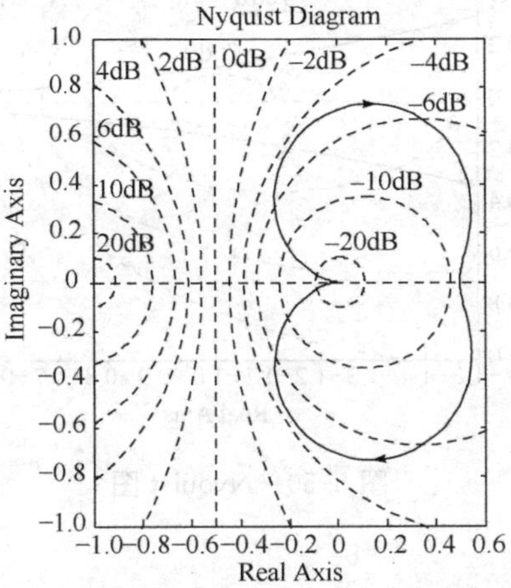

图 5-48　Nyquist 图

例 5-15　绘制 $G(s)=\dfrac{10(s+2)}{s^3+2s^2+3s}$ 的 Nyquist 图。

解　程序如下:[M511]

```
MATLAB Program 5-5
%------------------------------- Nyquist ----------------------------
  num= 2;
  den= [1 2 3 0];
  nyquist(num,den);
  grid;
```

Nyquist 图如图 5-49 所示。此时可以用放大镜工具或轴函数 axis()命令进行局部放大,进行稳定性分析。如规定实轴、虚轴范围分别为(−1.5,−0.5),(−1,1)有:axis([−1.5 −0.5 −1 1]);结果如图 5-50 所示。

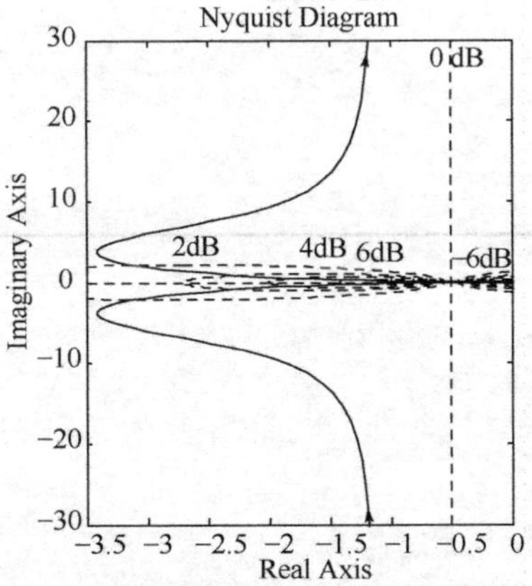

图 5-49　Nyquist 图

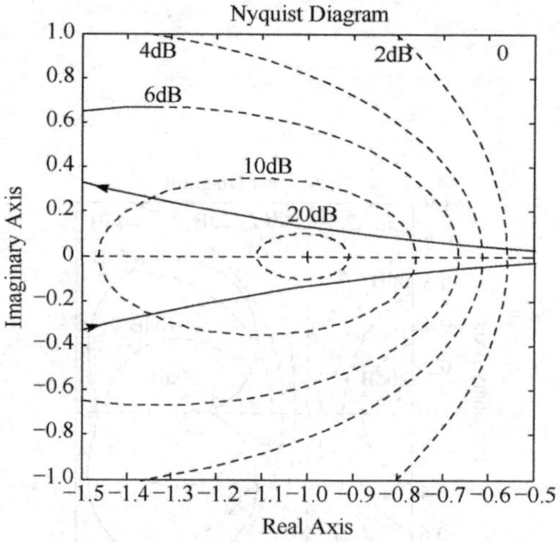

图 5-50 Nyquist 图

5.8.3 Nichols 图

MATLAB 中绘制 Nichols 图的函数是 nichols ()，调用格式为

```
nichols (num,den)
nichols (num,den, w )
[mag, phase, w]= nichols (num,den)
[ mag, phase ]= nichols (num,den, w)
```

nichols(num,den)可以绘制传递函数为 $G(s)=\dfrac{\text{num}(s)}{\text{den}(s)}$ 时系统的 Nichols 图。当带输出变量引用函数时，可以得到系统 Nichols 图线的数据，而不直接绘出 Nichols 图线。

例 5-16 绘制 $G(s)=\dfrac{10(s+2)}{s^3+2s^2+3s}$ 的 Nichols 图。

解 程序如下:[M512]

```
MATLAB Program 5-6
% ---------------------- Nichols ----------------------
num= 2;
den= [1 2 3 0];
nichols(num,den),
ngrid;
```

Nichols 图如图 5-51 所示。

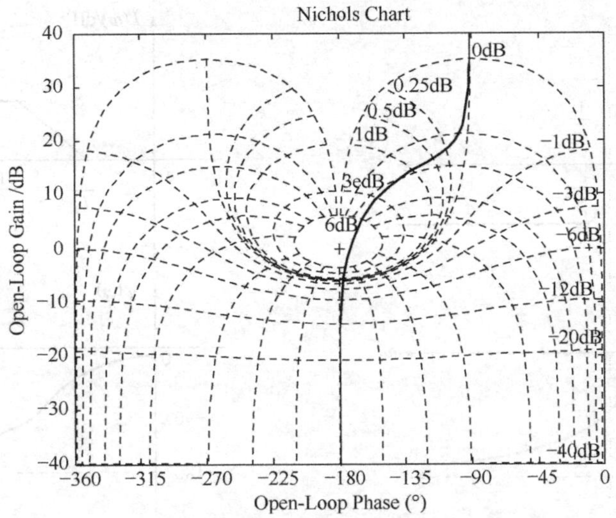

图 5-51 Nichols 图

5.9 例题精解

例 5-17 已知单位负反馈系统的开环传递函数为

$$G(s)=\frac{1-T_1 s}{1+T_2 s}$$

试分析其稳定性。

解 (1) 根据奈氏判据,有

$$G(\mathrm{j}\omega)=\frac{1-T_1\mathrm{j}\omega}{1+T_2\mathrm{j}\omega}=\frac{1-T_1T_2\omega^2}{1+T_2^2\omega^2}-\mathrm{j}\frac{(T_1+T_2)\mathrm{j}\omega}{1+T_2^2\omega^2}=R(\omega)+\mathrm{j}I(\omega)$$

当 $\omega=0$ 时,$R(0)=1$,$I(0)=0$;当 $\omega\to\infty$ 时,$R(\infty)=-\frac{T_1}{T_2}$,$I(\infty)=0$,开环传递函数在 s 右半平面无开环极点,即 $P=0$。于是,当 $T_2>T_1$ 时,在负实轴$(-1,-\infty)$区间无穿越数,系统稳定;当 $T_2<T_1$ 时,有半次负穿越,$Z=0-2(-\frac{1}{2})=1$,系统不稳定;当 $T=T_1$ 时,临界稳定。如图 5-52 所示。

(2) 根据对数频率特性判据,有

$$L(\omega)=20\lg\sqrt{1+T_1^2\omega^2}-20\lg\sqrt{1+T_2^2\omega^2}$$

$$\varphi(\omega)=-\arctan T_1\omega-\arctan T_2\omega$$

① $T_2>T_1$,如图 5-53(a)所示,在 $L(\omega)>0$ 区间内,无穿越数,系统稳定。

② $T_2<T_1$,如图 5-53(b)所示,幅频特性高频为 $L(\omega)>0$,当 $\omega\to\infty$ 时,有半次负穿越,系统不稳定。

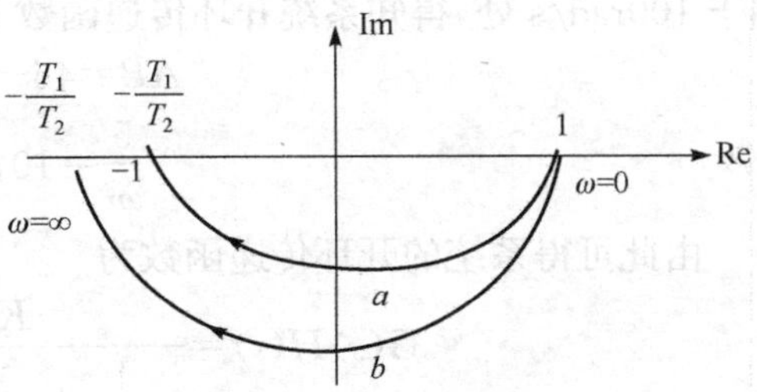

图 5-52 例 5-17 幅相特性曲线

a:$T_2>T_1$;b:$T_1>T_2$

例 5-18 由实验测得某最小相位系统的幅频特性对数坐标图如图 5-54 所示,求:

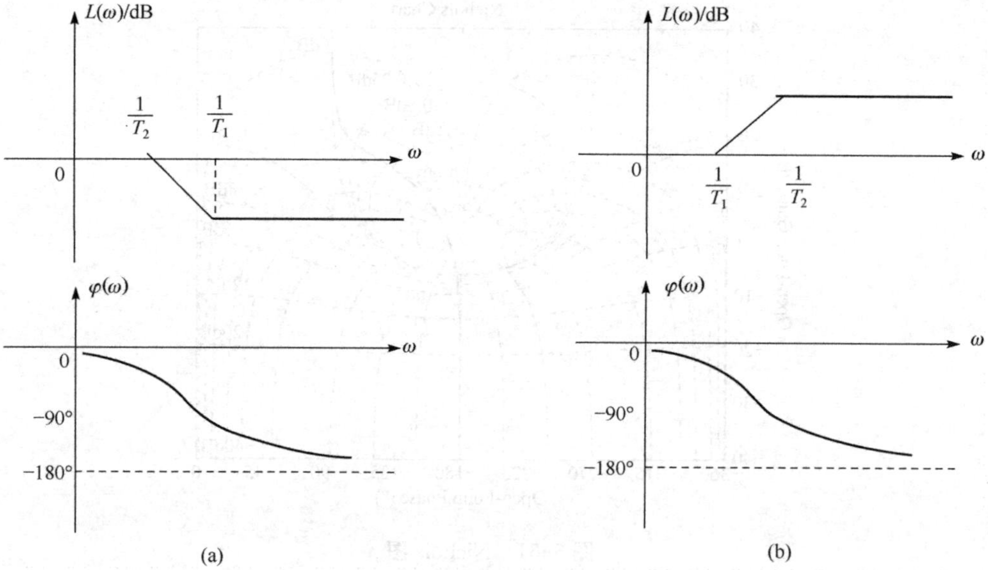

图 5-53　例 5-17 频率特性曲线

(1) 系统的开环传递函数 $G(s)H(s)$；

(2) 计算系统的相角裕度和幅值裕度 h；

(3) 判断系统的稳定性。

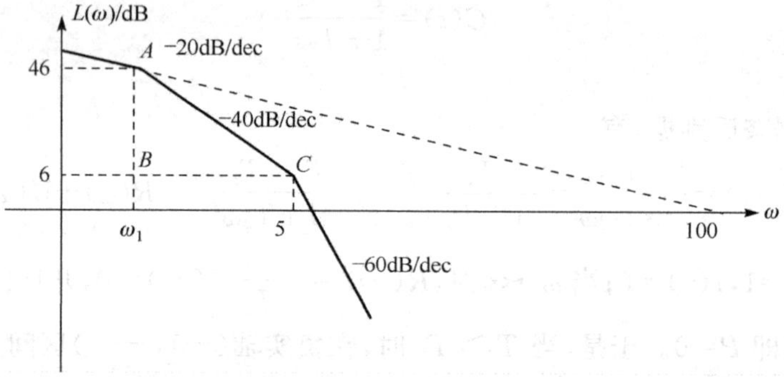

图 5-54　例 5-18 图

解　(1) 低频段渐近线的斜率为－20dB/dec,故系统为Ⅰ型系统。延长低频段渐近线交轴于 100rad/s 处,得知系统开环传递函数 $K_v=100$。由△ABC 知,

$$AB=46-6=40(\lg 5-\lg\omega_1)$$

$$\frac{5}{\omega_1}=10,\quad \omega_1=0.5\text{rad/s}$$

由此可得系统的开环传递函数为

$$G(s)H(s)=\frac{K_v}{s\left(\dfrac{1}{\omega_1}s+1\right)\left(\dfrac{1}{5}s+1\right)}=\frac{100}{s(2s+1)(0.2s+1)}$$

(2) 由 $A(\omega_c)\approx\dfrac{100}{\omega_c\times 2\omega_c\times 0.2\omega_c}=1$,求得系统的穿越频率 $\omega_c=6.3\text{rad/s}$；

$$\gamma = 180° + \varphi(\omega_c)$$
$$= 180° - 90° - \arctan(2\times6.3) - \arctan(0.2\times6.3) = 47°$$

根据 $\varphi(\omega_g) = -90° - \arctan 2\omega_g - \arctan 0.2\omega_g = -180°$，解得在相角交界频率 $\omega_g = 1.58\text{rad/s}$。

系统在相角交界处的开环幅值为

$$A(\omega_g) \approx \frac{100}{0.2\omega_g \times 2\omega_g \times \omega_g} = 63.38$$

幅值裕量为 $h = -20\lg A(\omega_g) = -36\text{dB}$。

(3) 由于 $\gamma = -47° < 0$，$h = -36\text{dB} < 0$，故该系统不稳定。

例 5-19 控制系统如图 5-55 所示。

(1) 概略绘制开环系统相幅特性曲线；

(2) 分析 K 值不同时系统的稳定性；

(3) 确定当 $K = 0.75$，$T_1 = 1$，$T_2 = 0.5$ 时系统的幅值裕度。

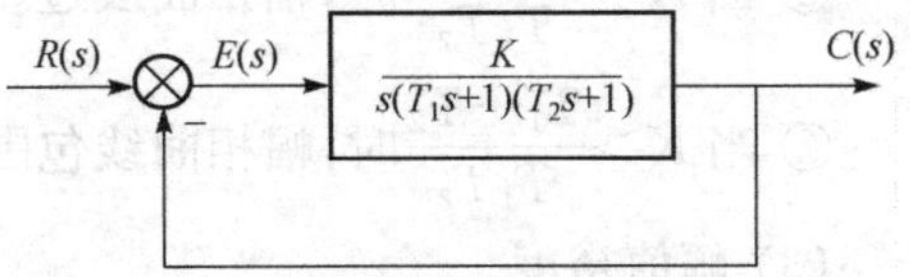

图 5-55 例 5-19 系统结构图

解 (1) 已知开环系统含有一个积分环节（即 $\nu = 1$），所以应该按照非 0 型系统绘图。

① 起点：当 $\omega = 0^+$ 时

$$|G(\mathrm{j}0^+)| = \infty$$

$$\varphi(0^+) = \nu\left(-\frac{\pi}{2}\right) = -\frac{\pi}{2}$$

② 终点：当 $\omega = \infty$ 时

$$|G(\mathrm{j}\infty)| = 0$$

$$\varphi(\infty) = (m-n)\left(-\frac{\pi}{2}\right) = -\frac{3}{2}\pi$$

即可粗略地画出幅相曲线，如图 5-56 所示。

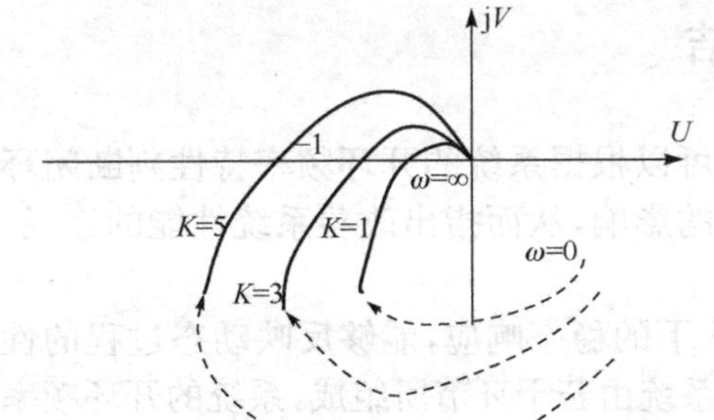

图 5-56 例 5-19 图

(2) 系统的开环频率特性为

$$G(\mathrm{j}\omega) = \frac{K}{\mathrm{j}\omega(\mathrm{j}\omega T_1 + 1)(\mathrm{j}\omega T_2 + 1)} = u(\omega) + \mathrm{j}v(\omega)$$

实频特性

$$u(\omega) = \frac{-K(T_1 + T_2)}{1 + \omega^2(T_1^2 + T_2^2) + \omega^4 T_1^2 T_2^2}$$

虚频特性

$$v(\omega) = \frac{-\dfrac{K}{\omega}(1 - \omega^2 T_1 T_2)}{1 + \omega^2(T_1^2 + T_2^2) + \omega^4 T_1^2 T_2^2}$$

求 $G(\mathrm{j}\omega)$ 曲线与负实轴交点处的频率 ω_g，此时有

$$v(\omega_g) = 0$$

则

$$\omega_g = \frac{1}{\sqrt{T_1 T_2}}$$

将 ω_g 带入实频特性，若闭环稳定，则 $|u(\omega_g)| < 1$。

$$|u(\omega_g)|=\frac{1}{1+\omega_g^2(T_1^2+T_2^2)+\omega_g^4T_1^2T_2^2}=\frac{K(T_1+T_2)}{1+\dfrac{T_1^2+T_2^2}{T_1T_2}+\dfrac{T_1^2T_2^2}{T_1^2T_2^2}}=\frac{K(T_1+T_2)}{\dfrac{(T_1+T_2)^2}{T_1T_2}}<1$$

故

$$K<\frac{T_1+T_2}{T_1T_2}$$

分析：

① 当$K<\dfrac{T_1+T_2}{T_1T_2}$时，幅相曲线不包围(−1,j0)点，此时闭环系统稳定；

② 当$K=\dfrac{T_1+T_2}{T_1T_2}$时，幅相曲线过(−1,j0)点，此时闭环系统临界稳定；

③ 当$K>\dfrac{T_1+T_2}{T_1T_2}$时，幅相曲线包围(−1,j0)点，此时闭环系统不稳定。

(3) 幅值裕度

$$h=\frac{1}{|u(\omega_g)|}=\frac{T_1+T_2}{KT_1T_2}=\frac{1+0.5}{0.75\times1\times0.5}=4$$

$$h_{\mathrm{dB}}=20\lg h=20\lg4=12\mathrm{dB}$$

更多例题见光盘。

5.10 工程应用实例

工程应用实例详见光盘。

G501 位置随动系统；　G502 炉温控制系统；　G503 雕刻机控制系统；

G504 遥控侦探车；　G505 磁盘驱动读取系统。

本章小结

频域分析法是一种常用的图解分析法，其特点是可以根据系统的开环频率特性判断闭环系统的性能，并能较方便地分析系统参量对系统特性的影响，从而指出改善系统性能的途径。本章介绍的主要内容包括以下几点。

频率特性研究的是线性系统(或部件)在正弦输入下的稳态响应，能够反映动态过程的性能，频率特性与传递函数之间有着确切的简单关系。系统由若干环节所组成，系统的开环频率特性，无论对数幅频特性还是对数相频特性，都由典型环节的频率特性叠加而成。

最小相位系统传递函数的极点和零点都位于s平面的左半部，其幅频和相频特性之间存在着唯一的对应关系，根据对数幅频特性，可以唯一地确定相应的相频特性和传递函数。

依据开环频率特性不仅能够判断闭环系统的稳定性，而且可以定量地反映系统的相对稳定性，即稳定的程度。系统的相对稳定性通常用幅值裕度h和相角裕度γ来衡量，保持适当的稳定裕度，可以使系统得到较满意的响应特性，并预防系统中元器件性能变化对稳定性可能带来的不利影响。

由系统的开环频率特性可以求得闭环频率特性，根据闭环频率特性的谐振峰值M_r、谐振频率ω_r和截止频率ω_b的数值可以粗略估计系统时域响应的一些性能指标。

以MATLAB为工具，讨论了系统的Bode图、Nyquist图及Nichols图的计算机绘制及系统的幅值裕度和相角裕度的求取。

习　题

5-1　若系统单位阶跃响应

$$h(t)=1-1.8\mathrm{e}^{-4t}+0.8\mathrm{e}^{-9t}$$

试确定系统的频率特性。

5-2　设系统结构图如题 5-2 图所示，试确定输入信号 $r(t)=\sin(t+30^\circ)-\cos(2t-45^\circ)$ 作用下，系统的稳态误差 $e_{ss}(t)$。

5-3　已知系统开环传递函数

$$G(s)H(s)=\frac{K(\tau s+1)}{s^2(Ts+1)}\quad K,\tau,T>0$$

试分析并绘制 $\tau>T$ 和 $T>\tau$ 情况下的概略开环幅相曲线。

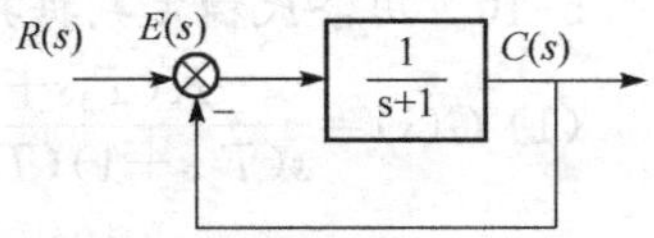

题 5-2 图

5-4　典型二阶系统的开环传递函数

$$G(s)=\frac{\omega_n^2}{s(s+2\zeta\omega_n)}$$

当取 $r(t)=2\sin(t)$ 时，系统的稳态输出为 $c_{ss}(t)=2\sin(t-45^\circ)$。试确定系统参数 ζ,ω_n。

5-5　已知最小相位系统的对数幅频渐近特性曲线如题 5-5 图所示，试确定系统的开环传递函数。

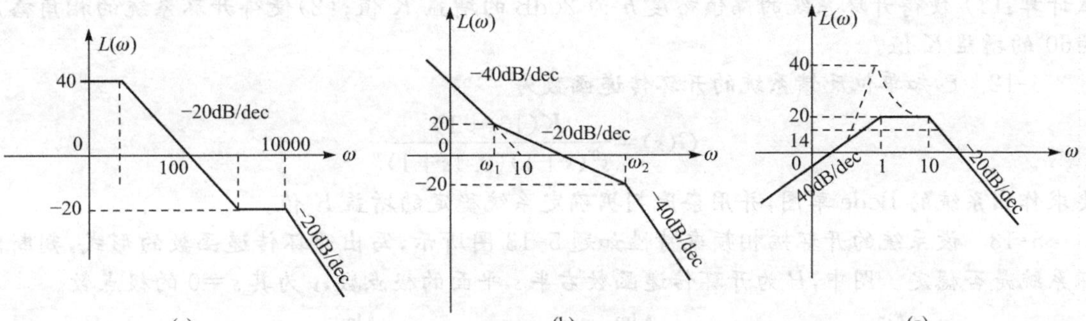

(a)　(b)　(c)

题 5-5 图

5-6　若单位反馈系统的开环传递函数

$$G(s)=\frac{K\mathrm{e}^{-0.8s}}{s+1}$$

试确定系统稳定的 K 值范围。

5-7　设单位反馈控制系统的开环传递函数

$$G(s)=\frac{as+1}{s^2}$$

试确定相角裕度为45°时参数 a 的值。

5-8　已知单位反馈系统开环传递函数

$$G(s)H(s)=\frac{20(s+1)}{s(s^2+2s+10)(s+5)}$$

试绘制开环系统的 Bode 图，并确定系统的幅值裕度和相角裕度。

5-9　试绘制下述传递函数的概略开环幅相曲线。

(1) $G(s)=\dfrac{K}{(T_1s+1)(T_2s+1)}$

(2) $G(s)=\dfrac{K}{s(Ts+1)}$

(3) $G(s)=\dfrac{K(T_1s+1)}{s(T_2s+1)}, T_1<T_2$

(4) $G(s)=\dfrac{K(T_1s+1)}{s^2(T_2s+1)}, T_1<T_2$ 及 $T_1>T_2$

5-10　用奈氏稳定判据判断下列反馈系统的稳定条件，各系统的开环传递函数如下。

(1) $G(s)=\dfrac{K(T_3s+1)}{s(T_1s+1)(T_2s+1)}, T_3>T_1+T_2$

(2) $G(s)=\dfrac{10}{s(s-1)(0.2s+1)}$

(3) $G(s)=\dfrac{100(0.02s+1)}{s(s-1)}$

5-11　已知单位反馈系统的开环传递函数为

$$G(s)=\frac{K}{s(s+1)(0.1s+1)}$$

试计算：(1) 使得开环系统的幅值裕度 h 为 20dB 的增益 K 值；(2)使得开环系统的相角裕度为60°的增益 K 值。

5-12　已知单位反馈系统的开环传递函数为

$$G(s)=\frac{K(10s+1)}{s^2(s+1)(0.1s+1)}$$

要求作出系统的 Bode 草图，并用奈氏判据确定系统稳定的增益 K 值。

5-13　设系统的开环幅相频率特性如题 5-13 图所示，写出开环传递函数的形式，判断闭环系统是否稳定。图中，P 为开环传递函数右半 s 平面的极点数，ν 为其 $s=0$ 的极点数。

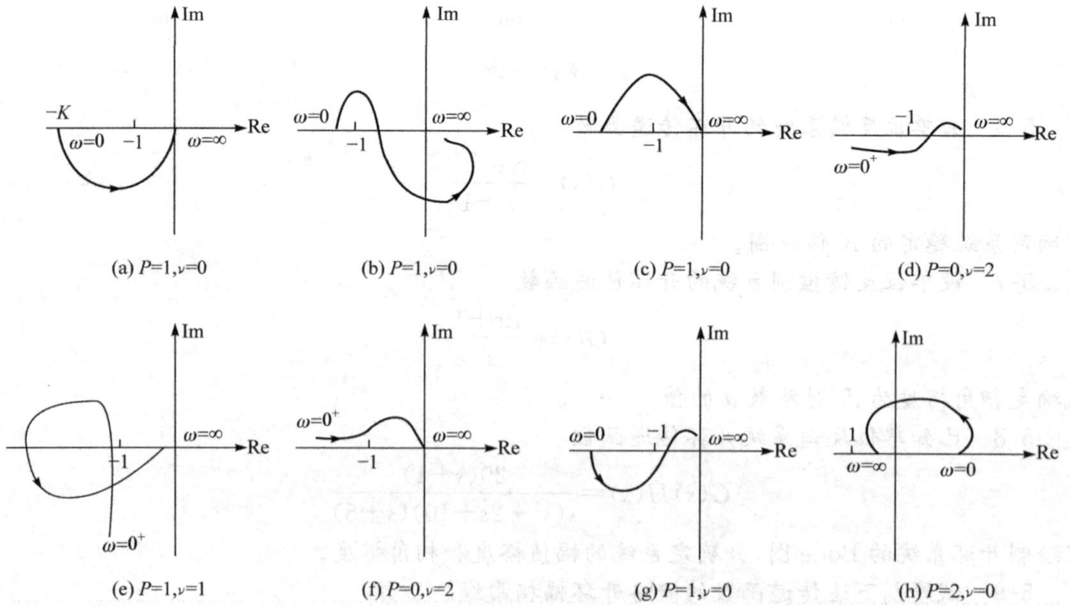

题 5-13 图

5-14　控制系统的方框图如题5-14图所示，试根据该系统反应4rad/s速度信号时的稳态误差等于30°的要求确定控制器的增益K，并计算该系统的M_r及ω_r。

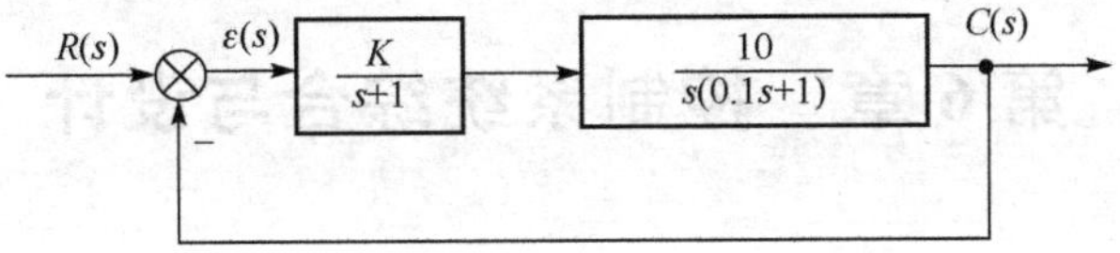

题5-14图

5-15　单位反馈系统的开环传递函数为

$$G(s)=\frac{7}{s(0.087s+1)}$$

试用频域和时域关系求系统的超调量$\sigma\%$及调整时间t_s。

第6章 控制系统综合与设计

基本要求

(1) 了解自动控制系统校正的工作原理、分类和特点。

(2) 了解基于根轨迹法的超前校正、滞后校正及滞后-超前校正基本思路与一般步骤。

(3) 掌握基于频率响应法的超前校正、滞后校正及滞后-超前校正基本思路与一般步骤。

(4) 了解反馈校正的基本思路。

6.1 引 言

本章主要介绍单输入-单输出线性定常控制系统的设计和校正。校正是指通过改变系统的动态特性使其满足特定的技术要求,系统的动态特性是系统稳定性、快速性和准确性(或控制精度、阻尼程度和响应速度)的反映,可用根轨迹法和频域分析法提出的若干性能指标来表征。

6.1.1 性能指标

要设计出最佳的控制系统,需要确切地阐明性能指标,控制系统的性能指标与精确度、相对稳定性和响应速度有关,可以精确的数值形式给出,也可采用定性说明的方式给出。

系统设计和校正所依据的常见的性能指标如下。

时域指标:稳态误差 e_{ss},系统的无差度 ν,静态位置误差系数 K_p,静态速度误差常数 K_v,静态加速度误差常数 K_a,超调量 $\sigma\%$,上升时间 t_r,调节时间 t_s。

频域指标:开环截止频率 ω_c,中频带宽度,相角裕度 γ,幅值裕度 $20\lg h$,谐振频率 ω_γ,带宽 ω_b,谐振峰值 M_γ。

6.1.2 控制系统校正的基本方法

与控制系统的分析方法相对应,控制系统校正的基本方法有根轨迹法和频域分析法。

根轨迹法是在已知反馈系统的开环极点与零点分布基础上,通过系统参数变化图解特征方程,即根据参数变化研究系统闭环极点分布的一种图解方法,可清楚地表明参数变化的影响。基于根轨迹的校正,是通过采用校正装置改变系统的根轨迹,从而将一对主导闭环极点配置在需要的位置上。通常,一对主导闭环极点的阻尼比和无阻尼自然频率是根据性能指标确定的。

频域分析法通过高阶系统的开环频率响应与时域指标间的关系,定性地看出系统的平稳性、响应速度和稳态精度。基于频域分析的校正通过采用校正装置改变系统的伯德图。设计的主要问题是如何恰当地选择校正装置 $G_c(s)$ 的极点和零点,以得到代表期望特性的伯德图形状,使性能指标得到满足。

本书将主要讨论基于频域分析的校正方法,并在6.3节简要介绍根轨迹校正。

6.2 校正方案

为了使系统获得满意的性能，需要对系统进行再设计，改进系统结构，增加新的装置和元件，如何进行再设计，即为校正方案，包括校正方式和校正装置的确定；系统的结构如何改变，即为校正方式；所增加的新装置，称为校正装置。

6.2.1 校正方式［F601］

常用校正方式有串联校正和反馈（或称并联）校正。

如图 6-1(a)所示，将校正装置 $G_c(s)$ 在系统的前向通道中与被控对象串联称为串联校正。如图 6-1(b)所示，从系统的某些元件引出反馈信号，在内反馈回路中设置校正装置 $G_c(s)$，称为反馈校正。

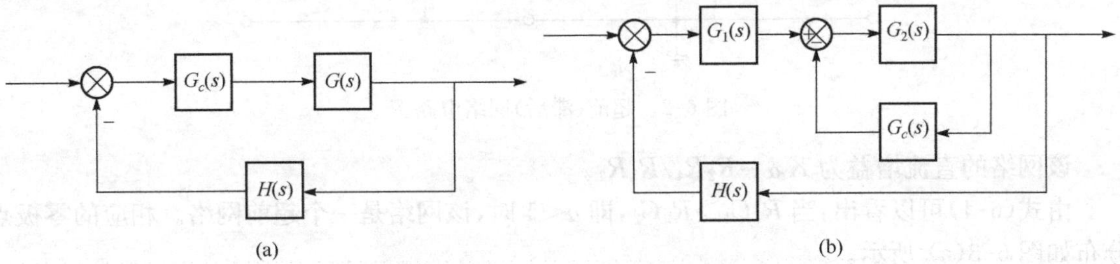

图 6-1 串联校正(a)和并联校正(b)

究竟选择何种校正，取决于系统中信号的性质、系统中各点功率的大小、可供采用的元件、设计者的经验以及经济条件等。

一般来说，串联校正较简单，但常需要附加放大器，以增大增益或提供隔离(为了避免功率损耗，串联校正装置通常安装在前向通道中能量最低的点上)。而反馈校正，信号是从能量高的点传向能量低的点，不必采用附加放大器，因此若能提供适当的信号，并联校正需要的元件数目比串联校正少。

本章将主要对串联校正进行详细讨论，反馈校正在 6.5 节简述。

6.2.2 校正装置［F602］

校正装置是为了弥补控制系统性能的不足而引入的附加装置或电路。

通常采用的校正装置或控制器包括超前校正装置、滞后校正装置、滞后-超前校正装置和 PID 控制器等，下面将对超前校正装置、滞后校正装置、滞后-超前校正装置进行讨论。

6.2.2.1 超前校正装置

如果在网络的输入端施加一个正弦输入信号，网络的稳态输出信号(也为正弦信号)相位超前输入，则该网络为超前网络，实现连续时间超前校正有许多方法，如通过利用运算放大器的电子网络、通过 RC 的电气网络和通过机械的弹簧-阻尼器系统等。

图 6-2 所示为一个用运算放大器组成的电子电路。该电路的传递函数为

$$\frac{E_o(s)}{E_i(s)}=\frac{R_2R_4}{R_1R_3}\cdot\frac{R_1C_1s+1}{R_2C_2s+1}=K_c\alpha\ \frac{Ts+1}{\alpha Ts+1}=K_c\ \frac{s+\dfrac{1}{T}}{s+\dfrac{1}{\alpha T}} \tag{6-1}$$

式中，$T=R_1C_1$；$\alpha T=R_2C_2$；$K_c=\dfrac{R_4C_1}{R_3C_2}$；$\alpha=\dfrac{R_2C_2}{R_1C_1}$。

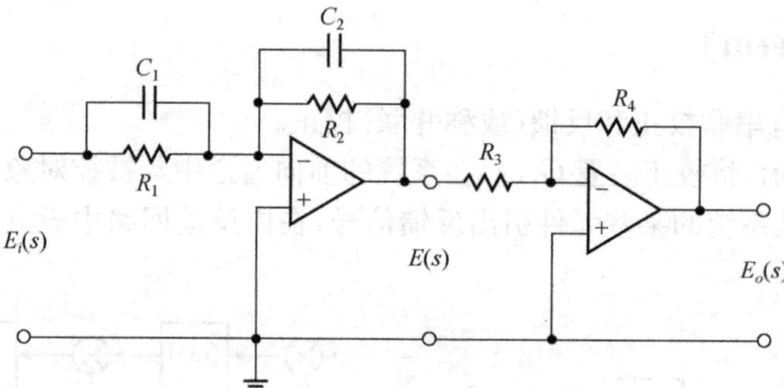

图 6-2　超前(滞后)网络电路图

该网络的直流增益为 $K_c\alpha=R_2R_4/R_1R_3$。

由式(6-1)可以看出：当 $R_1C_1>R_2C_2$，即 $\alpha<1$ 时，该网络是一个超前网络。相应的零极点分布如图 6-3(a) 所示。

6.2.2.2　滞后校正装置

如果网络的稳态输出信号相位滞后输入，则称该网络为滞后网络。采用运算放大器的电子滞后校正装置的配置与图 6-2 中的超前校正装置相同。选择 $R_1C_1<R_2C_2$，即 $\alpha>1$，用 β 代替。可以求得滞后校正装置的传递函数为

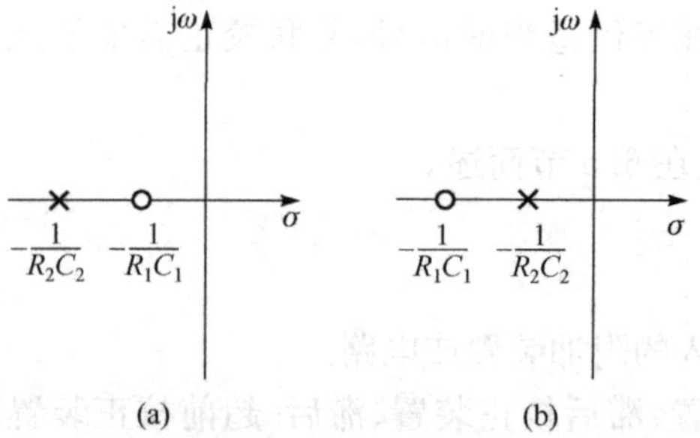

图 6-3　超前和滞后网络的零极点分布图

$$\frac{E_o(s)}{E_i(s)}=K_c\left(s+\frac{1}{T}\right)\Big/\left(s+\frac{1}{\beta T}\right) \tag{6-2}$$

式中，$T=R_1C_1$；$\beta T=R_2C_2$；$\beta=\dfrac{R_2C_2}{R_1C_1}>1$；$K_c=\dfrac{R_4C_1}{R_3C_2}$。

滞后网络零极点分布图如图 6-3 (b)所示。

6.2.2.3　滞后-超前校正装置

滞后-超前网络中，与输入信号相比，输出信号相位既有滞后，也有超前，但发生在不同的范围，相位滞后发生在低频范围，相位超前发生在高频范围。

图 6-4 为一个用运算放大器电路构成的滞后-超前校正装置，可求得滞后-超前装置的传递函数为

$$\frac{E(s)}{E_i(s)}=-\frac{Z_2}{Z_1}=-\frac{R_4}{R_3}\cdot\frac{(R_1+R_3)C_1s+1}{R_1C_1s+1}\cdot\frac{R_2C_2s+1}{(R_2+R_4)C_2s+1} \tag{6-3}$$

反号器的传递函数为$\dfrac{E_o(s)}{E(s)}=-\dfrac{R_6}{R_5}$,因此,图 6-4 所示校正装置的传递函数为

$$\frac{E_o(s)}{E_i(s)}=\frac{E_o(s)E(s)}{E(s)E_i(s)}=-\frac{R_4R_6}{R_3R_5}\cdot\frac{(R_1+R_3)C_1s+1}{R_1C_1s+1}\frac{R_2C_2s+1}{(R_2+R_4)C_2s+1} \tag{6-4}$$

令 $T_1=(R_1+R_3)C_1$, $\dfrac{T_1}{\gamma}=R_1C_1$, $T_2=R_2C_2$, $\beta T_2=(R_2+R_4)C_2$,方程(6-4)变为

$$\frac{E_o(s)}{E_i(s)}=K_c\frac{\beta}{\gamma}\frac{T_1s+1}{\frac{T_1}{\gamma}s+1}\frac{T_2s+1}{\beta T_2s+1}=K_c\frac{\left(s+\frac{1}{T_1}\right)\left(s+\frac{1}{T_2}\right)}{\left(s+\frac{\gamma}{T_1}\right)\left(s+\frac{1}{\beta T_2}\right)} \tag{6-5}$$

式中,$\gamma=\dfrac{R_1+R_3}{R_1}>1$; $\beta=\dfrac{R_2+R_4}{R_2}>1$; $K_c=\dfrac{R_2R_4R_6}{R_1R_3R_5}\dfrac{R_1+R_3}{R_2+R_4}$。

通常选择 $\beta=\gamma$。

6.2.3 校正方案

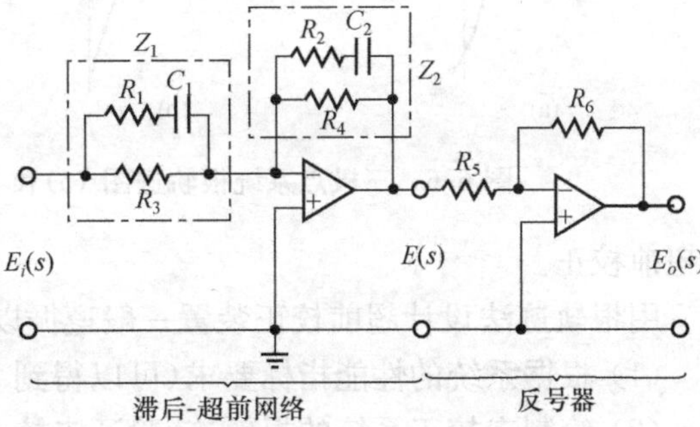

图 6-4 滞后-超前装置

闭环控制系统的设计应该包括重新规划和调整系统结构、配置合适的校正装置和选取适当的系统参数值等多项工作。

校正方式+校正装置=校正方案。

本章主要介绍以串联形式在原系统前向通道中加入一校正装置的校正方案如何实施。并联校正方式的校正方案在本章 6.5 节简单叙述。

6.3 根轨迹法校正[M601]

根轨迹校正是指在系统开环传递函数中增加极点和零点,改变系统根轨迹形状,使其在 s 平面上通过希望的闭环极点。根轨迹设计基于闭环系统且具有一对主导闭环极点。

根轨迹校正设计关键在于如何恰当选择校正装置 $G_c(s)$ 的极点和零点,以改变根轨迹,使性能指标得到满足。

如图 6-5 所示,在开环传递函数中增加极点,可使根轨迹向右移动(降低系统相对稳定性,增加系统响应调整时间);在开环传递函数中增加零点,可使根轨迹向左移动(增加系统稳定性,减小系统响应的调整时间),实际上,在前向通道传递函数中增加零点,意味着对系统增加微分控制,加快瞬态响应。如图 6-6 所示。

当性能指标采用时域形式时,由于给出了希望的闭环主导极点(通过给出其相应的阻尼比、无阻尼自振频率、最大超调量、上升时间和调整时间决定),采用根轨迹法设计较为有效。

6.3.1 基于根轨迹法的超前校正

当原系统对于所有的开环增益值均不稳定,或虽稳定但瞬态响应特性不理想时,可采用串

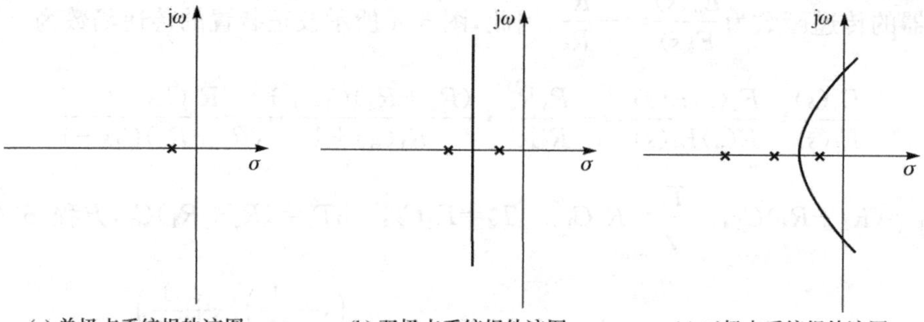

(a) 单极点系统根轨迹图　(b) 双极点系统根轨迹图　(c) 三极点系统根轨迹图

图 6-5　单极点、双极点和三极点系统根轨迹图

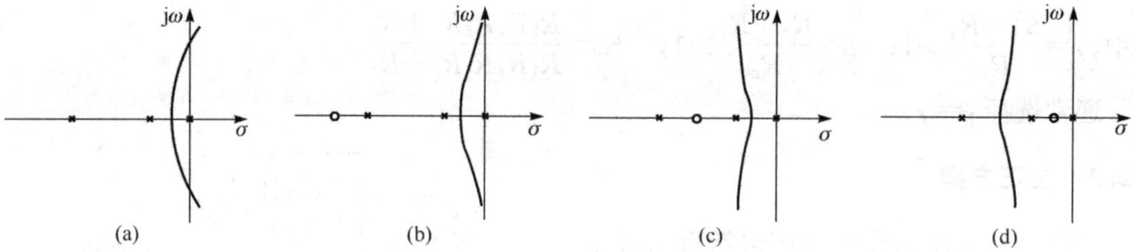

图 6-6　三极点系统根轨迹图 (a)和零点在不同位置时的根轨迹图(b)～(d)

联超前校正。

用根轨迹法设计超前校正装置一般遵循以下步骤。

(1) 根据系统的性能指标要求(可以得到 ζ 和 ω_n),得出预期闭环主导极点的位置。

(2) 绘制未校正系统的根轨迹,验证未校正系统能否具有预期闭环主导极点。

(3) 如果系统的根轨迹没有通过预期主导极点,首先采用调整增益的方法,若不行,计算出幅角缺额 ϕ,ϕ 为 $\pm 180°(2k+1)-\arg\left[G_0(s)\right]\big|_{s=s_i}$,其中 s_i 为闭环主导极点,该幅角缺额表明希望位置的幅角与原系统开环极点和零点幅角之和,该角度 ϕ 必须由超前校正装置产生。

(4) 超前校正装置 $G_c(s)=K_c\alpha\dfrac{Ts+1}{\alpha Ts+1}=K_c\dfrac{s+\dfrac{1}{T}}{s+\dfrac{1}{\alpha T}}$,其中 α 和 T 由幅角缺额 ϕ 确定。K_c 由开环增益要求确定。

(5) 如果没有指定静态误差常数,没有其他要求,可以试探地将 α 值选取得尽可能大,可获取所需要的大的 K_v 值(如果指定静态误差常数,采用频率响应法比较简单)。

(6) 由幅值条件确定系统总增益,计算系统的稳态误差系数。

(7) 校验所有的性能指标要求是否得到满足。若不能,再次设计。

在配置超前网络零极点的过程中,应该注意两个问题:①确保预期主导极点的主导特性,如图 6-7 所示,(a)为预期主导极点,(b)给出了未校正系统的根轨迹,由图(c)可知第 2 个开环实极点正好在预期主导极点的正下方,因此需将超前校正网络的零点配置在第 2 个开环实极点的左侧近旁,可防止校正后的系统出现比预期主导极点更靠近原点的闭环极点;②使反馈控制系统的非主导极点和零点尽可能靠近,使得与实极点对应的部分分式的留数较小,从而减小闭环非主导极点对系统响应的影响。

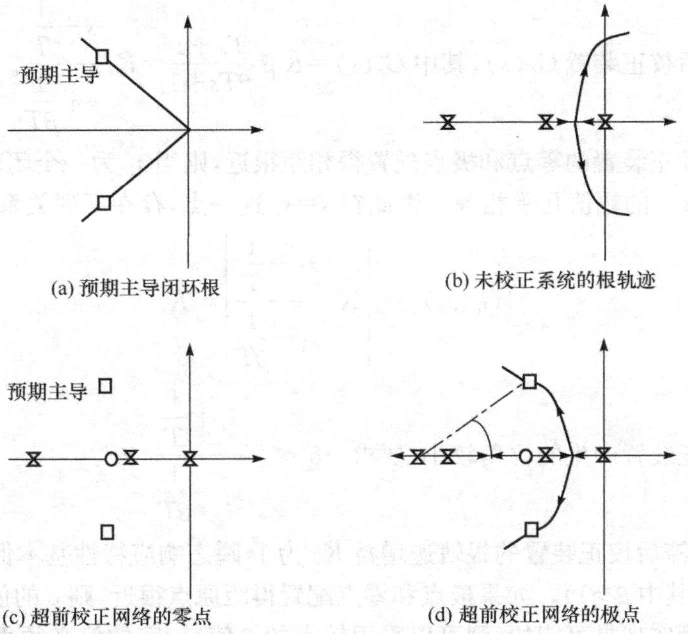

图 6-7　在 s 平面上设计超前校正网络

6.3.2　基于根轨迹法的滞后校正

当系统具有满意的瞬态响应特性，但稳态性能不佳时，校正作用基本上是通过增大开环增益实现，瞬态响应特性不发生明显变化，即在闭环主导极点附近，根轨迹不发生明显移动(校正后的闭环主导极点与原系统的闭环主导极点只略有不同)，但开环增益显著被增大，该问题可通过在前向通道中串联一个适当的滞后校正装置来解决。

用根轨迹法设计滞后校正装置一般步骤如下。

(1) 由未校正系统的开环传递函数 $G(s)$，画出未校正系统的根轨迹图。根据瞬态响应指标，确定期望主导闭环极点在根轨迹上的位置。[M602]

(2) 假设滞后校正装置的传递函数为 $G_c(s)=\hat{K}_c\beta\dfrac{Ts+1}{\beta Ts+1}=\hat{K}_c\dfrac{s+\dfrac{1}{T}}{s+\dfrac{1}{\beta T}}$，校正后系统的开环传递函数为 $G_c(s)G(s)$。

(3) 计算指定的静态误差常数。

(4) 确定为了满足性能指标而需要增加的静态误差常数值，从而初步确定 β。

(5) 确定滞后校正装置的极点和零点(该滞后校正装置能够使特定的静态误差常数产生必要的增量，同时又不会使原来的根轨迹产生明显的变化)。

① 性能指标要求的增益值与未校正系统中求出的增益值之比，就是零点与极点的比值，即 $\left|\dfrac{1}{T}\right|\Big/\left|\dfrac{1}{\beta T}\right|=\dfrac{\text{要求增益}}{\text{未校正增益}}$。

② 校正网络的零、极点应该在原点附近选定，使其幅值很小。

考虑一个滞后校正装置 $G_c(s)$，其中 $G_c(s)=\hat{K}_c\beta\frac{Ts+1}{\beta Ts+1}=\hat{K}_c\frac{s+\frac{1}{T}}{s+\frac{1}{\beta T}}$。

如果将滞后校正装置的零点和极点配置得相距很近，则当 s_1 为一个闭环主导极点时，$s_1+(1/T)$ 和 $s_1+(1/\beta T)$ 的幅值几乎相等。因此在 $s=s_1$ 这一点，存在下列关系：

$$|G_c(s_1)|=\left|\hat{K}_c\frac{s_1+\frac{1}{T}}{s_1+\frac{1}{\beta T}}\right|\approx\hat{K}_c$$

为使滞后校正装置产生的幅角较小，要求 $-5°<\angle\frac{s_1+\frac{1}{T}}{s_1+\frac{1}{\beta T}}<0°$。

这表明，假设滞后校正装置的根轨迹增益 $\hat{K}_c$ 为 1，瞬态响应特性基本保持不变(开环增益可以增加到 β 倍，其中 $\beta>1$)。如果极点和零点配置得距原点很近，则 β 的值可以很大(如果滞后校正装置的物理实现是可能的，则可以采用较大的 β 值)。T 的值必须很大，但是它的精确性并不重要，但也不能太大，以免在用物理元件实现相位滞后校正装置时造成困难。

(6) 画出校正后系统的根轨迹图。在根轨迹上确定希望闭环主导极点(如果滞后网络产生的幅角很小，只有几度，原根轨迹和新根轨迹将几乎相同，即它们之间将存在微小的差别，根据瞬态响应指标，在新的根轨迹上确定希望的主导闭环极点)。[M602]

(7) 根据幅值条件，调整校正装置的增益 $\hat{K}_c$，使主导闭环极点落在希望的位置上($\hat{K}_c$ 约为 1)。

增大增益意味着增大静态误差常数。如果未校正系统的开环传递函数为 $G(s)$，则静态误差常数 $K_v=\lim\limits_{s\to0}sG(s)$。如果选择了滞后校正装置，对于开环传递函数为 $G_c(s)G(s)$ 的被校正系统，其静态速度误差常数 $\hat{K}_v$ 为

$$\hat{K}_v=\lim_{s\to0}sG_c(s)G(s)=\lim_{s\to0}G_c(s)K_v=\hat{K}_c\beta K_v$$

因此，如果前向通道中串联了滞后校正装置，静态误差常数将增大到 $\hat{K}_c\beta$ 倍，其中 $\hat{K}_c$ 约为 1。

(8) 校验。滞后校正的主要副作用是位于原点附近的校正装置的零点，将会形成原点附近的闭环极点。这个闭环极点和校正装置零点，将会在阶跃响应中产生一种长时间小振幅拖尾，增大调整时间。[M603]

6.3.3 基于根轨迹法的滞后-超前校正

超前校正能使系统响应加快，增加稳定性，滞后校正则能改善系统的稳态精确度，但将减慢响应速度。滞后-超前校正虽然会使系统的阶次增大两阶(若没有发生零极点相消，滞后-超前校正装置将具有两个极点和两个零点)，但综合了滞后和超前校正两者的优点，具有很好的校正效果。

用根轨迹法设计滞后-超前校正装置一般遵循以下步骤。

(1) 根据给定的性能指标，确定希望的主导闭环极点位置。

(2) 若规定了静态速度误差常数 K_v，则常数 K_c 可由下列方程确定：

$$K_v=\lim_{s\to0}sG_c(s)G(s)=\lim_{s\to0}sK_cG(s)$$

(3) 为使主导闭环极点位于希望的位置,需要计算由滞后-超前校正装置的超前部分必须产生的幅角 $\phi=\angle G(s)\big|_{s=s_1}\pm180°$,$s_1$ 为第(1)步确定的希望主导闭环极点。

(4) 根据 $\phi=\angle\dfrac{s_1+\dfrac{1}{T_1}}{s_1+\dfrac{\beta}{T_1}}$,$\left|K_c\left[\dfrac{s_1+\dfrac{1}{T_1}}{s_1+\dfrac{\beta}{T_1}}\right]G(s_1)\right|=1$,选择 T_1 和 β 的值。

校正后系统的开环传递函数为 $K_c\dfrac{\left(s+\dfrac{1}{T_1}\right)\left(s+\dfrac{1}{T_2}\right)}{\left(s+\dfrac{\beta}{T_1}\right)\left(s+\dfrac{1}{\beta T_2}\right)}G(s)$,位于根轨迹上的主导闭环极点为系统的特征根,满足 $1+K_c\dfrac{\left(s_1+\dfrac{1}{T_1}\right)\left(s_1+\dfrac{1}{T_2}\right)}{\left(s_1+\dfrac{\beta}{T_1}\right)\left(s_1+\dfrac{1}{\beta T_2}\right)}G(s_1)=0$,即 $\left|K_c\left[\dfrac{s_1+\dfrac{1}{T_1}}{s_1+\dfrac{\beta}{T_1}}\right]\cdot\left[\dfrac{s_1+\dfrac{1}{T_2}}{s_1+\dfrac{1}{\beta T_2}}\right]G(s_1)\right|=1$,而滞后部分的零点 $\dfrac{1}{T_2}$ 和极点 $\dfrac{1}{\beta T_2}$ 幅值很小,都很靠近原点,所以 $\left|\dfrac{s_1+\dfrac{1}{T_2}}{s_1+\dfrac{1}{\beta T_2}}\right|\approx1$,因此,可以认为 $\left|K_c\left[\dfrac{s_1+\dfrac{1}{T_1}}{s_1+\dfrac{\beta}{T_1}}\right]G(s_1)\right|=1$。

(5) 利用确定的 β 值选择 T_2,使得 $\left|\dfrac{s_1+\dfrac{1}{T_2}}{s_1+\dfrac{1}{\beta T_2}}\right|\approx1$,$-5°<\angle\dfrac{s_1+\dfrac{1}{T_2}}{s_1+\dfrac{1}{\beta T_2}}<0°$。

滞后-超前校正装置的极点 $\dfrac{1}{\beta T_2}$ 理论上应该取得尽量小,但不能太小,否则物理上将难以实现。

(6) 校验。

本节相关例题参见光盘。

6.4 频率响应法校正[M601]

频率响应法间接地利用若干频域指标,如相角裕度、幅值裕度、谐振峰幅值、幅值穿越频率(截止频率)、谐振频率、带宽和静态误差常数等,进行校正,提供了瞬态响应和稳态响应方面的信息。

在频域内分析或设计系统,常用极坐标图法和伯德图法。由这两种方法得到的频域响应图有两个优点:①虽然不能对瞬态响应特性作出确切的定量预测,但可以清楚地指出系统应当如何改变;②如果某些元件的动态特性,如气动和液压元件的动态方程,推导起来困难,可通过频率响应实验确定。

基于频域响应法的校正一般采用伯德图方法,因为当需要增加校正装置时,极坐标图不再保持其原来的形状,而校正装置的伯德图可以简单地叠加到原来的伯德图上;此外,如果改变开环增益,幅值曲线将上升或下降,但曲线斜率和相角曲线都保持不变。因此,从设计的角度看,最好采用伯德图法。

6.4.1 应用伯德图设计的思路

应用伯德图进行设计的基本思路如下。

(1) 调整开环增益,以满足稳态精度的要求。

(2) 画出未校正系统(开环增益已被调整)的幅值曲线和相角曲线。[M604]

(3) 根据给定性能指标绘制系统期望特性,即满足给定性能指标的系统开环渐近幅频特性 $20\lg h$(此处未考虑相频特性,因此该期望特性仅适用于最小相位系统)。

① 通过性能指标 ν 及开环增益 K 绘制期望特性的低频区,即远低于截止频率的区域,这一区域表征了闭环系统的稳态特性。

② 根据对系统响应速度及阻尼程度的要求,通过截止频率 ω_c、相角裕度 γ、中频区宽度 h 及中频区的高低端角频率 ω_3 和 ω_2 绘制期望特性的中频区。为确保系统具有足够的相角裕度,取中频区特性斜率等于-20dB/dec,这一区域表征系统的相对稳定性。

③ 绘制期望特性的低、中频区特性间的过渡特性,其斜率一般取-40dB/dec。

④ 根据对系统幅值裕度 $20\lg h$ 及抑制高频干扰的要求,绘制期望特性的高频区,即远离截止频率的区域。为使校正环节具有比较简单的特性以便于实现,要求期望特性的高频段尽量与满足抑制高频干扰要求的系统的不可变部分的幅频特性在这一频带的斜率一致,或使两者的高频区特性完全相同,这一区域表征了系统的复杂性。

⑤ 绘制期望特性的中、高频区段的过渡特性,其斜率一般取-40dB/dec。

(4) 根据原系统频率特性、期望系统频率特性及所要求的性能指标,确定校正方案。

(5) 设计的主要问题是如何恰当地选择校正装置 $G_c(s)$ 的极点和零点,以改变伯德图形状,使性能指标得到满足。

(6) 校验。

6.4.2 频率响应超前校正

超前校正能使瞬态响应法得到显著改善,对稳态精度的改变很小,但增强了高频噪声效应。具体到伯德图上,在前向通道中串联超前校正网络,可改变频率响应曲线的形状,产生足够大的相位超前角,以补偿原系统中过大的相角滞后,下面来讨论超前校正装置的频率特性[F603]。

一个超前校正装置的传递函数如下:

$$G_c(s)=K_c\alpha\frac{Ts+1}{\alpha Ts+1}=K_c\frac{s+\frac{1}{T}}{s+\frac{1}{\alpha T}},\qquad 0<\alpha<1 \tag{6-6}$$

式中,α 为超前校正装置的衰减因子,超前校正的零点位于 $s=-1/T$,极点位于 $s=-1/\alpha T$。因为 $0<\alpha<1$,所以在复平面上,零点总是位于极点的右方,当 α 的值很小时,极点将位于零点左方很远的地方。α 的最小值受到超前校正装置物理机构的限制,通常取为 0.05 左右(这意味着超前校正装置可以产生的最大相位超前约为 65°)。

设 $K_c=1$,可画出式(6-6)传递函数的极坐标图,如图 6-8 所示,对于给定的 α 值,正实轴从原点到半圆所作切线之间的夹角,给出了最大相位超前角 ϕ_m。设切点的频率为 ω_m,对应的相角为 ϕ_m,其中

$$\sin\phi_m=\frac{\frac{1-\alpha}{2}}{\frac{1+\alpha}{2}}=\frac{1-\alpha}{1+\alpha} \tag{6-7}$$

式(6-7)表示了最大相位超前角与 α 的关系。

图 6-9 为 $K_c=1$ 和 $\alpha=0.1$，超前校正装置的伯德图[M605]。超前校正装置的转折频率为 $\omega=1/T$ 和 $\omega=1/(\alpha T)=10/T$；$\omega=\omega_m$ 是两个转折频率的几何中点，即 $\lg\omega=\frac{1}{2}\left(\lg\frac{1}{T}+\lg\frac{1}{\alpha T}\right)$，因此 $\omega_m=\frac{1}{\sqrt{\alpha}T}$。

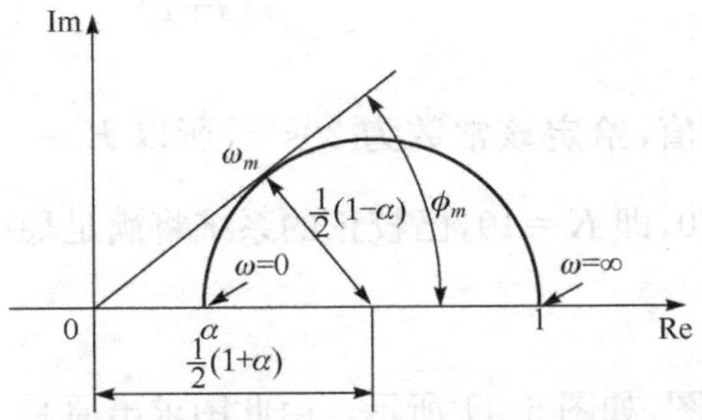

图 6-8 超前校正装置的极坐标图

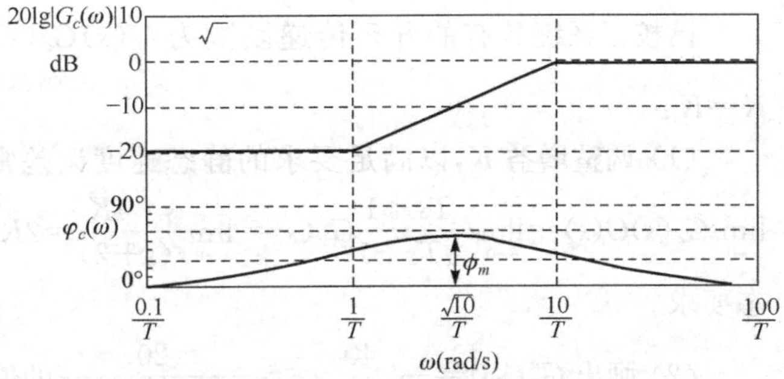

图 6-9 $K_c=1$，$\alpha=0.1$ 超前校正装置伯德图

由图 6-9 还可以看出，超前校正装置基本是一个高通滤波器。超前校正装置增大了 ω_c，增加了带宽 w，减小了 t_s，加快了响应速度，使得 γ 增大，稳定性变好。

频率响应法设计超前校正装置步骤如下。

(1) 在 $K_c\alpha\frac{Ts+1}{\alpha Ts+1}$ 中，令 $K_c\alpha=K$，校正后系统的开环传递函数为 $\frac{Ts+1}{\alpha Ts+1}KG(s)$。根据给定静态误差常数的要求，确定增益 K。

(2) 令 $G_1(s)=KG(s)$，画出确定了 K 的未校正系统 $G_1(j\omega)$ 的伯德图，求相角裕度 γ 和截止频率 ω_c。

(3) 确定需要对系统增加的超前角 ϕ。因为增加超前校正装置后，使截止频率向右移动，并且减小了相角裕度，所以要求额外增加相位超前角 5°～12°(相角裕度是基于截止频率 ω_c 定义的，需要校正装置提供的超前角 ϕ 基于原系统相角裕度计算得到，即基于原系统截止频率设计了校正装置；然而加入校正装置后，补偿相角裕度的同时，也改变了系统的截止频率 ω_c，改变了相角裕度定义的基准)。

(4) 利用方程 $\sin\phi_m=\frac{1-\alpha}{1+\alpha}$ 确定衰减因子 α，确定未校正系统 $G_1(j\omega)$ 的幅值等于 $-20\lg(1/\sqrt{\alpha})$ 时的频率，选择此频率作为新的截止频率(即校正后的截止频率)。该频率相应于 $\omega_m=(1/\sqrt{\alpha}T)$，最大相位移 ϕ_m 就发生在此频率上。

(5) 超前校正装置的转折频率确定如下：超前校正装置的零点为 $\omega=1/T$，超前校正装置的极点为 $\omega=1/\alpha T$。利用在第(1)步确定的 K 值和第(4)步确定的 α 值，计算常数 K_c，$K_c=\frac{K}{\alpha}$。

(6) 检查幅值裕度，确定其是否满足要求。如果不满足，通过改变校正装置的极、零点位置，重复上述设计过程，直到获得满意的结果为止。

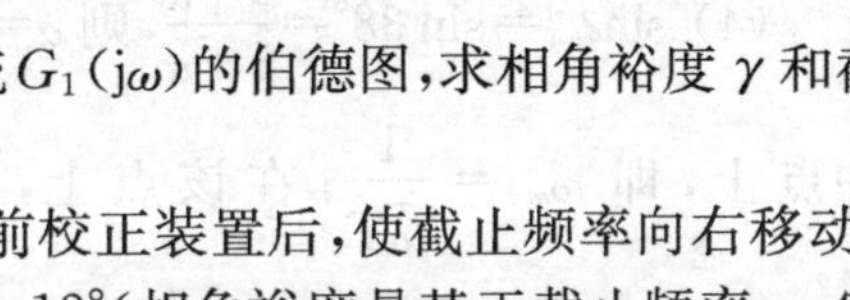

图 6-10 例 6-1 系统方框图

例 6-1 考虑图 6-10 所示的系统，其传递函数为 $G(s)=\frac{4}{s(s+2)}$，要求使系统的静态速度误差常数 K_v

为 20s^{-1}，相角裕度不小于50°，幅值裕度不小于 10dB，试设计一个系统校正装置。

解 采用下列形式的超前校正装置：$G_c(s)=K_c\alpha\dfrac{Ts+1}{\alpha Ts+1}=K_c\dfrac{s+\dfrac{1}{T}}{s+\dfrac{1}{\alpha T}}$。

已校正系统具有的开环传递函数为 $G(s)G_c(s)$，定义 $G_1(s)=KG(s)=\dfrac{4K}{s(s+2)}$，式中 $K=K_c\alpha$。

(1) 调整增益 K，以满足要求的静态速度误差常数值，给定该常数为 20s^{-1}，所以 $K_v=\lim\limits_{s\to0}sG_c(s)G(s)=\lim\limits_{s\to0}s\dfrac{Ts+1}{\alpha Ts+1}G_1(s)=\lim\limits_{s\to0}\dfrac{s\cdot4K}{s(s+2)}=2K=20$，即 $K=10$，已校正的系统将满足稳态要求。

(2) 画出 $G_1(j\omega)=\dfrac{40}{j\omega(j\omega+2)}=\dfrac{20}{j\omega(0.5j\omega+1)}$的伯德图，如图 6-11 所示。由此图求出原系统的相位和幅值裕度分别为17°和$+\infty$dB(17°的相角裕度意味着系统具有相当强烈的振荡。因此，虽然系统满足稳态性能指标，但瞬态响应不好)，性能指标要求相角裕度不低于50°。因此，为了满足相对稳定性要求，需要超前33°相角。为了能在不减小 K 值的情况下，获得50°的相角裕度，超前校正装置必须提供比33°大一些的相角。

(3) 对幅值穿越频率增加造成的 $G_1(j\omega)$的相位滞后增量进行补偿。考虑幅值穿越频率的移动，假设需要的最大相位超前量 ϕ_m 近似等于38°(其中 5°是为了补偿幅值穿越频率的移动)。

(4) $\sin\phi_m=\sin 38°=\dfrac{1-\alpha}{1+\alpha}$，则 $\alpha=0.24$，最大相位超前角 ϕ_m 发生在两个转折频率的几何中点上，即 $\omega_m=\dfrac{1}{\sqrt{\alpha}T}$；在该点上，因为超前校正装置 $\dfrac{Ts+1}{\alpha Ts+1}$，幅值曲线的变化量为 $20\lg\left|\dfrac{1+j\omega T}{1+j\omega\alpha T}\right|_{\omega=1/(\sqrt{\alpha}T)}=20\lg\left|\dfrac{1+j\dfrac{1}{\sqrt{\alpha}}}{1+j\alpha\sqrt{\alpha}}\right|=20\lg\dfrac{1}{\sqrt{\alpha}}=20\lg\dfrac{1}{\sqrt{0.24}}=20\lg\dfrac{1}{0.49}=6.2(\text{dB})$，而 $20\lg|G_1(j\omega)|=-6.2$dB 的频率为 $\omega=9$rad/s，故选择此频率为新的幅值穿越频率 ω_c。

(5) $\omega_c=\dfrac{1}{\sqrt{\alpha}T}$，于是 $\dfrac{1}{T}=\sqrt{\alpha}\omega_c=4.41$，$\dfrac{1}{\alpha T}=\dfrac{\omega_c}{\sqrt{\alpha}}=18.4$，又 $K_c=\dfrac{K}{\alpha}=\dfrac{10}{0.24}=41.7$，因此，校正装置的传递函数为

$$G_c(s)=41.7\frac{s+4.41}{s+18.4}=10\frac{0.227s+1}{0.054s+1}$$

$G_c(j\omega)/10$ 的幅值曲线和相角曲线如图 6-12 所示。已校正系统具有下列开环传递函数：

$$G_c(s)G(s)=41.7\frac{s+4.41}{s+18.4}\cdot\frac{4}{s(s+2)}$$

图 6-12 中的实线表示已校正系统的幅值曲线和相角曲线。应当指出，带宽近似等于幅值穿越频率。超前校正装置使幅值穿越频率从 6.3rad/s 增加到 9rad/s，这一频率的增大，意味着增加了系统的带宽，即增大了系统的响应速度。由图可见，系统的相位和幅值裕度分别大约等于50°和$+\infty$dB。已校正系统如图 6-13 所示，它既能满足稳态要求，也能满足相对稳定性的要求。

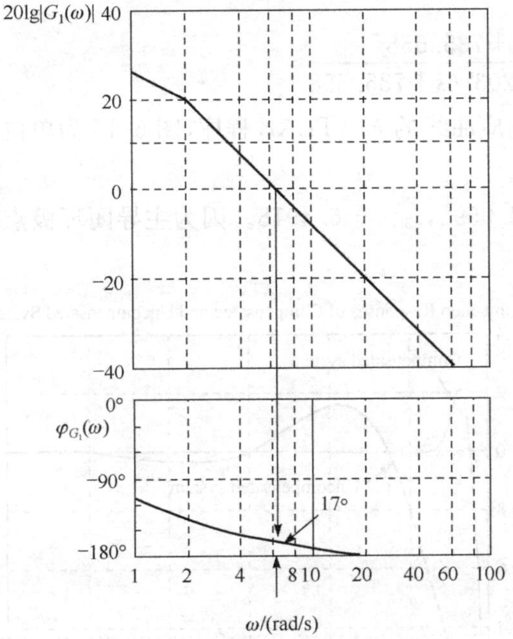

图 6-11 $G_1(j\omega)$的幅值和相角曲线

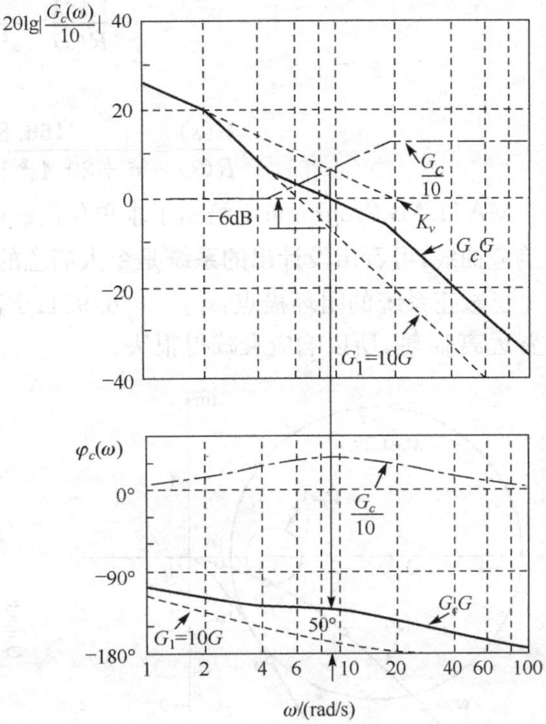

图 6-12 $G_c(j\omega)/10$ 的幅值曲线和相角曲线图

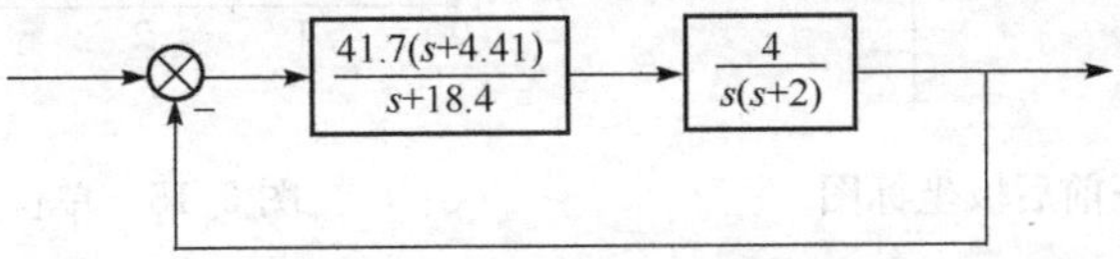

图 6-13 已校正系统方框图

对于本例所讨论的 I 型系统，其静态速度误差常数 K_v 的值恰等于幅频曲线的低频段渐近线的延长线与 0dB 线交点的频率值，如图 6-14 所示，从该图中比较未校正系统 $G_1(j\omega)=10G(j\omega)$和已校正系统 $G_c(j\omega)G(j\omega)$的极坐标图，可以看出未校正系统的谐振频率约为 6rad/s，已校正系统谐振频率约为 7rad/s，系统带宽增加；此外，当 $K=10$ 时，对于未校正系统，其谐振峰值 M_r 等于 3；对于已校正系统，M_r 的值等于 1.29，已校正系统的相对稳定性得到了改善。

如果在幅值穿越频率附近，$G_1(j\omega)$的相角减小得很快，超前校正就无效了，因为随着幅值穿越频率向右移动，其在新的幅值穿越频率上很难产生足够的相位超前。这表明，为了产生希望的相角裕度，必须采用很小的 α 值。当然，α 的值不应太小（不应小于 0.05），最大相位超前角 ϕ_m 也不应太大（不应大于65°），否则，将要求系统具有过大的附加增益值（如果需要65°以上的相位超前，可以采用两个或以上的相位超前网络，并且通过隔离放大器串联连接）。

最后，检查已设计系统的瞬态响应特性，利用 MATLAB 求校正系统前后的单位阶跃响应曲线［M606］。校正前后系统的闭环传递函数分别为

$$\frac{C(s)}{R(s)}=\frac{4}{s^2+2s+4}$$

和

$$\frac{C(s)}{R(s)}=\frac{166.8s+735.558}{s^3+20.4s^2+203.6s+735.558}$$

MATLAB Program6-1 给出了求单位阶跃响应曲线的 MATLAB 程序，图 6-15 为单位阶跃响应曲线，可看出设计出的系统是令人满意的。

已校正系统的闭环极点：$s_{1,2}=-6.9541\pm j8.0592$，$s_3=-6.4918$。因为主导闭环极点的位置远离 $j\omega$ 轴，所以响应衰减得很快。

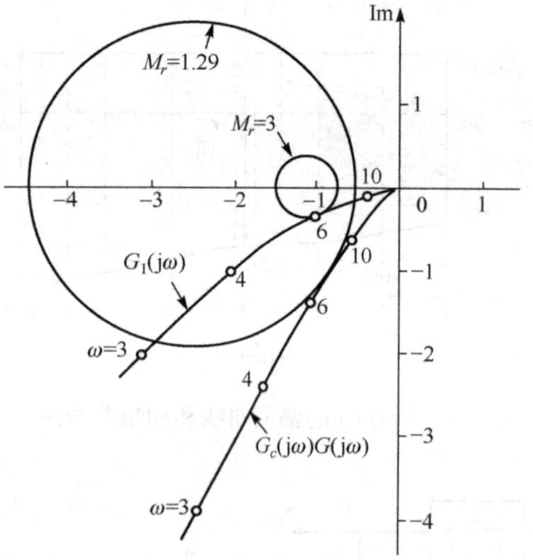

图 6-14　系统校正前后极坐标图

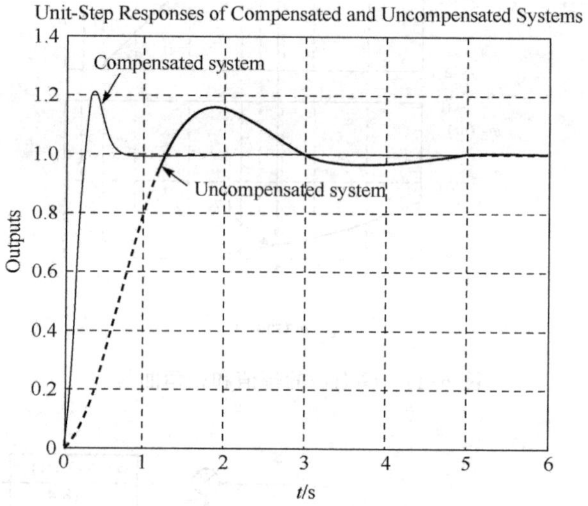

图 6-15　单位阶跃响应曲线

```
MATLAB Program6-1 [M607]

% * * * * * Unit-step responses * * * * *
num= [0 0 4];
den= [1 2 4];
numc= [0  0  166.8  735.558 ];
denc= [1  20.4  203.6  735.558];
t= 0:0.02:6;
[c1,x1,t]= step(num,den,t)
[c2,x2,t]= step(numc,denc,t)
plot(t,c1,'.',t,c2)
grid
title('Unit-step Responses of Compensated and Uncompensated Systems')
xlabel('t Sec')
ylabel('Outputs')
text(0.4 ,1.31,'Compensated system')
text(1.55,0.88,'Uncompensated system')
```

6.4.3 频率响应滞后校正

滞后校正使稳态精度得到显著提高,能抑制高频噪声信号,但瞬态响应的时间却随之增加(要尽量减弱此负面影响)。具体到伯德图上,在前向通道中串联了滞后校正网络,改变了频率响应曲线的形状,期望在高频段造成衰减,从而使系统获得足够的相角裕度[F604]。

考虑一个滞后校正装置,它具有下列传递函数:

$$K_c\beta \frac{Ts+1}{\beta Ts+1}=K_c \frac{s+\dfrac{1}{T}}{s+\dfrac{1}{\beta T}}, \qquad \beta>1 \tag{6-8}$$

滞后校正的零点 $s=-1/T$,极点 $s=-1/(\beta T)$。因为 $\beta>1$,所以在复平面上,零点总是位于极点的左方。

图 6-16 为 $K_c=1,\beta=10$ 时滞后校正装置的极坐标图,图 6-17 为相应的伯德图,可看出滞后校正装置基本是一个低通滤波器,使 ω_c 减小,缩小带宽 w,增大 t_s,减慢响应速度,使得 γ 增大,稳定性变好,高频衰减抗噪。

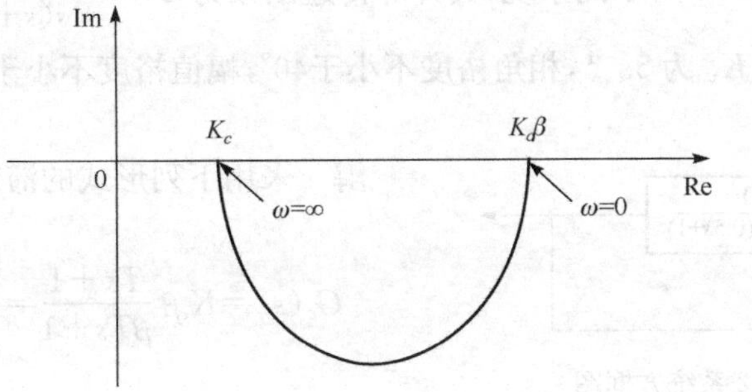

图 6-16 滞后校正装置极坐标图

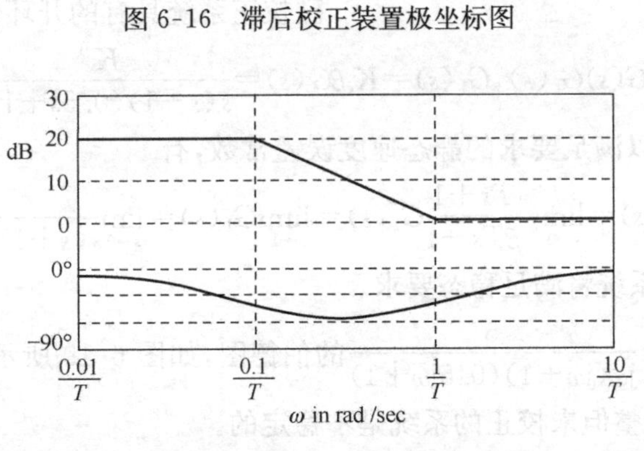

图 6-17 滞后校正装置伯德图

频率响应法设计滞后校正装置步骤如下。

(1) 在 $K_c\beta \dfrac{Ts+1}{\beta Ts+1}$ 中,令 $K_c\beta=K$,则校正后系统的开环传递函数为 $\dfrac{Ts+1}{\beta Ts+1}KG(s)$,根据给定静态误差常数的要求,确定增益 K。

(2) 令 $G_1(s)=KG(s)$,画出确定了 K 的未校正系统 $G_1(\mathrm{j}\omega)$ 的伯德图,并求得校正前系统的相角裕度 γ 和截止频率 ω_{c0}。

(3) 确定期望的截止频率 ω_c。在该期望截止频率上，开环传递函数的相角等于$-180°$加所要求的相角裕度，而要求的相角裕度等于指定的相角裕度再加 5°～12°(增加 5°～12°是为了补偿滞后校正装置造成的相位滞后)。

(4) 为了防止由滞后校正装置造成的相角滞后的有害影响，必须使滞后校正装置的极点和零点明显低于期望截止频率。因此，选择转折频率 $\omega=1/T$(相应于滞后校正装置的零点)在低于期望截止频率一倍频程到十倍频程处(如果滞后校正装置的时间常数不会很大，则转折频率 $\omega=1/T$ 可以选择在低于期望截止频率十倍频程处)。

(5) 确定使幅值曲线在期望截止频率处下降到 0dB 所必需的衰减量，该衰减量等于$-20\lg\beta$，从而可以确定 β 值。另一个转折频率(相应于滞后校正装置的极点)由 $\omega=1/(\beta T)$ 确定。

(6) 利用在第(1)步确定的 K 值和第(4)步确定的 β 值，计算常数 $K_c=\dfrac{K}{\beta}$。

(7) 校验系统是否满足要求。如果不满足，通过改变校正装置的极点、零点位置，重复上述设计过程，直到获得满意的结果为止。

例 6-2 考虑图 6-18 所示的系统，其开环传递函数为 $G(s)=\dfrac{1}{s(s+1)(0.5s+1)}$，要求系统的静态速度误差常数 K_v 为 5s^{-1}，相角裕度不小于40°，幅值裕度不小于 10dB，试设计一个串联校正装置。

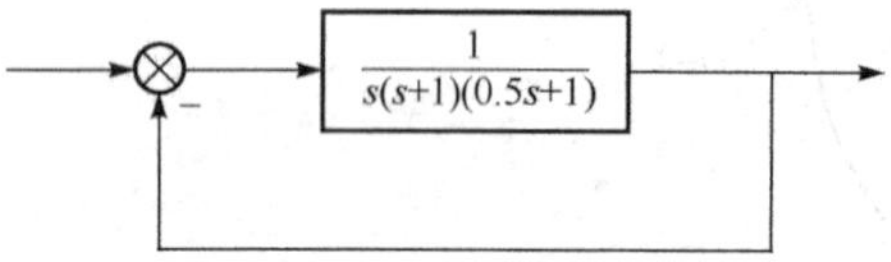

图 6-18 例 6-2 系统方框图

解 采用下列形式的滞后校正装置：

$$G_c(s)=K_c\beta\frac{Ts+1}{\beta Ts+1}=K_c\frac{s+\frac{1}{T}}{s+\frac{1}{\beta T}},\quad \beta>1$$

已校正系统具有的开环传递函数为

$$G(s)G_c(s),G_1(s)=K_c\beta G(s)=\frac{K}{s(s+1)(0.5s+1)}$$

(1) 调整增益 K，以满足要求的静态速度误差常数，有

$$K_v=\lim_{s\to0}sG_c(s)G(s)=\lim_{s\to0}s\frac{Ts+1}{\beta Ts+1}G_1(s)=\lim_{s\to0}sG_1(s)=\lim_{s\to0}\frac{sK}{s(s+1)(0.5s+1)}=K=5$$

即 $K=5$ 时，已校正的系统将满足稳态要求。

(2) 画出 $G_1(\mathrm{j}\omega)=\dfrac{5}{\mathrm{j}\omega(\mathrm{j}\omega+1)(0.5\mathrm{j}\omega+1)}$的伯德图，如图 6-19 所示，原系统的相角裕度为$-20°$，表明经过增益调整但未校正的系统是不稳定的。

(3) 相应于40°相角裕度的频率是 0.7rad/s，所以新的幅值穿越频率(已校正系统的幅值穿越频率)必须选得靠近该值。为了避免滞后校正装置的时间常数过大，选择转折频率 $\omega=1/T$(相应于滞后校正装置的零点)等于 0.1rad/s。因为此转折频率位于新的幅值穿越频率以下不太远的地方，可能造成相位曲线的变化较大，需要在给定的相角裕度上增加约12°，需要的相角裕度就变成52°。未校正开环传递函数在 $\omega=0.5$rad/s 附近的相角等于$-128°$，因此，选择新的幅值穿越频率为 0.5rad/s。为了在这一新的幅值穿越频率上使幅值曲线下降到 0dB 以下，滞后校正装置产生衰减量应为-20dB。即 $20\lg(1/\beta)=-20$，可得 $\beta=10$；另一个转折频率 $\omega=1/\beta T$ 相应于滞后校正装置的极点，其值为 $1/(\beta T)=0.01$rad/s，因此，滞后校正装置的

传递函数为 $G_c(s)=K_c\dfrac{10s+1}{100s+1}=K_c\dfrac{s+\dfrac{1}{10}}{s+\dfrac{1}{100}}$。

因为增益 K 被确定为 5，β 被确定为 10，所以 $K_c=\dfrac{K}{\beta}=\dfrac{5}{10}=0.5$。

已校正系统具有下列开环传递函数：

$$G_c(s)G(s)=\frac{5(10s+1)}{s(100s+1)(s+1)(0.5s+1)}$$

$G_c(j\omega)G(j\omega)$ 的幅值和相角曲线也表示在图6-19上。

已校正系统的相角裕度约为40°，幅值裕度约为 11dB，静态速度误差常数为 $5s^{-1}$。已校正系统既能满足稳态要求，也能满足相对稳定性的要求。

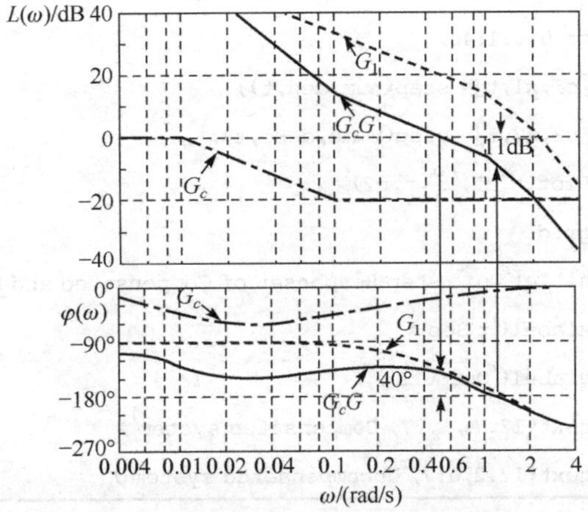

图 6-19　例 6-2 系统的幅值和相角曲线

最后检查已设计系统的瞬态响应特性，利用 MATLAB 求校正系统前后的单位阶跃响应曲线。未校正系统和已校正系统的闭环传递函数分别为

$$\frac{C(s)}{R(s)}=\frac{1}{0.5s^3+1.5s^2+s+1}$$

和

$$\frac{C(s)}{R(s)}=\frac{50s+5}{50s^4+150.5s^3+101.5s^2+51s+5}$$

MATLAB Program6-2 给出了求单位阶跃响应曲线的 MATLAB 程序，绘制出的曲线如图 6-20 所示，由图可知设计出的系统是令人满意的。

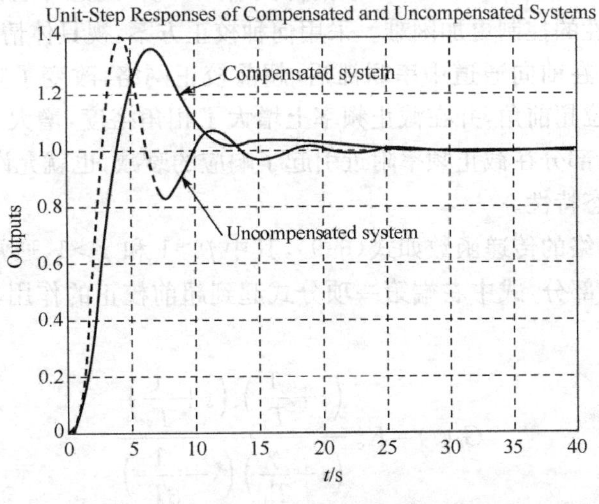

图 6-20　单位阶跃响应曲线

```
MATLAB Program6-2 [M608]
% *****Unit-step responses*****
num= [0  0  0  1];
den= [0.5  1.5  1  1];
numc= [0  0  0  50  5];
denc= [50  150.5  101.5  51  5];
t= 0:0.1:40;
[c1,x1,t]= step(num,den,t);
[c2,x2,t]= step(numc,denc,t);
Plot(t,c1,'.',t,c2)
grid
title('Unit-step Responses of Compensated and Uncompensated Systems')
xlabel('t Sec')
ylabel('Outputs')
text(12.7 ,1.27,'Compensated system')
text(12.2,0.7,'Uncompensated system')
```

设计出的闭环系统的零点和极点如下。

零点位置：$s=-0.1$。

极点位置：$s_1=-0.1228$，$s_2=-2.3155$，$s_{3,4}=-0.2859\pm j0.5196$。

主导闭环极点距 $j\omega$ 轴很近，因而导致系统响应缓慢。此外，由于存在闭环极点 $s=-0.1228$和零点 $s=-0.1$，所以造成了缓慢衰减的小幅度拖尾现象。

6.4.4 频率响应滞后-超前校正

滞后-超前校正综合了超前校正和滞后校正两者的特性，采用超前或滞后校正，系统的阶次增加一阶；采用滞后-超前校正装置后，系统阶次增加二阶，这意味着系统将变得更加复杂，并且对其瞬态响应特性的控制更加困难。采用何种校正方案，视具体情况而定。

采用伯德图分析，在前向通道中串联滞后-超前校正网络，改变了频率响应曲线的形状，其超前部分增加了相位超前角，并在截止频率上增大了相角裕度，增大了带宽，提高了系统的响应速度；其相位滞后部分在截止频率附近引起了响应的衰减，也就允许低频范围内通过增大增益来改善系统的稳态特性。

滞后-超前校正网络的传递函数如式(6-9)，其中 $\beta>1$ 和 $\gamma>1$，通常选择 $\beta=\gamma$。K_c 属于滞后-超前装置的超前部分，式中右端第一项分式起到超前校正的作用，右端第二项分式起到滞后校正的作用。

$$G_c(s)=K_c\frac{\left(s+\dfrac{1}{T_1}\right)}{\left(s+\dfrac{\gamma}{T_1}\right)}\frac{\left(s+\dfrac{1}{T_2}\right)}{\left(s+\dfrac{1}{\beta T_2}\right)} \tag{6-9}$$

当 $K_c=1$ 和 $\beta=\gamma$ 时，滞后-超前校正装置的极坐标图如图 6-21 所示，当 $0<\omega<\omega_1$ 时，该校正装置是一个滞后校正装置；当 $\omega_1<\omega<\infty$时，该校正装置是一个超前校正装置。ω_1 是相角

等于零时的频率，由式 $\omega_1=\dfrac{1}{\sqrt{T_1T_2}}$ 确定。

图 6-22 为当 $K_c=1$ 和 $\beta=\gamma=10$，$T_2=10T_1$ 时，滞后-超前校正装置的伯德图，在低频区和高频区，幅值曲线具有 0dB 值。

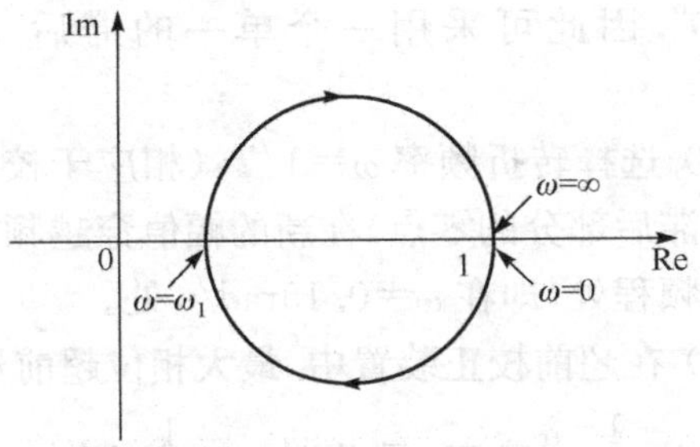

图 6-21 滞后-超前校正装置极坐标图

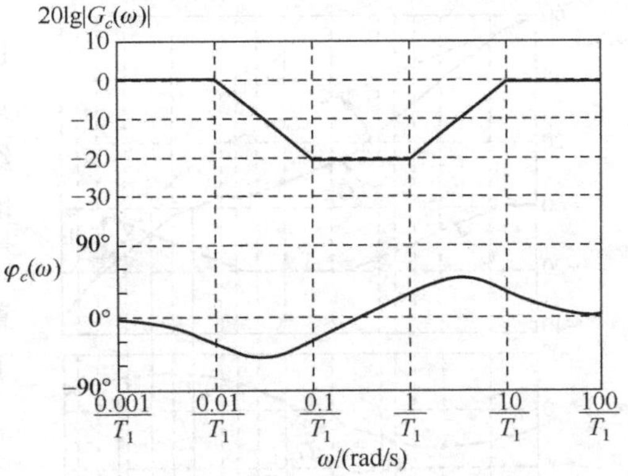

图 6-22 滞后-超前校正装置伯德图

频率响应法设计滞后-超前校正装置步骤如下。

(1) 根据对静态误差常数的要求，确定增益 K。

(2) 选择新的截止频率，令 $\angle G(\mathrm{j}\omega)=-180°$，求出此时的 ω 值作为新的截止频率。

(3) 确定滞后部分的转折频率，选择 $\omega=\dfrac{1}{T_2}$（相应于校正装置相位滞后部分的零点）在新的截止频率以下十倍频程处。

(4) 确定超前部分的最大相位超前角 ϕ_m，用公式 $\sin\phi_m=\dfrac{1-\alpha}{1+\alpha}$ 确定 α；令 $\beta=\dfrac{1}{\alpha}$，滞后部分的两个参数选择完毕。

(5) 确定滞后-超前校正装置中的另一个参数 T_1：求得 $20\lg|G(\mathrm{j}\omega_c)|$，($\omega_c$ 为第(2)步选择好的新的截止频率)。画一条直线，斜率为 $-20\mathrm{dB/dec}$，过 $(-20\lg|G(\mathrm{j}\omega_c)|,\omega_c)$ 点。这条直线与 0dB 线的交点和 $-20\mathrm{dB}$ 线的交点，确定了所要求的超前部分的两个转折频率。

(6) 将校正装置滞后和超前部分的传递函数组合在一起，可得到滞后-超前校正装置的传递函数。

(7) 校验已校正系统的瞬态响应特性，如不满足要求，可采用适当修正方案，重复上述设计过程。

例 6-3 考虑一单位负反馈系统。其开环传递函数为 $G(s)=\dfrac{K}{s(s+1)(s+2)}$，要求系统的静态速度误差常数 K_v 为 $10\mathrm{s}^{-1}$，相角裕度不小于50°，幅值裕度不小于 10dB，试设计一个系统校正装置。[M609]

解 采用滞后-超前校正装置：$G_c(s)=K_c\dfrac{\left(s+\dfrac{1}{T_1}\right)\left(s+\dfrac{1}{T_2}\right)}{\left(s+\dfrac{\beta}{T_1}\right)\left(s+\dfrac{1}{\beta T_2}\right)}$，$\gamma=\beta$，已校正系统具有的开

环传递函数为 $G(s)G_c(s)$；控制对象的增益 K 可调，假设 $K_c=1$，于是$\lim\limits_{s\to 0}G_c(s)=1$。

(1) $K_v=\lim\limits_{s\to 0}sG_c(s)G(s)=\lim\limits_{s\to 0}sG_c(s)\dfrac{K}{s(s+1)(s+2)}=\dfrac{K}{2}=10$，即 $K=20$，此时未校正的系统的伯德图如图 6-23 所示，可求出系统的相角裕度为$-32°$，未校正系统不稳定。

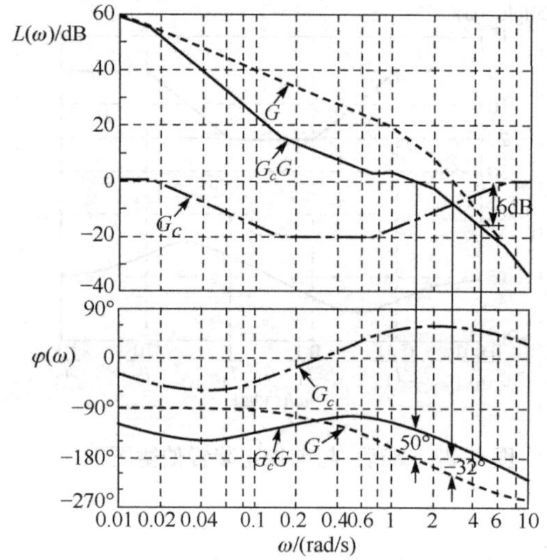

图 6-23 未校正的系统的伯德图

(2) 从 $G(j\omega)$ 相位曲线可以求出，当 $\omega=1.5\text{rad/s}$ 时，$\angle G(j\omega)=-180°$，故选择新的幅值穿越频率等于 1.5rad/s，此时所需的相位超前角约为50°，因此可采用一个单一的滞后-超前网络。

(3) 选择转折频率 $\omega=1/T_2$（相应于校正装置相位滞后部分的零点）在新的幅值穿越频率以下十倍频程处，即在 $\omega=0.15\text{rad/s}$ 处。

(4) 在超前校正装置中，最大相位超前量 ϕ_m 由 $\sin\phi_m=\dfrac{1-\alpha}{1+\alpha}$确定，且此时 $\alpha=\dfrac{1}{\beta}$，则有 $\sin\phi_m=\dfrac{1-\dfrac{1}{\beta}}{1+\dfrac{1}{\beta}}=\dfrac{\beta-1}{\beta+1}$，$\beta=10$ 相应于 $\phi_m=54.9°$，满足所需要50°的相角裕度，所以选择 $\beta=10$。

于是转折频率 $\omega=1/\beta T_2$（相应于滞后校正装置的极点），$\omega=0.015\text{rad/s}$。

因此，滞后-超前校正装置中滞后部分的传递函数为$\dfrac{s+0.15}{s+0.015}=10\left(\dfrac{6.67s+1}{66.7s+1}\right)$。

(5) 相位超前部分确定如下：新的幅值穿越频率为 $\omega=1.5\text{rad/s}$，由图 6-23 可以求得$G(j1.5)$为 13dB，因此在 $\omega=1.5\text{rad/s}$ 上，滞后-超前校正装置能够产生-13dB 的幅值，则新的幅值穿越频率满足要求。画一条斜率为 20dB/dec，且通过(-13dB，1.5rad/s)点的直线。该直线与 0dB 线及-20dB 线的交点，就确定了所要求的转折频率。因此，相位超前部分的转折频率为 $\omega=0.7\text{rad/s}$，滞后-超前校正装置相位超前部分的传递函数为$\dfrac{s+0.7}{s+7}=\dfrac{1}{10}\left(\dfrac{1.43s+1}{0.143s+1}\right)$。

(6) 将校正装置滞后和超前部分的传递函数组合在一起，可以得到滞后-超前校正装置的传递函数。因为选择 $K_c=1$，所以

$$G_c(s)=\left(\frac{s+0.7}{s+7}\right)\cdot\left(\frac{s+0.15}{s+0.015}\right)=\left(\frac{1.43s+1}{0.143s+1}\right)\cdot\left(\frac{6.67s+1}{66.7s+1}\right)$$

已校正系统具有下列开环传递函数：

$$G_c(s)G(s)=\frac{20(s+0.7)(s+0.15)}{s(s+7)(s+0.015)(s+1)(s+2)}$$

$$=\frac{10(1.43s+1)(6.67s+1)}{s(0.143s+1)(66.7s+1)(s+1)(0.5s+1)}$$

$G_c(j\omega)G(j\omega)$的幅值和相角曲线也表示在图 6-23 上。

已校正系统的相角裕度约为50°，幅值裕度约为 16dB。静态速度误差常数为 10s^{-1}，既能满足稳态要求，也能满足相对稳定性的要求。

最后检查已设计系统的瞬态响应特性，利用 MATLAB 求已校正系统和未校正系统的单位阶跃响应曲线，已校正系统的闭环传递函数为

$$\frac{C(s)}{R(s)}=\frac{95.381s^2+81s+10}{4.7691s^5+47.7287s^4+110.3026s^3+163.724s^2+82s+10}$$

图 6-24 所示为单位阶跃响应曲线，可看出设计出的系统是令人满意的。

设计出的闭环系统的零点和极点如下。

零点：$s_1=-0.1499, s_2=-0.6993$。

极点：$s_{3,4}=-0.8973\pm j1.4439, s_5=-0.1785, s_6=-0.5425, s_7=-7.4923$。

极点：$s_5=-0.1785$ 和零点 $s_1=-0.1499$彼此相距很近，在阶跃响应中将产生一种幅值很小但持续时间很长的拖尾，如图 6-24 所示。同样，极点 $s_6=-0.5425$ 与零点 $s_2=-0.6993$ 彼此也相距很近，使长时间拖尾的幅值进一步增大。

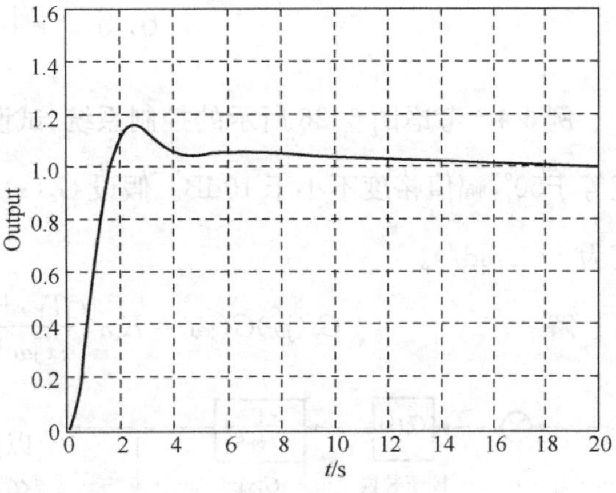

图 6-24 单位阶跃响应曲线

6.5 反馈校正

前面介绍了串联校正，本节将讨论反馈校正方法，由于反馈校正设计中，控制器(或校正器)位于小回路中，设计工作比在串联校正情况下复杂，本节仅进行简单介绍[F605]。

参考图 6-25(a)，这是一个包含串联校正的系统，其闭环传递函数和特征方程分别为 $\frac{C}{R}=\frac{G_cG}{1+G_cGH}$ 和 $1+G_cGH=0$，当给定 G 和 H 时，设计问题就变成确定校正装置 G_c，以满足给定的性能指标。

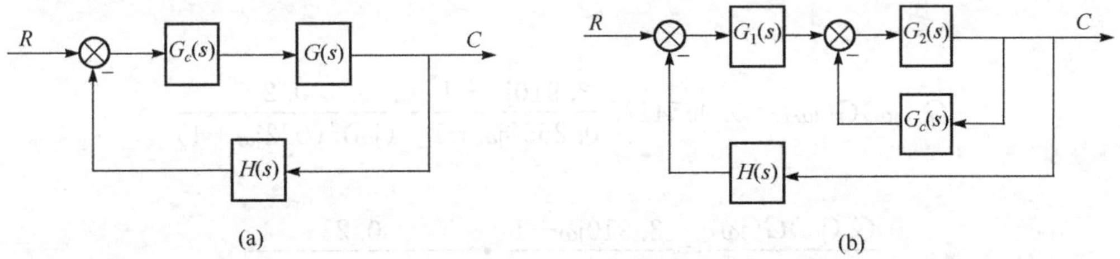

图 6-25 串联校正系统和并联校正系统

具有反馈校正的系统(图 6-25(b))的闭环传递函数和特征方程分别为 $\frac{C}{R}=\frac{G_1G_2}{1+G_2G_c+G_1G_2H}$ 和 $1+G_2G_c+G_1G_2H=0$，用不包含 G_c 的各项之和去除上述特征方程，得到 $1+\frac{G_cG_2}{1+G_1G_2H}=0$。

如果定义 $G_f=\dfrac{G_2}{1+G_1G_2H}$，则 $1+\dfrac{G_cG_2}{1+G_1G_2H}=0$ 可以变成 $1+G_cG_f=0$。

因为 G_f 是一个固定的传递函数，所以 G_c 的设计变成与串联校正相同的情况，可在反馈校正系统中采用相同的设计方法。

6.6 例题精解

例 6-4 考虑图 6-26 所示的控制系统，试设计一个超前校正装置，使得闭环系统的相角裕度等于50°，幅值裕度不小于 10dB。假设 $G_c(s)=K_c\alpha\left(\dfrac{Ts+1}{\alpha Ts+1}\right)$，$0<\alpha<1$，要求闭环系统的带宽为 1～2rad/s。

解

$$G_c(\mathrm{j}\omega)G(\mathrm{j}\omega)=K_c\alpha\left(\frac{T\mathrm{j}\omega+1}{\alpha T\mathrm{j}\omega+1}\right)\cdot\left(\frac{0.2}{(\mathrm{j}\omega)^2(0.2\mathrm{j}\omega+1)}\right)$$

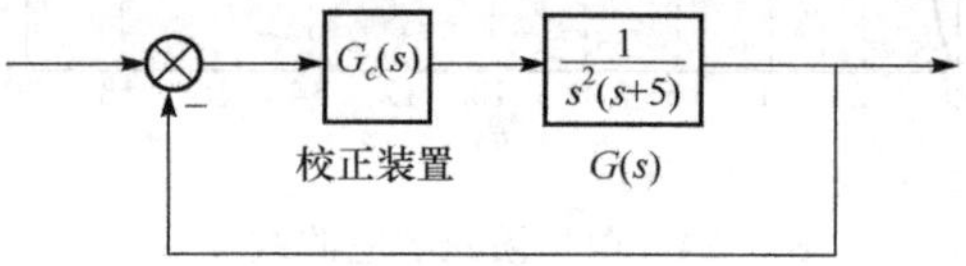

图 6-26 例 6-4 图

因为闭环系统的带宽靠近幅值穿越频率，所以选择幅值穿越频率为 1rad/s，此时 $G(\mathrm{j}\omega)$ 的相角为 $-191.31°$。因此超前网络在 $\omega=1$rad/s 时必须提供$50°+11.31°=61.31°$的相角，又 $\sin\phi_m=\sin 61.31°=\dfrac{1-\alpha}{1+\alpha}=0.8772$，可得 $\alpha=0.06531$。

最大相位超前角 ϕ_m 发生在两个转折频率的几何中点，所以

$$\omega_m=\sqrt{\frac{1}{T}\cdot\frac{1}{\alpha T}}=\frac{1}{\sqrt{\alpha}T}=\frac{1}{\sqrt{0.06541}T}=\frac{3.910}{T}=1$$

因此

$$\frac{1}{T}=\frac{1}{3.910}=0.2558,\quad \frac{1}{\alpha T}=\frac{0.2558}{0.06541}=3.910$$

所以

$$G_c(\mathrm{j}\omega)G(\mathrm{j}\omega)=0.06541K_c\frac{3.910\mathrm{j}\omega+1}{0.2558\mathrm{j}\omega+1}\cdot\frac{0.2}{(\mathrm{j}\omega)^2(0.2\mathrm{j}\omega+1)}$$

即

$$\frac{G_c(\mathrm{j}\omega)G(\mathrm{j}\omega)}{0.06541K_c}=\frac{3.910\mathrm{j}\omega+1}{0.2558\mathrm{j}\omega+1}\cdot\frac{0.2}{(\mathrm{j}\omega)^2(0.2\mathrm{j}\omega+1)}$$

图 6-27 所示为$\dfrac{G_c(\mathrm{j}\omega)G(\mathrm{j}\omega)}{0.06541K_c}$的伯德图。通过简单计算（或根据伯德图），知道幅值曲线必须上升 2.306dB，以保证在 $\omega=1$rad/s 时，幅值等于 0dB。因此令 $20\lg 0.06541K_c=2.306$，得到 $K_c=19.94$。

已校正系统的幅值和相位曲线表明，系统具有的相角裕度为50°，幅值裕度为 16dB，满足设计性能指标。

例 6-5 考虑一个单位负反馈控制系统，其开环传递函数为 $G(s)=\dfrac{K}{s(s+1)(s+4)}$，设计一

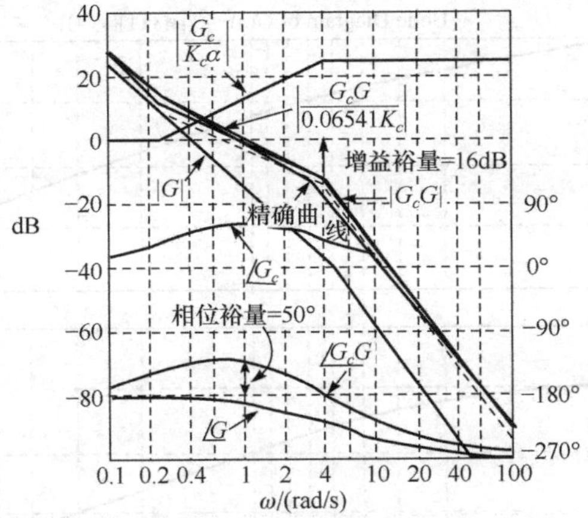

图 6-27　伯德图

个校正装置 $G_c(s)$，使得系统的静态速度误差常数为 $10s^{-1}$，相角裕度等于 50°，幅值裕度不小于 10dB。

解　设计一个滞后-超前校正装置，其传递函数形式为

$$G_c(s)=K_c\frac{\left(s+\dfrac{1}{T_1}\right)\left(s+\dfrac{1}{T_2}\right)}{\left(s+\dfrac{\beta}{T_1}\right)\left(s+\dfrac{1}{\beta T_2}\right)}=K_c\frac{(T_1s+1)(T_2s+1)}{\left(\dfrac{T_1}{\beta}s+1\right)(\beta T_2s+1)}$$

(1) 已校正系统的开环传递函数为 $G_c(s)G(s)$，因为被控对象的增益 K 是可调整的，所以设计 $K_c=1$，因此 $\lim\limits_{s\to 0}G_c(s)=1$。根据对静态速度误差常数的要求，得到：

$$\lim_{s\to 0}sG_c(s)G(s)=\lim_{s\to 0}sG_c(s)\frac{K}{s(s+1)(s+4)}=\frac{K}{4}=10$$

(2) 利用 MATLAB Program6-3 画出未校正系统在 $K=40$ 的伯德图，如图 6-28 所示。

MATLAB Program6-3 [**M610**]

```
num= [0  0  0  40];
den= [1  5  4  0];
w= logspace(- 1,1,100);
bode(num,den,w)
title('Bode Diagram of G(s)= 40/[s(s+ 1)(s+ 4)]')
```

由图 6-28 可看出增益已调整，但未校正系统的相角裕度为 −16°，这表明未校正系统是不稳定的。

(3) 由 $G(j\omega)$ 的相角曲线看到，选择新的幅值穿越频率为相位转折频率 $\omega=2\text{rad/s}$，此时要求的相位超前角大约等于50°。可采用单独的滞后-超前校正装置提供。

(4) 确定滞后部分的转折频率 $\omega=1/T_2$ 位于新幅值穿越频率以下十倍频程处，即 $\omega=0.2\text{rad/s}$处。

(5) 对于超前校正装置，最大相位超前角 ϕ_m 由 $\sin\phi_m=\dfrac{\beta-1}{\beta+1}$ 确定，$\beta=10$ 对应于 $\phi_m=54.9°$，满足需要50°的相角裕度，所以选择 $\beta=10$，则另一个转折频率 $\omega=1/\beta T_2=0.02\text{rad/s}$。滞后-超前校正装置相位滞后部分的传递函数为 $\dfrac{s+0.2}{s+0.02}=10\left(\dfrac{5s+1}{50s+1}\right)$。

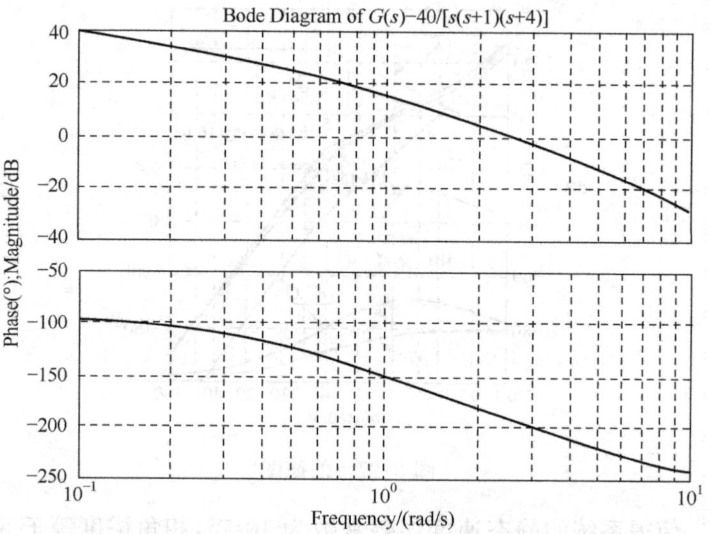

图 6-28 未校正系统伯德图

(6) 相位超前部分确定如下：新的幅值穿越频率为 $\omega=2\text{rad/s}$，由图 6-28，求得 $|G(\text{j}2)|=6\text{dB}$，因此若滞后-超前校正装置在 $\omega=2\text{rad/s}$ 时产生 -6dB，则新的幅值穿越频率满足要求。根据这个要求，画出通过(−6dB,2rad/s)点，且斜率为 20dB/dec 的直线。这条直线与 0dB 以及 −20dB 的交点确定了转折频率。根据上述分析，超前部分的转折频率确定为 $\omega=0.4\text{rad/s}$ 和 $\omega=4\text{rad/s}$。因此，滞后-超前校正装置超前部分的传递函数为 $\dfrac{s+0.4}{s+4}=\dfrac{1}{10}\left(\dfrac{2.5s+1}{0.25s+1}\right)$。

(7) 将校正装置滞后部分和超前部分的传递函数结合起来，可以得到滞后-超前校正装置的传递函数 $G_c(s)$。因为选择 $K_c=1$，所以得到

$$G_c(s)=\frac{s+0.4}{s+4}\cdot\frac{s+0.2}{s+0.02}=\frac{(2.5s+1)(5s+1)}{(0.25s+1)(50s+1)}$$

将 MATLAB Program6-4 输入计算机中，可以得到滞后-超前校正装置 $G_c(s)$ 的伯德图，如图 6-29 所示。

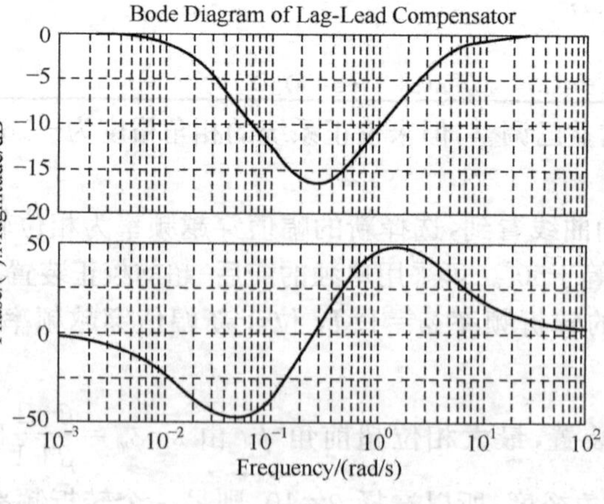

图 6-29 滞后-超前校正装置伯德图

```
MATLAB Program6-4 [M611]
num= [0  0.6  0.08];
den= [1  4.02  0.08];
bode(numc, denc)
title('Bode Diagram of Lag_Lead Compensator')
```

已校正系统的开环传递函数为

$$G_c(s)G(s)=\frac{40s^2+24s+3.2}{s^5+9.02s^4+24.18s^3+16.48s^2+0.32s}$$

用 MATLAB Program6-5,求出设计的开环传递函数 $G_c(s)G(s)$ 的幅值和相角曲线,如图 6-30所示。注意,分母多项式 den 利用 conv 命令求得如下:

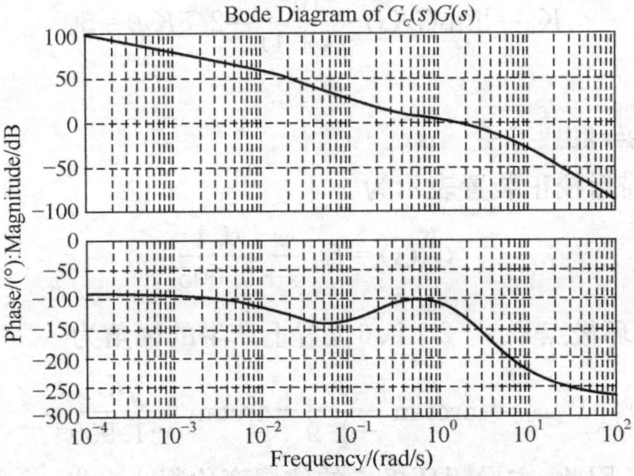

图 6-30　已校正系统伯德图

```
a= [1  4.02  0.08];
b= [1  5  4  0];
conv(a,b)
ans=
1.0000   9.0200   24.1800   16.4800   0.320000   0
```

```
MATLAB Program6-5 [M612]
num= [0  0  0  40  24  3.2];
den= [1  9.02  24.18  16.48  0.32  0];
bode(num,den)
title('已校正系统 Bode 图')
```

因为已校正系统的相角裕度为50°,幅值裕度为 12.5dB,静态速度误差常数为 $10s^{-1}$,所有要求均得到满足。

例 6-6　考虑如图 6-31 所示的控制系统。试设计一个滞后校正装置 $G_c(s)$,使得静态速度误差常数 K_v 为 $50s^{-1}$,同时又不使原闭环极点位置有明显改变。原闭环极点位于 $s=-2\pm j\sqrt{6}$。

解　假设滞后校正装置的传递函数为

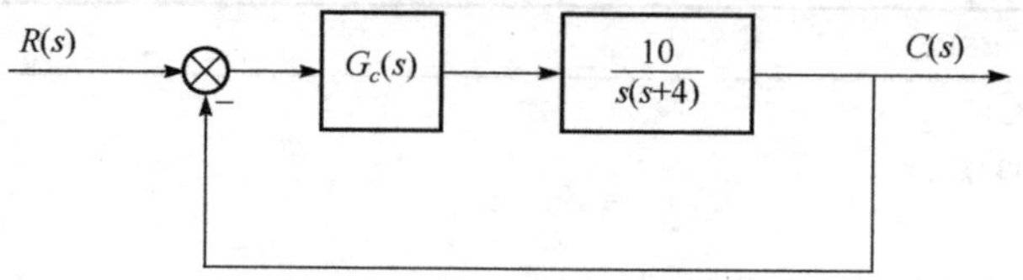

图 6-31　例 6-6 系统方框图

$$G_c(s)=\hat{K}_c\frac{s+\dfrac{1}{T}}{s+\dfrac{1}{\beta T}},\quad \beta>1$$

因为规定 K_v 为 $50\mathrm{s}^{-1}$，所以

$$K_v=\lim_{s\to 0} sG_c(s)\frac{10}{s(s+4)}=2.5\hat{K}_c\beta=50$$

因此 $\hat{K}_c\beta=20$。

选择 $\hat{K}_c=1$，于是 $\beta=20$。

选择 $T=10$，于是滞后校正装置表示为

$$G_c(s)=\hat{K}_c\frac{s+0.1}{s+0.005}$$

滞后校正装置在闭环极点 $s=-2\pm \mathrm{j}\sqrt{6}$ 位置上产生的幅角为

$$\angle G_c(s)\big|_{s=-2+\mathrm{j}\sqrt{6}}=\arctan\frac{\sqrt{6}}{-1.9}-\arctan\frac{\sqrt{6}}{-1.995}=-1.3616°$$

该幅角是比较小的，因此，主导闭环极点的位置变化很小。

系统的开环传递函数为

$$G_c(s)G(s)=\frac{s+0.1}{s+0.005}\cdot\frac{10}{s(s+4)}$$

闭环传递函数为

$$\frac{C(s)}{R(s)}=\frac{10s+1}{s^3+4.005s^2+10.02s+1}$$

为了便于比较校正前后系统的瞬态响应，在图 6-32 上画出了已校正系统和未校正系统的单位阶跃响应。

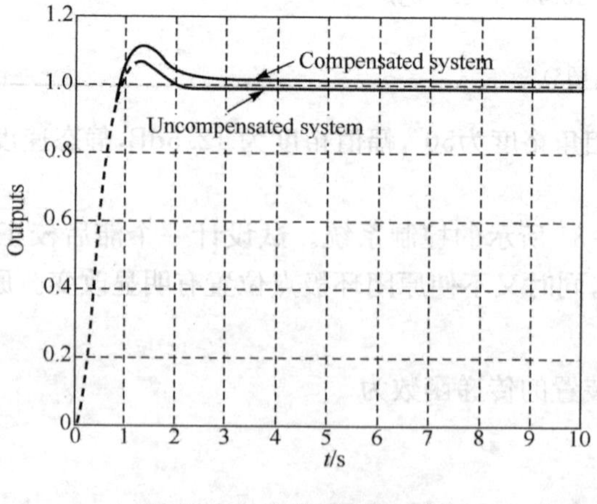

图 6-32　单位阶跃响应图

本例题主要引入滞后校正装置提高系统的稳态精度，K_v 由原来的 2.5 增大至 50，仅从校正前后的单位阶跃响应曲线看，改进效果不是很明显。

更多例题见光盘。

6.7 工程应用实例

工程应用实例详见光盘。

G601 液位控制系统； G602 双手协调机器人单个关节控制系统；
G603 转子绕线机； G604 最小节拍响应系统。

本章小结

(1) 超前校正、滞后校正和滞后-超前校正。

本章讨论了反馈控制系统的几种校正网络的设计方法。首先简要介绍了系统设计和系统校正的概念，其次考察了串联校正网络在控制系统中的作用机理，说明了引入串联校正网络的可行性和必要性，最后简要介绍了反馈校正的原理。串联校正网络可以改变系统的根轨迹形状或改变系统的频率响应，是一种非常有效的校正手段。在各种校正装置中，本章详细讨论了超前校正装置、滞后校正装置和滞后-超前校正装置，并介绍了如何用 Bode 图方法来设计它们。

超前校正装置可以增大系统的相角裕度，从而增加系统的稳定性。滞后校正装置可以在保持预期主导极点基本不变的前提下，增大系统的稳态误差系数，提高系统的稳态精度。如果要求反馈控制系统具有很大的稳态误差系数，就应该采用滞后校正装置来校正系统。注意校正后的幅值增益曲线与 0dB 线的交点，以及幅值增益在交点附近的变化情况（例如，校正之后，幅值增益渐近线的斜率应加上 20dB/dec 等），就可以得到满意的设计结果。此外，超前校正装置会增加系统带宽，而滞后校正装置则会减小系统带宽。当系统内部或系统输入中含有噪声时，系统带宽是影响系统性能的一个主要因素，因而也会影响校正方案的选择。滞后-超前校正综合了超前校正和滞后校正两者的特性，其超前部分增加了相位超前角，并在截止频率上增大了相角裕度，增大了带宽，提高系统响应速度；其相位滞后部分在截止频率附近引起了响应的衰减，也就允许了低频范围内通过增大增益来改善系统的稳态特性。

(2) 根轨迹法和频域分析法实施校正的比较。

根轨迹法与频率响应法为两种完全不同的对控制系统分析设计的方法，但均采用图解方式，根据系统的开环传递函数或开环频率特性来设计，目的都是要得到闭环系统的稳态和瞬态性能。

根轨迹法从极点分布的位置反映系统动态性能。在设计系统时，可以直接指出定量的数学模型参数要求，如期望的 ζ 及 ω_n，或根据时域指标要求判断出期望的 ζ 及 ω_n，从而得到系统期望的闭环主导极点位置和期望的根轨迹形状。

频域响应法从伯德图形状反映系统动态性能。在设计系统时，常常指出期望的相角裕度、幅值裕度、截止频率、谐振频率、带宽和静态误差常数等，从而判断期望的伯德图形状。频域指标不像时域指标那样直观反映系统的快速性、稳定性和稳定精度、抗噪能力，但其中强大的内在联系使基于这种方法的设计同样方便实用。

习　题

6-1　某单位负反馈控制系统的开环传递函数为 $G(s)=\dfrac{K}{(s+3)}$，若校正装置取为 $G_c(s)=\dfrac{s+a}{s}$，试确定 a 和 K 的合适取值，使得系统阶跃响应的稳态误差为零，超调量约为5%，调节时间为1s(按照2%准则)。

6-2　某单位负反馈控制系统的开环传递函数为 $G(s)=\dfrac{K}{s(s+2)(s+4)}$，若引入校正装置取为 $G_c(s)=\dfrac{7.53(s+2.2)}{s+16.4}$，试确定 K 的合适取值，使得系统具有 $\omega_n=0.5$ 和 $\zeta=0.5$ 的主导极点，且 $K_v=2.7$。

6-3　NASA 将使用机器人来建造永久性月球站。机器人手爪的位置控制系统是一个单位负反馈系统，其中 $G(s)=\dfrac{3}{s(s+1)(0.5s+1)}$，试设计一个滞后校正网络 $G_c(s)$，使系统的相角裕度达到45°。

6-4　考虑单位负反馈控制系统的开环传递函数为 $G(s)=\dfrac{4}{s(s+0.5)}$，该系统的闭环极点位于 $s=-0.2500\pm j1.9843$，阻尼比为0.125，无阻尼自然振荡频率为2rad/s，静态速度误差常数为 $8s^{-1}$。现在需要使主导闭环极点的阻尼比等于0.5，使无阻尼自然振荡频率增加到5rad/s，使静态速度误差常数为 $80s^{-1}$。试设计一个适当的校正装置，以满足所有的性能指标。

6-5　考虑题6-5图所示的宇宙飞船控制系统模型。试设计一个超前校正 $G_c(s)$，使得主导闭环极点的阻尼比 ζ 和无阻尼自然频率 ω_n 分别为0.5rad/s和2rad/s。

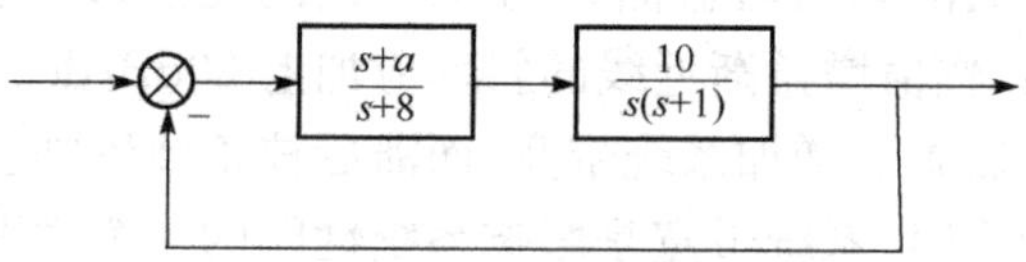

题6-5图

6-6　单位负反馈最小相位系统校正前、后的开环对数幅频特性如题6-6图所示。

(1)求串联校正装置的传递函数 $G_c(s)$；

(2)求串联校正后，使闭环系统稳定的开环增益 K 的值。

6-7　设单位负反馈系统，其开环传递函数为 $G(s)=\dfrac{K}{s(s+1)}$，要求系统在单位斜坡输入信号作用时，稳态误差 $e_{ss}\leqslant 0.1$，开环系统截止频率 $\omega_c\geqslant 4.4$rad/s，相角裕度 $\gamma\geqslant 45°$，幅值裕度 $20\lg h\leqslant 10$dB。试设计一个适当的校正装置，以满足所有的性能指标。

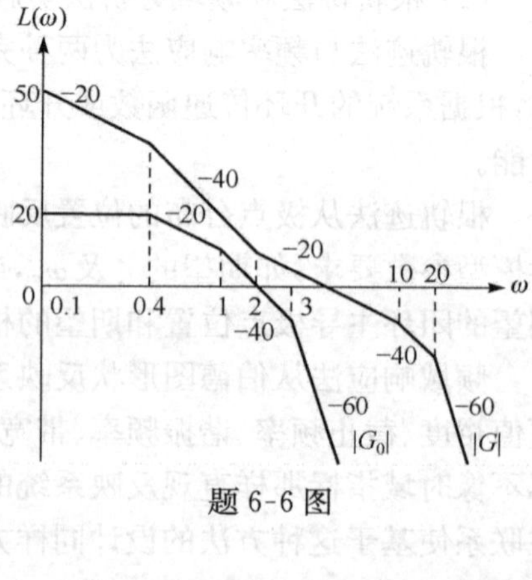

题6-6图

6-8　设单位负反馈系统，其开环传递函数为 $G(s)=\dfrac{500K}{s(s+1)}$，采用超前校正，使校正后系统速度误差常数 $K_v=100/s$，相角裕度 $\gamma\geqslant 45°$。

6-9　设单位负反馈系统，其开环传递函数为 $G(s)=\dfrac{K}{s(0.1s+1)(0.2s+1)}$，欲使校正后系统静态速度误差常

数 $K_v=30/\mathrm{s}$，相角裕度 $\gamma\geqslant 40°$，开环系统截止频率 $\omega_c\geqslant 2.3\mathrm{rad/s}$，设计串联校正装置。

6-10　设有单位负反馈的火炮指挥仪伺服系统，其开环传递函数为 $G(s)=\dfrac{K}{s(0.2s+1)(0.5s+1)}$，若要求系统的最大输出速度为 $12°/\mathrm{s}$，输出位置的容许误差小于 $2°$，试求：

(1)满足上述指标的最小 K 值，计算该 K 值下系统的相角裕度和幅值裕度；

(2)在前向通道中串联超前校正网络 $G_c(s)=\dfrac{0.4s+1}{0.08s+1}$，计算校正后系统的相位裕度和幅值裕度，说明超前校正对系统动态性能的影响。

6-11　设有单位负反馈系统，其开环传递函数为 $G(s)=\dfrac{8}{s(2s+1)}$，采用滞后-超前校正装置 $G_c(s)=\dfrac{(10s+1)(2s+1)}{(100s+1)(0.2s+1)}$，绘制校正前后系统的对数幅频渐近特性，计算系统校正前后的相角裕度。

6-12　若控制系统为单位负反馈系统，其开环传递函数为

$$G(s)=\frac{K}{s(0.1s+1)(0.01s+1)}$$

试设计一个校正装置，使系统期望特性满足下列要求：静态速度误差常数 $K_v\geqslant 250/\mathrm{s}$，开环系统截止频率 $\omega_c\geqslant 30\mathrm{rad/s}$，相角裕度 $\gamma\geqslant 45°$。

第7章　非线性控制系统

基本要求

(1) 了解非线性控制系统的工作原理和特点。

(2) 掌握描述函数法分析非线性控制系统的方法。

(3) 掌握相平面法分析非线性控制系统的方法。

(4) 了解非线性控制系统的性能和设计。

7.1　引　　言

在前面章节中,研究了线性系统分析设计的各种问题。线性控制系统可以用线性高阶微分方程来描述,时域法、根轨迹法、频域分析法是分析设计线性定常系统的经典方法。事实上,这些方法对实际控制系统是一个近似的研究,实际的控制系统一定具有非线性特性。若一个控制系统,包含一个或一个以上非线性的环节,这类系统称为非线性系统。这一章介绍分析和设计非线性控制系统的方法。

7.1.1　非线性控制系统的特点

与线性系统相比,非线性系统在数学模型、稳定性、平衡状态、频率响应、时间响应等方面存在显著的差别,非线性系统有线性系统所没有的许多特点,主要体现在以下几个方面。

7.1.1.1　数学模型

线性系统的数学模型一般可以表示为线性微分方程,它是因变量与其各阶导数的线性组合。如 n 阶线性系统的微分方程为

$$y^{(n)}(t)+a_{n-1}y^{(n-1)}(t)+\cdots+a_1y^{(1)}(t)+a_0y(t)=r(t) \tag{7-1}$$

线性系统可以应用叠加原理,但叠加原理不适用于非线性系统。这是因为非线性系统的数学模型是非线性微分方程,方程除了因变量及其导数的线性项,还有因变量的幂和(或)其导数的幂等其他函数形式。故能否适用叠加原理是两类系统的本质区别。

7.1.1.2　稳定性

线性系统的稳定性只取决于系统的结构及其参数,并且与输入信号及其初始值无关。当系统的传递函数无积分或系统矩阵非奇异时,线性系统有且只有一个平衡状态,因此线性系统局部稳定与全局稳定是一致的。

与线性系统相比,非线性系统的稳定性要复杂得多。非线性系统的稳定性不仅与其系统结构及其参数有关,还与系统输入信号的类型及其初始值有关。由于一些非线性系统可能有多个平衡状态,故非线性系统的局部稳定与全局稳定性一般是不一致的。且非线性系统稳定性的分析没有一个像线性系统一样的通用方法,所以不能笼统地说一个系统是否稳定,而应该在明确了系统的初始状态及相对于哪个平衡状态后再分析系统稳定性。

7.1.1.3　自持振荡或极限环

自持振荡就是在没有外界周期变化信号的作用时系统内产生的具有固定振幅和频率的稳定周期运动。线性系统只有在临界稳定时才能产生周期运动。如典型二阶线性系统，如果阻尼比 $\zeta=0$，在初始状态的激励下，零输入响应在理论上是周期振荡，其幅值取决于初始条件，角频率取决于系统参数。但在实际情况下，由于系统参数会改变或受到干扰，都会使 $\zeta\neq 0$ 或改变周期振荡的幅值，原来的周期振荡就不复存在了。

在初始条件的激励下，有些非线性系统可以产生固定振幅和固定频率的周期振荡，非线性系统中的这种周期振荡称为自持振荡或极限环。如果非线性系统中存在稳定的极限环，则该周期振荡的频率和幅值不受扰动和初始条件的影响。

7.1.1.4　频率响应

稳定的线性系统的频率响应的幅值和相位是输入正弦信号的函数，而非线性系统的频率响应除了含有输入同频率的正弦信号分量外，还含有输入正弦信号频率的高次谐波分量，使输出波形发生非线性畸变。若系统含有多值非线性环节，输出的高次谐波分量的幅值还有可能发生跃变。

7.1.2　典型非线性特性

控制系统中，控制装置或元件的输出输入之间的静特性曲线，不是一条直线，则称此元件具有非线性特性。下面简要介绍几种常见的典型非线性特性。

7.1.2.1　饱和特性［F701］

常见的调节器通常由有源电路组成，由于电源电压和输出电压的限制，具有饱和特性。放大器输出、伺服电机在大控制电压运行下的控制特性、液压调节阀限制行程及功率时的特性等均属于饱和特性。

饱和特性的静特性曲线如图 7-1 所示。其数学表达式为

$$y=\begin{cases}M, & x>a\\ kx, & |x|\leqslant a\\ -M, & x<-a\end{cases} \tag{7-2}$$

式中，a 为线性区宽度；k 为线性区斜率。饱和特性的特点是，输入信号超过某一范围后，输出不再随输入的变化而变化，而是保持在某一常值上。

7.1.2.2　死区特性［F701］

死区非线性特性主要是由测量元件、执行元件等对小信号不灵敏所导致的。其特点是当输入信号在零值附近的某一小范围内时，系统没有输出；只有当信号大于此范围时才有输出，并且与输入呈线性关系。伺服电机的死区电压、测量元件的不灵敏区均属于死区非线性特性。死区特性的静特性曲线如图 7-2 所示。其数学表达式为

$$y=\begin{cases}0, & |x|\leqslant a\\ k(x-a), & x>a\\ k(x+a), & x<-a\end{cases} \tag{7-3}$$

死区又称不灵敏区，死区内虽有输入信号，但其输出为 0。

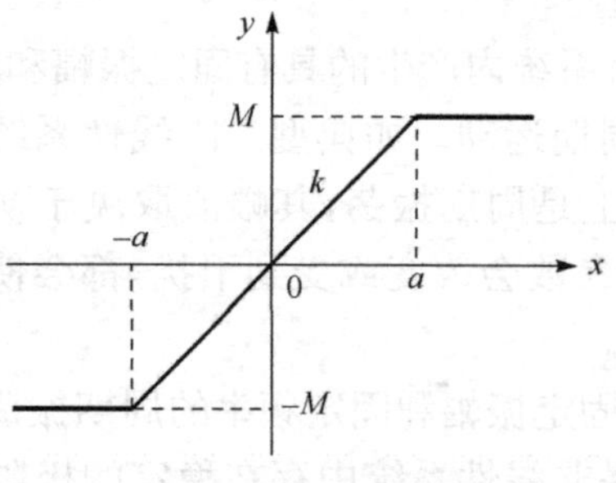

图 7-1　饱和特性

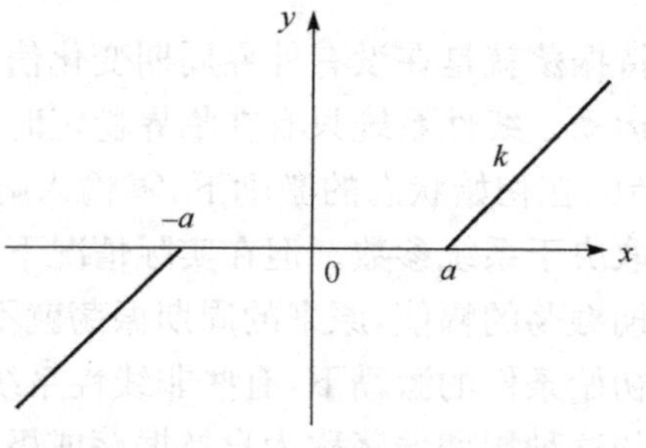

图 7-2　死区特性

7.1.2.3　间隙特性［F701］

间隙特性也称滞环特性。齿轮传动的齿隙及液压传动的油隙均属于这类特性。在齿轮转动中，由于齿隙的存在，当主动轮方向改变时从动轮保持原位不动，直到间隙消除后才改变转动方向。

间隙特性的静特性曲线如图 7-3 所示。其数学表达式为

$$y=\begin{cases}k(x-a\cdot \mathrm{sign}(\dot{x})), & \dot{y}\neq 0\\ -b\cdot \mathrm{sign}(\dot{x}), & \dot{y}=0\end{cases} \tag{7-4}$$

式中，符号函数 $\mathrm{sign}(x)=\begin{cases}+1, x>0\\ -1, x<0\end{cases}$。

当输入信号小于间隙 a 时，输出为零。只有当 $x>a$ 后，输出随输入线性变化。当输入反向时，其输出则保持在方向发生变化前的输出值上，直到输入反向变化 $2a$ 后，输出才线性变化。

7.1.2.4　继电器特性［M701］

继电器是广泛应用于控制系统、保护装置中的器件。由于继电器吸合电压与释放电压不等，使其特性中包含了死区、滞环等特性。控制系统中的各种开关元件均具有这类特性。一般情况下，继电器非线性特性如图 7-4 所示，其数学表达式为

$$y=\begin{cases}0, & -ma<x<+a, \dot{x}>0\\ 0, & -a<x<ma, \dot{x}<0\\ b\cdot \mathrm{sign}(x), & |x|\geqslant a\\ b, & x\geqslant ma, \dot{x}<0\\ -b, & x\leqslant -ma, \dot{x}>0\end{cases} \tag{7-5}$$

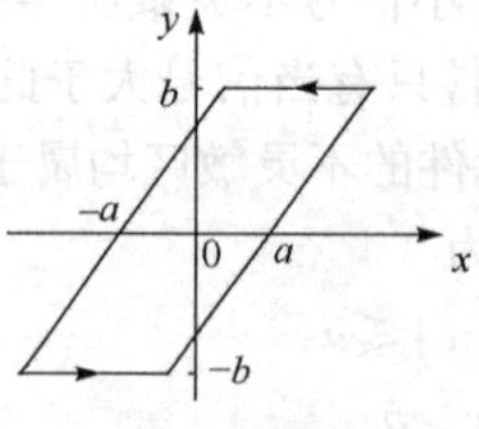

图 7-3　间隙特性

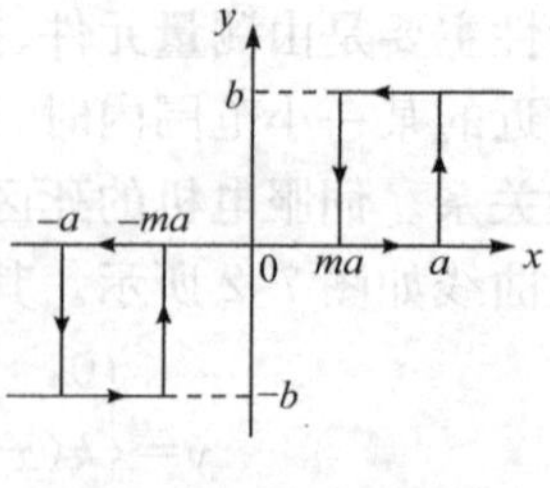

图 7-4　继电器特性

由图 7-4 可知，这类特性不仅包含死区特性，而且具有滞环特性。

(1) 若 $a=0$，称这种特性为理想继电器特性，如图 7-5(a) 所示；

(2) 若 $m=1$，其静特性如图 7-5 (b) 所示，称为死区继电器特性；

(3) 若 $m=-1$，其静特性如图 7-5 (c) 所示，称为滞环继电器特性。

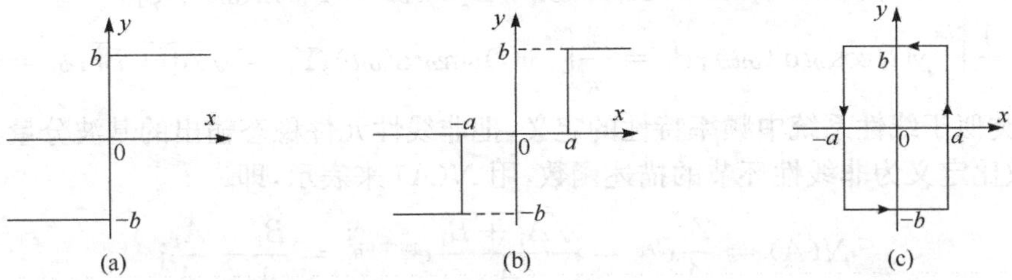

图 7-5 理想继电器特性(a)、死区继电器特性(b)和滞环继电器特性(c)

7.2 描述函数法

描述函数法是非线性系统的一种近似分析方法。其实质是应用谐波线性化的概念，将非线性特性线性化，然后用频域法的结论来研究非线性系统，是频域分析法的一种。

所谓谐波线性化，就是指具有本质非线性的非线性元件，在正弦输入作用下，输出响应是非正弦周期函数，假设其中只有基波分量有意义，从而将本质非线性特性视为线性特性的一种近似。

这种假设对于许多含本质非线性特性的非线性系统是成立的。

因为非线性系统在正弦输入信号作用下，非正弦信号输出，这个输出信号中，高次谐波的振幅通常比基波的振幅小，而且，非线性系统的线性部分大都具有低通特性，这些高次谐波经过线性部分将被衰减殆尽。

7.2.1 描述函数的含义

7.2.1.1 描述函数的概念

首先，将非线性系统的结构图简化成只有一个非线性环节 $N(A)$ 和一个线性部分 $G(s)$ 串联的闭环结构，如图 7-6 所示。

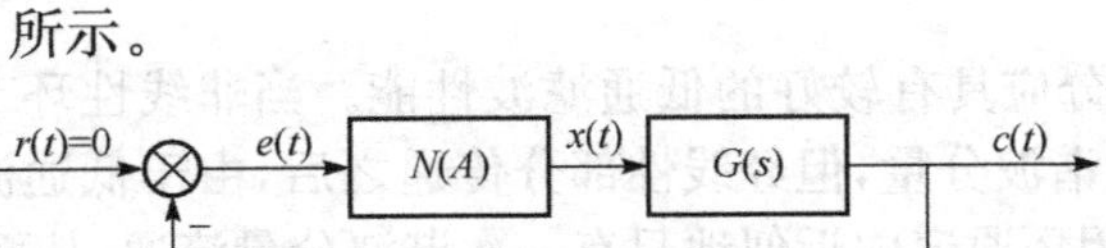

图 7-6 非线性系统方框图

然后，对于图 7-6 所示的非线性系统，设非线性环节输入信号为正弦信号 $x(t)=A\sin\omega t$，则其输出 $y(t)$ 一般为周期性非正弦信号，可以展开成傅氏级数

$$y(t)=A_0+\sum_{n=1}^{\infty}(A_n\cos n\omega t+B_n\sin n\omega t) \tag{7-6}$$

式中，$A_n=\dfrac{1}{\pi}\int_0^{2\pi}y(t)\cos(n\omega t)\,\mathrm{d}(\omega t)$；$B_n=\dfrac{1}{\pi}\int_0^{2\pi}y(t)\sin(n\omega t)\,\mathrm{d}(\omega t)$。

若系统满足输入输出静特性曲线是奇对称的，则有 $A_0=0$。

由于在傅氏级数 n 越大，谐波分量的频率越高，A_nB_n 越小。此时若系统线性部分 $G(s)$ 具有良好的低通滤波特性，则高次谐波分量又进一步被充分衰减，故可近似认为非线性环节的稳态输出只含有基波分量，即

$$y(t)\approx y_1(t)=A_1\cos\omega t+B_1\sin\omega t=Y_1\sin(\omega t+\phi_1) \tag{7-7}$$

式中，$A_1=\dfrac{1}{\pi}\displaystyle\int_0^{2\pi}y(t)\cos\omega t\mathrm{d}(\omega t)$；$B_1=\dfrac{1}{\pi}\displaystyle\int_0^{2\pi}y(t)\sin\omega t\mathrm{d}(\omega t)$；$Y_1=\sqrt{A_1^2+B_1^2}$；$\phi_1=\arctan\dfrac{A_1}{B_1}$。

最后，类似于线性系统中频率特性的定义，把非线性元件稳态输出的基波分量与输入正弦信号的复数比定义为非线性环节的描述函数，用 $N(A)$ 来表示，即

$$N(A)=\frac{Y_1}{A}\mathrm{e}^{\mathrm{j}\phi_1}=\frac{\sqrt{A_1^2+B_1^2}}{A}\mathrm{e}^{\mathrm{j}\arctan\frac{A_1}{B_1}}=\frac{B_1}{A}+\frac{A_1}{A}\mathrm{j} \tag{7-8}$$

由非线性环节描述函数的定义可以得到如下结论。

(1) 对于图 7-6 所示的非线性系统，只有当非线性部分 $N(A)$ 和线性部分 $G(s)$ 满足一定的条件时，应用描述函数法分析的结果才会比较准确。描述函数反映了非线性部分对基波正弦量的传递能力，可以近似地认为在闭环通道中只有基波分量在流通，因此如果线性部分 $G(s)$ 具有良好的低通滤波特性，整个系统用此方法分析切实可行。事实上，$G(s)$ 通常具有低通特性，而且，大多实际的非线性元件输出和输入正弦信号的频率无关，描述函数可进一步简化为仅有输入正弦信号幅值 A 的函数。

(2) 描述函数法的概念是把一个非线性元件近似地看成一个线性元件(类比于其传递函数，不过是针对特定正弦输入信号而言的传递函数)，因此称为谐波线性化，又称此方法是一种频率法。

(3) 描述函数法主要分析非线性系统的稳定性和自持振荡问题，一般不能给出时间响应的确切性能信息。

7.2.1.2 描述函数法的适用条件

(1) 非线性系统应能够简化成一个非线性环节和一个线性部分闭环连接的典型结构形式，如图 7-6 所示。

(2) 非线性环节的输入输出特性 $y(x)$ 应是 x 的奇函数，即 $f(x)=-f(-x)$，或正弦输入下的输出 t 的奇对称函数，即 $y(t+\pi/\omega)=-y(t)$，以保证非线性环节的正弦响应不含有常值分量，即 $A_0=0$。

(3) 系统的线性部分应具有较好的低通滤波性能。当非线性环节的输入为正弦信号时，实际输出必定含有高次谐波分量，但经线性部分传递之后，由于低通滤波的作用，高次谐波分量将被大大削弱，所以闭环通道内近似地只有一次谐波分量流通，从而保证应用描述函数分析方法所得的结果比较准确。对于实际的非线性系统，大部分都容易满足这一条件。线性部分的阶次越高，低通滤波性能越好；而想要具有低通滤波性能，线性部分的奇点应位于复平面的左半平面。

7.2.2 典型非线性环节的描述函数

本节将介绍典型非线性特性描述函数的计算方法。

7.2.2.1 饱和特性的描述函数

饱和特性在输入 $e(t)=A\sin\omega t$ 时的输入与输出波形图如图 7-7 所示，其中输出 $x(t)$ 的数

学表达式为

$$x(t)=\begin{cases}kA\sin\omega t, & 0<\omega t<\alpha_1 \\ ka=b, & \alpha_1<\omega t<(\pi-\alpha_1) \\ kA\sin\omega t, & (\pi-\alpha_1)<\omega t<\pi\end{cases} \tag{7-9}$$

由于输出 $x(t)$ 为单值奇对称函数，故有 $A_0=0$，$A_1=0$。

由式(7-9)求得

$$\begin{aligned}B_1&=\frac{1}{\pi}\int_0^{2\pi}x(t)\sin\omega t\,\mathrm{d}(\omega t)\\&=\frac{4}{\pi}\left[\int_0^{\alpha_1}kA\sin\omega t\cdot\sin\omega t\,\mathrm{d}(\omega t)+\int_{\alpha_1}^{\frac{\pi}{2}}ka\sin\omega t\,\mathrm{d}(\omega t)\right]\\&=\frac{4kA}{\pi}\left\{\left[\frac{1}{2}\omega t-\frac{1}{4}\sin2\omega t\right]_0^{\alpha_1}+\frac{a}{A}\left[-\cos\omega t\right]_{\alpha_1}^{\frac{\pi}{2}}\right\}\\&=\frac{4kA}{\pi}\left[\frac{1}{2}\alpha_1-\frac{1}{4}\sin2\alpha_1+\frac{a}{A}\cos\alpha_1\right]\\&=\frac{2}{\pi}kA\left[\arcsin\frac{a}{A}+\frac{a}{A}\sqrt{1-\left(\frac{a}{A}\right)^2}\right]\end{aligned}$$

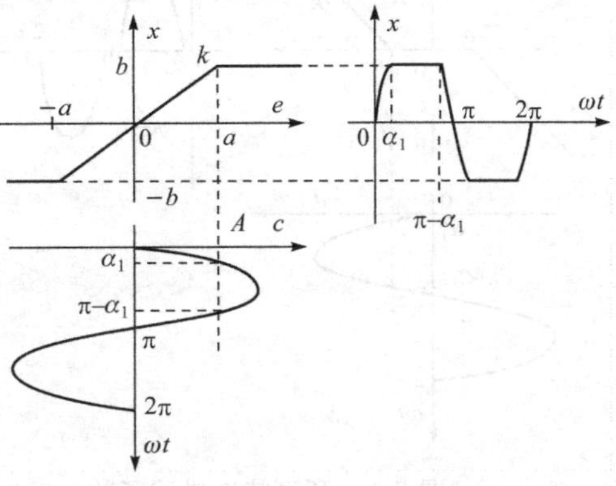

图 7-7　饱和特性描述函数

式中，$A\geqslant a$。

再考虑式(7-8)，$A_1=0$，求得饱和特性的描述函数为

$$N(A)=\frac{2k}{\pi}\left[\arcsin\frac{a}{A}+\frac{a}{A}\sqrt{1-\left(\frac{a}{A}\right)^2}\right],\quad A\geqslant a \tag{7-10}$$

根据式(7-10)，以 a/A 为自变量，以 $N(A)/k$ 为因变量。当 $a/A=0$ 时，$N(A)/k=0$，当 $a/A\to1$ 时，$N(A)/k\to1$，而当 $a/A>1$ 时，$N(A)/k$ 仍等于 1，因为这时的饱和特性已经变成了线性增益特性。

7.2.2.2　死区特性的描述函数

死区特性在输入 $e(t)=A\sin\omega t$ 时的输入与输出波形如图 7-8 所示，输出 $x(t)$ 的数学表达式为

$$x(t)=\begin{cases}0, & 0<\omega t<\alpha_1 \\ k(A\sin\omega t-a), & \alpha_1<\omega t<(\pi-\alpha_1) \\ 0, & (\pi-\alpha_1)<\omega t<\pi\end{cases} \tag{7-11}$$

式中，$A\geqslant a$。由于输出 $x(t)$ 为单值奇对称函数，故有 $A_0=0$，$A_1=0$。由式(7-11)求得

$$\begin{aligned}B_1&=\frac{1}{\pi}\int_0^{2\pi}x(t)\sin\omega t\,\mathrm{d}(\omega t)\\&=\frac{4}{\pi}\left[\int_{\alpha_1}^{\frac{\pi}{2}}k(A\sin\omega t-a)\sin\omega t\,\mathrm{d}(\omega t)\right]\\&=\frac{2}{\pi}kA\left[\frac{\pi}{2}-\arcsin\frac{a}{A}-\frac{a}{A}\sqrt{1-\left(\frac{a}{A}\right)^2}\right],\quad A\geqslant a\end{aligned}$$

再考虑式(7-8)，$A_1=0$，求得死区特性的描述函数为

$$N(A)=\frac{2k}{\pi}\left[\frac{\pi}{2}-\arcsin\frac{a}{A}-\frac{a}{A}\sqrt{1-\left(\frac{a}{A}\right)^2}\right],\quad A\geqslant a \tag{7-12}$$

根据式(7-12)，以 a/A 为自变量，以 $N(A)/k$ 为因变量的函数曲线如图 7-9 所示。从图 7-9 看出，当 $a/A>1$ 时，$N(A)/k=0$，因为这时在输入正弦的振幅不超出死区时，非线性元件无输出。

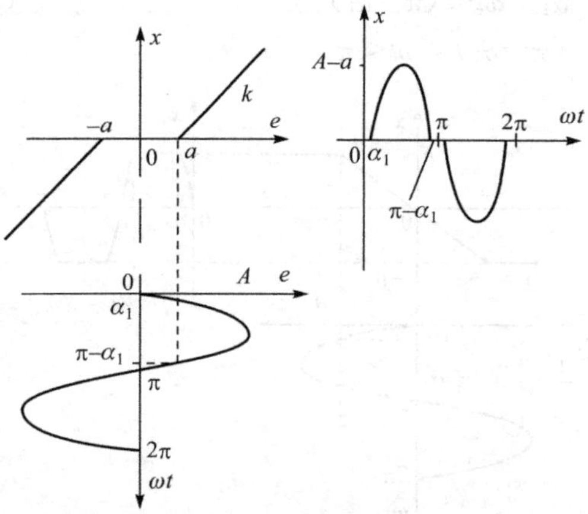

图 7-8　死区特性描述函数

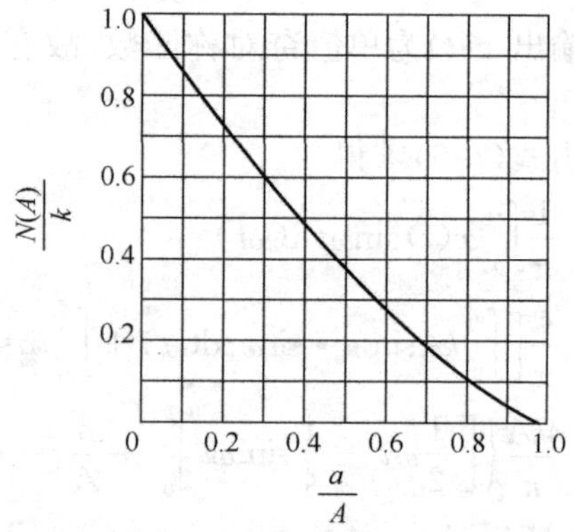

图 7-9　函数曲线

7.2.2.3　间隙特性的描述函数

间隙特性在输入 $e(t)=A\sin\omega t$ 时的输入与输出波形如图 7-10 所示，输出 $x(t)$ 的数学表达式为

$$x(t)=\begin{cases}k(A\sin\omega t-\varepsilon), & 0<\omega t<\dfrac{\pi}{2}\\ k(A-\varepsilon), & \dfrac{\pi}{2}<\omega t<(\pi-\alpha_1)\\ k(A\sin\omega t+\varepsilon), & (\pi-\alpha_1)<\omega t<\pi\end{cases} \tag{7-13}$$

式中，$A\geqslant\varepsilon$。从图 7-10 看到，输出 $x(t)$ 的直流分量为零，故有 $A_0=0$。

由式(7-13)求得

$$A_1=\frac{1}{\pi}\int_0^{2\pi}x(t)\cos\omega t\,\mathrm{d}(\omega t)$$

$$=\frac{2}{\pi}\left[\begin{array}{l}\displaystyle\int_0^{\frac{\pi}{2}}k(A\sin\omega t-\varepsilon)\cdot\cos\omega t\,\mathrm{d}(\omega t)+\int_{\frac{\pi}{2}}^{\pi-\alpha_1}k(A-\varepsilon)\cos\omega t\,\mathrm{d}(\omega t)\\ \displaystyle+\int_{\pi-\alpha_1}^{\pi}k(A\sin\omega t+\varepsilon)\cdot\cos\omega t\,\mathrm{d}(\omega t)\end{array}\right]=\frac{4k\varepsilon}{\pi}\left(\frac{\varepsilon}{A}-1\right)$$

$$B_1=\frac{1}{\pi}\int_0^{2\pi}x(t)\sin\omega t\,\mathrm{d}(\omega t)$$

$$=\frac{2}{\pi}\left[\begin{array}{l}\displaystyle\int_0^{\frac{\pi}{2}}k(A\sin\omega t-\varepsilon)\cdot\cos\omega t\,\mathrm{d}(\omega t)+\int_{\frac{\pi}{2}}^{\pi-\alpha_1}k(A-\varepsilon)\cos\omega t\,\mathrm{d}(\omega t)\\ \displaystyle+\int_{\pi-\alpha_1}^{\pi}k(A\sin\omega t+\varepsilon)\cdot\cos\omega t\,\mathrm{d}(\omega t)\end{array}\right]$$

$$=\frac{kA}{\pi}\left[\frac{\pi}{2}+\arcsin\left(1-\frac{2\varepsilon}{A}\right)+2\left(1-\frac{2\varepsilon}{A}\right)\sqrt{\frac{\varepsilon}{A}\cdot\left(1-\frac{\varepsilon}{A}\right)}\right]$$

上述两式中 $A\geqslant\varepsilon$。

再考虑式(7-8),求得间隙特性的描述函数为

$$N(A)=\frac{k}{\pi}\left[\frac{\pi}{2}+\arcsin\left(1-\frac{2\varepsilon}{A}\right)+2\left(1-\frac{2\varepsilon}{A}\right)\sqrt{\frac{\varepsilon}{A}\cdot\left(1-\frac{\varepsilon}{A}\right)}\right]+\mathrm{j}\,\frac{4k\varepsilon}{\pi A}\left(\frac{\varepsilon}{A}-1\right),\quad A\geqslant\varepsilon \tag{7-14}$$

根据式(7-14),以 ε/A 为自变量,分别以 $N(A)/k$ 及 $\angle N(A)$ 为因变量的函数曲线如图 7-11所示。需要指出,由于在间隙特性中出现滞环而变成非单值函数,所以其描述函数已不再是实函数,而是一个复函数。这说明,具有齿隙特性非线性元件响应正弦输入的非正弦周期输出的基波 $x_1(t)$ 相对于其正弦输入 $e(t)$ 将产生相移。从图 7-10 可见,$x_1(t)$ 在相位上滞后于 $e(t)$,其滞后角 $\varphi_1=\arctan(A_1/B_1)$。

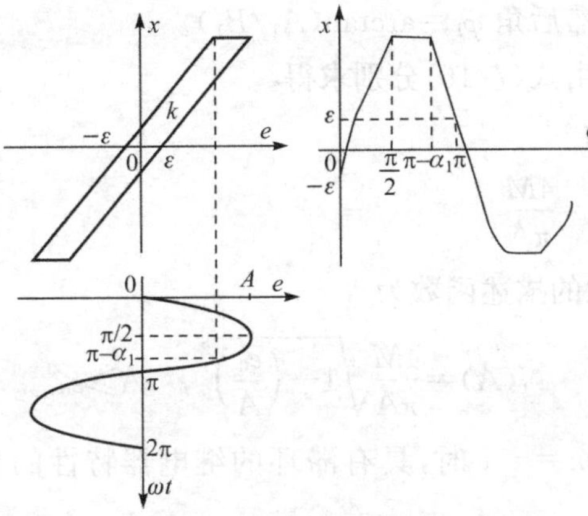

图 7-10　间隙特性描述函数

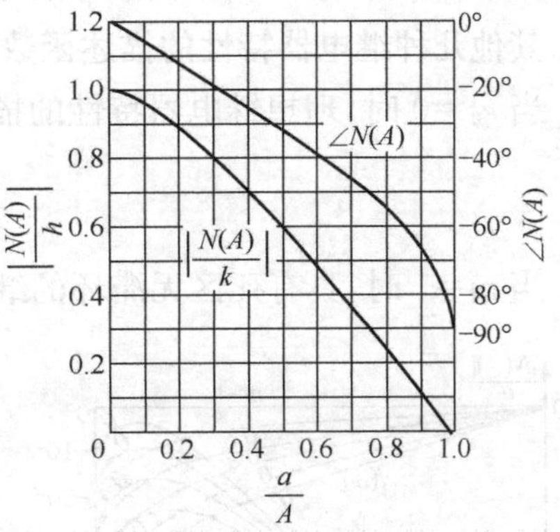

图 7-11　函数曲线

7.2.2.4　继电器特性的描述函数［M702］

具有死区和滞环的继电器特性在输入 $e(t)=A\sin\omega t$ 时的输入与输出波形如图 7-12 所示,其中输出 $x(t)$ 的数学表达式为

$$x(t)=\begin{cases}0, & 0<\omega t<\alpha_1\\ M, & \alpha_1<\omega t<(\pi-\alpha_2)\\ 0, & (\pi-\alpha_2)<\omega t<\pi\end{cases} \tag{7-15}$$

其中,$A\geqslant e_0$。从图 7-12 看到,输出 $x(t)$ 的直流分量为零,故有 $A_0=0$。

由式(7-15)求得

$$A_1=\frac{1}{\pi}\int_0^{2\pi}x(t)\cos\omega t\,\mathrm{d}(\omega t)$$

$$=\frac{2}{\pi}\int_{\alpha_1}^{\pi-\alpha_2}M\cos\omega t\,\mathrm{d}(\omega t)=\frac{2Me_0}{\pi A}(m-1),\quad A\geqslant e_0$$

$$B_1=\frac{1}{\pi}\int_0^{2\pi}x(t)\sin\omega t\,\mathrm{d}(\omega t)$$

$$=\frac{2}{\pi}\int_{\alpha_1}^{\pi-\alpha_2}M\sin\omega t\,\mathrm{d}(\omega t)$$

$$=\frac{2M}{\pi}\left[\sqrt{1-\left(\frac{me_0}{A}\right)^2}+\sqrt{1-\left(\frac{e_0}{A}\right)^2}\right],\quad A\geqslant e_0$$

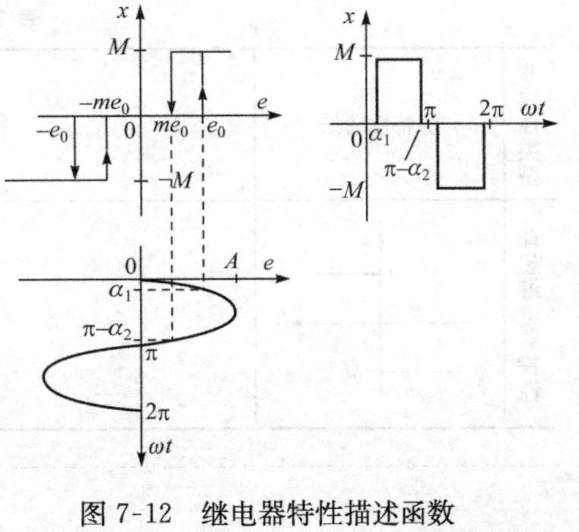

图 7-12　继电器特性描述函数

在上述二式中，$\alpha_1=\arcsin\dfrac{e_0}{A}$；$\alpha_2=\arcsin\dfrac{me_0}{A}$。

再考虑式(7-8)，求得间隙特性的描述函数为

$$N(A)=\frac{2M}{\pi A}\left[\sqrt{1-\left(\frac{me_0}{A}\right)^2}+\sqrt{1-\left(\frac{e_0}{A}\right)^2}\right]+\mathrm{j}\,\frac{2Me_0}{\pi A^2}(m-1),\quad A\geqslant e_0 \tag{7-16}$$

根据式(7-16)，以 e_0/A 为自变量，分别以 $|N(A)/\alpha|$ 及 $\angle N(A)$ 为因变量的函数曲线如图 7-13所示，其中 $\alpha=M/e_0$。从式(7-16)及图 7-13 可见，由于继电器具有滞环特性，故其描述函数 $N(A)$ 不再是实函数，而是输入正弦的振幅 A 的复函数，其函数曲线处于复平面内，并从图 7-12 看到，$x_1(t)$ 在相位上滞后于 $e(t)$，其滞后角 $\varphi_1=\arctan(A_1/B_1)$。

其他几种继电器特性的描述函数 $N(A)$ 可由式(7-16)分别求得。

当 $e_0=0$ 时，理想继电器特性的描述函数为

$$N(A)=\frac{4M}{\pi A} \tag{7-17}$$

当 $m=1$ 时，具有死区无滞环的继电器特性的描述函数为

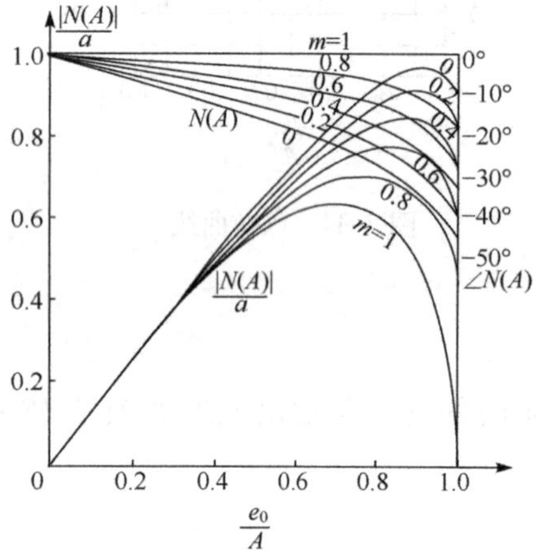

图 7-13　函数曲线

$$N(A)=\frac{4M}{\pi A}\sqrt{1-\left(\frac{e_0}{A}\right)^2},\quad A\geqslant e_0 \tag{7-18}$$

当 $m=-1$ 时，具有滞环的继电器特性的描述函数为

$$N(A)=\frac{4M}{\pi A}\sqrt{1-\left(\frac{e_0}{A}\right)^2}-\mathrm{j}\,\frac{4Me_0}{\pi A^2},\quad A\geqslant e_0 \tag{7-19}$$

可以总结出求取描述函数的一般步骤如下。

(1) 由非线性静特性曲线，画正弦信号输入下的输出波形，写出输出波形 $y(t)$ 的数学表达式；

(2) 用傅氏级数求 $y(t)$ 的基波分量；

(3) 将求得的基波分量除以 A 可得

$$N(A)=\frac{Y_1}{A}\mathrm{e}^{\mathrm{j}\phi_1}=\frac{\sqrt{A_1^2+B_1^2}}{A}\angle\arctan\frac{A_1}{B_1}$$

表 7-1　典型非线性特性

非线性类型	静特性曲线	描述函数 $N(A)$	负倒特性曲线 $-1/N(A)$
理想继电器特性	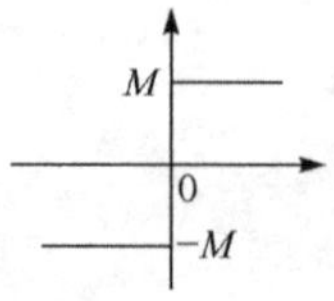	$\dfrac{4M}{\pi A}$	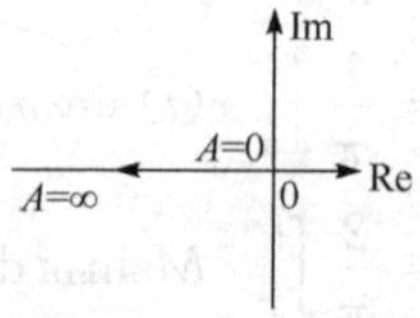

续表

非线性类型	静特性曲线	描述函数 $N(A)$	负倒特性曲线 $-1/N(A)$
死区继电器特性	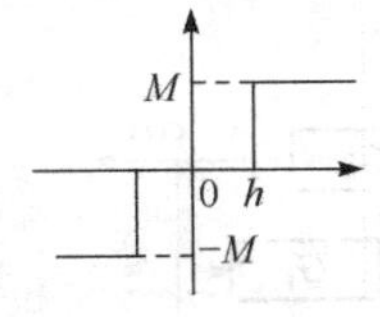	$\frac{4M}{\pi A}\sqrt{1-\left(\frac{h}{A}\right)^2}, A\geqslant h$	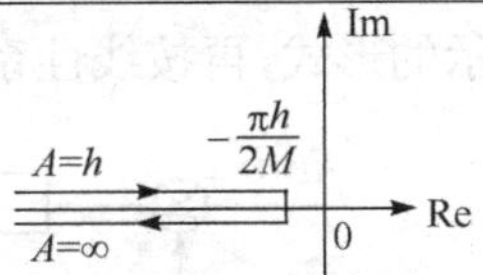
滞环继电器特性	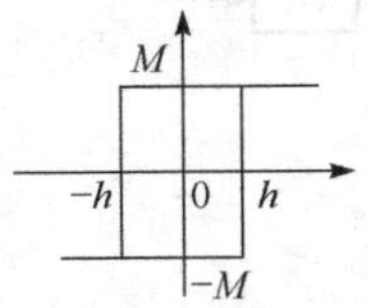	$\frac{4M}{\pi A}\sqrt{1-\left(\frac{h}{A}\right)^2}-\mathrm{j}\frac{4Mh}{\pi A^2}, A\geqslant h$	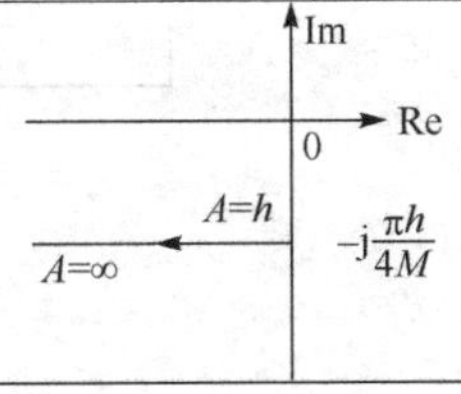
死区加滞环继电器特性	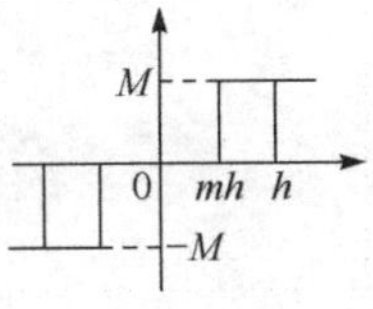	$\frac{2M}{\pi A}\left[\sqrt{1-\left(\frac{mh}{A}\right)^2}+\sqrt{1-\left(\frac{h}{A}\right)^2}\right]+\mathrm{j}\frac{2Mh}{\pi A^2}(m-1) A\geqslant h$	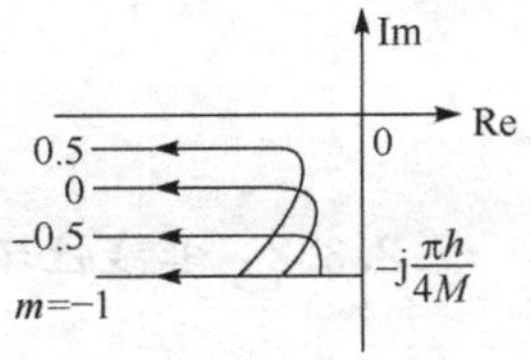
饱和特性	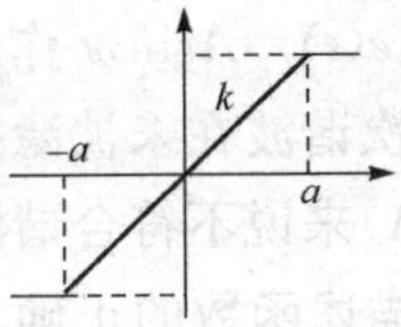	$\frac{2K}{\pi}\left[\arcsin\frac{a}{A}+\frac{a}{A}\sqrt{1-\left(\frac{a}{A}\right)^2}\right], A\geqslant a$	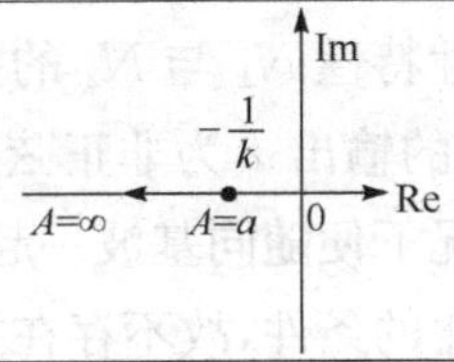
死区特性	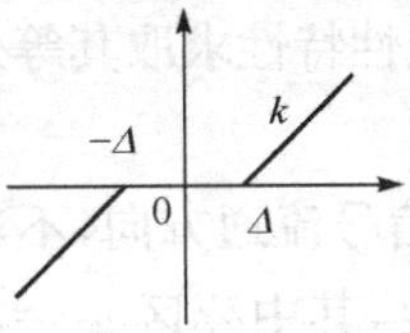	$\frac{2K}{\pi}\left[\frac{\pi}{2}-\arcsin\frac{\Delta}{A}-\frac{\Delta}{A}\sqrt{1-\left(\frac{\Delta}{A}\right)^2}\right], A\geqslant\Delta$	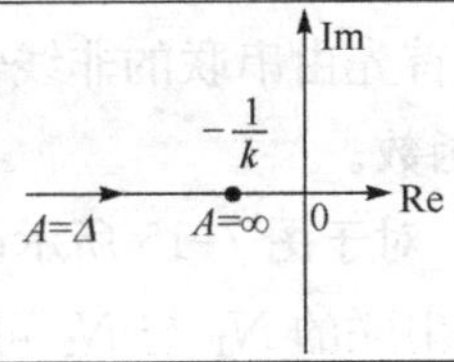
间隙特性	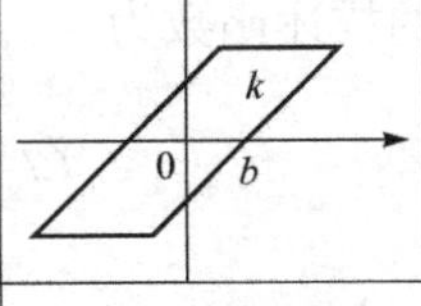	$\frac{K}{\pi}\left[\frac{\pi}{2}+\arcsin\left(1-\frac{2b}{A}\right)+2\left(1-\frac{2b}{A}\right)\sqrt{\frac{b}{A}\left(1-\frac{b}{A}\right)}\right]$ $+\mathrm{j}\frac{4kb}{\pi A}\left(\frac{b}{A}-1\right), A\geqslant b$	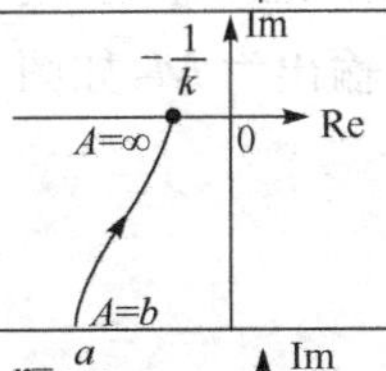
死区加饱和特性	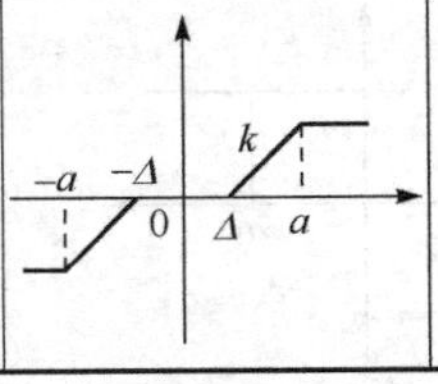	$\frac{2K}{\pi}\left[\arcsin\frac{a}{A}-\arcsin\frac{\Delta}{A}+\frac{a}{A}\sqrt{1-\left(\frac{a}{A}\right)^2}-\frac{\Delta}{A}\sqrt{1-\left(\frac{\Delta}{A}\right)^2}\right], A\geqslant a$	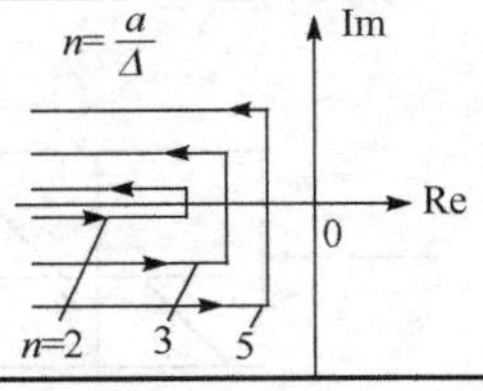

7.2.3 典型非线性环节组合时的描述函数

描述函数法是基于如图 7-6 所示的非线性结构形式而展开的，但常见的系统更为复杂，如有多个非线性环节串联或并联于系统线性环节各节点处。为了便于运用描述函数法进行分析，就需将系统转换为如图 7-6 所示的典型结构形式。

7.2.3.1 线性部分的等效变换

考虑如图 7-14(a)所示的实例，按照等效变换原则，调换各比较点，系统可表示为图 7-14(b)所示的形式，再按线性系统等效变换得到典型结构如图 7-14(c)所示。

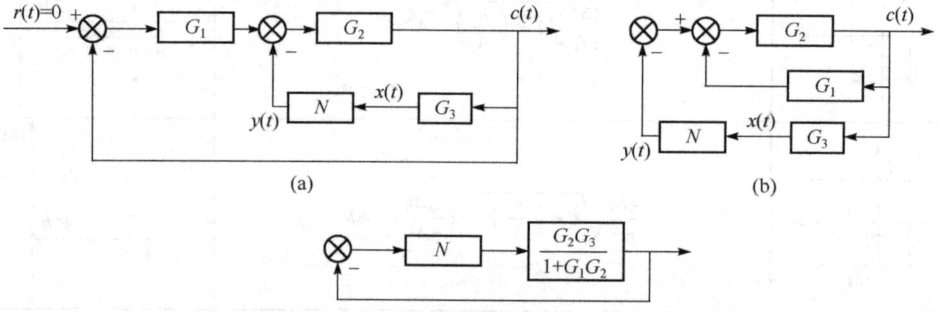

图 7-14 非线性系统等效变换

7.2.3.2 非线性环节串联［M703］

对于图 7-15 所示的典型非线性特性串联的情况，求取其等效描述函数时，不能由串联非线性特性 N_1 与 N_2 的描述函数 $N_1(A)$和 $N_2(A)$运算得来。这是因为在 $e(t)=A\sin\omega t$ 作用下 N_1 的输出 x 为非正弦周期函数，它除基波外还含有高次谐波，而这些高次谐波在未被滤掉的情况下便随同基波一起加到 $N_2(A)$的输入端。在这种情况下对于 $N_2(A)$来说不符合谐波线性化的条件，故不存在描述函数 $N_2(A)$。求取串联非线性特性的等效描述函数的正确方法是，首先由串联的非线性特性求取等效的非线性特性，然后根据等效非线性特性求取其等效描述函数。

对于图 7-15 所示的串联非线性特性 N_1 与 N_2，沿由 e 经 x 到 y 的信号流通方向，不难看出，串联的 N_1 与 N_2 可用一个具有死区无滞环的继电器特性 N_{12}来等效，其中死区 $a_1=e_0+a/k$，输出为 M，如图 7-16 所示。故由表 7-1 可得，等效非线性特性 N_{12}的描述函数为

$$N_{12}(A)=\frac{4M}{\pi A}\sqrt{1-\left(\frac{a_1}{A}\right)^2},\quad A>a_1 \tag{7-20}$$

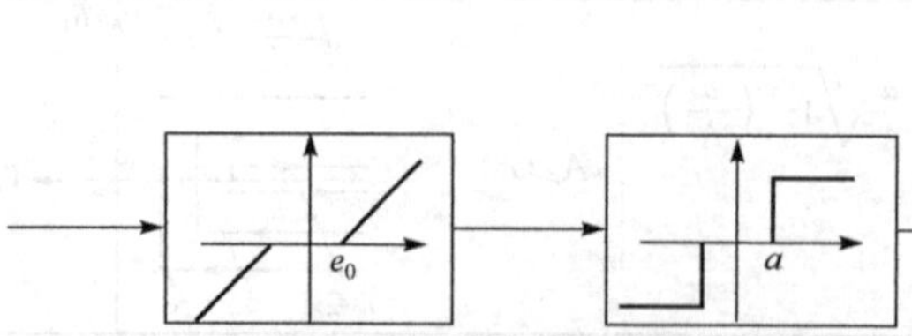

图 7-15 非线性特性串联

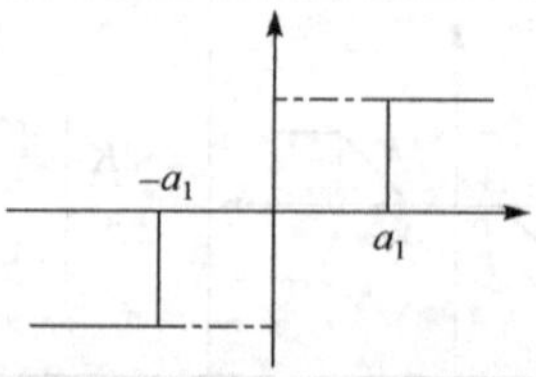

图 7-16 非线性特性

注意，求取等效非线性特性 N_{12}时，串联非线性特性 N_1 与 N_2 的前后排列次序不可任意改变，一定要以信号流通方向为准，即需将信号先通过的非线性特性排在前面，否则串联非线

性特性的前后排列与信号通过的先后次序不符时，将不等效。

7.2.3.3　非线性环节并联

设有两个非线性环节并联，且其非线性特性都是单值函数，即它们的描述函数都是实数，如图 7-17 所示。当输入为 $x(t)=A\sin(\omega t)$时，则两个环节输出的基波分量分别为输入信号乘以各自的描述函数，即

$$\begin{cases} y_{11}(t)=N_1 A\sin(\omega t) \\ y_{21}(t)=N_2 A\sin(\omega t) \end{cases} \tag{7-21}$$

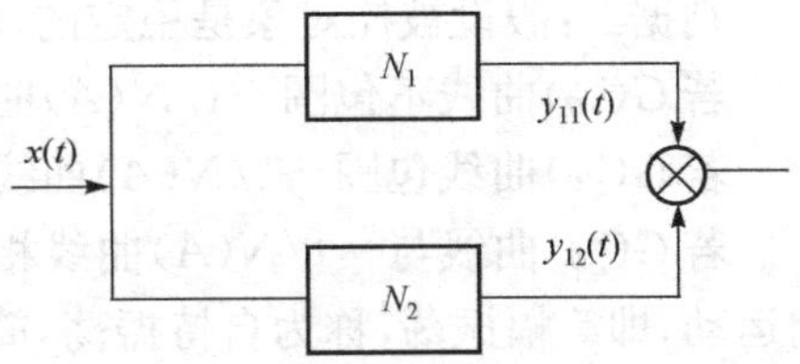

图 7-17　非线性环节并联

总的输出的基波分量为

$$y_1(t)=(N_1+N_2)A\sin(\omega t) \tag{7-22}$$

所以，总的描述函数为

$$N=N_1+N_2 \tag{7-23}$$

由此可见，若干个非线性环节并联后总的描述函数等于各非线性环节描述函数之和。当 N_1 和 N_2 是复数时，该结论仍成立。

7.3　非线性控制系统描述函数分析

描述函数主要用来分析非线性系统的两个问题：稳定性问题和自持振荡问题。

7.3.1　非线性系统的稳定性［F702］

这一节主要分析如何应用描述函数法判断非线性系统是否稳定。

从图 7-6 可写出非线性控制系统经谐波线性化处理的线性化系统的闭环响应为

$$\frac{C(\mathrm{j}\omega)}{R(\mathrm{j}\omega)}=\frac{N(A)G(\mathrm{j}\omega)}{1+N(A)G(\mathrm{j}\omega)} \tag{7-24}$$

由式(7-24)求得图 7-6 所示系统当 $s=\mathrm{j}\omega$ 的特征方程为

$$1+N(A)G(\mathrm{j}\omega)=0 \tag{7-25}$$

根据奈奎斯特稳定性判据，利用 $N(A)G(\mathrm{j}\omega)$在复平面上的图形与临界点$(-1,\mathrm{j}0)$ 的相对位置关系就可以判断闭环系统的稳定性。假设被控对象开环稳定，就可以得到如下稳定性判据。

判据一：对于开环稳定的对象，如果 $N(A)G(\mathrm{j}\omega)$曲线不包含$(-1,\mathrm{j}0)$ 点，则闭环系统稳定；如果包含$(-1,\mathrm{j}0)$点，则闭环系统不稳定；如果穿过$(-1,\mathrm{j}0)$点，那么闭环系统处于临界状态，系统内部存在振荡。

由于 $N(A)$与非线性部分输入端的正弦信号的幅值有关。对于一条 $N(A)G(\mathrm{j}\omega)$曲线只能判断输入信号为对应幅值时系统的稳定性，只要改变输入信号的幅值，就需另外绘制 $N(A)G(\mathrm{j}\omega)$曲线来判断系统是否稳定。为了能适应不同幅值信号输入下系统稳定性的判定，将式(7-25)写为

$$G(\mathrm{j}\omega)=-\frac{1}{N(A)} \tag{7-26}$$

式中，$-1/N(A)$称为非线性特性的负倒描述函数。这时，对于非线性的某个特定幅值 A 的输入，其临界点变为$(0,\ -1/N(A))$点。故对于任意幅值的输入，临界稳定点变成了临界稳定轨

迹$-1/N(A)$，这条轨迹的自变量A是非线性元件正弦输入$A\sin\omega t$的振幅。这再一次证明非线性系统的稳定性是与输入信号相关的。在线性系统分析中，运用 Nyquist 图的方法判断系统的稳定性是依赖观察$G(\mathrm{j}\omega)$的 Nyquist 轨迹与临界稳定点$(-1,\mathrm{j}0)$的关系得出结论的。同样，判断非线性系统的稳定性，是观察$G(\mathrm{j}\omega)$的 Nyquist 轨迹与临界稳定线$-1/N(A)$之间的关系。在复平面坐标图上分别对$G(\mathrm{j}\omega)$与$-1/(N(A))$进行作图，然后根据该图进行稳定性判定，判据如下。

判据二：假设被控对象是稳定的，即$G(s)$的极点均在s左半平面，那么

若$G(\mathrm{j}\omega)$曲线不包围$-1/N(A)$曲线，如图 7-18(a)所示，则非线性系统稳定；

若$G(\mathrm{j}\omega)$曲线包围$-1/N(A)$曲线，如图 7-18(b)所示，则非线性系统不稳定；

若$G(\mathrm{j}\omega)$曲线与$-1/N(A)$曲线相交，如图 7-18(c)所示，则表明存在周期运动。稳定的周期运动，即等幅振荡，称为自持振荡，简称自振。不稳定的周期运动不是自持振荡，故需对交点进行稳定性分析。

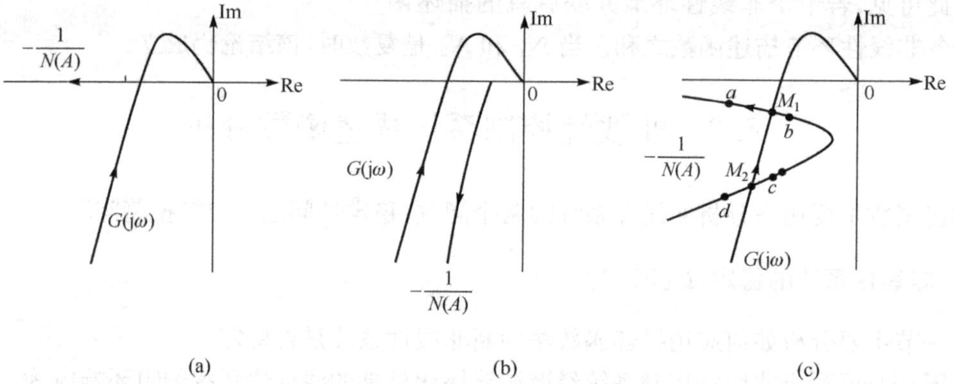

图 7-18　非线性系统奈奎斯特图

7.3.2　自持振荡分析［F703］

前面已经提到，对图 7-6 所示的非线性系统，当曲线$G(\mathrm{j}\omega)$与负倒描述函数$-1/N(A)$相交时，说明闭环系统存在自持振荡，而自持振荡的频率和振幅由交点确定。但在实际系统中可能会发现如下情况：曲线$G(\mathrm{j}\omega)$与负倒描述函数相交，但是却观察不到这样的振荡信号；或者，根据分析，曲线$G(\mathrm{j}\omega)$与负倒描述函数有两个交点，但观察到或测量到的振荡信号只对应于其中一个交点所代表的频率和幅值，而永远无法观察到或测量到另一个交点所对应的振荡。之所以出现这种情况，是因为自持振荡有稳定和不稳定之分。对一个非线性系统进行自持振荡分析，首先要判断曲线$G(\mathrm{j}\omega)$与负倒描述函数的交点处的振荡是否稳定；若是稳定的，再对自持振荡的频率和幅值进行求解。接下来，将首先介绍判断非线性系统是否存在自持振荡的方法，然后介绍自振频率和幅值的求解。

下面讨论自持振荡的稳定性分析方法。假设一个非线性系统的$G(\mathrm{j}\omega)$曲线与负倒描述函数曲线如图 7-18(c)所示有两个交点M_1和M_2，那么系统中应当存在两个自持振荡，它们分别具有交点M_1所代表的频率ω_1和振幅A_1以及交点M_2所代表的频率ω_2和振幅A_2。下面将负倒描述函数曲线上的一个点称为一个工作点，它对应于非线性部件输入端振荡信号的一个振幅。因为负倒描述函数曲线上的每一个点相当于判断线性系统稳定性的一个临界点，所以按照式(7-26)以及相应的稳定性判据，就能够根据$G(\mathrm{j}\omega)$曲线与负倒描述函数曲线上的工作

点的相对位置来判断该点所代表的运动是否稳定。为便于讨论起见，这里假设 $G(j\omega)$ 是开环稳定对象的传递函数。

首先假设系统以 M_2 点为工作点，具有 ω_2 和 A_2 代表的自持振荡。现在给系统一个轻微的扰动，使工作点从 M_2 移动到 c。这时 $G(j\omega)$ 曲线包围了负倒描述函数曲线上 c 点，按照稳定性判据，系统变得不稳定，所以 c 点是一个不稳定工作点。此时，振荡幅值将逐渐增大。这就意味着工作点将沿负倒描述函数曲线向 M_1 点方向移动。若扰动使工作点从 M_2 移动到 d，那么由于 $G(j\omega)$ 曲线不包围负倒描述函数曲线上的 d 点，系统变得稳定，所以 d 点是一个稳定工作点。于是，振荡幅值将逐渐减小。这就意味着工作点将沿负倒描述函数曲线向 $A=0$ 的方向移动。由以上分析可以看出，当扰动使工作点偏离 M_2 点后，振荡幅值继续增大，或继续减小，不会恢复到 A_2 代表的振荡幅值，所以工作点 M_2 代表的自持振荡是一个不稳定自持振荡。

对工作点 M_1 可以作类似的分析，当扰动使工作点移动到 b 时，$G(j\omega)$ 曲线包围了负倒描述函数，所以系统变得不稳定，故 b 是一个不稳定工作点，振荡幅值将逐渐增大，工作点将沿负倒描述函数曲线移动回到 M_1 点。而扰动使工作点移动到 a 时，$G(j\omega)$ 曲线不包围负倒描述函数，所以系统变得稳定，故 a 是一个稳定工作点，振荡幅值将逐渐减小，工作点将沿负倒描述函数曲线移动回到 M_1 点。由以上分析可以看出，当扰动使工作点偏离 M_1 点后，振荡幅值总会恢复到 A_1，所以工作点 M_1 代表的自持振荡是一个稳定自持振荡。

若非线性系统存在稳定的自持振荡，下一步就要求解自持振荡的频率及幅值。通过求解闭环特征方程

$$1+N(A)G(j\omega)=0 \tag{7-27}$$

可以求得自持振荡所对应的振荡频率 ω 和非线性部件输入端振荡信号的振幅 A。如果 $-1/N(A)$ 曲线与负实轴重合，那么根据

$$\arg[G(j\omega)]=-180^\circ \tag{7-28}$$

可以求得振荡频率 ω，再由

$$|N(A)G(j\omega)|=1 \tag{7-29}$$

可以求得非线性部件输入端振荡信号的振幅 A。当负倒描述函数取复数值时，式(7-27)为复数方程。这时可以将它分解为实部方程和虚部方程来求解，即解方程组

$$\begin{cases}\mathrm{Re}[N(A)G(j\omega)]=-1\\ \mathrm{Im}[N(A)G(j\omega)]=0\end{cases} \tag{7-30}$$

或者分解为模和幅角进行求解，即解方程组

$$\begin{cases}|N(A)G(j\omega)|=1\\ \arg[N(A)G(j\omega)]=-180^\circ\end{cases} \tag{7-31}$$

例 7-1 设含饱和特性的系统方框图如图 7-19 所示，其中饱和特性的参数为 $a=1, K=2$。试求取开环增益 $K=15$ 时的自持振荡的振幅 A_0 与角频率 ω_0，并计算使系统不产生自持振荡时开环增益 K 的最大容许值。[M704]

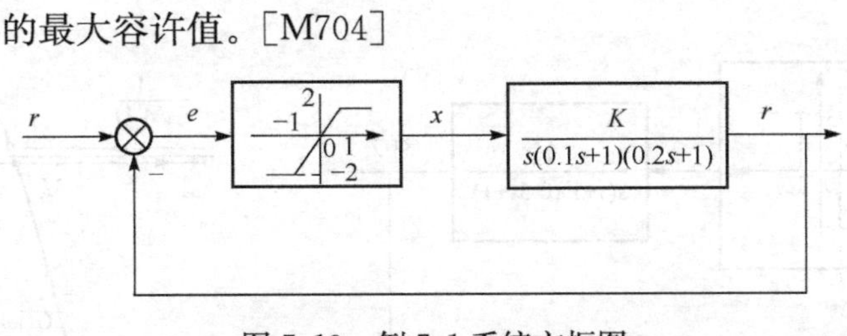

图 7-19 例 7-1 系统方框图

解 (1) 在 $K=2$ 情况下，饱和特性的负倒描述函数曲线 $-1/N(A)$ 为图 7-20 中负实轴

上$-1/2\sim-\infty$区段。若$K=15$时的线性部分频率响应$G(j\omega)$在$-1/2\sim-\infty$区段内穿越负实轴，则给定系统将产生自持振荡，其振幅A_0与角频率ω_0由曲线$G(j\omega)$和负倒描述函数的交点来确定。

为此，首先由

$$\mathrm{Im}G(j\omega)=\frac{-15(1-0.02\omega^2)}{\omega(1+0.05\omega^2+0.0004\omega^4)}=0 \tag{7-32}$$

解出曲线$G(j\omega)$穿越 Nyquist 图负实轴处的角频率$\omega=\sqrt{50}$rad/s。将$\omega=\sqrt{50}$代入

$$\mathrm{Re}G(j\omega)=\frac{-4.5}{1+0.05\omega^2+0.0004\omega^4} \tag{7-33}$$

求得$\mathrm{Re}G(j\sqrt{50})=-1$。因为$\mathrm{Re}G(j\sqrt{50})<-1/2$，证实了曲线$G(j\omega)$在$-1/2\sim-\infty$区段内穿越 Nyquist 图负实轴，所以给定系统有自持振荡存在，其角频率等于曲线$G(j\omega)$和$-1/N(A)$相交处的角频率，即$\omega_0=\sqrt{50}$rad/s。

其次由$-1/N(A)=-1$求解自持振荡振幅A_0，即由

$$-\frac{\pi}{4\left[\arcsin\frac{1}{A_0}+\frac{1}{A_0}\sqrt{1-\left(\frac{1}{A_0}\right)^2}\right]}=-1 \tag{7-34}$$

解出$A_0=2.47$。

(2) 若曲线$G(j\omega)$通过点$(-0.5,j0)$表明在给定系统中出现自持振荡的临界状态，故使给定系统不产生自持振荡的开环增益最大值或临界值K，可根据下式计算。

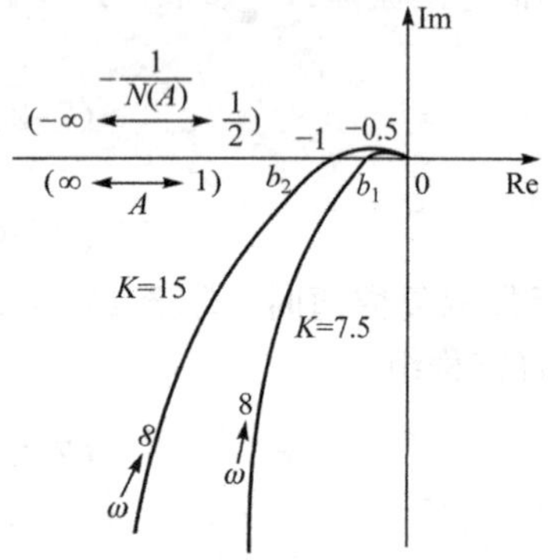

图 7-20　例 7-1 奈奎斯特图

$$\mathrm{Re}\left.\frac{K_c}{(j\omega)(1+j0.1\omega)(1+j0.2\omega)}\right|_{\omega=\sqrt{50}}=-\frac{1}{2} \tag{7-35}$$

即

$$\left.\frac{-0.3K_c}{1+0.05\omega^2+0.0004\omega^4}\right|_{\omega=\sqrt{50}}=-\frac{1}{2} \tag{7-36}$$

可解出$K_c=7.5\mathrm{s}^{-1}$。

在 Nyquist 图上绘制的给定系统线性部分频率响应$G(j\omega)$与饱和特性负倒描述函数曲线$-1/N(A)$如图 7-20 所示。

例 7-2　设系统方框图如图 7-21(a)所示，其中死区继电器特性的参数为$a=1,b=3$。试计算自持振荡的振幅A_0与角频率ω_0，并计算为消除自持振荡，继电器特性的参数该如何调整。[M705]

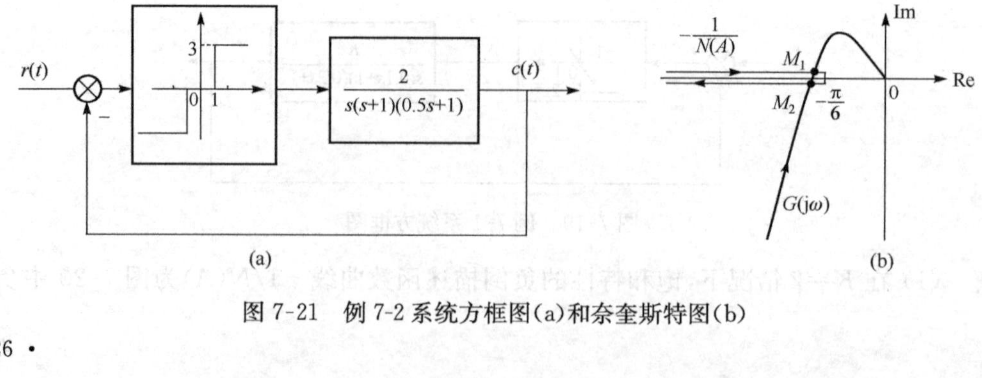

图 7-21　例 7-2 系统方框图(a)和奈奎斯特图(b)

解 (1) 死区继电器特性的负倒描述函数曲线为

$$-\frac{1}{N(A)}=-\frac{\pi A}{12\sqrt{1-\left(\frac{1}{A}\right)^{2}}},\quad A\geqslant 1 \tag{7-37}$$

当 $A=1$ 时，$-1/(N(A))=-\infty$，当 $A=\infty$ 时，$-1/(N(A))=-\infty$。其极值发生在 $A=\sqrt{2}$处，此时 $-1/N(A)=-\pi/6$，$-1/(N(A))$曲线是 Nyquist 图中负实轴上 $-\pi/6\sim\infty$ 区段，如图 7-21(b)所示。

由线性部分的传递函数得

$$\begin{aligned}G(\mathrm{j}\omega)&=\frac{2}{(\mathrm{j}\omega)(1+\mathrm{j}0.5\omega)(1+\mathrm{j}\omega)}\\&=-\frac{3}{0.25\omega^{4}+1.25\omega^{2}+1}-\mathrm{j}\frac{2(1-0.5\omega^{2})}{\omega(0.25\omega^{4}+1.25\omega^{2}+1)}\end{aligned} \tag{7-38}$$

令 $\mathrm{Im}G(\mathrm{j}\omega)=0$，得 $G(\mathrm{j}\omega)$ 曲线与负实轴交点处的频率为 $\omega=1.414$。将 $\omega=1.414$ 代入实部，得该交点为负实轴上 -0.66 这点。令

$$-\frac{\pi A}{12\sqrt{1-\left(\frac{1}{A}\right)^{2}}}=-0.66 \tag{7-39}$$

解得 $A_1=1.1$ 及 $A_2=2.3$。不难看出，$A_2=2.3$ 为稳定自持振荡的幅值。因此，系统实际存在的自持振荡幅值为 $A=2.3$，频率为 $\omega=1.414\mathrm{rad/s}$。

(2) 为使系统不产生自持振荡，可通过调整继电器特性的死区参数来实现。此时，应使 $-1/N(A)$的极值小于 $G(\mathrm{j}\omega)$曲线与负实轴的交点坐标，即

$$-\frac{\pi}{2\beta}<-0.66,\quad \beta=\frac{b}{a} \tag{7-40}$$

由此可得 $\beta<2.36$。若取 $\beta=2$，即调整 $a=1.5$，则 $-1/N(A)$的极值为 $-\pi/4=-0.785$。显然，这时两条曲线不相交，从而保持系统不产生自持振荡。同样，若不改变继电器特性参数，减小 $G(\mathrm{j}\omega)$的传递函数，使 $G(\mathrm{j}\omega)$曲线与负实轴的交点右移，也能使系统减小或消除自持振荡。

7.4 相平面法

相平面法是由庞加莱(Poincare)于 1985 年首次提出的。该方法通过图解法将一阶和二阶系统的运动过程转化为位置和速度平面上的相轨迹，从而直观、准确地反映出系统的稳定性、平衡状态、稳态精度以及初始条件和参数对系统运行的影响。相轨迹的绘制方法步骤简单、计算量小，特别适合于分析非线性系统和一、二阶线性环节组合而成的非线性系统。

7.4.1 相平面的基本概念

对于一个二阶系统的微分方程，无论线性还是非线性，它总可以表示成

$$\ddot{x}+f(x,\dot{x})=0 \tag{7-41}$$

方程中的 x 和 $\dot{x}$ 通常被称为相变量。以相变量为坐标轴构成的直角坐标系所代表的平面(x—$\dot{x}$ 平面)被称为相平面。当时间推移时，利用 x 和 $\dot{x}$ 的值可以在相平面上画出一条曲线，这条曲线被称为相轨迹。相轨迹上的点表示系统的一个状态，相轨迹则表示系统的运动状

态随时间的变化，代表微分方程在给定初始条件下的一个解。

由式(7-41)得到如下的一阶微分方程组

$$\begin{cases}\dfrac{\mathrm{d}x}{\mathrm{d}t}=\dot{x}\\ \dfrac{\mathrm{d}\dot{x}}{\mathrm{d}t}=-f(x,\dot{x})\end{cases}\tag{7-42}$$

从式(7-42)中消去 dt 可以得到

$$\frac{\mathrm{d}\dot{x}}{\mathrm{d}x}=-\frac{f(x,\dot{x})}{\dot{x}}\tag{7-43}$$

显然，给定初始条件 $x(0)$和 $\dot{x}(0)$，就可以得到式(7-43)的一个解 $\dot{x}=\phi(x)$。在 $x-\dot{x}$ 平面上，根据 $\dot{x}=\phi(x)$可以确定一条相轨迹。如果给定若干组初始条件，就会在 $x-\dot{x}$ 平面上获得若干条相轨迹，这样就构成一个相平面。尽管在相轨迹上可以标出时间，但一般都不作时间标记，而是用箭头表示时间增加时相轨迹点的移动方向。因为相平面图上具有多条相轨迹，可以表示运动微分方程在各种不同初始条件下的解，所以能够用来全面描述系统的运动。

7.4.2 相平面的特点

本书讨论的非线性系统主要为采用式(7-41)所示的表达形式表达的二阶系统，所以下面采用式(7-42)所示的一阶微分方程组来讨论 $x-\dot{x}$ 平面上的相平面图特性。

(1) 通过一点的相轨迹只有一条。

根据联立微分方程组的解的唯一性基本定理可知，当 $f(x,\dot{x})$为解析函数时，在给定初始条件下具有唯一解，从而可以获得一条唯一的相轨迹。

A 是相轨迹上位于坐标$(x,\dot{x})$的一点，而且 $\mathrm{d}\dot{x}/\mathrm{d}x=a$ 在该点具有确定的值。该值是相轨迹在 A 点的切线的斜率，它表示相轨迹点在该点沿相轨迹运动的方向。以$(x,\dot{x})$为初始值，只能产生一条相轨迹，所以相平面图上的任何两条相轨迹不会在 A 点相交。但当 $\dot{x}$ 与 $f(x,\dot{x})$ 同时为 0 时，由于 $\mathrm{d}\dot{x}/\mathrm{d}x=0/0$ 不是一个确定的数，所以通过该点的相轨迹可能不止一条，称该点为奇点。

(2) 相轨迹垂直穿越 x 轴。

设相轨迹穿越 x 轴的点是普通的点，那么，相轨迹在该点的切线斜率为

$$\frac{\mathrm{d}\dot{x}}{\mathrm{d}x}=-\frac{f(x,\dot{x})}{\dot{x}}\tag{7-44}$$

在 x 轴上 $\dot{x}=0$，所以 $\mathrm{d}\dot{x}/\mathrm{d}x=-f(x,0)/0=\pm\infty$。而 $\mathrm{d}\dot{x}/\mathrm{d}x$ 代表相轨迹在点$(x,\dot{x})$上的斜率。这表明，相轨迹必定垂直穿越 x 轴。若不垂直相交，则该交点必为奇点。

(3) 相轨迹上的走向总是顺时针方向。

因为相轨迹上箭头所示方向表示时间 t 增大的方向。在相平面上半平面，$\dot{x}=\mathrm{d}x/\mathrm{d}t>0$，而相轨迹自左向右 x 是增大的；同理下半部分 $\dot{x}=\mathrm{d}x/\mathrm{d}t<0$，相轨迹的箭头相反。

(4) 相轨迹的对称性与函数 $f(x,x)$有关。

图 7-22(a)中的相轨迹关于 x 轴对称。A 点和 B 点的切线斜率分别为

$$\frac{\mathrm{d}\dot{x}}{\mathrm{d}x}=-\frac{f(x,\dot{x})}{\dot{x}}=a,\ \frac{\mathrm{d}\dot{x}}{\mathrm{d}x}=-\frac{f(x,-\dot{x})}{-\dot{x}}=-a\tag{7-45}$$

由此可得 $f(x,\dot{x})=f(x,-\dot{x})$。所以当 $f(x,\dot{x})$是 $\dot{x}$ 的偶函数时，相轨迹关于 x 轴对称。

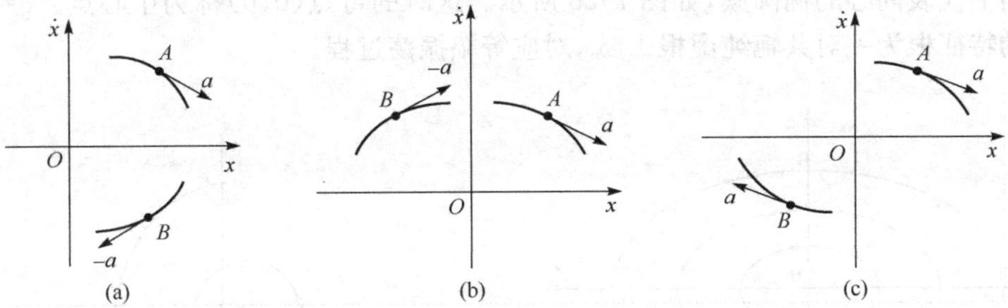

图 7-22　相轨迹的对称性

图 7-22(b)中的相轨迹关于 $\dot{x}$ 轴对称。A 点和 B 点的切线斜率分别为

$$\frac{\mathrm{d}\dot{x}}{\mathrm{d}x}=-\frac{f(x,\dot{x})}{\dot{x}}=a,\quad \frac{\mathrm{d}\dot{x}}{\mathrm{d}x}=-\frac{f(-x,\dot{x})}{\dot{x}}=-a \tag{7-46}$$

由此可得 $f(x,\dot{x})=-f(-x,\dot{x})$。所以当 $f(x,\dot{x})$ 是 x 的奇函数时，相轨迹关于 $\dot{x}$ 轴对称。

图 7-22(c)中的相轨迹关于原点对称。A 点和 B 点的切线斜率分别为

$$\frac{\mathrm{d}\dot{x}}{\mathrm{d}x}=-\frac{f(x,\dot{x})}{\dot{x}}=a,\quad \frac{\mathrm{d}\dot{x}}{\mathrm{d}x}=-\frac{f(-x,-\dot{x})}{-\dot{x}}=a \tag{7-47}$$

由此可得 $f(x,\dot{x})=-f(-x,-\dot{x})$。

7.4.3　线性系统相轨迹

设描述二阶系统自由运动的线性微分方程为

$$\ddot{x}+2\zeta\omega_n\dot{x}+\omega_n^2x=0 \tag{7-48}$$

分别取 x 及 $\dot{x}$ 为相平面的横纵坐标，并将式(7-48)改写成

$$\frac{\mathrm{d}\dot{x}}{\mathrm{d}x}=-\frac{2\zeta\omega_n\dot{x}+\omega_n^2x}{\dot{x}} \tag{7-49}$$

式中，$\mathrm{d}\dot{x}/\mathrm{d}x$ 代表描述二阶系统自由运动的相轨迹各点处的斜率。若在 $x=0$ 和 $\dot{x}=0$，即坐标原点(0,0)处，斜率为 $\mathrm{d}\dot{x}/\mathrm{d}x=0/0$，不定值。这时，相轨迹的斜率不能由这一点的坐标值确定，相轨迹上的这类点称为奇点。在奇点处的速度和加速度都为零，故奇点与系统的平衡状态相对应，有无穷多条相轨迹进入或离开该点。除奇点外，相平面每点的相轨迹都有其各自确定的斜率。

根据线性系统的时域分析，二阶系统的自由运动因阻尼比 ζ 的取值不同有以下几种主要形式。

(1) 无阻尼运动形式($\zeta=0$)。

这时，式(7-49)变为

$$\frac{\mathrm{d}\dot{x}}{\mathrm{d}x}=-\frac{\omega_n^2x}{\dot{x}} \tag{7-50}$$

对式(7-50)两边取积分，可求得相轨迹方程为

$$x^2+\frac{\dot{x}^2}{\omega_n^2}=A^2 \tag{7-51}$$

式中，$A=\sqrt{\dot{x}_0^2/\omega_n^2+x_0^2}$ 为由初始条件 x_0 和 $\dot{x}_0$ 决定的常数。当 x_0 和 $\dot{x}_0$ 取不同值时，式(7-51)

在相平面上代表同心的椭圆簇，如图 7-23 所示。这时的奇点(0,0)称为中心点。$\zeta=0$ 时，二阶系统的特征根为一对共轭纯虚根 $\pm j\omega_n$，对应等幅振荡过程。

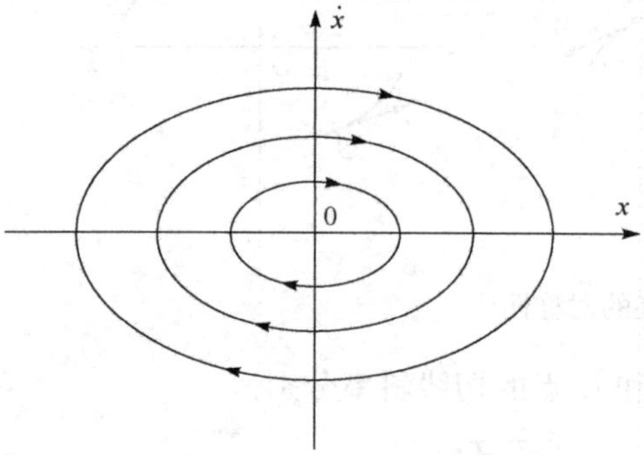

图 7-23　$\zeta=0$ 的相平面图

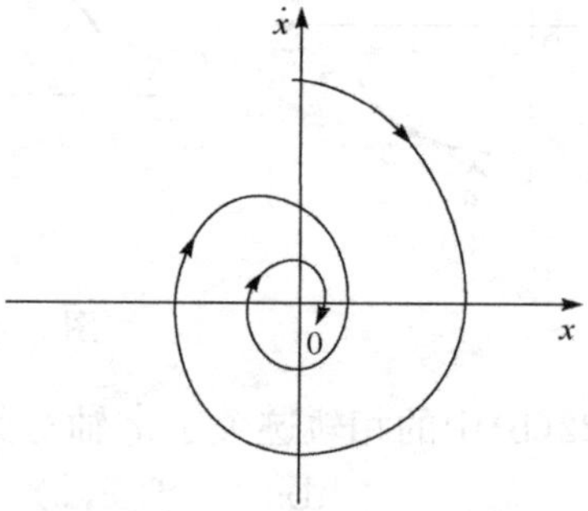

图 7-24　系统欠阻尼运动时的相轨迹

(2) 欠阻尼运动形式($0<\zeta<1$)。[M706]

当 $0<\zeta<1$ 时，式(7-49)的解为

$$x(t)=Ae^{-\zeta\omega_n t}\cos(\omega_d t-\phi) \tag{7-52}$$

式中，$\omega_d=\omega_n\sqrt{1-\zeta^2}$(有阻尼自振频率)，$A=\sqrt{\dot{x}_0^2+2\zeta\omega_n x_0\dot{x}_0+\omega_n^2 x_0^2}/\omega_d$(由初始条件 x_0 和 $\dot{x}_0$ 决定的常数)，$\phi=\arctan[(\dot{x}_0+\zeta\omega_n x_0)/\omega_d x_0]$。

对式(7-52)求导，可得

$$\dot{x}(t)=-A\zeta\omega_n e^{-\zeta\omega_n t}\cos(\omega_d t-\phi)-A\zeta\omega_n e^{-\zeta\omega_n t}\sin(\omega_d t-\phi) \tag{7-53}$$

以 $\zeta\omega_n$ 乘式(7-52)两端后，与式(7-53)相加，可得

$$\dot{x}(t)+\zeta\omega_n x(t)=-A\zeta\omega_n e^{-\zeta\omega_n t}\sin(\omega_d t-\phi) \tag{7-54}$$

以 ω_d 乘式(7-52)两端，可得

$$\omega_d x(t)=A\omega_d e^{-\zeta\omega_n t}\cos(\omega_d t-\phi) \tag{7-55}$$

由式(7-54)和式(7-55)可得出

$$[\dot{x}(t)+\zeta\omega_n x(t)]^2+[\omega_d x(t)]^2=A^2\omega_d^2 e^{-2\zeta\omega_n t} \tag{7-56}$$

$$\tan(\omega_d t-\phi)=-\frac{\dot{x}(t)+\zeta\omega_n x(t)}{\omega_d x(t)} \tag{7-57}$$

由式(7-57)解出时间 t 的表达式，并代入式(7-56)可得

$$[\dot{x}(t)+\zeta\omega_n x(t)]^2+[\omega_d x(t)]^2=C\cdot e^{\frac{2\zeta\omega_n}{\omega_d}\arctan\frac{\dot{x}(t)+\zeta\omega_n x(t)}{\omega_d x(t)}} \tag{7-58}$$

式中，$C=A^2\omega_d^2 e^{-\frac{2\zeta\omega_n}{\omega_d}\phi}$。

式(7-58)就是欠阻尼运动时的相轨迹方程，它表示一簇相平面上的螺旋线。为了清楚起见，将式(7-58)化为极坐标形式。令 $\omega_d x(t)=r(t)\cos\theta(t)$，$-[\dot{x}(t)+\zeta\omega_n x(t)]=r(t)\sin\theta(t)$，则(7-58)化为

$$r(t)=\sqrt{C}\cdot e^{\frac{\zeta\omega_n}{\omega_d}[-\theta(t)]}$$

或

$$r^2(t)=Ce^{\frac{2\zeta\omega_n}{\omega_d}[-\theta(t)]} \tag{7-59}$$

式(7-59)即极坐标中的对数螺线方程。其中由于

$$\tan\theta(t)=-\frac{\dot{x}(t)+\zeta\omega_n x(t)}{\omega_d x(t)}=\tan(\omega_d t-\phi)$$

故

$$\theta(t)=\omega_d t-\phi \tag{7-60}$$

由式(7-59)和式(7-60)看出，随着时间的推移，$\theta(t)$增大，$r(t)$减小，即相轨迹的运动方向是由外向内的，最终趋向坐标原点，如图 7-24 所示。从中可见，无论系统的初始条件 x_0，$\dot{x}_0$ 取何值，经过一段时间的衰减振荡，系统终将趋向平衡状态。这类奇点(0,0)称为稳定焦点。欠阻尼($0<\zeta<1$)时，二阶系统的特征根为一对共轭复根$-\zeta\omega_n\pm j\omega_d$，对应衰减振荡过程。

(3) 过阻尼运动形式($\zeta>1$)。[M707]

在过阻尼情况下，式(7-48)的解为

$$x(t)=A_1e^{\lambda_1 t}+A_2e^{\lambda_2 t} \tag{7-61}$$

式中，$\lambda_{1,2}=-\zeta\omega_n\pm\omega_n\sqrt{\zeta^2-1}$(二阶系统的特征根)；$A_1=\dfrac{\dot{x}_0-\lambda_2 x_0}{\lambda_1-\lambda_2}$；$A_2=\dfrac{\dot{x}_0-\lambda_1 x_0}{\lambda_2-\lambda_1}$。

对式(7-61)求导，可得

$$\dot{x}(t)=A_1\lambda_1e^{\lambda_1 t}+A_2\lambda_2e^{\lambda_2 t} \tag{7-62}$$

将式(7-61)分别乘以 λ_1，λ_2 后，分别与式(7-62)相减，得

$$\dot{x}(t)-\lambda_2 x(t)=A_1(\lambda_1-\lambda_2)e^{\lambda_1 t} \tag{7-63}$$

$$\dot{x}(t)-\lambda_1 x(t)=A_2(\lambda_2-\lambda_1)e^{\lambda_2 t} \tag{7-64}$$

当初始条件 x_0，$\dot{x}_0$ 满足 $\dot{x}_0-\lambda_2 x_0=0$ 时，则 $A_1=0$。这时从式(7-63)求得直线方程

$$\dot{x}(t)-\lambda_2 x(t)=0$$

该直线代表相平面上的一条特殊相轨迹，如图 7-25(a)两直线中的斜率大者。同理，当初始条件 x_0，$\dot{x}_0$ 满足 $\dot{x}_0-\lambda_1 x_0=0$ 时，则 $A_2=0$。这时从式(7-64)得到直线方程

$$\dot{x}(t)-\lambda_1 x(t)=0$$

它所代表的相轨迹为图 7-25(a)两直线中的斜率小者。

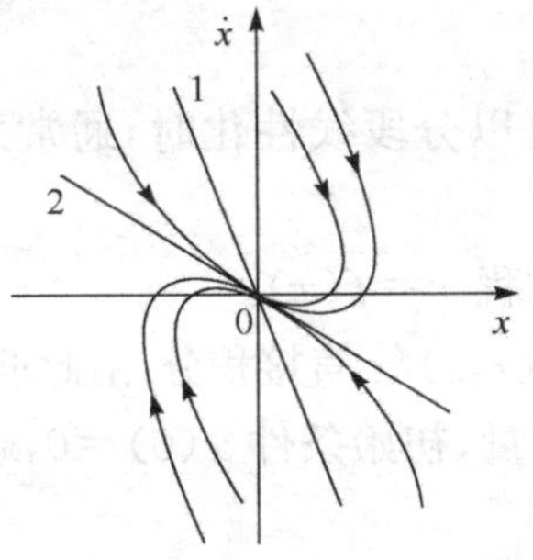

(a) 相轨迹

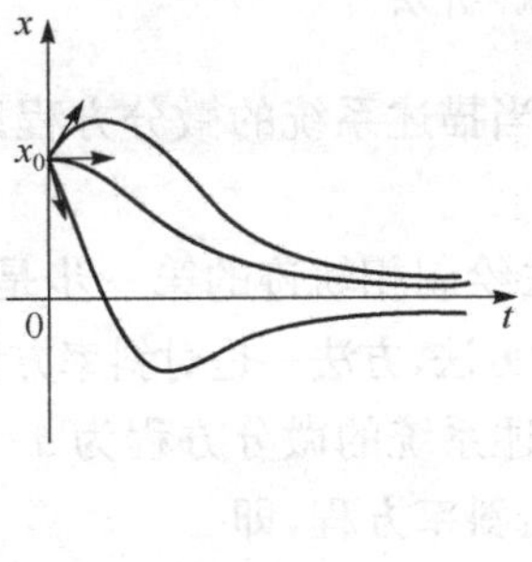

(b) 时间响应曲线

图 7-25　过阻尼时的相轨迹及时间响应曲线

当常数 A_1，A_2 都不为零时，由式(7-63)与式(7-64)可以得到

$$C[\dot{x}(t)-\lambda_2 x(t)]^{\lambda_2}=[\dot{x}(t)-\lambda_1 x(t)]^{\lambda_1}$$

式中，$C=\dfrac{A_2^{\lambda_1}(\lambda_2-\lambda_1)^{\lambda_1}}{A_1^{\lambda_2}(\lambda_1-\lambda_2)^{\lambda_2}}$。式(7-64)在相平面上可表示为过坐标原点的一簇"抛物线"，如图 7-25(a)所示。图 7-25(a)给出了过阻尼情况下的相轨迹，在给定初始条件下的时间响应曲线如图 7-25(b)所示，它是非周期趋向于平衡状态的过程。图 7-25(a)中的坐标原点为一个稳定奇点。

(4) 负阻尼运动形式($\zeta<0$)。

系统在负阻尼$-1<\zeta<0$ 时的运动过程可由图 7-26 所示平面图来描述。这时的相平面

图也是一簇对数螺线，只是图中相轨迹的移动方向与图 7-24 中的相轨迹移动方向相反，这表明随时间 t 的推移，系统的运动形式是发散振荡过程。此时奇点(0,0)称为不稳定焦点，对应地，特征方程有一对正实部共轭复特征根 $\zeta\omega_n \pm j\omega_d$。

系统在负阻尼 $\zeta<-1$ 时的运动过程是一个不稳定的单调发散过程，运动过程如图 7-27 所示。这类奇点(0,0)称为不稳定节点，对应两个不等的正实根 $\zeta\omega_n \pm \omega_n\sqrt{\zeta^2+1}$。

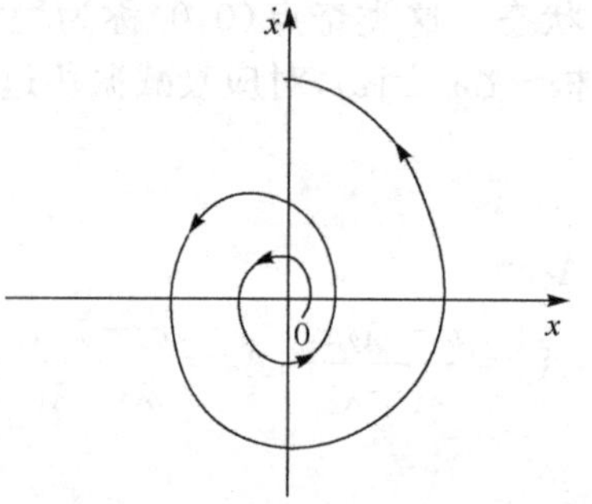

图 7-26　负阻尼时的相轨迹

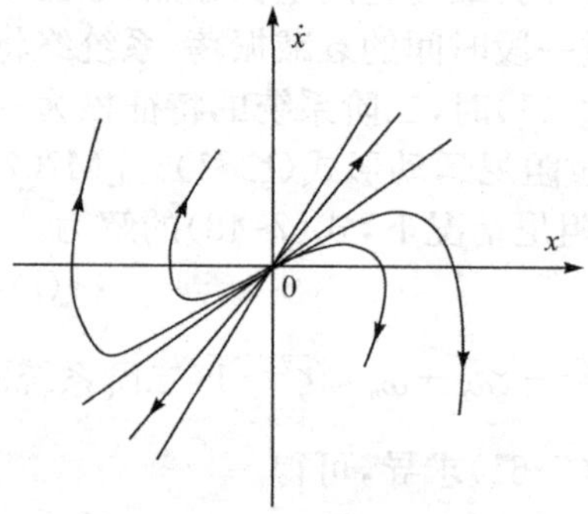

图 7-27　$\zeta<-1$ 时的相轨迹

7.4.4　相轨迹绘制

绘制系统相轨迹的方法有很多种，如解析法、等倾线法、计算机仿真法、实验法等。对于一些简单的二阶系统，可以采用解析法得到其相平面图，但对于大多数较复杂的系统来说，获得相轨迹图采用等倾线法会相对简单。若对精度要求较高，最好采用计算机仿真法进行相轨迹图的绘制。实验法一般用于已有的实际系统，或由模拟电路构建的非线性系统。本节主要对解析法和等倾线法进行说明。

7.4.4.1　解析法

一般来说，当描述系统的微分方程比较简单，或可以分段线性化时，通常采用解析法绘制相轨迹。

应用解析法绘制相轨迹的第一步是求取相轨迹方程 $\dot{x}=f(x)$。

一般有两种方法，方法一是对斜率方程 $\mathrm{d}\dot{x}/\mathrm{d}x=-f(x,\dot{x})/\dot{x}$ 直接积分，由此求出相轨迹方程。

例如，设描述系统的微分方程为 $\ddot{x}=-M$，M 为常量，初始条件 $\dot{x}(0)=0$，$x(0)=x_0$。由给定微分方程写出斜率方程，即

$$\frac{\mathrm{d}\dot{x}}{\mathrm{d}x}=-\frac{M}{\dot{x}}$$

对上式进行积分，考虑到已知的初始条件，最终求得相轨迹方程为

$$\dot{x}^2=-2M(x-x_0)$$

方法二是根据给定的微分方程分别求出 $\dot{x}$ 和 x 对时间 t 的函数关系，然后从这两个关系式中消去变量 t，便得相轨迹方程。为此，对微分方程 $\ddot{x}=-M$ 积分一次，求得

$$\dot{x}=-Mt$$

对上式再进行一次积分，得到

$$x=-\frac{1}{2}Mt^2+x_0$$

在上列 $\dot{x}$ 和 x 对时间 t 的关系式中消去变量 t，最终求得相轨迹方程为

$$\dot{x}^2=-2M(x-x_0)$$

根据两种方法得到的 $\dot{x}$ 和 x，即横纵坐标的关系可画出如图 7-28 所示的图形。

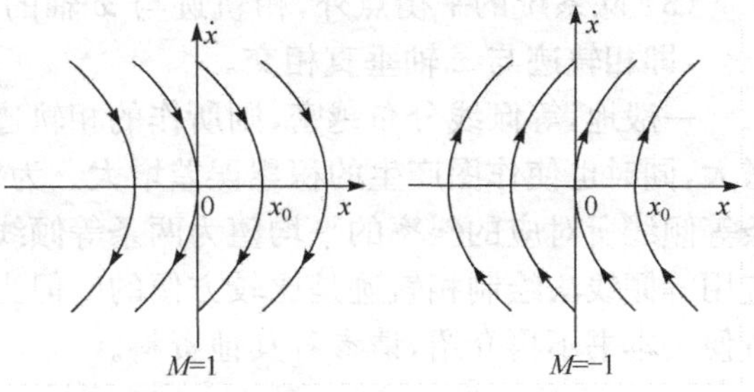

图 7-28　相平面图

7.4.4.2　等倾线法［M708］

等倾线法是一种不必求解微分方程而通过作图求取相轨迹的方法。对于求解困难的非线性微分方程，图解法显得尤为实用。该方法同样适用于线性系统。

等倾线法的基本思想是先确定相轨迹的等倾线，进而绘出相轨迹的切线方向场，然后从初始条件出发，沿方向场逐步绘制相轨迹。相轨迹的斜率方程如式(7-44)所示。取相轨迹切线的斜率为某一常数 α，得等倾线方程

$$\alpha=-\frac{f(x,\dot{x})}{\dot{x}} \tag{7-65}$$

根据式(7-65)，可在相平面图的各条轨迹上求出具有同一斜率的点 $(x,\dot{x})$，若将这些点连接起来，则由此得到的等斜率轨迹便称为等倾线，其切线的斜率均为 α。取 α 为若干不同的常数，即可在相平面上绘制出若干条等倾线，在等倾线上各点处作斜率为 α 的短直线，并以箭头表示切线方向，则构成相轨迹的切线方向场。

在图 7-29 中，已绘制某系统的等倾线和切线方向场，给定初始点 $(x,\dot{x})$，则相轨迹的绘制过程为：由初始点出发，按照该点所处等倾线的短直线方向作一条小线段，并与相邻一条等倾线相交；由该交点起，并按该交点所在等倾线的短直线方向作一条小线段，再与其相邻的一条等倾线相交；依此步骤依次进行，就可以获得一条从初始点出发，由各小线段组成的折线，最后对该折线作光滑处理，即得到所求系统的相轨迹。

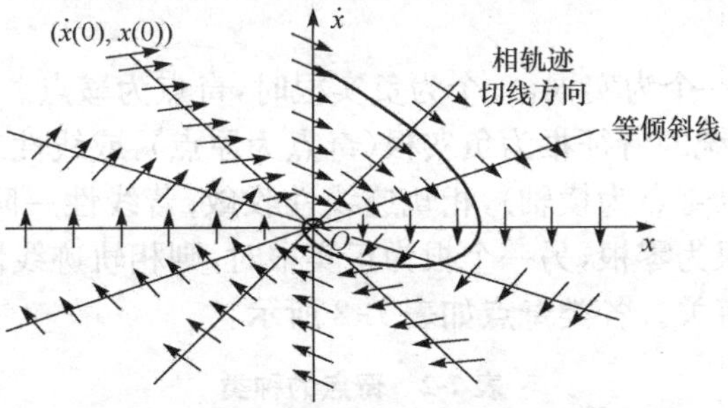

图 7-29　等倾线法绘制相轨迹

使用等倾线法绘制相轨迹应注意以下几点。

(1) 坐标轴 x 和 $\dot{x}$ 应选用相同的比例尺，以便于根据等倾线斜率准确绘制等倾线上一点的相轨迹切线。

(2) 在相平面的上半平面，由于 $\dot{x}>0$，则 x 随 t 增大而增加，相轨迹的走向应该是由左向右；在相平面的下半平面 $\dot{x}<0$，则 x 随 t 的增大而减小，相轨迹的走向应由右向左。

(3) 除系统的平衡点外，相轨迹与 x 轴的相交点处切线斜率 $\alpha=f(x,\dot{x})/\dot{x}$ 应为 $+\infty$ 或 $-\infty$，即相轨迹与 x 轴垂直相交。

一般地，等倾线分布越密，则所作的相轨迹越准确。但随所取等倾线的增加，绘图工作量增大，同时也使作图产生的积累误差增大。为提高作图精度，可采用平均斜率法，即取相邻两条等倾线所对应的斜率的平均值为两条等倾线间直线的斜率。需要指出，当等倾线为直线时，应用等倾线法绘制相轨迹是比较方便的。但当等倾线为圆弧近似曲线时，采用 δ 法绘制较为方便。本书不再介绍，请参看其他资料。

7.5 非线性系统相平面分析

7.5.1 奇点与极限环

系统分析的目的是确定系统所具有的各种运动状态及其性质。对于非线性系统，平衡状态和平衡状态附近系统的运动形式以及极限环的存在制约了整个系统的运动特性，为此必须加以讨论和研究。

(1) 奇点。

以微分方程 $\ddot{x}+f(x,\dot{x})=0$ 表示的二阶系统，其轨迹上每一点切线的斜率为 $\mathrm{d}\dot{x}/\mathrm{d}x=-f(x,\dot{x})/\dot{x}$，若在某点 $f(x,\dot{x})$ 和 $\dot{x}$ 同时为零，即有 $\mathrm{d}\dot{x}/\mathrm{d}x=0/0$ 的不定形式，则称该点为相平面的奇点。由奇点定义知，奇点一定位于相平面横轴上。在奇点处，$\dot{x}=0,\ddot{x}=-f(x,\dot{x})=0$，系统运动的速度和加速度同时为零。对于二阶系统来说，系统不再发生运动，处于平衡状态。故相平面的奇点也称为平衡点。

线性二阶系统为非线性二阶系统的特殊情况。按前分析，特征根在 s 平面上的分布决定了系统自由运动的形式，因而可由此划分线性二阶系统奇点(0,0)的类型。

① 焦点。当特征根为一对具有负实部的共轭复根时，奇点为稳定焦点；当特征根为一对具有正实部的共轭复根时，奇点为不稳定焦点。

② 节点。当特征根为两个负实根时，奇点为稳定节点；当特征根为两个正实根时，奇点为不稳定节点。

③ 鞍点。当特征根一个为实根，一个为负实根时，奇点为鞍点。

此外，若线性一阶系统的特征根为负实根(奇点为原点)，或线性二阶系统的特征根一个为零根，另一个为负实根时(奇点为横轴)，相轨迹线性收敛；若线性一阶系统的特征根为负实根时或线性二阶系统一个根为零根，另一个根为正实根时，则相轨迹线性发散。奇点的位置还与输入信号的形式及大小有关。各类奇点如表 7-2 所示。

表 7-2 奇点的种类

奇点类型	特征根分布	相平面图	特点
稳定节点	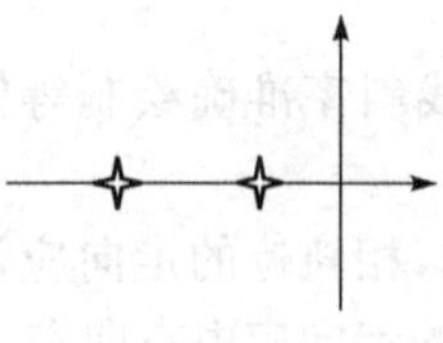	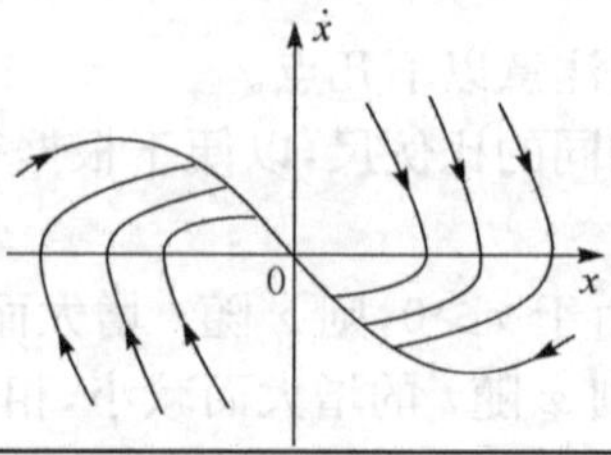	相轨迹是一簇趋向原点的抛物线，系统在奇点附近是稳定的

续表

奇点类型	特征根分布	相平面图	特点
不稳定节点	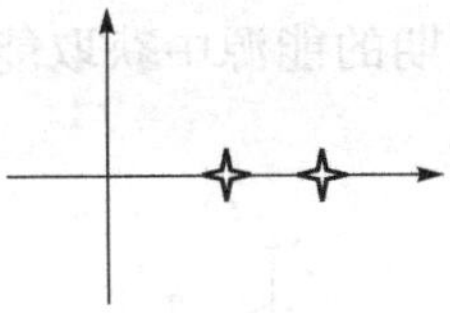	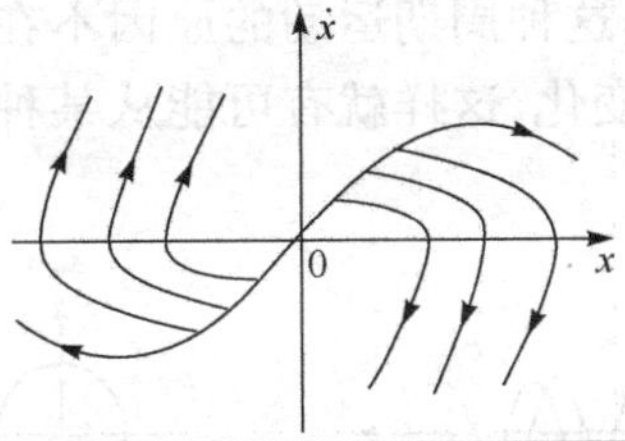	相轨迹是由原点出发的一簇发散型抛物线,系统在奇点附近是不稳定的
稳定焦点	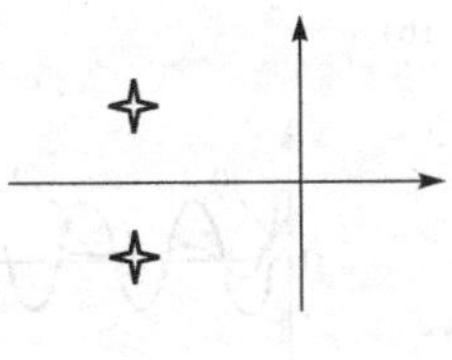	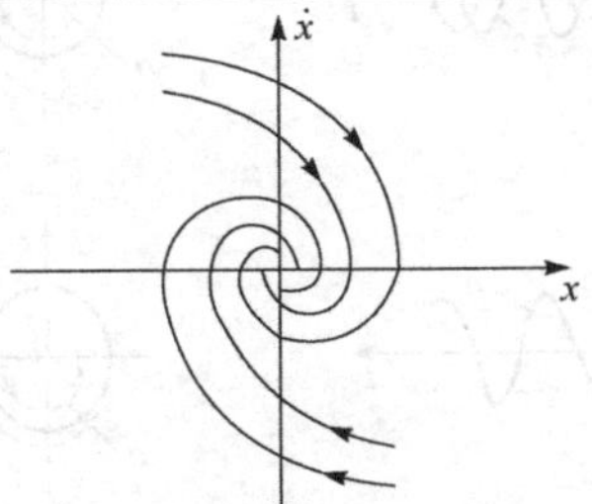	相轨迹是收敛于原点的一簇螺旋线,系统在奇点附近是稳定的
不稳定焦点	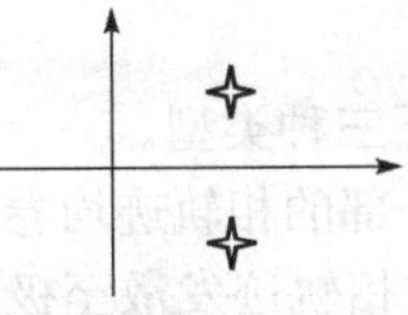	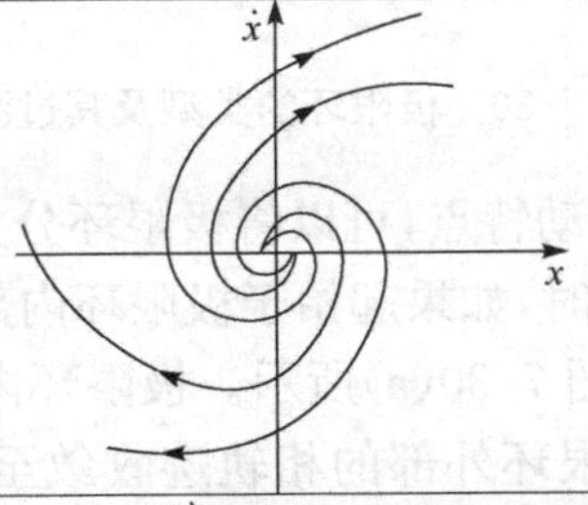	相轨迹是一簇从原点出发的螺旋线,系统在奇点附近是不稳定的
鞍点	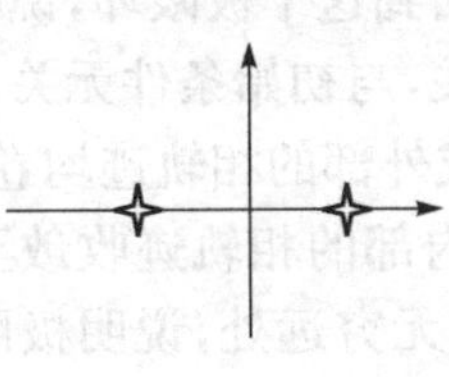	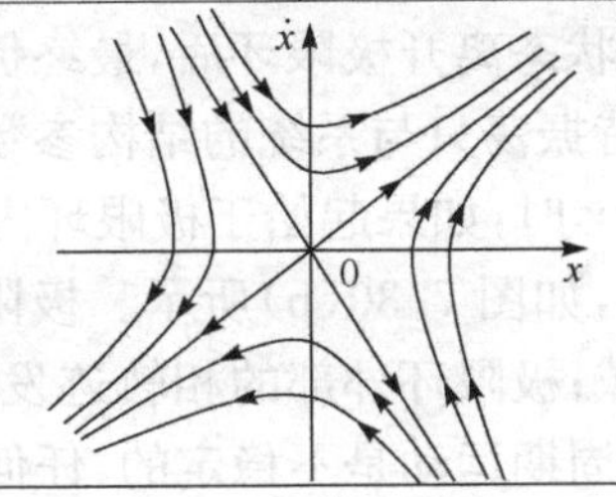	系统在奇点附近是不稳定的
中心点	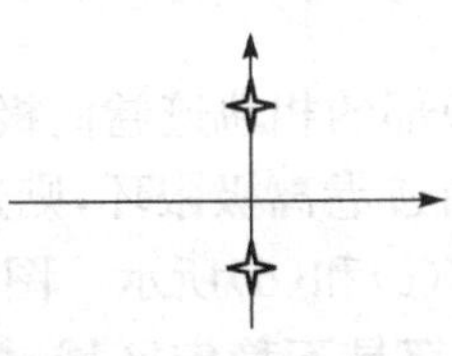	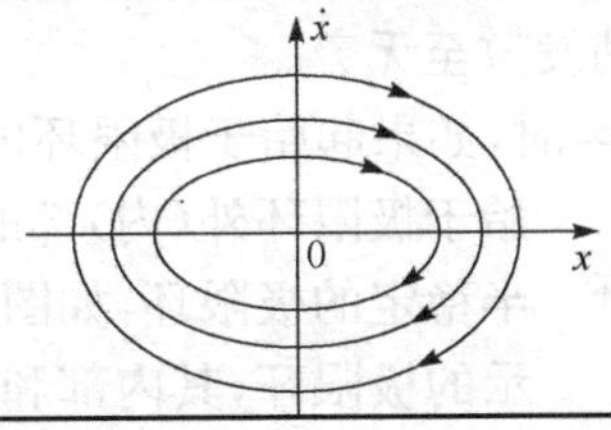	相轨迹是一簇同心的椭圆曲线 系统在奇点附近可能是稳定的,可能不稳定,与忽略掉的高次项有关

(2) 极限环。[M709]

奇线就是特殊的相轨迹,它将相平面划分为具有不同运动特点的各个区域。最常见的奇线是极限环。由于非线性系统会出现自持振荡,所以响应的相平面上会出现一条孤立的封闭曲线,曲线附近的相轨迹都渐近地趋向这条封闭的曲线,或者从这条封闭的曲线离开(图 7-30),这条特殊的相轨迹就是极限环。极限环把相平面划分为内部平面和外部平面两部分,相轨迹不能从环内穿越极限环进入环外,或者相反。这样就把相平面划分为具有不同运动特点的各个区域,所以极限环也是相平面上的分割线,它对于确定系统的全部运动状态是非常重要的。

应当指出,不是相平面内所有的封闭曲线都是极限环。在无阻尼的线性二阶系统中,由于不存在由阻尼所造成的能量损耗,所以相平面图是一簇连续的封闭曲线。这类闭合曲线不是极限环，因为它们不是孤立的，在任何特定的封闭曲线邻近，仍存在着封闭曲线。而极限环是相互孤立的，在任何极限环的邻近都不可能有其他的极限环。极限环是非线性系统中的特有现象，它只发生在非守恒系统中，这种周期运动的原因不在于系统无阻尼，而是系统的非线性特性，它导致系统的能量作交替变化，这样就有可能从某种非周期的能源中获取能量，从而维持周期运动。

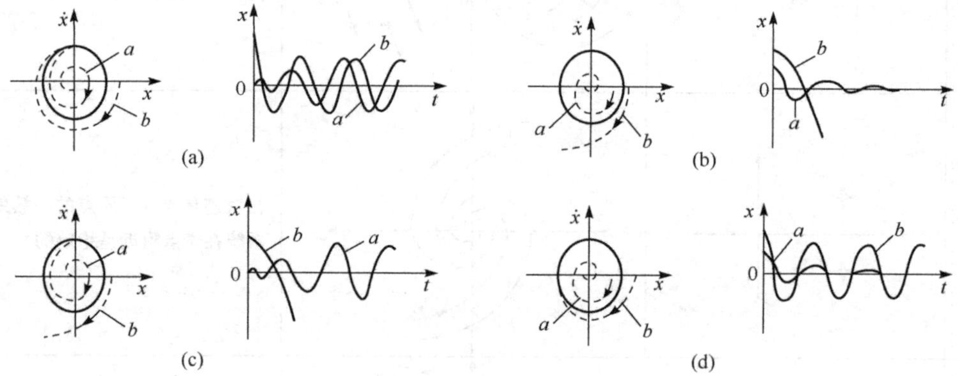

图 7-30　极限环的类型及其过渡过程

根据极限环邻近相轨迹的运动特点，可以将极限环分为以下三种类型。

① 稳定的极限环。当 $t\to\infty$ 时，如果起始于极限环内部或外部的相轨迹均卷向极限环，则该极限环称为稳定的极限环，如图 7-30(a)所示。极限环内部的相轨迹发散至极限环，说明极限环的内部是不稳定的区域；极限环外部的相轨迹收敛至极限环，说明极限环外部是稳定区域。因为任何微小扰动使系统的状态离开极限环后，最终仍会回到这个极限环，说明系统的运动表现为自持振荡，而且这种自持振荡只与系统的结构参数有关，与初始条件无关。

② 不稳定的极限环。当 $t\to\infty$ 时，如果起始于极限环内部或外部的相轨迹均卷离极限环，则该极限环称为不稳定的极限环，如图 7-30(b)所示。极限环内部的相轨迹收敛至环内的奇点，说明极限环的内部是稳定区域；极限环外部的相轨迹发散至无穷远处，说明极限环的外部是不稳定区域。极限环所表示的周期运动是不稳定的，任何微小扰动，不是使系统的运动收敛于环内的奇点，就是使系统的运动发散至无穷。

③ 半稳定的极限环。当 $t\to\infty$ 时，如果起始于极限环内(外)部的相轨迹卷向极限环，而起始于极限环外(内)部的相轨迹卷离极限环，则这种环称为半稳定的极限环，如图 7-30(c)和(d)所示。图 7-30(c)所示的极限环，其内部和外部都是不稳定区域，极限环所表示的周期运动是不稳定的，系统的运动最终将发散至无穷远处。图 7-30(d)所示的极限环，其内部和外部都是稳定区域，极限环所表示的周期运动是稳定的，系统的运动最终将收敛至环内的奇点。

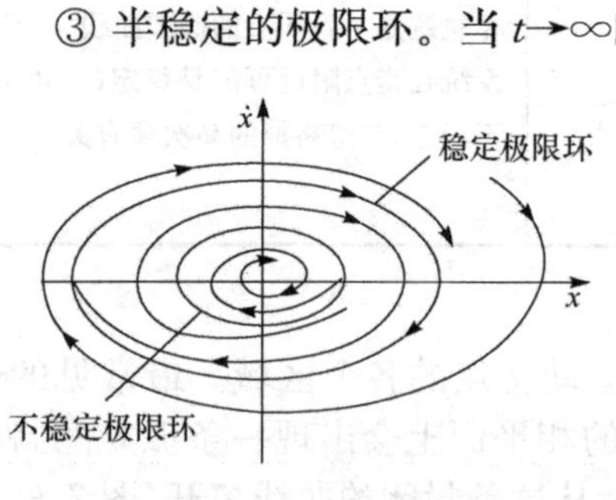

图 7-31　双极限环

在一些复杂的非线性控制系统中，有可能出现两个或两个以上的极限环。图 7-31 所示的是有两个极限环的例子，里面的一个是不稳定的极限环；外面的一个是稳定的极限环。这是因为非线性系统的工作状态，不仅取决于初始条件，也取决于扰动的方向和大小。应该指出，只有稳定的极限环才能在实验中观察到，不稳定或半稳定的极限环是无法在实验中观察到的。

7.5.2 相平面法分析非线性系统

在非线性系统中，虽然所包含的非线性特性有所不同，但大多数非线性系统都可以通过几个分段的线性系统来近似，这时整个相平面相应地划分成若干个区域，每个区域对应一个线性工作状态。应用相平面法分析含各种非线性特性的系统一般包括以下步骤。

(1) 将非线性特性用分段线性特性表示，写出相应分段的数学表达式；

(2) 在相平面上选择合适的坐标，一般常用误差信号 e 及其导数 $\dot{e}$ 分别作为横坐标与纵坐标，然后根据非线性特性将相平面化分成若干区域，使非线性特性在每个区域内都呈线性特性；

(3) 确定每个区域的奇点类型和在相平面上的位置。在一些情况下，奇点与输入信号的形式及大小有关；

(4) 在各个区域内分别画出各自的相轨迹；

(5) 将相邻区域的相轨迹，根据在相邻两区分界线上的点对于相邻两区具有相同工作状态的原则连接起来，便得到整个非线性系统的相轨迹；

(6) 根据相轨迹分析二阶非线性系统的动态和稳态特性。

下面举例说明。

例 7-3 非线性控制系统结构图如图 7-32 所示。已知 $r(t)=4\cdot 1(t)$，试给出起点在 $e_0=4,\dot{e}=0$ 的相轨迹图 $e-\dot{e}$。

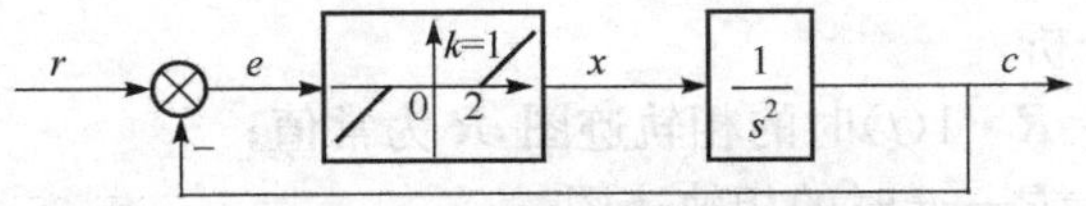

图 7-32 例 7-3 系统方框图

解 由图可知，非线性部分表达式为

$$\begin{cases} x=0, & |e|\leqslant 2 \\ x=e-2, & e>2 \\ x=e+2, & e<-2 \end{cases} \tag{7-66}$$

线性部分的传递函数为 $\dfrac{C(s)}{X(s)}=\dfrac{1}{s^2}$，则微分方程为

$$\ddot{c}=x \tag{7-67}$$

因为 $e=r-c$，则 $c=r-e,\dot{c}=\dot{r}-\dot{e},\ddot{c}=\ddot{r}-\ddot{e}$。代入式(7-67)可得

$$\ddot{e}=-x+\ddot{r} \tag{7-68}$$

当 $t>0$ 时，$\dot{r}=0,\ddot{r}=0$。代入式(7-66)，得

$$\begin{cases} \ddot{e}=0, & |e|\leqslant 2 & (\text{Ⅰ}) \\ \ddot{e}=2-e, & e>2 & (\text{Ⅱ}) \\ \ddot{e}=-e-2, & e<-2 & (\text{Ⅲ}) \end{cases} \tag{7-69}$$

由于非线性环节有 3 个分区，故相平面 $e-\dot{e}$ 分为 3 个线性区，其开关线为 $e=\pm 2$。

由题意知，初始条件 $e_0=4,\dot{e}=0$，在Ⅱ区，则从初始值出发绘制轨迹。

Ⅱ区：可由解析法解得相轨迹方程。由方程(7-69)Ⅱ可得

$$\frac{\mathrm{d}\dot{e}}{\mathrm{d}e}=\frac{\ddot{e}}{\dot{e}}=\frac{2-e}{\dot{e}}$$

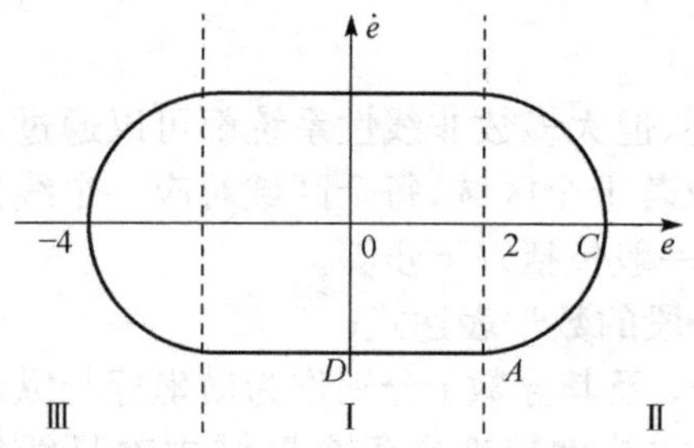

图 7-33　相轨迹图

分离变量积分得Ⅱ区相轨迹方程为 $\dot{e}^2+(e-2)^2=4$。

故Ⅱ区相轨迹为以奇点(2,0)为中心的圆，并与右开关线 $e=0$ 交于点 $A(2,-2)$。

Ⅰ区：由方程(7-69)Ⅰ知，相轨迹方程为 $\dot{e}=C=-2$，与开关线 $e=-2$ 交于点 $B(-2,-2)$。

Ⅲ区：应用与Ⅱ区相轨迹相同求法，可求得Ⅲ区相轨迹方程为 $\dot{e}^2+(e+2)^2=4$。故Ⅲ区相轨迹为以奇点(2,0)为中心的圆。

由上述三个分区的相轨迹方程，可作出该系统的相轨迹如图 7-33 所示。由相轨迹图可以看出，该相轨迹为一个封闭椭圆，即出现了极限环。

例 7-4　含有饱和特性的非线性系统的结构图如图 7-34 所示。假设系统开始时处于平衡状态。其中饱和特性的数学表达式为［M710］

$$x=\begin{cases}e, & |e|\leqslant e_0\\ M, & e<-e_0\\ -M, & e>e_0\end{cases} \tag{7-70}$$

描述系统运动的微分方程为

$$\begin{cases}T\ddot{c}+\dot{c}=Kx\\ c=r-e\end{cases} \tag{7-71}$$

画出相轨迹图，并进行分析。

(1) 输入信号 $r(t)=R\cdot 1(t)$ 时的相轨迹图，R 为常值；

(2) 输入信号 $r(t)=R+vt$ 时的相轨迹图。

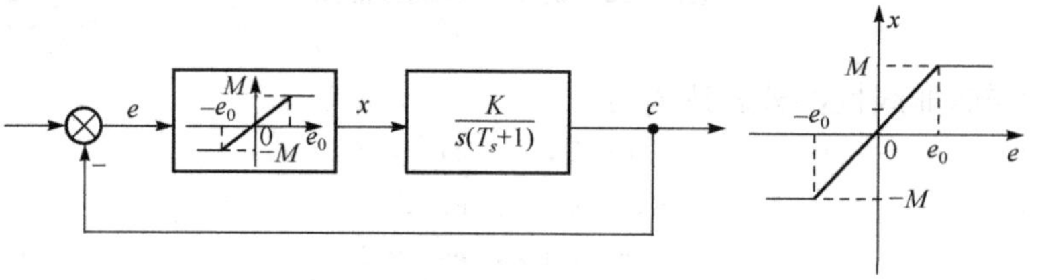

图 7-34　含饱和非线性环节的系统方框图

解　将式(7-71)代入式(7-70)，可得

$$\begin{cases}T\ddot{e}+\dot{e}+Ke=T\ddot{r}+\dot{r}, & |e|\leqslant e_0 \quad (\text{Ⅰ})\\ T\ddot{e}+\dot{e}+KM=T\ddot{r}+\dot{r}, & e>e_0 \quad (\text{Ⅱ})\\ T\ddot{e}+\dot{e}-KM=T\ddot{r}+\dot{r}, & e<-e_0 \quad (\text{Ⅲ})\end{cases} \tag{7-72}$$

式(7-70)中的三个线性方程把整个相平面划分成三个区域，分别构成三个相平面。由多个线性微分方程所对应的相平面有机组合的相平面称为多页相平面。显然，上述三个线性相平面的组合是一个多页相平面。多页相平面间的边界线称为开关线，它代表系统由一个线性微分方程决定的相平面变为由另一个微分方程决定的边界线。根据在相邻两区域开关线上的点应具有相同工作状态的原则，将相邻区域的相平面的相轨迹连接起来，便获得整个非线性系统的相轨迹。

(1) 取输入信号 $r(t)=R\cdot 1(t)$，R 为常值。

由于 $t>0$ 时，$\ddot{r}=\dot{r}=0$，式(7-72)可写成

$$\begin{cases} T\ddot{e}+\dot{e}+Ke=0, & |e|\leqslant e_0 \quad (\text{I}) \\ T\ddot{e}+\dot{e}+KM=0, & e>e_0 \quad (\text{II}) \\ T\ddot{e}+\dot{e}-KM=0, & e<-e_0 \quad (\text{III}) \end{cases} \tag{7-73}$$

将 $\ddot{e}=\dfrac{d\dot{e}}{de}\dot{e}$ 代入式(7-73)，得相轨迹的斜率方程为

$$\begin{cases} \dfrac{d\dot{e}}{de}=-\dfrac{1}{T}\cdot\dfrac{\dot{e}+Ke}{\dot{e}}, & |e|\leqslant e_0 \quad (\text{I}) \\ \dfrac{d\dot{e}}{de}=-\dfrac{1}{T}\cdot\dfrac{\dot{e}+KM}{\dot{e}}, & e>e_0 \quad (\text{II}) \\ \dfrac{d\dot{e}}{de}=-\dfrac{1}{T}\cdot\dfrac{\dot{e}-KM}{\dot{e}}, & e<-e_0 \quad (\text{III}) \end{cases} \tag{7-74}$$

当非线性系统工作在饱和特性线性区，即Ⅰ区间时，以 $e=0$ 及 $\dot{e}=0$ 代入式(7-74)，得到 $d\dot{e}/de=0/0$，说明相平面的原点(0,0)为Ⅰ区域相轨迹的奇点。该奇点位于Ⅰ区间内，故为实奇点。从式(7-73)可见，若 $1-4TK<0$，则系统在Ⅰ区工作于欠阻尼状态，此时的奇点(0,0)为稳定焦点，如图7-35(a)所示；若 $1-4TK>0$，则系统在Ⅰ区工作于过阻尼状态，此时的奇点(0,0)为稳定节点。

非线性系统工作在Ⅱ区($e>e_0$)及Ⅲ区($e<-e_0$)，即系统的运动方程分别为

$$\begin{cases} T\ddot{e}+\dot{e}+KM=0, & e>e_0 \\ T\ddot{e}+\dot{e}-KM=0, & e<-e_0 \end{cases} \tag{7-75}$$

据此求得Ⅱ区和Ⅲ区相轨迹的斜率方程分别为

$$\begin{cases} \dfrac{d\dot{e}}{de}=-\dfrac{1}{T}\cdot\dfrac{\dot{e}+KM}{\dot{e}}, & e>e_0 \\ \dfrac{d\dot{e}}{de}=-\dfrac{1}{T}\cdot\dfrac{\dot{e}-KM}{\dot{e}}, & e<-e_0 \end{cases} \tag{7-76}$$

应用等倾线法，在相平面图的Ⅱ区和Ⅲ区分别绘制一簇相轨迹如图7-35(b)所示。其中直线 $\dot{e}=-KM$ 和 $\dot{e}=KM$ 分别为Ⅱ区和Ⅲ区的 $\alpha=0$ 等倾线。从图7-35(b)可见，由于Ⅱ区的全部相轨迹均渐近于 $\dot{e}=-KM$，Ⅲ区的全部相轨迹均渐近于 $\dot{e}=KM$，故称 $\alpha=0$ 的两条等倾线为相轨迹的渐近线。图7-35(c)所示为基于图7-35(a)、(b)绘制的在阶跃输入信号作用下的非线性系统的相轨迹图。设系统原来处于静止状态，于是可得相轨迹的初始点有

$$\begin{cases} e(0)=r(0)-c(0)=r(0) \\ \dot{e}(0)=\dot{r}(0)-\dot{c}(0)=0 \end{cases} \tag{7-77}$$

图7-35(c)所示为 $e(0)>e_0$ 及 $\dot{c}(0)=0$ 情况下非线性系统的完整相轨迹图。

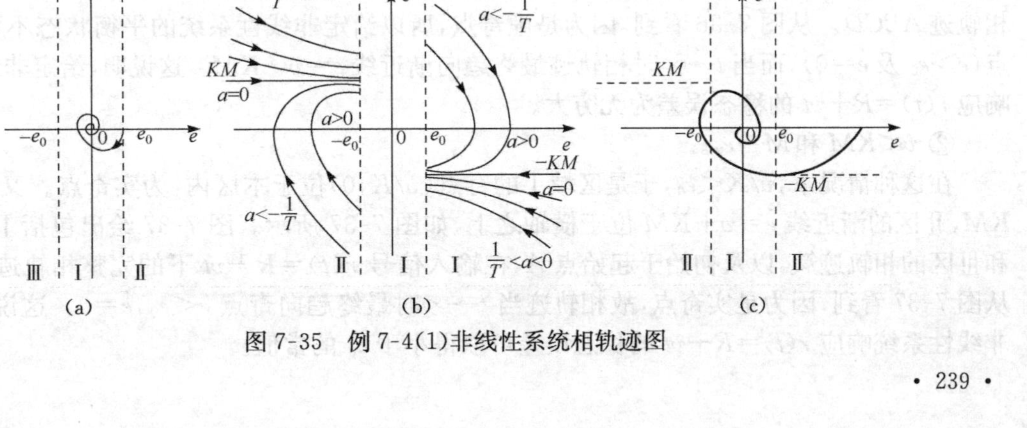

图7-35 例7-4(1)非线性系统相轨迹图

(2) 取输入信号 $r(t)=R+vt$。

由于 $t>0$ 时，$\ddot{r}=0$，$\dot{r}=v$，式(7-72)可写成

$$\begin{cases} T\ddot{e}+\dot{e}+Ke=v, & |e|\leqslant e_0 \quad (\text{I}) \\ T\ddot{e}+\dot{e}+KM=v, & e>e_0 \quad (\text{II}) \\ T\ddot{e}+\dot{e}-KM=v, & e<-e_0 \quad (\text{III}) \end{cases} \tag{7-78}$$

将 $\ddot{e}=\frac{\mathrm{d}\dot{e}}{\mathrm{d}e}\dot{e}$ 代入式(7-78)，得相轨迹的斜率方程为

$$\begin{cases} \frac{\mathrm{d}\dot{e}}{\mathrm{d}e}=-\frac{1}{T}\cdot\frac{\dot{e}+Ke-v}{\dot{e}}, & |e|\leqslant e_0 \quad (\text{I}) \\ \frac{\mathrm{d}\dot{e}}{\mathrm{d}e}=-\frac{1}{T}\cdot\frac{\dot{e}+KM-v}{\dot{e}}, & e>e_0 \quad (\text{II}) \\ \frac{\mathrm{d}\dot{e}}{\mathrm{d}e}=-\frac{1}{T}\cdot\frac{\dot{e}-KM-v}{\dot{e}}, & e<-e_0 \quad (\text{III}) \end{cases} \tag{7-79}$$

则根据Ⅰ区 $|e|\leqslant e_0$ 的运动方程，写出相轨迹的斜率方程为

$$\frac{\mathrm{d}\dot{e}}{\mathrm{d}e}=-\frac{1}{T}\cdot\frac{\dot{e}+Ke-v}{\dot{e}} \tag{7-80}$$

根据 $\mathrm{d}\dot{e}/\mathrm{d}e=0/0$ 求得奇点坐标为 $e=v/K$，$\dot{e}=0$，它可能是稳定焦点或稳定节点。

当非线性系统工作在饱和区，即Ⅱ、Ⅲ区间时，记 $\mathrm{d}\dot{e}/\mathrm{d}e=\alpha$，由式(7-79)得到Ⅱ、Ⅲ区的等倾线方程为

$$\begin{cases} \dot{e}=\frac{v-KM}{T\alpha+1}, & e>e_0 \\ \dot{e}=\frac{v+KM}{T\alpha+1}, & e<-e_0 \end{cases} \tag{7-81}$$

由式(7-81)求得令斜率 $\frac{\mathrm{d}\dot{e}}{\mathrm{d}e}=\frac{0}{0}$ 时Ⅱ区和Ⅲ区的渐近线方程分别为

$$\begin{cases} \dot{e}=v-KM, & e>e_0 \\ \dot{e}=v+KM, & e<-e_0 \end{cases} \tag{7-82}$$

下面分三种情况讨论给定非线性系统相轨迹的绘制。

① $v>KM$ 和 $M=e_0$。

在这种情况下，$v/K>e_0$，于是区域Ⅰ的奇点 $(v/K,0)$ 位于Ⅱ区，故对Ⅰ区来说它是一个虚奇点。又由于 $v>KM$，故可看出，两条渐近线均位于横轴之上，如图 7-36 所示。图 7-36 绘出包括Ⅰ区、Ⅱ区和Ⅲ区的相轨迹簇，以及初始于起始点 A，在输入信号 $r(t)=R+vt$ 下的完整相轨迹 $ABCD$。从图 7-36 看到，因为是虚奇点，所以给定非线性系统的平衡状态不可能是奇点($e>e_0$ 及 $\dot{e}=0$)，而当 $t\to\infty$ 时相轨迹最终趋向渐近线 $\dot{e}=v-KM$。这说明，给定非线性系统响应 $r(t)=R+vt$ 的稳态误差为无穷大。

② $v<KM$ 和 $M=e_0$。

在这种情况下，$v/K<e_0$，于是区域Ⅰ的奇点 $(v/K,0)$ 位于本区内，为实奇点。又由于 $v<KM$，Ⅱ区的渐近线 $\dot{e}=v+KM$ 位于横轴之上，如图 7-37 所示。图 7-37 绘出包括Ⅰ区、Ⅱ区和Ⅲ区的相轨迹簇，以及初始于起始点 A，在输入信号 $r(t)=R+vt$ 下的完整相轨迹 $ABCD$。从图 7-37 看到，因为是实奇点，故相轨迹当 $t\to\infty$ 时最终趋向奇点 $e<e_0$，$\dot{e}=0$。这说明，给定非线性系统响应 $r(t)=R+vt$ 的稳态误差可取得小于 e_0 的常值。

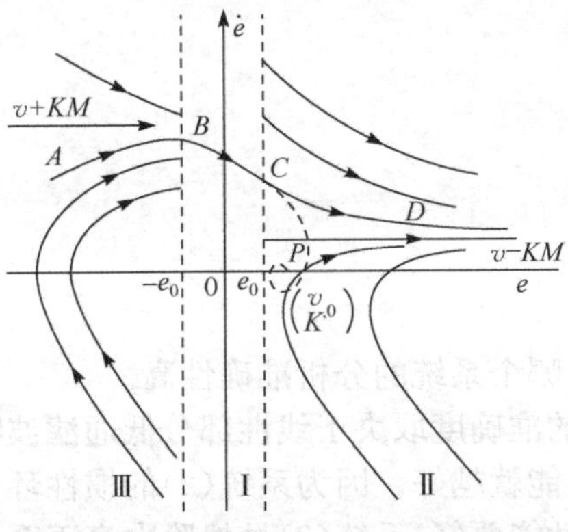

图 7-36　$v>KM$ 时的相平面图

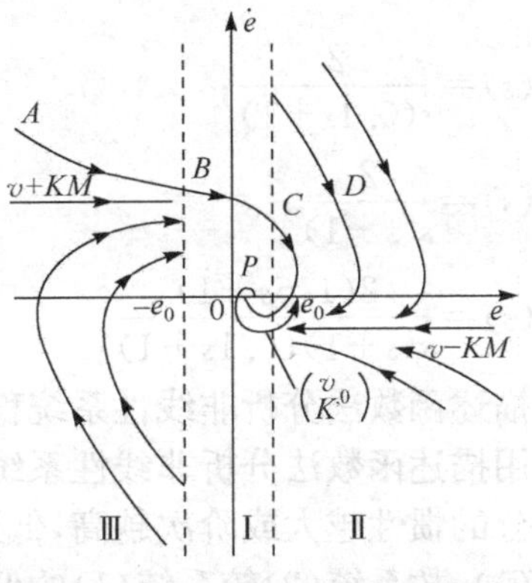

图 7-37　$v<KM$ 时的相平面图

③ $v=KM$ 和 $M=e_0$。

在这种情况下，奇点坐标为 $(v/K,0)$ 位于Ⅰ区、Ⅱ区的分界线上。对于Ⅱ区，由式(7-79)求得其运动方程为

$$T\ddot{e}+\dot{e}=0,\quad e>e_0 \tag{7-83}$$

由此可得相轨迹的微分方程为

$$\frac{\mathrm{d}\dot{e}}{\mathrm{d}e}=-\frac{\dot{e}}{T\dot{e}} \tag{7-84}$$

由式(7-84)可见，当 $\dot{e}=0$ 时，有 $\mathrm{d}\dot{e}/\mathrm{d}e=0/0$，故 $\dot{e}=0$(即 $e>e_0$ 的横轴)为区域Ⅱ的奇线；当 $\dot{e}\neq0$ 时，有 $\mathrm{d}\dot{e}/\mathrm{d}e=-1/T$，即区域Ⅱ的相轨迹为斜率等于 $-1/T$ 的直线。如图 7-38 所示。

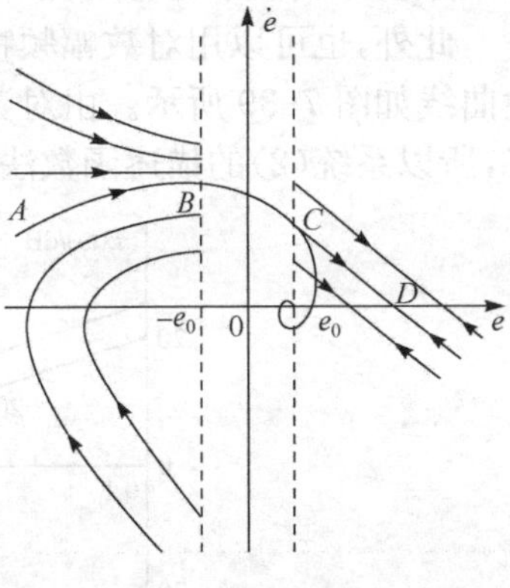

图 7-38　$v=KM$ 时的相平面图

图 7-38 绘出包括Ⅰ区、Ⅱ区和Ⅲ区的相轨迹簇，以及初始于起始点 A，在输入信号 $r(t)=R+vt$ 下的完整相轨迹 $ABCD$。从图 7-38 中看到，相轨迹当 $t\to\infty$ 时由Ⅰ区进入Ⅱ区后不可能最终趋向奇点 $(e_0,0)$，而是沿斜率等于 $-1/T$ 的直线继续向前运动，最终止于横轴上的 $e>e_0$ 的区段内。这说明，给定非线性系统响应 $r(t)=R+vt$ 的稳态误差介于 $e_0\sim\infty$，其值与相轨迹的初始点的位置有关。

注意，在上述三种情况下，相轨迹初始点 A 的坐标均由初始条件

$$\begin{cases}e(0)=r(0)-c(0)=R-c(0)\\ \dot{e}(0)=\dot{r}(0)-\dot{c}(0)=v-\dot{c}(0)\end{cases} \tag{7-85}$$

来确定。

综上分析可见，含饱和特性的二阶非线性系统，响应阶跃输入信号时，其相轨迹收敛于稳定焦点或节点(0,0)，系统无稳态误差，但响应匀速输入信号时，随着输入匀速值 v 的不同，所得非线性系统在 $v>KM$、$v<KM$ 和 $v=KM$ 情况下的相轨迹及相应的稳态误差也不同，甚至在 $v=KM$ 时系统的平衡状态并不唯一，其确切位置取决于系统的初始条件与输入信号的参数。

7.6　例题精解

例 7-5　设 3 个非线性系统具有相同的非线性环节，而线性部分各不相同，它们的传递函

数分别为

(1) $G_1(s)=\dfrac{2}{s(0.1s+1)}$；

(2) $G_2(s)=\dfrac{2}{s(s+1)}$；

(3) $G_3(s)=\dfrac{2(1.5s+1)}{s(s+1)(0.1s+1)}$。

试判断应用描述函数法分析非线性系统稳定性时，哪个系统的分析准确性高。

解 应用描述函数法分析非线性系统稳定性的准确度取决于线性部分低通滤波特性的优劣。线性部分的惯性越大或阶次越高，低通滤波性能就越好。因为系统(2)的惯性环节时间常数大于系统(1)，故系统(2)较系统(1)的低通滤波性能要好；系统(3)虽然阶次高于系统(2)，但其同时含有一个时间常数为1.5的一阶微分环节，故其低通滤波性能较系统(2)差。应用描述函数分析非线性系统稳定性时，系统(2)的分析准确度最高。

此外，也可以用对数幅频特性曲线进行判断。分别作出三个系统线性部分的对数幅频特性曲线如图7-39所示。由对数幅频特性曲线可见，L_2的高频段衰减较快，低通滤波特性较好，所以系统(2)的描述函数法分析结果的准确程度较高。

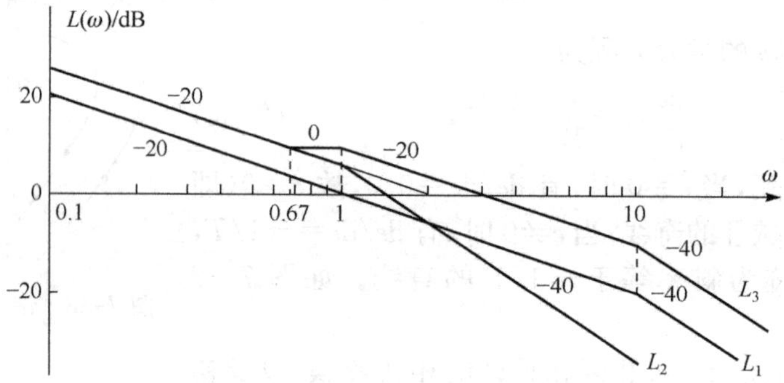

图7-39 对数幅频特性曲线

例7-6 设某非线性系统的结构图如图7-40所示，其中继电器特性的描述函数为$\dfrac{4}{\pi A}$，线性部分的传递函数为

$$G(s)=\frac{K}{s(5s+1)(10s+1)}$$

试确定系统的稳定性，并求出极限环振荡的幅值$A=\dfrac{1}{\pi}$时的放大系数K与振荡频率ω的数值。

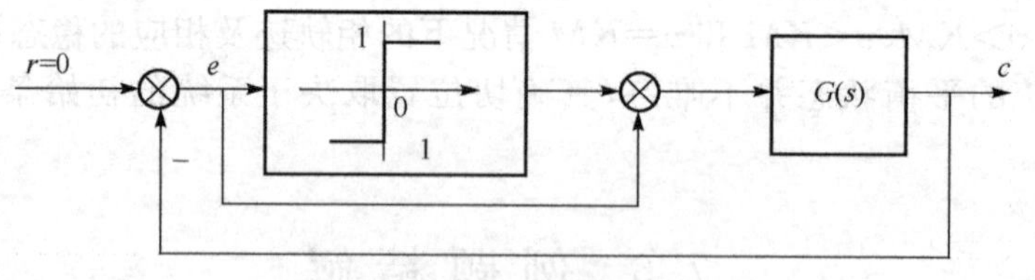

图7-40 例7-6系统方框图

解　非线性部分由一个增益为1的线性环节和一个继电器特性并联而成。

非线性特性的描述函数为 $N(A)=\frac{4}{\pi A}+1$，其负倒描述函数为：$-\frac{1}{N(A)}=-\frac{\pi A}{\pi A+4}$。

$-\frac{1}{N(A)}$在负实轴上，当 $A\to\infty$ 时，$-\frac{1}{N(A)}\to -1$，即$-\frac{1}{N(A)}$为负实轴上$[-1,0]$段。

系统线性部分的频率特性为

$$\begin{aligned}G(\mathrm{j}\omega)&=\frac{K}{\mathrm{j}\omega(\mathrm{j}5\omega+1)(\mathrm{j}10\omega+1)}\\&=\frac{-15K}{(1+25\omega^2)(1+100\omega^2)}+\mathrm{j}\frac{K(1-50\omega^2)}{\omega(1+25\omega^2)(1+100\omega^2)}\end{aligned}$$

令 $\mathrm{Im}G(\mathrm{j}\omega)=\frac{K(1-50\omega^2)}{\omega(1+25\omega^2)(1+100\omega^2)}=0$，得 $\omega=0.14$，则 $G(\mathrm{j}\omega)$与负实轴的交点

$$\mathrm{Re}G(\mathrm{j}w)\big|_{\omega=0.14}=\frac{-15K}{(1+25\omega^2)(1+100\omega^2)}\bigg|_{\omega=0.14}=-\frac{10}{3}K$$

概略画出线性部分的幅相特性曲线 $G(\mathrm{j}\omega)$和$-\frac{1}{N(A)}$曲线，如图7-41所示。

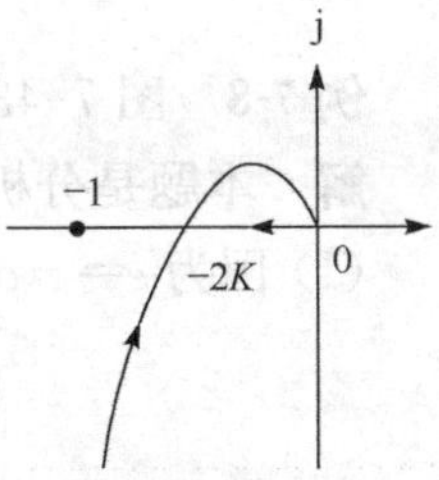

图 7-41　例 7-6 图

由图 7-42 可知，当 $K>0.3$ 时，$G(\mathrm{j}\omega)$包围$-\frac{1}{N(A)}$曲线，则系统不稳定；当 $K<0.3$ 时，$G(\mathrm{j}\omega)$和$-\frac{1}{N(A)}$曲线相交，且沿振幅 A 增加的方向，$-\frac{1}{N(A)}$是由不稳定区域进入稳定区域，该交点是稳定的周期运动，是自振点。故当极限环振荡的幅值 $A=\frac{1}{\pi}$时，有

$$-\frac{1}{N(A)}=-\frac{\pi A}{\pi A+4}=-\frac{1}{5},\quad -\frac{10K}{3}=-\frac{1}{5}$$

从而可得 $K=0.06$。

当极限环振荡的幅值 $A=\frac{1}{\pi}$时的放大系数 $K=0.06$，振荡频率 $\omega=0.14$。

例 7-7　某系统的状态方程为

$$\dot{x}=\begin{bmatrix}0 & 1\\-2 & 1\end{bmatrix}+\begin{bmatrix}0\\1\end{bmatrix}u$$

试画出系统 $u=0$，初始状态为 $x_0=[1,-2]^{\mathrm{T}}$ 的相轨迹大致形状。

解　根据系统的状态方程写出系统微分方程，再确定奇点及奇点的类型。

由系统的状态方程有

$$\begin{cases}\dot{x}_1=x_2\\\dot{x}_2=-2x_1+x_2\end{cases}$$

即

$$\ddot{x}_1-\dot{x}_1+2x_1=0$$

系统为二阶线性系统。系统的特征方程为

$$s^2-s+2=0$$

解得 $s_{1,2}=\dfrac{1\pm j\sqrt{7}}{2}$。

可见特征根为具有正实部的共轭复根,相轨迹为离心螺旋线。图 7-42 概略绘制了系统初始状态为(1,−2)时的相轨迹图。

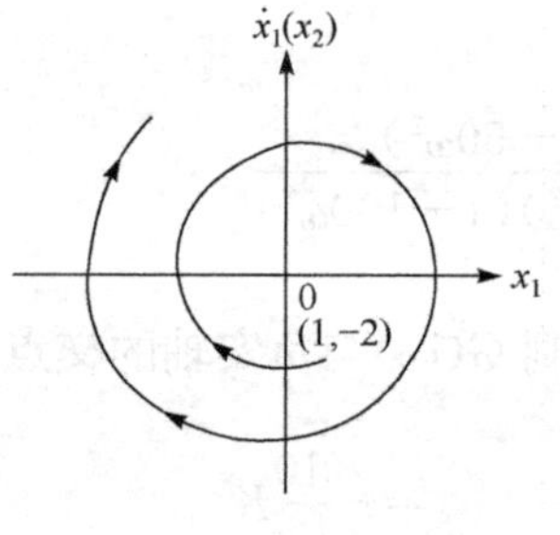

图 7-42 例 7-7 相轨迹图

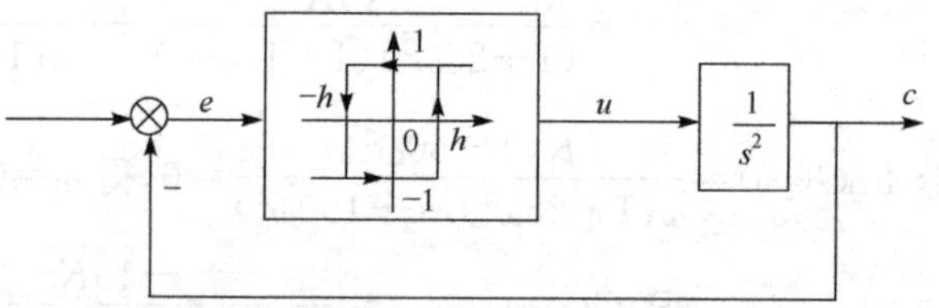

图 7-43 例 7-8 系统方框图

例 7-8 图 7-43 为一非线性系统结构图,试绘制 $h=0$ 和 $h=1$ 时 $e-\dot{e}$ 平面上的相轨迹。

解 本题是分析滞环对系统性能的影响。由图 7-43 可知 $\ddot{c}=u$。

(1) 因为 $e=-c$,当 $h=0$ 时,非线性为理想继电器特性,故可得系统分段线性微分方程式为

$$\begin{cases}\ddot{e}=-1, & e>0\\ \ddot{e}=1, & e<0\end{cases}$$

开关线方程 $e=0$ 将相平面分成两个区域。

① $e>0$ 区域。

相轨迹微分方程为$\dfrac{d\dot{e}}{de}=-\dfrac{1}{\dot{e}}$,该区域没有奇点。将 $\ddot{e}=\dot{e}\dfrac{d\dot{e}}{de}$代入上式,并积分可得

$$\dot{e}^2=-2e+A$$

式中,A 由初始条件决定。可见该区域相轨迹为开口向左的抛物线,与横轴交于 $A/2$。

② $e<0$ 区域。

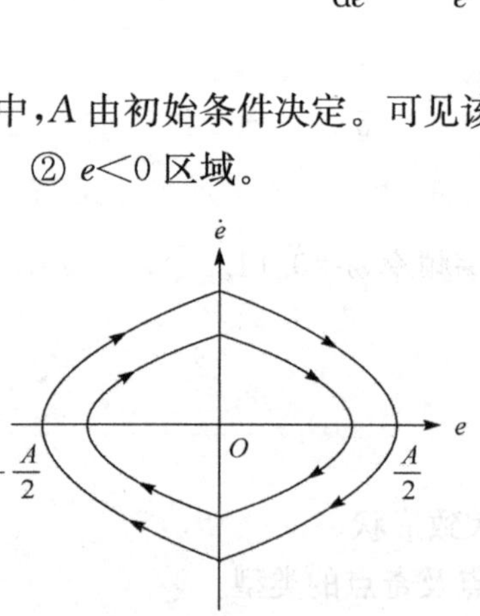

图 7-44 相轨迹图

相轨迹方程为 $\dot{e}^2=2e+A$,式中 A 由初始条件决定。可见该区域相轨迹为开口向右的抛物线,与横轴交于 $-A/2$。绘制相轨迹如图 7-44 所示。

由图 7-44 可见,当 $h=0$ 时,在任何初始条件下,相轨迹都是由开口向左和开口向右的两段抛物线组成,形成一簇封闭的曲线,即极限环。在不同的初始条件下,系统以不同的幅值和频率振荡。

(2) 当 $h=1$ 时,非线性为有滞环的继电特性,系统分段线性微分方程式为

$$\begin{cases}\ddot{e}=-1, & \dot{e}>0,e>1 \text{ 或 } \dot{e}<0,e>-1\\ \ddot{e}=1, & \dot{e}>0,e<1 \text{ 或 } \dot{e}<0,e<-1\end{cases}$$

可见,开关线 $e=1$ 和 $e=-1$ 将相平面分成两个区域。开关线是一条折线,在 $\dot{e}>0$ 的上

半平面上开关线为 $e=1$，在 $\dot{e}<0$ 的下半平面上开关线方程为 $e=-1$。

① $\dot{e}>0, e>1$ 和 $\dot{e}<0, e>-1$ 区域，即开关线右侧部分，相轨迹微分方程为$\dfrac{d\dot{e}}{de}=-\dfrac{1}{\dot{e}}$，该区域没有奇点。将 $\ddot{e}=\dot{e}\dfrac{d\dot{e}}{de}$ 代入上式，并积分可得 $\dot{e}^2=-2e+A$，式中 A 由初始条件决定。可见该区域相轨迹为开口向左的抛物线。

② $\dot{e}>0, e<1$ 和 $\dot{e}<0, e<-1$ 区域，即开关线左侧部分，同样可以导出相轨迹方程 $\dot{e}^2=2e+A$，式中 A 由初始条件决定。可见该区域相轨迹为开口向右的抛物线。

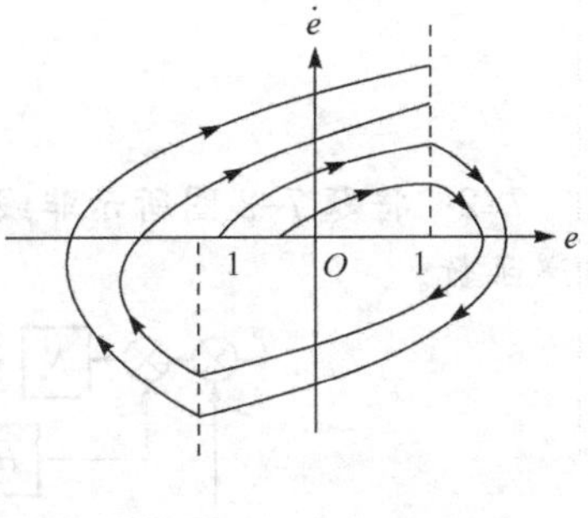

图 7-45 相轨迹图

绘制相轨迹如图 7-45 所示。当 $h=1$ 时，相轨迹由开口向左和开口向右的抛物线组成，在上半平面，$e=1$ 为开关线，在下半平面，$e=-1$ 为开关线，由图可见相轨迹为向外发散形式。滞环特性恶化了系统的品质，使系统处于不稳定状态。

更多例题见光盘。

7.7 工程应用实例

工程应用实例详见光盘。

G701 带死区的直流电机建模；　G702 非线性钟摆的线性化；

G703 磁悬浮运动系统建模；　G204 带迟滞非线性的施密特触发器。

本章小结

研究非线性是因为实际系统大都为非线性，且多数为本质非线性；并可利用非线性产生特殊的效果，或改善系统性能。目前研究非线性系统常用的工程方法有描述函数法、相平面法和逆系统法，本章介绍了前两种。如图 7-46 所示为本章的知识结构图。

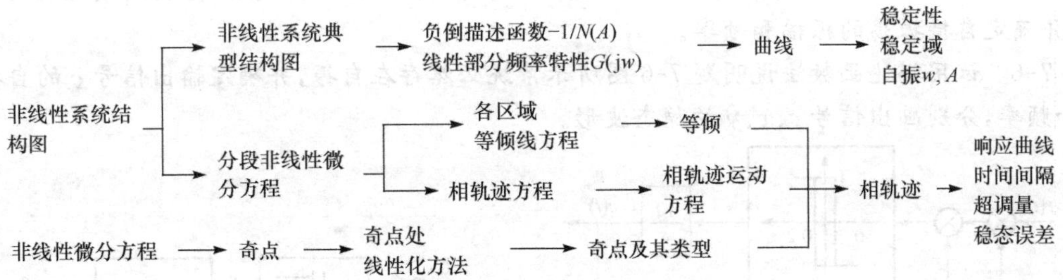

图 7-46 本章结构图

习　题

7-1　求变增益特性的描述函数，其中变增益特性如题 7-1 图所示。

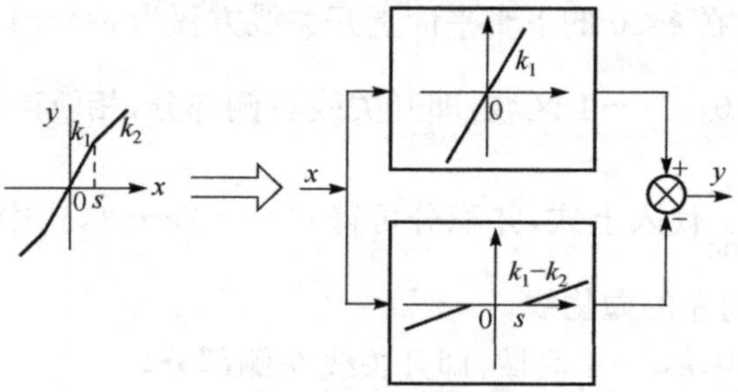

题 7-1 图　变增益特性

7-2　将题 7-2 图所示非线性系统简化成环节串联的典型结构图形式，并写出线性部分的传递函数。

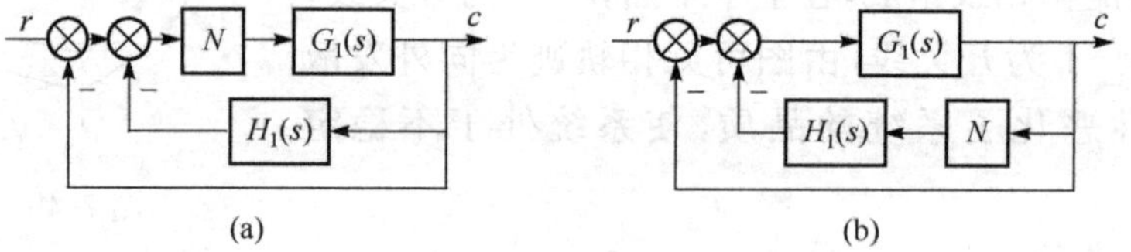

题 7-2 图　系统方框图

7-3　已知非线性系统方框图如题 7-3 图所示，试分析系统的稳定性。

7-4　非线性系统 $G(j\omega)$ 及 $-1/N(A)$ 的轨迹如题 7-4 图所示，试判断该系统有几个点是稳定的自持振荡点，并说明理由。

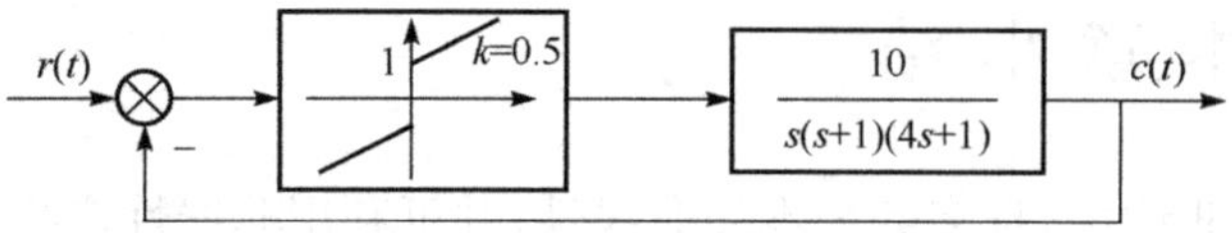

题 7-3 图　系统方框图

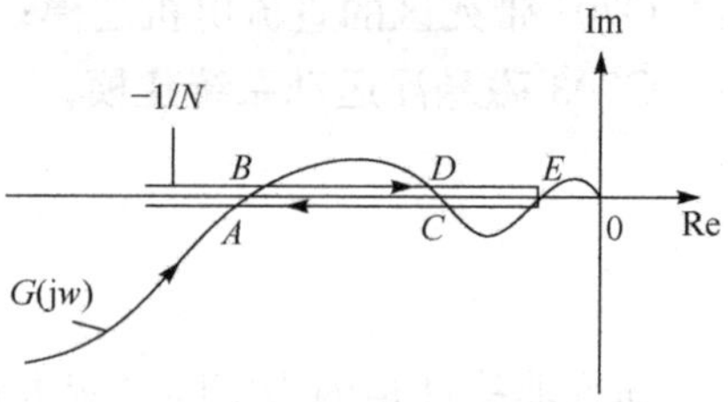

题 7-4 图　幅相图

7-5　具有非线性环节的控制系统如题 7-5 图所示，试用描述函数法分析周期运动的稳定性，并确定自持振荡的振幅和频率。

7-6　试用描述函数法说明题 7-6 图所示系统必然存在自振，并确定输出信号 c 的自振振幅和频率，分别画出信号 c、x、y 的稳态波形。

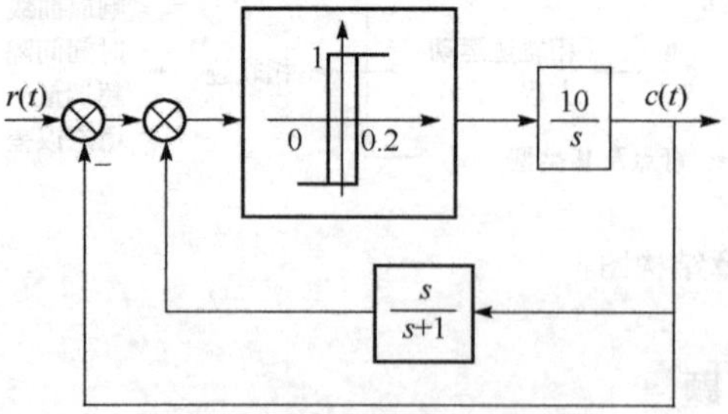

题 7-5 图　系统方框图

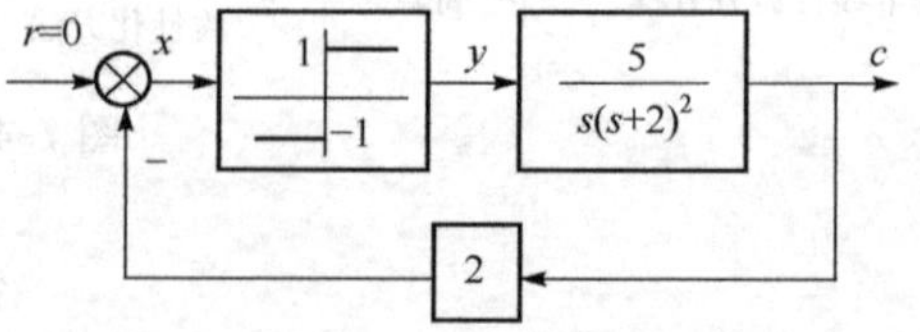

题 7-6 图　系统方框图

7-7　典型单位负反馈二阶系统的开环传递函数为

$$G(s)=\frac{K}{s(Ts+1)}$$

试用相平面法求系统的阶跃响应和斜坡响应。

7-8　具有间隙非线性特性的系统如题 7-8 图所示。已知 $b=0.5$。试分析系统是否存在自振，若有自振，求出自振参数。

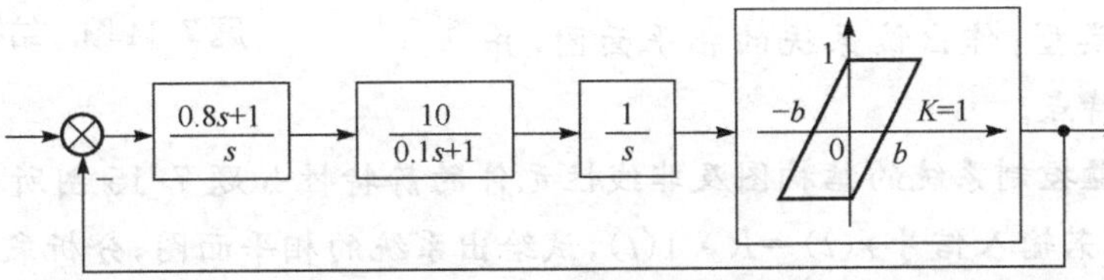

题 7-8 图　系统方框图

7-9　继电控制系统如题 7-9 图所示，试用相平面法求系统的单位阶跃响应。

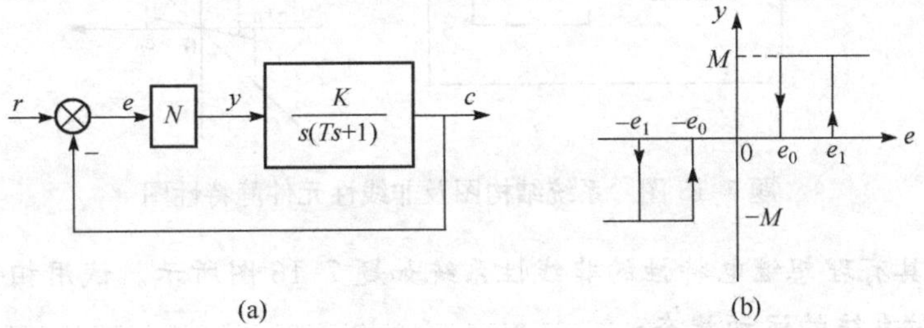

题 7-9 图　系统方框图(a)和死区加滞环继电器特性(b)

7-10　采用非线性校正的控制系统如题 7-10 图所示。试用相平面法分析，在原来的线性系统基础上，采用非线性校正，可以显著地改善系统的动态响应品质。

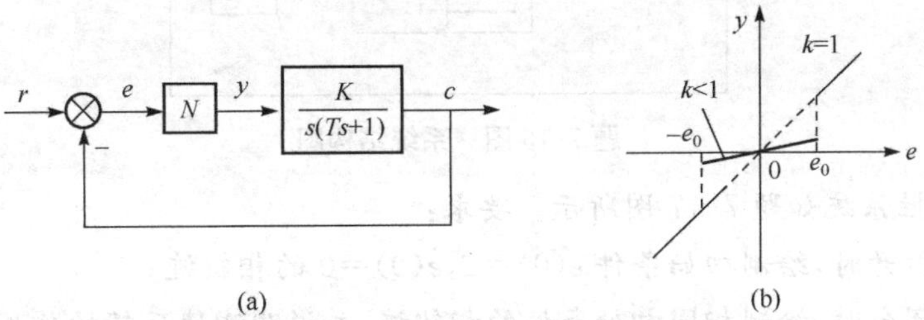

题 7-10 图　系统方框图(a)和非线性环节(b)

7-11　试用解析法求下列方程的相轨迹方程，并画出相平面图。

(1) $\ddot{x}=A$

(2) $\ddot{e}+\dot{e}=0$

(3) $\dot{x}+x=0$

7-12　线性二阶系统的微分方程为

$$\ddot{x}+2\zeta\omega_n\dot{x}+\omega_n^2x=0$$

式中，$\zeta=0.15,\omega_n=1,x(0)=0,\dot{x}(0)=0$。试用等倾线法绘制系统的相轨迹。

7-13　试确定下列系统的奇点的位置和类型：

(1) $\ddot{e}+\dot{e}+e=0$

(2) $\ddot{x}+\dot{x}^2+x=0$

(3) $\ddot{x}-(0.5-3\dot{x}^2)\dot{x}+x+x^2=0$

7-14　非线性系统的结构图如题 7-14 图所示。系统开始是静止的，输入信号 $r(t)=4\cdot 1(t)$，确定奇点位置和类型，作出该系统的相平面图，并分析系统的运动特点。

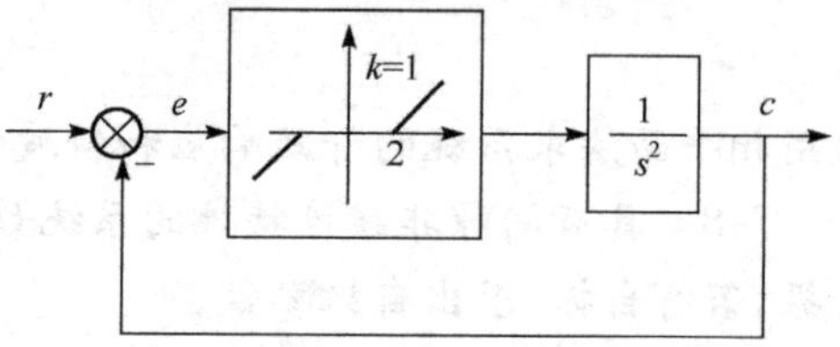

题 7-14 图　结构图

7-15　变增益控制系统的结构图及非线性元件的静特性如题 7-15 图所示。设系统开始处于零初始状态，若输入信号 $r(t)=R\cdot 1(t)$，试绘出系统的相平面图，分析采用变增益放大器对系统性能的影响。

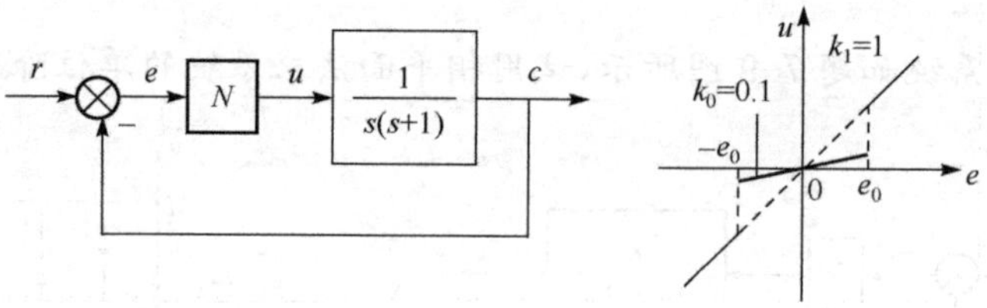

题 7-15 图　系统结构图及非线性元件静特性图

7-16　已知具有理想继电特性的非线性系统如题 7-16 图所示。试用相平面法分析：

(1) $T_d=0$ 时系统的运动状态；

(2) $T_d=0.5$ 时系统的运动状态，并说明比例-微分控制对改善系统性能的作用。

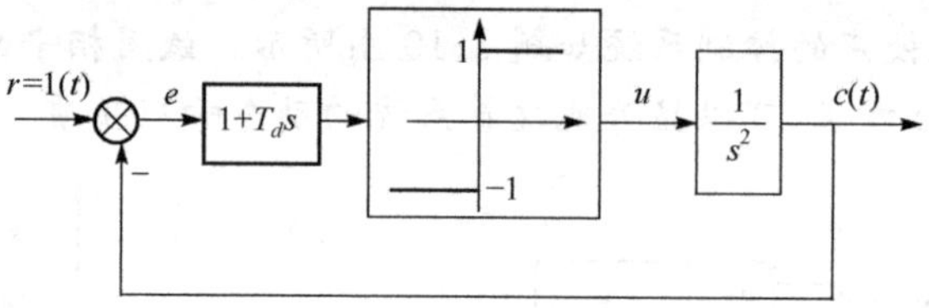

题 7-16 图　系统结构图

7-17　非线性系统如题 7-17 图所示。要求：

(1) 当开关打开时，绘制初始条件 $e(0)=2,\dot{e}(0)=0$ 的相轨迹；

(2) 当开关闭合时，绘制相同初始条件的相轨迹，并说明测速反馈的作用。

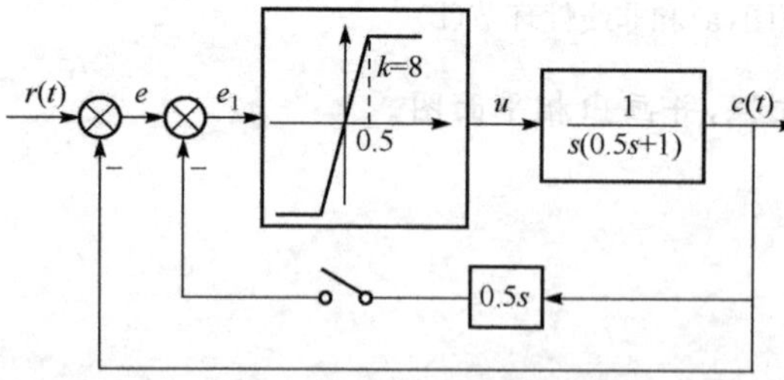

题 7-17 图　系统结构图

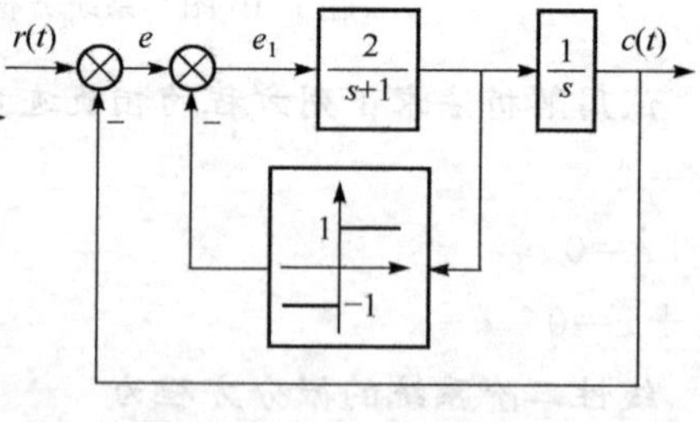

题 7-18 图　系统结构图

7-18　非线性系统如题 7-18 图所示。设 $r=0,e(0)=3.5,\dot{e}(0)=0$，绘制相轨迹曲线。

第 8 章　离散控制系统

基本要求

(1) 掌握采样定理。

(2) 掌握离散控制系统脉冲传递函数的概念及其建立。

(3) 掌握离散控制系统差分方程的建立和求解。

(4) 掌握离散控制系统稳定条件，能熟练应用劳斯判据判断系统的稳定性。

(5) 了解系统闭环极点分布与系统瞬态响应之间的关系，会进行稳态误差的计算。

(6) 理解最少拍系统的概念，会设计离散控制器。

近年来，随着脉冲技术、数字式元器件、数字计算机，特别是微处理机的蓬勃发展，数字控制器在很多场合取代了模拟控制器。作为分析和设计数字控制系统的理论，离散系统理论发展迅速。线性离散系统与连续系统相比，既有本质上的不同，又有分析研究方面的相似性。利用 Z 变换法研究离散系统，可以把线性连续系统中的许多概念和方法，推广应用于线性离散系统。

本章主要讨论线性离散系统的分析和校正方法。首先建立采样与保持的数学描述，然后介绍 Z 变换理论和脉冲传递函数，最后研究线性离散系统的稳定性、稳态误差和动态性能的分析方法。

8.1　离散系统的基本概念

如果控制系统中的所有信号都是时间变量的连续函数，换句话说，这些信号在全部时间上都是已知的，则这样的系统称为连续时间系统，简称连续系统；如果控制系统中有一处或几处信号是一串脉冲或数码，换句话说，这些信号仅定义在离散时间上，则这样的系统称为离散时间系统，简称离散系统。通常，把系统中的离散信号是脉冲序列形式的离散系统，称为采样控制系统或脉冲控制系统；而把数字序列形式的离散系统，称为数字控制系统或计算机控制系统。

8.1.1　采样控制系统

离散控制是一种断续的控制方式，在实际系统中，往往是按控制的需要人为地将连续信号离散化，称为采样。采用这种控制方式的系统都含有通常称为采样器的专门开关装置。采样器可以是一个机械的或机电的装置，定时开启关闭，也可以是 A/D 转换器。通过采样器把连续的模拟量变为脉冲序列或数码信号，送到控制器或计算装置，对被控对象施以断续的控制或阶梯状的控制等，故离散控制又称为采样控制。采样控制在工业过程控制中有许多成功的应用。

图 8-1 是一炉温采样控制系统原理图。图 8-1 中在误差信号与放大器之间装了一个检流计，检流计指针的偏转，可以显示连续的误差信号，指针又作为电位器滑杆，送出正比于误差信号的电压。当炉温 θ 偏离给定值，测温电阻的阻值发生变化，使电桥失去平衡，这时检流计指

针发生偏转，其偏角为 s。检流计是一个高灵敏度的元件，不允许在指针与电位器之间有摩擦力，故用一套专门的同步电动机通过减速器带动凸轮运转，使指针周期性地上下运动，每隔 T 秒与电位器接触一次，每次接触时间为 τ。其中，T 称为采样周期，τ 称为采样持续时间。当炉温连续变化时，电位器的输出是一串宽度为 τ 的脉冲电压信号 $e^*(t)$，如图 8-2 所示。e^* 经放大器、电动机及减速器控制阀门开度 φ，以改变加热气体的进气量，使炉温趋于给定值。炉温的给定值，由给定电位器给出。

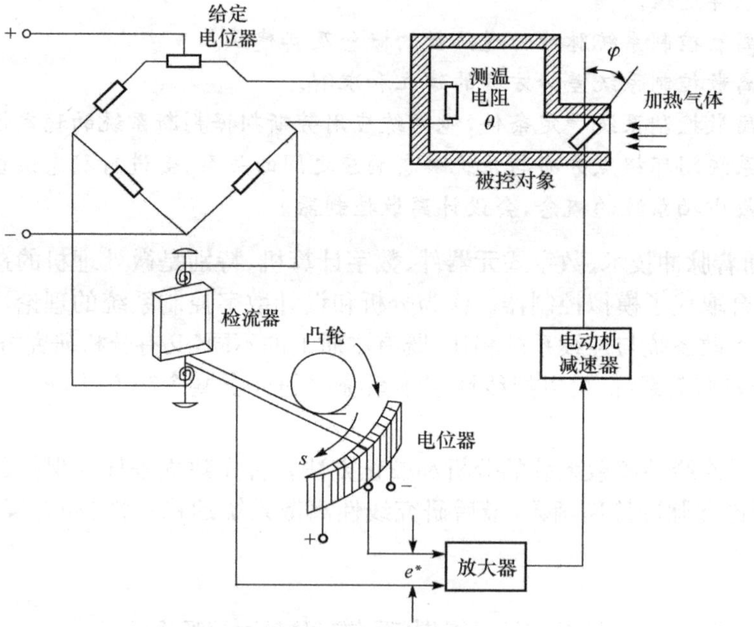

图 8-1　炉温采样控制系统

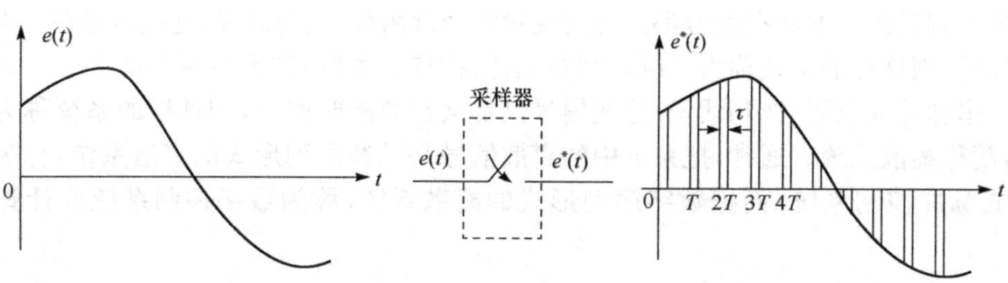

图 8-2　采样过程

在炉温控制过程中，如果采用连续控制方式，则无法解决控制精度与动态性能之间的矛盾。因为炉温调节是一个大惯性过程，当加大开环增益以提高系统的控制精度时，由于系统的灵敏度相应提高，在炉温低于给定值的情况下，电动机将迅速增大阀门开度，给炉子供应更多的加热气体，但因炉温上升缓慢，在炉温升到给定值时，电动机已将阀门的开度开得更大了，从而炉温继续上升，结果造成反方向调节，引起炉温振荡性调节过程；在炉温低于给定值情况下，具有类似的调节过程。如果对炉温进行采样控制，只有当检流计的指针与电位器接触时，电动机才在采样信号作用下产生旋转运动，进行炉温调节；而在检流计与电位器脱开时，电动机就停止不动，保持一定的阀门开度，等炉温缓慢变化。在采样控制情况下，电动机时转时停，所以调节过程中超调现象大为减小，甚至在采用较大开环增益的情况下，不但能保证系统稳定，而且能使炉温调节过程无超调。

以上是通过机电采样开关将模拟量变为脉冲序列的离散控制，习惯上称为脉冲控制系统。这类系统中早期所用的控制装置，大多属于模拟控制装置，控制功能和控制精度均受到限制。在现代控制技术中，数字控制器基本取代了模拟控制器，使控制器的功能大大提高。特别是微型计算机的采用，强大的逻辑判断功能和高速运算能力，将许多模拟控制器无法实现的功能得以用软件编程实现。同时数字控制还具有很好的通用性。可以很方便地改变控制规律。尤其当采用计算机控制多个生产过程时，上述优点就显得更加突出。

8.1.2 数字控制系统

数字控制系统是一种以数字计算机为控制器去控制具有连续工作状态的被控对象的闭环控制系统。因此，数字控制系统包括工作于离散状态下的数字计算机和工作于连续状态下的被控对象两大部分。由于数字控制系统具有一系列的优越性，所以在军事、航空及工业过程控制中，得到了广泛的应用。

图 8-3 是小口径高炮高精度数字伺服系统原理图。现代的高炮伺服系统，已由数字系统模式取代了原来模拟系统的模式，使系统获得了高速、高精度、无超调的特性，其性能大大超过了原有的高炮伺服系统。如美国多管火炮反导系统“密集阵”、“守门员”等，均采用了数字伺服系统。

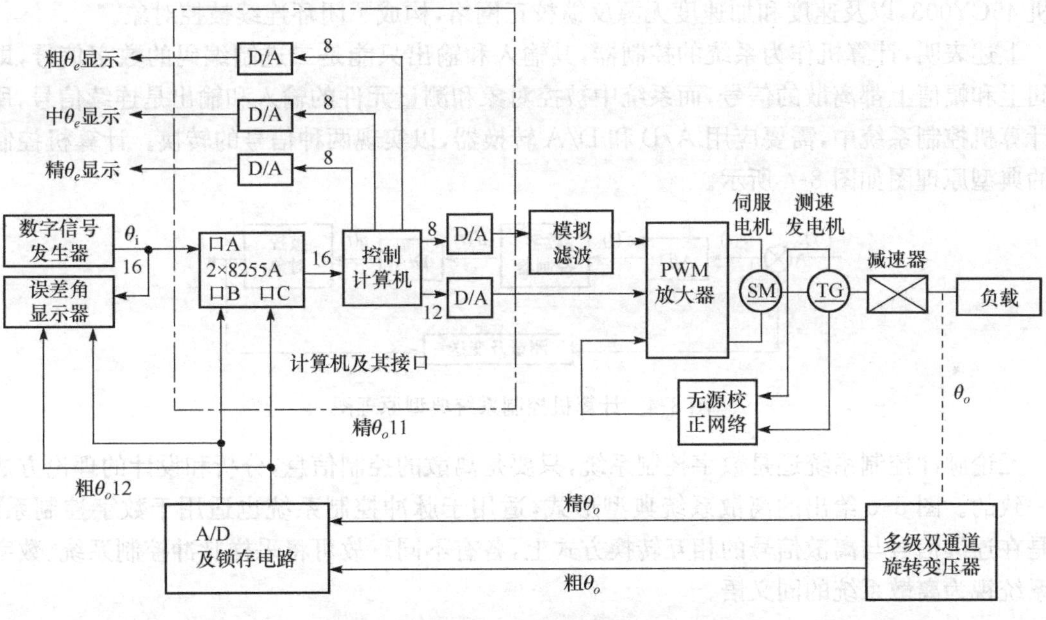

图 8-3 小口径高炮高精度数字伺服系统

图 8-3 中的系统采用 MCS-96 系列单片机作为数字控制器，并结合 PWM（脉宽调制）直流伺服系统形成数字控制系统，具有低速性能好、稳态精度高、快速响应性好、抗干扰能力强等特点。整个系统主要由控制计算机、被控对象和位置反馈三部分组成。控制计算机以 16 位单片机 MCS-96 为主体，按最小系统原则设计，具有 3 个输入接口和 5 个输出接口。

数字信号发生器给出的 16 位数字输入信号 θ_i 经两片 8255A 的口 A 进入控制计算机，系统输出角 θ_o（模拟量）经 110XFS1/32 多极双通道旋转变压器和 2×12XSZ741 A/D 变换器及其锁存电路完成绝对式轴角编码的任务，将输出角模拟量 θ_o 转换成二进制数码粗、精各 12 位，该数码经锁存后，取粗 12 位、精 11 位由 8255A 的口 B 和口 C 进入控制计算机。经计算机软件运算，将粗、精合并，得到 16 位数字量的系统输出角 θ_o。

控制计算机的 5 个输出接口分别为主控输出口、前馈输出口和 3 个误差角 $\theta_e=\theta_i-\theta_o$ 显示口。主控输出口由 12 位 D/A 转换芯片 DAC1210 等组成，其中包含与系统误差角 θ_e 及其一阶差分 $\Delta\theta_e$ 成正比的信号，同时也包含与系统输入角 θ_i 的一阶差分 $\Delta\theta_i$ 成正比的复合控制信号，从而构成系统的模拟量主控信号，通过 PWM 放大器，驱动伺服电机，带动减速器与小口径高炮，使其输出转角 θ_o 跟踪数字指令 θ_i。

前馈输出口由 8 位 D/A 转换芯片 DAC0832 等组成，可将与系统输入角的二阶差分 $\Delta^2\theta_i$ 成正比并经数字滤波器滤波后的数字前馈信号转换为相应的模拟信号，再经模拟滤波器滤波后加入 PWM 放大器，作为系统控制量的组成部分作用于系统，主要用来提高系统的控制精度。

误差角显示口主要用于系统运行时的实时观测。粗 θ_e 显示口由 8 位 D/A 转换芯片 DAC0832 等组成，可将数字粗 θ_e 量转换为模拟粗 θ_e 量，接入显示器，以实时观测系统误差值。中 θ_e 和精 θ_e 显示口也分别由 8 位 D/A 转换芯片 DAC0832 等组成，将数字误差量转换为模拟误差量，以显示不同误差范围下的误差角 θ_e。

PWM 放大器（包括前置放大器）、伺服电机 ZK-21G、减速器、负载（小口径高炮）、测速发电机 45CY003，以及速度和加速度无源反馈校正网络，构成了闭环连续被控对象。

上述表明，计算机作为系统的控制器，其输入和输出只能是二进制编码的数字信号，即在时间上和幅值上都离散的信号，而系统中被控对象和测量元件的输入和输出是连续信号，所以在计算机控制系统中，需要应用 A/D 和 D/A 转换器，以实现两种信号的转换。计算机控制系统的典型原理图如图 8-4 所示。

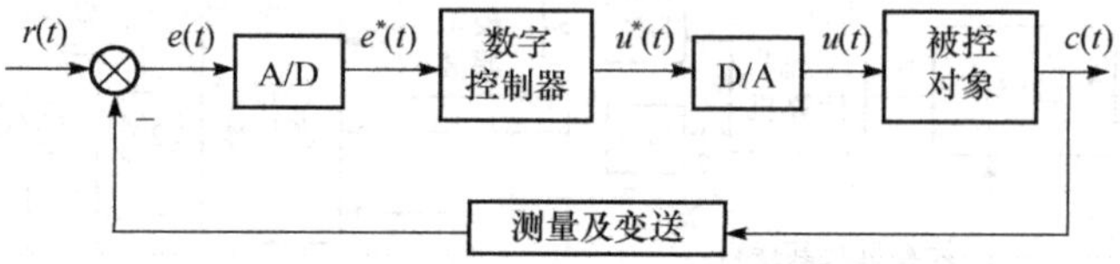

图 8-4　计算机控制系统典型原理图

无论脉冲控制系统还是数字控制系统，只要是离散的控制信息，分析和设计的理论方法都是一致的。图 8-5 给出的离散系统典型形式，适用于脉冲控制系统也适用于数字控制系统。只是在连续信号与离散信号的相互转换方式上，各有不同。故可将采样脉冲控制系统、数字控制系统视为离散系统的同义语。

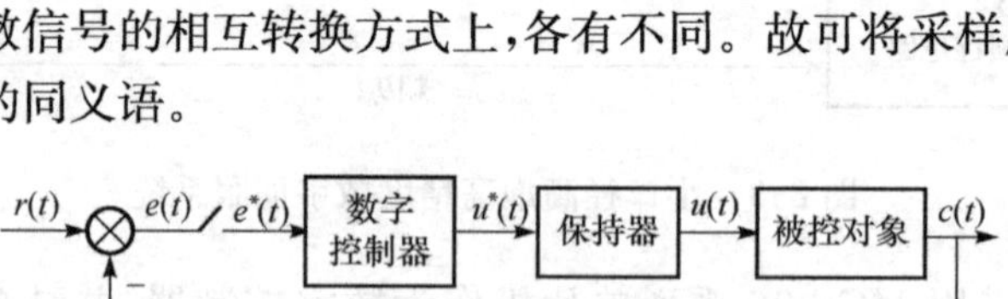

图 8-5　离散控制系统典型方框图

8.1.3　离散控制系统的特点

采样和数控技术，在自动控制领域中得到了广泛的应用，其主要原因是采样系统，特别是数字控制系统较之相应的连续系统具有一系列的特点。

(1) 由数字计算机构成的数字校正装置,效果比连续式校正装置好,且由软件实现的控制规律易于改变,控制灵活。

(2) 采样信号,特别是数字信号的传递可以有效地抑制噪声,从而提高了系统的抗干扰能力。

(3) 允许采用高灵敏度的控制元件,以提高系统的控制精度。

(4) 可用一台计算机分时控制若干个系统,提高了设备的利用率,经济性好。

(5) 对于具有传输延迟,特别是大延迟的控制系统,可用引入采样的方式稳定。

8.2 信号的采样与保持

离散系统的特点是系统中一处或数处的信号是脉冲序列或数字序列。为了把连续信号变换为脉冲信号,需要使用采样器;此外,为了控制连续式元部件,又需要使用保持器将脉冲信号变换为连续信号。因此,为了定量研究离散系统,必须对信号的采样过程和保持过程用数学的方法加以描述。本章仅讨论等周期采样的情况。

8.2.1 采样过程

把连续信号转变为离散信号的过程称为采样过程,简称采样。实现采样过程的装置称采样器或采样开关,采样器可以用一个周期性闭合的开关S来表示,如图8-6所示。假设采样器T秒闭合一次,闭合的持续时间为τ,采样器的输入$e(t)$为连续信号,输出$e^*(t)$为宽度等于τ的调幅脉冲序列,在采样瞬时$nT(n=0,1,2,\cdots,\infty)$时出现。换句话说,在$t=0$时,采样器闭合$\tau$秒,此时$e^*(t)=e(t)$;$t=\tau$以后,采样器打开,输出$e^*(t)=0$;以后每隔$T$秒重复一次这种过程。显然,采样过程要丢失采样间隔之间的信息。

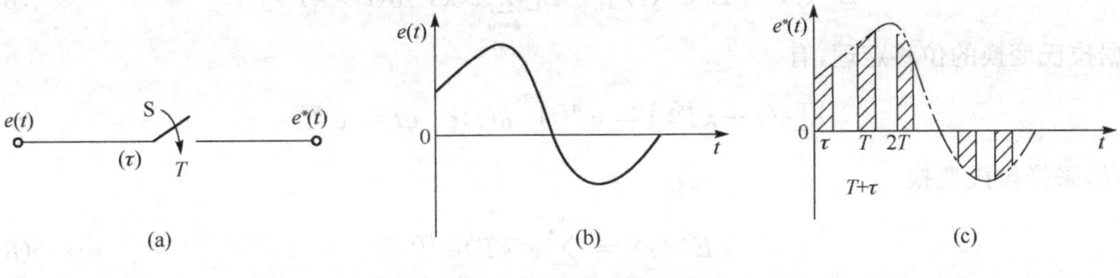

图8-6 实际采样过程

对于具有有限脉冲宽度的采样系统来说,要准确进行数学分析是非常复杂的,且无此必要。考虑到采样开关的闭合时间τ非常小,通常为毫秒到微秒级,一般远小于采样周期T和系统连续部分的最大时间常数。因此在分析时,可以认为$\tau=0$。这样,采样器就可以用一个理想采样器来代替。采样过程可以看成是一个幅值调制过程。理想采样器好像是一个载波为$\delta_T(t)$的幅值调制器,如图8-7(b)所示,其中$\delta_T(t)$为理想单位脉冲序列。图8-7(c)所示的理想采样器的输出信号$e^*(t)$,可以认为是图8-7(a)所示的输入连续信号$e(t)$调制在载波$\delta_T(t)$上的结果,而各脉冲强度(即面积)用其高度来表示,它们等于相应采样瞬时$t=kT$时$e(t)$的幅值。如果用数学形式描述上述调制过程,则有

$$e^*(t)=e(t)\delta_T(t) \tag{8-1}$$

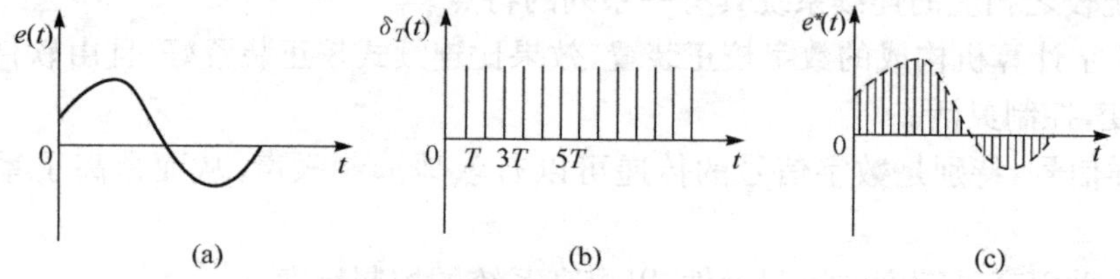

图 8-7　理想采样过程

因为理想单位脉冲序列 $\delta_T(t)$ 可以表示为

$$\delta_T(t) = \sum_{k=0}^{\infty} \delta(t-kT) \tag{8-2}$$

式中，$\delta(t-kT)$ 是出现在时刻 $t=kT$ 时，强度为 1 的单位脉冲，故式(8-1)可写为

$$e^*(t) = e(t)\sum_{k=0}^{\infty} \delta(t-kT) \tag{8-3}$$

由于 $e(t)$ 的数值仅在采样瞬时才有意义，所以式(8-3)又可表示为

$$e^*(t) = \sum_{k=0}^{\infty} e(kT)\delta(t-kT) \tag{8-4}$$

8.2.2　采样过程的数学描述

采样信号 $e^*(t)$ 的数学描述，可分以下两方面讨论。

8.2.2.1　采样信号的拉氏变换

对采样信号 $e^*(t)$ 进行拉氏变换，可得

$$E^*(s) = L[e^*(t)] = L\left[\sum_{k=0}^{\infty} e(kT)\delta(t-kT)\right] \tag{8-5}$$

根据拉氏变换的位移定理，有

$$L[\delta(t-kT)] = \mathrm{e}^{-kTs}\int_0^{\infty} \delta(t)\mathrm{e}^{-st}\,\mathrm{d}t = \mathrm{e}^{-kTs}$$

所以，采样拉氏变换

$$E^*(s) = \sum_{k=0}^{\infty} e(kT)\mathrm{e}^{-kTs} \tag{8-6}$$

应当指出：式(8-6)将 $E^*(s)$ 与采样函数 $e(nT)$ 联系了起来，可以直接看出 $e^*(t)$ 的时间响应。但是，由于 $e^*(t)$ 只描述了 $e(t)$ 在采样瞬时的数值，所以 $E^*(s)$ 不能给出连续函数 $e(t)$ 在采样间隔之间的信息，这是要特别强调指出的。还应当注意的是，式(8-6)描述的采样拉氏变换，与连续信号 $e(t)$ 的拉氏变换 $E(s)$ 非常类似。因此，如果 $e(t)$ 是一个有理函数，则无穷级数 $E^*(s)$ 也总是可以表示成 e^{Ts} 的有理函数形式。在求 $E^*(s)$ 的过程中，初始值通常规定采用 $e(0^+)$。

例 8-1　设 $e(t)=1(t)$，试写出 $e^*(t)$ 的拉氏变换。

解　由式(8-6)，有 $E^*(s) = \sum_{k=0}^{\infty} e(kT)\mathrm{e}^{-kTs} = 1+\mathrm{e}^{-Ts}+\mathrm{e}^{-2Ts}+\cdots$

这是一个无穷等比级数，公比为 e^{-Ts}，求和后得闭合形式

$$E^*(s)=\frac{1}{1-e^{-Ts}}=\frac{e^{Ts}}{e^{Ts}-1},\qquad |e^{-Ts}|<1$$

显然，$E^*(s)$ 是 e^{Ts} 的有理函数。

例 8-2 设 $e(t)=e^{-t}-e^{-2t}, t\geqslant 0$，试求采样拉氏变换 $E^*(s)$。

解 由式(8-6)，有

$$E^*(s)=\sum_{k=0}^{\infty}e(kT)e^{-kTs}=\sum_{k=0}^{\infty}(e^{-kT}-e^{-2kT})e^{-kTs}$$

$$=\frac{1}{1-e^{-T(s+1)}}-\frac{1}{1-e^{-T(s+2)}}=\frac{(e^{-T}-e^{-2T})e^{Ts}}{(e^{Ts}-e^{-T})(e^{Ts}-e^{-2T})}$$

上述分析表明，只要 $E(s)$ 可以表示为 s 的有限次多项式之比，总可以用式(8-6) 推导出 $E^*(s)$ 的闭合形式。然而，如果用拉氏变换法研究离散系统，尽管可以得到 e^{Ts} 的有理函数，但却是一个复变量 s 的超越函数，不便于进行分析和设计。为了克服这一困难，通常采用 Z 变换法研究离散系统。Z 变换可以把离散系统的 s 超越方程，变换为变量 z 的代数方程。

8.2.2.2 采样信号的频谱

理想单位脉冲序列 $\delta_T(t)$ 是一个以 T 为周期的周期函数，展开成傅氏级数的复数形式为

$$\delta_T(t)=\sum_{k=-\infty}^{+\infty}C_k e^{jk\omega_s t} \tag{8-7}$$

式中，$\omega_s=2\pi/T$ 是采样角频率；C_k 是傅氏系数，其值为

$$C_k=\frac{1}{T}\int_{-\frac{T}{2}}^{\frac{T}{2}}\delta_T(t)e^{-jk\omega_s t}dt=\frac{1}{T}\int_{0^-}^{0^+}\delta(t)dt=\frac{1}{T}$$

将 $C_k=1/T$ 代入式(8-7) 中，得

$$\delta_T(t)=\frac{1}{T}\sum_{k=-\infty}^{+\infty}e^{jk\omega_s t} \tag{8-8}$$

将式(8-8) 代入式(8-1) 得

$$e^*(t)=\frac{1}{T}\cdot\sum_{k=-\infty}^{+\infty}e(t)e^{jk\omega_s t} \tag{8-9}$$

对式(8-9) 取拉氏变换并由位移定理得，离散信号 $e^*(t)$ 的拉氏变换式为

$$E^*(s)=\frac{1}{T}\cdot\sum_{k=-\infty}^{+\infty}L[e(t)e^{jk\omega_s t}]=\frac{1}{T}\cdot\sum_{k=-\infty}^{+\infty}E(s-jk\omega_s) \tag{8-10}$$

式(8-10) 表明，采样函数的拉氏变换 $E^*(s)$ 是以 ω_s 为周期的周期函数。另外，还表示了 $e^*(t)$ 的拉氏变换 $E^*(s)$ 与 $e(t)$ 的拉氏变换与 $E(s)$ 之间的关系。

将 $s=j\omega$ 代入式(8-10) 即可得 $e^*(t)$ 的傅氏变换

$$E^*(j\omega)=\frac{1}{T}\cdot\sum_{k=-\infty}^{+\infty}E(j\omega-jk\omega_s) \tag{8-11}$$

式(8-11) 即采样信号的频谱函数。它是以 ω_s 为周期频率的周期函数，反映了离散信号频谱和连续信号频谱之间的关系。

设 $e(t)$ 的频谱 $|E(j\omega)|$ 为图 8-8 所示的孤立频谱，其中 ω_{max} 为连续频谱 $|E(j\omega)|$ 中的最高角频率；而采样信号 $e^*(t)$ 的频谱 $|E^*(j\omega)|$ 则是以采样角频率 ω_s 为周期的无穷多个频谱之和，如图 8-9 所示。图 8-9 中，$k=0$ 的频谱分量 $(1/T)\cdot|E^*(j\omega)|$ 称主频谱，其余的频谱分量

$(k=\pm1,\pm2,\cdots)$ 都是由采样而产生的高频分量，称为附加频谱。它和原连续函数的频谱相比，只是幅值相对变化了 T 倍，形状是完全一致的。

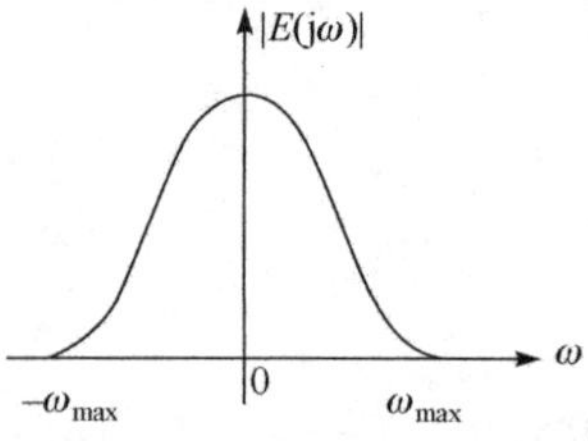

图 8-8　连续信号频谱

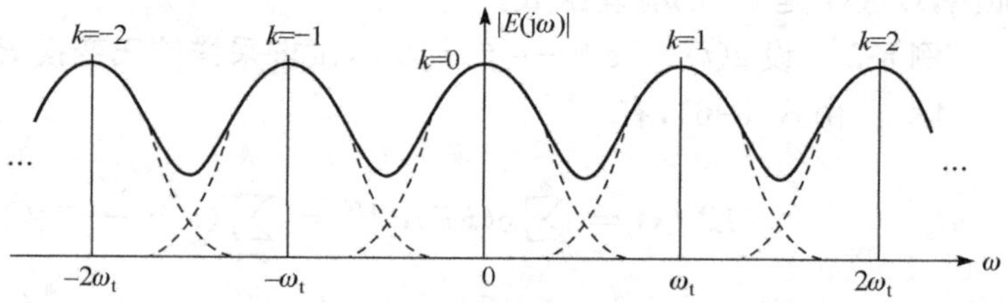

图 8-9　采样信号频谱

这一结论给出了原连续信号与离散信号之间的内在联系。但从表面来看，离散频谱是各频谱分量求和的结果。相互重叠的频区，幅值会发生畸变，如图 8-9 中对应虚线的部分。在这种情况下，从离散信号的频谱中分离出原连续信号的频谱成分就相当困难了。因此，要想从离散信号 $e^*(t)$ 中完全复现采样前的连续信号 $e(t)$，对离散频谱函数的频率周期 ω_s，即采样角频率要有一定要求。

8.2.3　采样定理

8.2.3.1　香农采样定理

在设计离散系统时，香农采样定理是必须严格遵守的一条准则，因为它指明了从采样信号中不失真地复现原连续信号所必需的理论上的最小采样周期 T。

采样定理指出：如果被采样的连续信号 $e(t)$ 的频谱具有有限带宽，且频谱的最高角频率为 ω_{max}，则只要采样角频率 ω_s 满足：

$$\omega_s \geqslant 2\omega_{max} \tag{8-12}$$

通过理想滤波器，连续信号 $e(t)$ 可以不失真地恢复出来。

应当指出，采样定理只是给出了对有限频谱连续信号进行采样时选择采样周期 T 或采样角频率 ω_s 的指导原则。它给出的是由采样脉冲序列无失真地再现原连续信号所允许的最大采样周期，或最低采样频率。在工程实际中总是取 ω_s 比 $2\omega_{max}$ 大很多。

必须指出，对实际的非周期连续信号，其频谱中最高频率是无限的，即使采样频率再高也存在频率混叠现象，但一般当频率相当高时，频谱中高频信号的幅值不大，所以常把高频部分幅值较小的长“尾巴”割掉，认为实际信号具有有限的最高频率值。这时，信息的损失不会很大，按照采样定理选择的采样频率也不至于太高，这样恢复出的连续信号会有一定失真，但仍能满足工业实际的精度要求。

8.2.3.2　采样周期的选取

采样周期 T 是离散控制系统设计的一个关键问题，必须给予充分注意。采样定理只是给出了选择采样周期的基本原则，而并未给出解决实际问题的具体公式。显然，采样周期 T 选得越小，也就是采样角频率 ω_s 选得越高，对系统控制过程的信息了解便越多，控制效果也会越好。但是，采样周期 T 选得过短，将增加不必要的计算负担，造成实现较复杂控制规律的困难。反之，采样周期 T 选得过长，又会给控制过程带来较大的误差，降低系统的动态性能，甚至有可能导致整个控制系统失去稳定性。因此采样周期 T 的选择要根据实际情况综合考虑，合理选择。

有时要经过实验反复几次最后确定。

在一般工业过程控制中，微型计算机所能提供的运算速度，对于采样周期的选择来说，回旋余地较大。对于随动系统，采样周期的选择在很大程度上取决于系统的性能指标。

从频率性能指标来看，控制系统的闭环频率特性通常具有低通滤波特性，当随动系统输入信号的角频率高于其闭环幅频特性的谐振频率 ω_r 时，信号通过系统将会很快地衰减，因此可以近似认为通过系统的控制信号最高频率分量为 ω_r。在随动系统中，一般认为开环系统的截止频率 ω_c 与闭环系统的谐振频率 ω_r 比较接近，近似有 $\omega_c \approx \omega_r$。这就是说，通过随动系统的控制信号的最高频率分量 ω_c，超过 ω_c 的频率分量通过系统时将被大幅度地衰减掉。根据工程实践经验，随动系统的采样频率 ω_s 可选为

$$\omega_s \approx 10\omega_c \tag{8-13}$$

因为 $T = 2\pi/\omega_s$，所以采样周期与剪切频率 ω_c 的关系为

$$T = \frac{\pi}{5} \cdot \frac{1}{\omega_c} \tag{8-14}$$

从时域性能指标来看，采样周期 T 可根据阶跃响应的上升时间 t_r 和调节时间 t_s，按下列经验公式选取

$$T = \frac{1}{10} t_r \tag{8-15}$$

$$T = \frac{1}{40} t_s \tag{8-16}$$

即在上升时间 t_r 内，采样 10 次左右，在整个调节时间 t_s 内，采样 40 次左右。

8.2.4 信号保持

信号保持是将离散时间信号转换成连续时间信号的转换过程，用过这种转换工作的装置称为保持器。从数学意义上讲，保持器的任务是解决各采样时刻之间的插值问题。D/A 转换器是将数字信号转换成连续时间信号的装置，D/A 转换器中都包括一个保持器，D/A 主要完成解码和保持两项工作，解码是将采样时刻的数字编码转换成对应的电压或电流值，再由保持器完成采样时刻之间的插值，变成连续时间信号。

在采样时刻，连续信号的函数值与脉冲序列的脉冲强度相等。在 kT 时刻，有

$$e(t)\big|_{t=kT} = e(kT) = e^*(kT), \qquad k = 0,1,2,\cdots$$

对于 $(k+1)T$ 时刻，则有

$$e(t)\big|_{t=(k+1)T} = e[(k+1)T] = e^*[(k+1)T]$$

然而在脉冲序列 $e^*(t)$ 向连续时间信号 $e_k(t)$ 的转换过程中，对于处在 kT 与相邻采样时刻 $(k+1)T$ 之间的任意时刻 $kT+\tau$ $(0<\tau<T)$，连续时间信号 $e_k(kT+\tau)$ 的值究竟有多大，它与 $e(kT)$ 的关系如何，这就是保持器要解决的问题。

保持器是具有外推功能的元件，也就是说，保持器现在时刻（如 $kT+\tau$）的输出信号取决于过去时刻（如 kT）离散信号的外推。通常，采用如下多项式外推公式描述保持器：

$$e(kT+\tau) = a_0 + a_1\tau + a_2\tau^2 + \cdots + a_m\tau^m \tag{8-17}$$

式中，τ 是以 kT 时刻为原点的坐标。式(8-17)表示：现在时刻的输出 $e(kT+\tau)$ 值，取决于 $\tau = 0, -T, -2T, \cdots, -mT$ 各过去时刻的离散信号 $e^*(kT)$，$e^*[(k-1)T]$，$e^*[(k-2)T]$，…，$e^*[(k-m)T]$ 的 $(m+1)$ 个值。外推公式中 $(m+1)$ 个待定系数 a_i $(i = 0,1,\cdots,m)$，唯一地由

过去各采样时刻$(m+1)$个离散信号值$e^*[(k-i)T](i=0,1,\cdots,m)$来确定，故系统$a_i$有唯一解。这样的保持器称为$m$阶保持器。若取$m=0$，则称零阶保持器；$m=1$，称一阶保持器。在工程实践中，普遍采用零阶保持器。

8.2.4.1　零阶保持器

零阶保持器的外推公式为

$$e(kT+\tau)=a_0$$

显然，当$\tau=0$时，上式也成立。所以

$$a_0=e(kT)$$

从而，零阶保持器的数学表达式为

$$e(kT+\tau)=e(kT),\quad 0\leqslant\tau<T \tag{8-18}$$

式(8-18)说明，零阶保持器是一种按常值外推的保持器，它把前一采样时刻kT的采样值$e(kT)$（因为在各采样点上，$e^*(kT)=e(kT)$）恒定不变地保持到下一个采样时刻$(k+1)T$，其保持时间是一个采样周期，从而使采样信号$e^*(t)$变成阶梯信号$e_h(t)$，如图8-10所示。

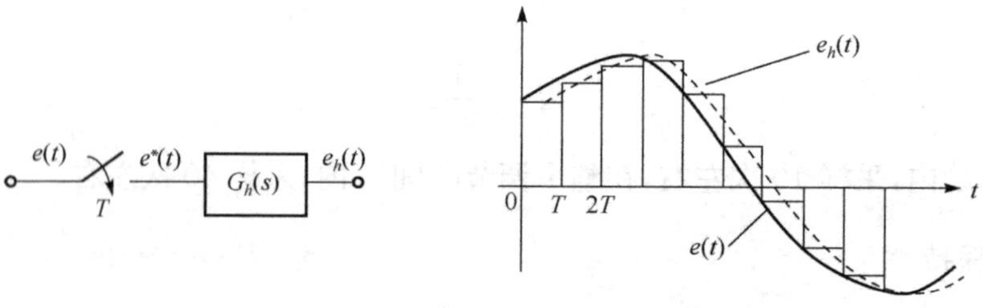

图8-10　零阶保持器

如果把阶梯信号$e_h(t)$的中点连接起来，如图8-10(b)中虚线所示，可得到与连续信号$e(t)$形状一致但在时间上落后了$T/2$的时间响应$e[t-(T/2)]$。可见，保持器对系统动态性能的影响近似一个延迟环节。直观地看，采样周期T减小，可使近似精度提高。

如果给零阶保持器输入一个理想单位脉冲$\delta(t)$，则其脉冲过渡函数$g_h(t)$是一个幅值为1持续时间为T的矩形脉冲，并可表示为两个单位阶跃函数的和：

$$g_h(t)=1(t)-1(t-T) \tag{8-19}$$

对脉冲过渡函数$g_h(t)$取拉氏变换，可得零阶保持器的传递函数：

$$G_h(s)=\frac{1}{s}-\frac{\mathrm{e}^{-Ts}}{s}=\frac{1-\mathrm{e}^{-Ts}}{s} \tag{8-20}$$

在式(8-20)中，令$s=\mathrm{j}\omega$，得零阶保持器的频率特性：

$$G_h(\mathrm{j}\omega)=\frac{1-\mathrm{e}^{-\mathrm{j}\omega T}}{\mathrm{j}\omega}=T\frac{\sin(\omega T/2)}{\omega T/2}\cdot\mathrm{e}^{-\mathrm{j}\omega T/2} \tag{8-21}$$

幅频特性为

$$|G_h(\mathrm{j}\omega)|=\left|T\frac{\sin(\omega T/2)}{\omega T/2}\right| \tag{8-22}$$

考虑到 $\sin(\omega T/2)$ 符号的正负，相频特性可写成

$$\angle G_h(\mathrm{j}\omega)=-(\omega T/2)+\theta,\quad \theta=\begin{cases}0, & \sin(\omega T/2)>0\\ \pi, & \sin(\omega T/2)<0\end{cases} \tag{8-23}$$

当 $\omega\to 0$ 时幅频特性

$$\lim_{\omega\to 0}|G_h(\mathrm{j}\omega)|=\lim_{\omega\to 0}T\left|\frac{\sin(\omega T/2)}{\omega T/2}\right|=T$$

零阶保持器的频率特性如图 8-11 所示。从幅频特性看，零阶保持器是具有高频衰减特性的低通滤波器，$\omega\to 0$ 时的幅值为 T。从相频特性看，零阶保持器具有负的相角，会对闭环系统的稳定性产生不利因素。

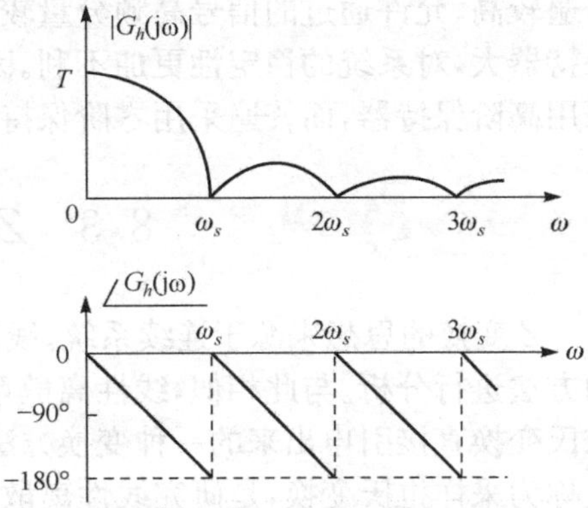

图 8-11　零阶保持器的频率特性

8.2.4.2　一阶保持器

对于一阶保持器，其外推公式为

$$e(kT+\tau)=a_0+a_1\tau$$

将 $\tau=0$ 和 $\tau=-T$ 代入上式，有

$$e(kT)=a_0$$
$$e[(k-1)T]=a_0-a_1T$$

解联立方程，得

$$a_0=e(kT)$$
$$a_1=\frac{e(kT)-e[(k-1)T]}{T}$$

于是，一阶保持器的数学表达式为

$$e(kT+\tau)=e(kT)+\frac{e(kT)-e[(k-1)T]}{T}\tau,\quad 0\leqslant\tau<T \tag{8-24}$$

式(8-24)表明，一阶保持器是一种按线性外推规律得到的保持器，其输出特性如图 8-12 所示。

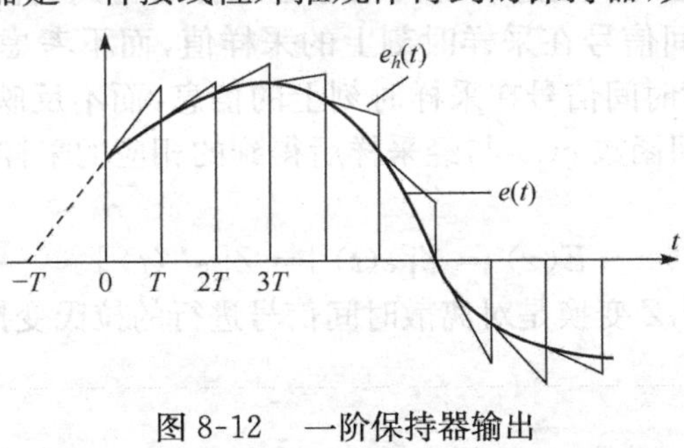

图 8-12　一阶保持器输出

采用类似的方法，可以导出一阶保持器的传递函数和频率特性：

$$G_h(s)=T(1+Ts)\left(\frac{1-\mathrm{e}^{-Ts}}{Ts}\right)^2 \tag{8-25}$$

以及

$$G_h(\mathrm{j}\omega)=T\sqrt{1+(\omega T)^2}\left(\frac{\sin(\omega T/2)}{(\omega T/2)}\right)^2\mathrm{e}^{-\mathrm{j}(\omega T-\arctan\omega T)} \tag{8-26}$$

与零阶保持器相比，一阶保持器复现原信号的准确度较高。然而，一阶保持器的幅频特性

普遍较高，允许通过的信号高频分量较多，更易造成波纹。此外，一阶保持器的相位滞后比零阶保持器大，对系统的稳定性更加不利。因此在数学控制系统中，一般很少采用一阶保持器，更不采用高阶保持器，而普遍采用零阶保持器。

8.3 Z 变 换[F801]

Z变换的思想来源于连续系统。线性连续控制系统的动态及稳态性能，可以应用拉氏变换的方法进行分析。与此相似，线性离散系统的性能，可以采用Z变换的方法来获得。Z变换是从拉氏变换直接引申出来的一种变换方法，它实际上是采样函数拉氏变换的变形。因此，Z变换又称为采样拉氏变换，是研究线性离散系统的重要数学工具。

8.3.1 Z变换的定义

设连续时间信号$e(t)$可进行拉氏变换，其象函数为$E(s)$。考虑到$t<0$时，$e(t)=0$，则$e(t)$经过周期为T的等周期采样后，得到离散时间信号

$$e^*(t)=\sum_{k=0}^{\infty}e(kT)\delta(t-kT)$$

对上式表示的脉冲序列进行拉氏变换，可得到

$$E^*(s)=L[e^*(t)]=\sum_{k=0}^{\infty}e(kT)\mathrm{e}^{-kTs} \tag{8-27}$$

因复变量s含在指数函数e^{-kTs}中不便计算，于是引入一个新的变量z，即

$$z=\mathrm{e}^{Ts} \tag{8-28}$$

将式(8-28)代入式(8-27)，便得到以z为变量的函数$E(z)$，即

$$E(z)=\sum_{k=0}^{\infty}e(kT)z^{-k} \tag{8-29}$$

$E(z)$称为离散时间函数——脉冲序列$e^*(t)$的Z变换，记为

$$E(z)=Z[e^*(t)]$$

在Z变换过程中，考虑的只是连续时间信号经采样后得到的离散时间信号——脉冲序列，或者说只考虑连续时间信号在采样时刻上的采样值，而不考虑采样时刻之间的值。所以式(8-29)表达的仅是连续时间信号在采样时刻上的信息，而不反映采样时刻之间的信息。从这个意义上来说，连续时间函数$e(t)$与经采样后得到的相应的采样脉冲序列$e^*(t)$具有相同的Z变换，即

$$E(z)=Z[e(t)]=Z[e^*(t)] \tag{8-30}$$

从Z变换的推导可以看出，Z变换是对离散时间信号进行的拉氏变换的一种表示方法，所以也称离散拉氏变换。

8.3.2 Z变换的方法

求取离散函数的Z变换有多种方法，下面只介绍常用的三种方法。

8.3.2.1 级数求和法

由Z变换的定义，将式(8-29)展开得到

$$E(z)=\sum_{k=0}^{\infty}e(kT)z^{-k}=e(0)+e(T)z^{-1}+e(2T)z^{-2}+\cdots+e(kT)z^{-k}+\cdots \tag{8-31}$$

式(8-31)是Z变换的一种级数表达形式。显然，只要知道连续时间函数$e(t)$在采样时刻$kT(k=0,1,2,\cdots)$上的采样值$e(kT)$，便可以写出Z变换的级数展开形式。这种级数展开式是开放式的，有无穷多项，如果不能写成闭合形式，是很难应用的。一些常用函数Z变换的级数形式可以写成闭合形式。

例 8-3 求单位阶跃函数$e(t)=1(t)$的Z变换。

解 单位阶跃函数$1(t)$在所有采样时刻上的采样值均为1，即$e(kT)=1,k=0,1,2,\cdots$，根据式(8-31)求得

$$E(z)=\sum_{k=0}^{\infty}1(kT)z^{-k}=1+z^{-1}+z^{-2}+\cdots+z^{-k}+\cdots$$

这是一个等比级数，首项$a_1=1$，公比$q=z^{-1}$，通项$a_n=a_1q^{n-1}=z^{-n+1}$，前n项和

$$S_n=\frac{a_1-a_nq}{1-q}=\frac{1-z^{-n}}{1-z^{-1}}$$

若$|z|>1$，这个无穷级数的和为

$$E(z)=\lim_{n\to\infty}S_n=\lim_{n\to\infty}\frac{1-z^{-n}}{1-z^{-1}}=\frac{1}{1-z^{-1}}=\frac{z}{z-1}$$

因为$|z|=|\mathrm{e}^{Ts}|=\mathrm{e}^{T\sigma}$，式中，$\sigma=\mathrm{Re}s$，所以条件$|z|>1$意味着$\sigma>0$。这正是单位阶跃函数能进行拉氏变换的条件。

例 8-4 求$e(t)=\mathrm{e}^{-at}$的Z变换。[M801]

解 $E(z)=\sum_{k=0}^{\infty}\mathrm{e}^{-akT}\cdot z^{-k}=1+\mathrm{e}^{-aT}z^{-1}+\mathrm{e}^{-2aT}z^{-2}+\cdots=1+(\mathrm{e}^{aT}z)^{-1}+(\mathrm{e}^{aT}z)^{-2}+\cdots$

当公比$|\mathrm{e}^{-aT}z^{-1}|<1$时，即$|\mathrm{e}^{aT}z|>1$，级数收敛可写成

$$E(z)=\frac{1}{1-\mathrm{e}^{-aT}z^{-1}}=\frac{z}{z-\mathrm{e}^{-aT}}$$

因为$|\mathrm{e}^{aT}z|=|\mathrm{e}^{aT}\mathrm{e}^{Ts}|=|\mathrm{e}^{(a+\sigma)T}\cdot\mathrm{e}^{\mathrm{j}\omega T}|=\mathrm{e}^{(a+\sigma)T}$，当$|\mathrm{e}^{aT}z|>1$时，即$(a+\sigma)>0$。这是收敛的限制条件，收敛区域为$s$平面上$\sigma=-a$右边的区域。

8.3.2.2 部分分式法

利用部分分式法求Z变换时，先求出已知连续函数$e(t)$的拉氏变换$E(s)$。$E(s)$通常是s的有理分式，将其展成部分分式之和的形式，使每一部分分式对应简单的时间函数，然后分别求出每一项的Z变换。最后作通分化简运算，求得$e(t)$的Z变换$E(z)$。

例 8-5 已知连续时间函数$e(t)$的拉氏变换为$E(s)=\dfrac{a}{s(s+a)}$，试求相应的Z变换。[M802]

解 将$E(s)$展成如下部分分式

$$E(s)=\frac{a}{s(s+a)}=\frac{1}{s}-\frac{1}{s+a}$$

对上式逐项求取拉氏反变换，得

$$e(t)=1(t)-\mathrm{e}^{-at}$$

由例 8-3 和例 8-4 知

$$Z[1(t)]=\frac{z}{z-1},\quad Z[\mathrm{e}^{-at}]=\frac{z}{z-\mathrm{e}^{-aT}}$$

所以

$$E(z)=\frac{z}{z-1}-\frac{z}{z-\mathrm{e}^{-aT}}=\frac{z(1-\mathrm{e}^{-aT})}{z^2-(1+\mathrm{e}^{-aT})z+\mathrm{e}^{-aT}}$$

8.3.2.3 留数计算法

若已知连续信号 $e(t)$ 的拉氏变换 $E(s)$ 和它的全部极点，可用下列留数计算公式求得 $E(z)$

$$E(z)=\sum_{i=1}^{n}\mathrm{Res}\left[E(s)\frac{z}{z-\mathrm{e}^{sT}}\right]_{s=s_i} \tag{8-32}$$

当 $E(s)$ 具有非重极点 s_i 时

$$\mathrm{Res}\left[E(s)\frac{z}{z-\mathrm{e}^{sT}}\right]_{s=s_i}=\lim_{s\to s_i}\left[(s-s_i)E(s)\frac{z}{z-\mathrm{e}^{sT}}\right] \tag{8-33}$$

当 $E(s)$ 在 s_i 处具有 r_i 重极点时

$$\mathrm{Res}\left[E(s)\frac{z}{z-\mathrm{e}^{sT}}\right]_{s=s_i}=\frac{1}{(r_i-1)!}\lim_{s\to s_i}\frac{\mathrm{d}^{r_i-1}}{\mathrm{d}s^{r_i-1}}\left[(s-s_i)^{r_i}E(s)\frac{z}{z-\mathrm{e}^{sT}}\right] \tag{8-34}$$

例 8-6 已知 $e(t)=t(t\geqslant 0)$，求 $e(t)$ 的 Z 变换。[M803]

解 $E(s)=\dfrac{1}{s^2}$，其极点为重极点，$s_1=0$，$r_1=2$。

$$E(z)=\frac{1}{(2-1)!}\lim_{s\to 0}\frac{\mathrm{d}}{\mathrm{d}s}\left[s^2\frac{1}{s^2}\frac{z}{z-\mathrm{e}^{Ts}}\right]=\frac{Tz}{(z-1)^2}$$

常用时间函数的 Z 变换如表 8-1 所示。

表 8-1 拉氏变换与 Z 变换表

序号	时间函数 $f(t)$	拉氏变换 $F(s)$	Z 变换 $F(z)$
1	$\delta(t)$	1	1
2	$\delta(t-kT)$	e^{-kTs}	z^{-k}
3	$\sum_{k=0}^{\infty}\delta(t-kT)$	$\frac{1}{1-\mathrm{e}^{-Ts}}$	$\frac{z}{z-1}$
4	$1(t)$	$\frac{1}{s}$	$\frac{z}{z-1}$
5	e^{-at}	$\frac{1}{s+a}$	$\frac{z}{z-\mathrm{e}^{-aT}}$
6	$a^{t/T}$	$\frac{1}{s-(1/T)\ln a}$	$\frac{z}{z-a}$
7	t	$\frac{1}{s^2}$	$\frac{Tz}{(z-1)^2}$
8	$t^2/2$	$\frac{1}{s^3}$	$\frac{T^2z(z+1)}{2(z-1)^3}$
9	$t\cdot\mathrm{e}^{-at}$	$\frac{1}{(s+a)^2}$	$\frac{Tz\mathrm{e}^{-aT}}{(z-\mathrm{e}^{-aT})^2}$
10	$1-\mathrm{e}^{-at}$	$\frac{a}{s(s+a)}$	$\frac{(1-\mathrm{e}^{-aT})z}{(z-1)(z-\mathrm{e}^{-aT})}$
11	$\sin\omega t$	$\frac{\omega}{s^2+\omega^2}$	$\frac{z\sin\omega T}{z^2-2z\cos\omega T+1}$
12	$\cos\omega t$	$\frac{s}{s^2+\omega^2}$	$\frac{z(z-\cos\omega T)}{z^2-2z\cos\omega T+1}$
13	$\mathrm{e}^{-at}\sin\omega t$	$\frac{\omega}{(s+a)^2+\omega^2}$	$\frac{z\mathrm{e}^{-T}\sin\omega T}{z^2-2z\mathrm{e}^{-T}\cos\omega T+\mathrm{e}^{-2aT}}$
14	$\mathrm{e}^{-at}\cos\omega t$	$\frac{s+a}{(s+a)^2+\omega^2}$	$\frac{z^2-z\mathrm{e}^{-aT}\cos\omega T}{z^2-2z\mathrm{e}^{-aT}\cos\omega T+\mathrm{e}^{-2aT}}$

8.3.3 Z变换的性质

Z 变换的性质见光盘。

8.3.4 Z反变换

根据 $E(z)$ 求 $e^*(t)$ 或 $e(kT)$ 的过程称为 Z 反变换，记为 $Z^{-1}[E(z)]$。Z 反变换是 Z 变换的逆运算。下面介绍求 Z 反变换的三种常用方法。

8.3.4.1 幂级数法

这种方法是利用长除法将函数的 Z 变换表达式展开成按 z^{-1} 升幂排列的幂级数，然后与 Z 变换定义式对照求出原函数的脉冲序列。

$E(z)$ 的一般形式为

$$E(z)=\frac{b_0z^m+b_1z^{m-1}+\cdots+b_m}{a_0z^n+a_1z^{n-1}+\cdots+a_n},\quad n\geqslant m \tag{8-35}$$

对式(8-35)用分母去除分子，并将商按 z^{-1} 升幂排列：

$$E(z)=c_0+c_1z^{-1}+c_2z^{-2}+\cdots+c_kz^{-k}+\cdots=\sum_{k=0}^{\infty}c_kz^{-k} \tag{8-36}$$

如果所得到的无穷幂级数是收敛的，则按 Z 变换定义可知，式(8-36)中的系数 $c_k(k=0,1,2,\cdots)$ 就是采样脉冲序列 $e^*(t)$ 的脉冲强度 $e(kT)$。因此，可根据式(8-36)直接写出 $e^*(t)$ 的脉冲序列表达式：

$$e^*(t)=\sum_{k=0}^{\infty}c_k\delta(t-kT) \tag{8-37}$$

8.3.4.2 部分分式法

部分分式展开法主要是将 $E(z)$ 展开成若干个 Z 变换表中具有的简单分式的形式，然后通过查 Z 变换表找出相应的 $e^*(t)$ 或 $e(kT)$。考虑到 Z 变换表中，所有的 $E(z)$ 在其分子上都有因子 z，因此应先将 $E(z)$ 除以 z，然后将 $E(z)/z$ 展开为部分分式，最后将所得结果的每一项都乘以 z，即得便于查表的 $E(z)$ 的展开式。

设函数 $E(z)$ 只有 n 个单极点 $z_1,z_2,\cdots,z_n$，则 $E(z)/z$ 的部分分式展开式为

$$\frac{E(z)}{z}=\sum_{i=1}^{n}\frac{A_i}{z-z_i}$$

式中，A_i 为待定系数(或称极点 z_i 处的留数)。

上式两端乘以 z，得到 $E(z)$ 的部分分式之和

$$E(z)=\sum_{i=1}^{n}\frac{A_iz}{z-z_i}$$

逐项查表求出 $A_iz/(z-z_i)$ 的 Z 反变换，然后写出

$$e(kT)=Z^{-1}\left[\sum_{i=1}^{n}\frac{A_iz}{z-z_i}\right]$$

则脉冲序列 $e^*(t)$ 为

$$e^*(t) = \sum_{k=0}^{\infty}[Z^{-1}\sum_{i=1}^{n}\frac{A_i z}{z-z_i}]\delta(t-kT)$$

例 8-7 已知 $E(z)=\dfrac{10z}{z^2-3z+2}$，试用部分分式法求 Z 反变换。[M804]

解 $$\frac{E(z)}{z}=\frac{10}{z^2-3z+2}=\frac{10}{(z-1)(z-2)}=\frac{-10}{z-1}+\frac{10}{z-2}$$

$$E(z)=\frac{-10z}{z-1}+\frac{10z}{z-2}$$

查 Z 变换表得

$$e(kT)=-10\cdot 1(kT)+10\cdot 2^k=10(-1+2^k)$$

$$e^*(t)=\sum_{k=0}^{\infty}10(-1+2^k)\delta(t-kT)=0+10\delta(t-T)+30\delta(t-2T)+70\delta(t-3T)+\cdots$$

8.3.4.3 留数计算法

用留数计算法求取 $E(z)$ 的 Z 反变换，首先求取 $e(kT)$，$k=0,1,2,\cdots$，即

$$e(kT)=\sum \mathrm{Res}[E(z)\cdot z^{k-1}]$$

式中，留数和 $\sum \mathrm{Res}[E(z)\cdot z^{k-1}]$ 可写为

$$\sum \mathrm{Res}[E(z)\cdot z^{k-1}]=\sum_{i=1}^{l}\frac{1}{(r_i-1)!}\frac{\mathrm{d}^{r_i-1}}{\mathrm{d}z^{r_i-1}}[(z-z_i)^{r_i}\cdot E(z)\cdot z^{k-1}]|_{z=z_i}$$

式中，z_i，$i=1,2,\cdots;l$ 为彼此不相等的极点数；r_i 为重极点 z_i 的重复个数。

由求得的 $e(kT)$ 可写出与已知象函数 $E(z)$ 相应的原函数 —— 脉冲序列

$$e^*(t)=\sum_{k=0}^{\infty}e(kT)\cdot\delta(t-kT)$$

例 8-8 求 $E(z)=\dfrac{z}{(z-a)(z-1)^2}$ 的 Z 反变换。[M805]

解 $E(z)$ 中彼此不相同的极点为 $z_1=a$ 及 $z_2=1$，其中 z_1 为单极点，即 $r_1=1$，z_2 为二重极点，即 $r_2=2$，不相等的极点数为 $l=2$。

$$e(kT)=(z-a)\cdot\frac{z}{(z-a)(z-1)^2}\cdot z^{k-1}|_{z=a}+\frac{1}{(2-1)!}\cdot\frac{\mathrm{d}}{\mathrm{d}z}[(z-1)^2\cdot\frac{z}{(z-a)(z-1)^2}\cdot z^{k-1}]|_{z=1}$$

$$=\frac{a^k}{(a-1)^2}+\frac{k}{(1-a)}-\frac{1}{(1-a)^2},\quad k=0,1,2,\cdots$$

最后，求出 $E(z)$ 的 Z 反变换为

$$e^*(t)=\sum_{k=0}^{\infty}[\frac{a^k}{(a-1)^2}+\frac{k}{(1-a)}-\frac{1}{(1-a)^2}]\cdot\delta(t-kT)$$

前面列举了求取 Z 反变换的三种常用方法。其中幂级数法最简单，但由幂级数法得到的 Z 反变换为开式而非闭式。部分分式法和留数计算法得到的均为闭式。

8.4 离散系统的数学模型

为了研究离散系统的性能，需要建立离散系统的数学模型。与连续系统的数学模型类似，线性离散系统的数学模型有差分方程、脉冲传递函数和离散状态空间表达式三种。本节主要介绍差分方程、脉冲传递函数两种方法。

8.4.1 差分方程

作为描述离散系统各变量之间动态关系的数学表达式，差分方程可称为第一数学模型。它与连续系统的微分方程相对应，描述变量随时间变化的运动规律。在连续系统中，变量的变化率用微分来描述。在离散系统中，由于采样时间的离散性，要描述脉冲序列随时间的变化规律，只能采用差分的概念。

8.4.1.1 线性常系数差分方程

线性定常离散系统在 k 时刻的输出信号 $c(k)$，不但与 k 时刻的输入 $r(k)$ 有关，而且与 k 时刻以前的输入 $r(k-1)$，$r(k-2)$，… 有关，同时还与 k 时刻以前的输出 $c(k-1)$，$c(k-2)$，… 有关，这种关系可以用下列 n 阶后向差分方程来描述。

$$\begin{aligned}&c(k)+a_1c(k-1)+a_2c(k-2)+\cdots+a_nc(k-n)\\&=b_0r(k)+b_1r(k-1)+\cdots+b_mr(k-m)\end{aligned}\tag{8-38}$$

式(8-38) 还可以写成递推的形式：

$$c(k)=\sum_{j=0}^{m}b_jr(k-j)-\sum_{i=1}^{n}a_ic(k-i)\tag{8-39}$$

式中，$a_i(i=1,2,\cdots,n)$ 和 $b_j(j=1,2,\cdots,m)$ 为常数，$m\leqslant n$。

式(8-39) 实际上是一个迭代求解公式，特别适合于用迭代算法在计算机上求解。从这一点上来看，离散系统用计算机分析计算求解，比连续系统方便得多。

式(8-38) 称为 n 阶线性常系数差分方程，同样道理，线性定常离散系统也可以用 n 阶前向差分方程来描述，即

$$\begin{aligned}&c(k+n)+a_1c(k+n-1)+\cdots+a_{n-1}c(k+1)+a_nc(k)\\&=b_0r(k+m)+b_1r(k+m-1)+\cdots+b_{m-1}r(k+1)+b_mr(k)\end{aligned}\tag{8-40}$$

式(8-40) 也可写成递推的形式：

$$c(k+n)=\sum_{j=0}^{m}b_jr(k+m-j)-\sum_{i=1}^{n}a_ic(k+n-i)\tag{8-41}$$

线性常系数差分方程是线性定常离散系统的数学模型。它与线性定常连续系统一样，满足叠加原理和具有时不变持性，这为分析和设计系统提供了很大的方便。

8.4.1.2 差分方程的解法

常系数线性差分方程的求解方法有经典法、迭代法和 Z 变换法。与微分方程的经典解法类似，差分方程的经典解法也要求出齐次方程的通解和非齐次方程的一个特解，非常不便。这里仅介绍工程上常用的后两种解法。

(1) 迭代法。

若已知差分方程(8-39) 或式(8-41)，并且给定输出序列的初值，则可以利用递推关系，一步一步地算出输出序列。

例 8-9 已知后向差分方程为 $c(k)=5c(k-1)-6c(k-2)+r(k)$，其中 $r(k)=1(k)=1,k\geqslant 0$，初始条件为 $c(0)=0,c(1)=1$。试用迭代法求输出序列 $c(k)$，$k=0,1,2,\cdots$。

解 据初始条件及递推关系，得

$$c(0) = 0$$
$$c(1) = 1$$
$$c(2) = r(2) + 5c(1) - 6c(0) = 6$$
$$c(3) = r(3) + 5c(2) - 6c(1) = 25$$
$$c(4) = r(4) + 5c(3) - 6c(2) = 90$$
$$\vdots$$

(2) Z 变换法。

设差分方程如式(8-41)所示，则用 Z 变换法解差分方程的实质，是将差分方程两端进行 Z 变换，并利用 Z 变换的实数位移定理，得到以 z 为变量的代数方程，然后对代数方程的解 $C(z)$ 取 Z 反变换，求出输出序列 $c(k)$。

例 8-10 用 Z 变换法解二阶差分方程 $c(k+2)+3c(k+1)+2c(k)=0$，设初始条件 $c(0)=0, c(1)=1$。

解 对差分方程的每一项进行 Z 变换，根据实数位移定理

$$Z[c(k+2)] = z^2C(z) - z^2c(0) - zc(1) = z^2C(z) - z$$
$$Z[3c(k+1)] = 3zC(z) - 3zc(0) = 3zC(z)$$
$$Z[2c(k)] = 2C(z)$$

于是，差分方程变换为 z 代数方程

$$(z^2 + 3z + 2)C(z) = z$$

解出

$$C(z) = \frac{z}{z^2 + 3z + 2} = \frac{z}{z+1} - \frac{z}{z+2}$$

查 Z 变换表，求 Z 反变换

$$c(k) = (-1)^k - (-2)^k, \quad k = 0,1,2,\cdots$$

或写成

$$c^*(t) = \sum_{k=0}^{\infty}[(-1)^k - (-2)^k]\delta(t - kT)$$

差分方程的解，可以提供线性定常离散系统在给定输入序列作用下的输出序列响应特性，但不便于研究系统参数变化对离散系统性能的影响。因此，需要研究线性定常离散系统的另一种数学模型——脉冲传递函数。

8.4.2 脉冲传递函数[F802]

如果把 Z 变换的作用仅理解为求解线性常系数差分方程，显然是不够的。Z 变换更为重要的意义在于导出线性离散系统的脉冲传递函数，给线性离散系统的分析和校正带来极大的方便。

8.4.2.1 脉冲传递函数的定义

脉冲传递函数，是线性离散系统或环节的一种数学模型。正如线性连续系统的特性可由传递函数来描述一样，线性离散系统的特性可以通过脉冲传递函数来描述。图 8-13 所示为典型开环线性离散控制系统的方框图，其中 $G(s)$ 为该系统连续部分的传递函数。连续部分的输入为采样周期为 T 的脉冲序列 $r^*(t)$，其输出为经过虚拟同步采样开关的脉冲序列 $c^*(t)$。$c^*(t)$

反映连续输出信号 $c(t)$ 在采样时刻上的值。

脉冲传递函数的定义是，在零初始条件下，输出脉冲序列的 Z 变换与输入脉冲序列的 Z 变换之比。

图 8-13 所示系统的开环脉冲传递函数为

$$G(z)=\frac{Z[c^*(t)]}{Z[r^*(t)]}=\frac{C(z)}{R(z)} \quad (8-42)$$

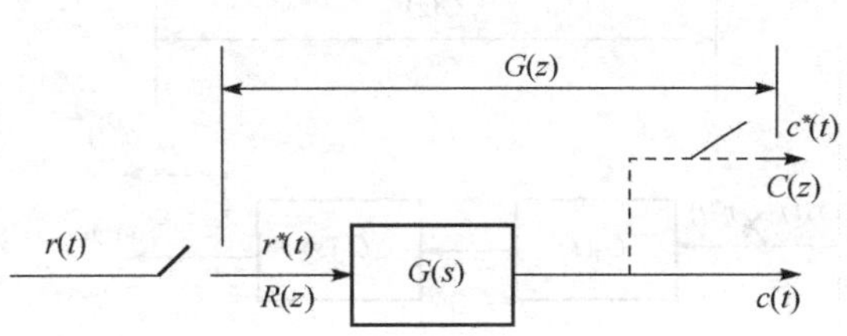

图 8-13　开环离散系统

定义了脉冲传递函数，就可以在复数域中用代数的方法来表示输入与输出之间的关系。如果已知系统的脉冲传递函数 $G(z)$ 及输入信号的 Z 变换 $R(z)$，那么系统离散输出信号就可以通过代数解的反变换求得

$$c^*(t)=Z^{-1}[C(z)]=Z^{-1}[G(z)R(z)]$$

这里还应指出，多数实际系统的输出往往是连续信号 $c(t)$，而不是离散信号 $c^*(t)$，如图 8-13 所示。在此情况下，可以在输出端虚设一个采样开关，并设它与采样周期 T 同步工作。这样就可以沿用脉冲传递函数的概念。

8.4.2.2　脉冲传递函数的求法

根据脉冲传递函数的定义可以直接求取脉冲传递函数。令初始条件为零，对方程两端进行 Z 变换，化成代数方程，根据脉冲传递函数的定义求出 $G(z)$。

例 8-11　已知采样系统的差分方程为 $c(k+2)-5c(k+1)+c(k)=2r(k+1)$，试求脉冲传递函数 $G(z)$。

解　对该差分方程进行 Z 变换，并令初始条件为零，有

$$(z^2-5z+1)C(z)=2zR(z)$$

所以

$$G(z)=\frac{C(z)}{R(z)}=\frac{2z}{z^2-5z+1}$$

例 8-12　设如图 8-13 所示的开环系统中的 $G(s)=\dfrac{10}{s(s+2)(s+5)}$，试求相应的脉冲传递函数 $G(z)$。[M805]

解　将 $G(s)$ 展为部分分式

$$G(s)=\frac{1}{s}-\frac{5}{3}\frac{1}{s+2}+\frac{2}{3}\frac{1}{s+5}$$

查 Z 变换表，有

$$G(z)=\frac{z}{z-1}-\frac{5}{3}\frac{z}{z-e^{-2T}}+\frac{2}{3}\frac{z}{z-e^{-5T}}$$

8.4.2.3　开环系统脉冲传递函数

当开环离散系统由几个环节串联组成时，其脉冲传递函数的求法与连续系统情况不完全相同。即使两个开环离散系统的组成环节完全相同，但由于采样开关的数目和位置不同，求出的开环脉冲传递函数也会截然不同。

如果开环离散系统由两个串联环节构成，有如图 8-14 所示的两种不同情况：串联环节之间无采样开关和有采样开关。

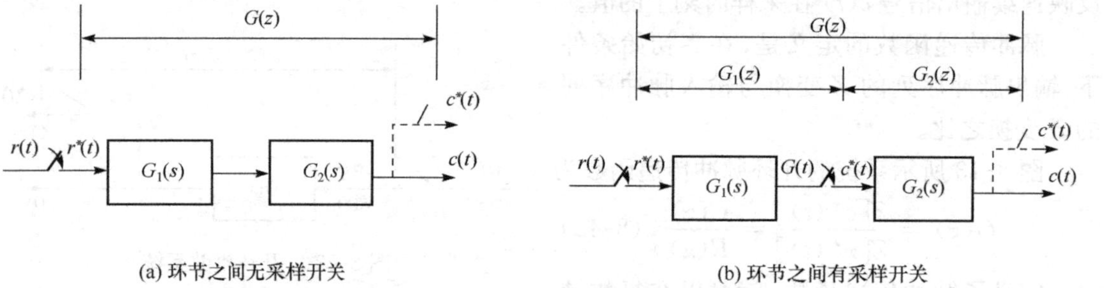

图 8-14　两个环节串联的结构图

(1) 串联环节间无采样开关。

如图 8-14 (a) 所示，串联环节间无理想采样开关，系统连续信号的拉氏变换为

$$C(s) = R^*(s)G_1(s)G_2(s) \tag{8-42}$$

将其离散化

$$C^*(s) = [R^*(s)G_1(s)G_2(s)]^* = R^*(s)[G_1(s)G_2(s)]^* = R^*(s)G_1G_2^*(s)$$

求 Z 变换

$$C(z) = Z[C^*(s)] = Z[R^*(s)G_1G_2^*(s)] = R(z)G_1G_2(z)$$

于是，开环系统脉冲传递函数

$$G(z) = \frac{C(z)}{R(z)} = G_1G_2(z) \tag{8-43}$$

无采样开关分隔的两个线性连续环节串联时的脉冲传递函数，等于这两个环节传递函数乘积后的相应 Z 变换。这一结论，可以推广到类似有 n 个环节相串联时的情况。

(2) 串联环节间有采样开关。

如图 8-14(b) 所示，串联环节间有理想采样开关，根据脉冲传递函数定义，可得

$$C(s) = C_1^*(s)G_2(s),\quad C_1(s) = R^*(s)G_1(s)$$

离散化

$$C_1^*(s) = [R^*(s)G_1(s)]^* = R^*(s)G_1^*(s)$$

代入 $C(s)$ 表达式，有

$$C(s) = R^*(s)G_1^*(s)G_2(s)$$

离散化

$$C^*(s) = [R^*(s)G_1^*(s)G_2(s)]^* = R^*(s)G_1^*(s)G_2^*(s)$$

求 Z 变换

$$C(z) = Z[R^*(s)G_1^*(s)G_2^*(s)] = R(z)G_1(z)G_2(z)$$

所以

$$G(z) = \frac{C(z)}{R(z)} = G_1(z)G_2(z) \tag{8-44}$$

有理想采样开关隔开的两个线性连续环节串联时的脉冲传递函数，等于这两个环节各自的脉冲传递函数之积。这一结论，也可以推广到类似的 n 个环节相串联时的情况。

综上分析，在串联环节间有无同步采样开关隔离，其等效的脉冲传递函数是不相同的。这时，需注意

$$G_1G_2(z) \neq G_1(z)G_2(z)$$

其不同之处在于零点不同，而极点是一样的。

例 8-13　已知开环离散系统如图 8-14(a) 和图 8-14(b) 所示，其中 $G_1(s) = 1/s$，$G_2(s) =$

$a/(s+a)$，输入信号 $r(t)=1(t)$，试求系统(a) 和(b) 的脉冲传递函数 $G(z)$。[M806]

解 查 Z 变换表，输入 $r(t)=1(t)$ 的 Z 变换

$$R(z)=\frac{z}{z-1}$$

对于系统(a)，两个串联环节间无采样开关：

$$G_1(s)G_2(s)=\frac{a}{s(s+a)}$$

$$G(z)=G_1G_2(z)=Z\left[\frac{a}{s(s+a)}\right]=\frac{z(1-e^{-aT})}{(z-1)(z-e^{-aT})}$$

对于系统(b)，两个串联环节间有采样开关：

$$G_1(z)=Z\left[\frac{1}{s}\right]=\frac{z}{z-1},\quad G_2(z)=Z\left[\frac{a}{s+a}\right]=\frac{az}{z-e^{-aT}}$$

$$G(z)=G_1(z)G_2(z)=\frac{az^2}{(z-1)(z-e^{-aT})}$$

(3) 环节与零阶保持器串联。

数字控制系统中通常有零阶保持器与环节串联的情况，如图 8-15 所示。零阶保持器的传递函数为 $G_h(s)=\dfrac{1-e^{-Ts}}{s}$，与之串联的另一环节的传递函数为 $G_0(s)$。两串联环节之间无同步采样开关隔离。为了求取等效的脉冲传递函数，首先需要计算

$$G(s)=G_h(s)G_0(s)=\frac{1-e^{-Ts}}{s}G_0(s)=(1-e^{-Ts})\frac{G_0(s)}{s}$$

$$=\frac{G_0(s)}{s}-e^{-Ts}\frac{G_0(s)}{s}=G_1(s)-G_2(s)=G_1(s)-e^{-Ts}G_1(s)$$

式中，$G_1(s)=\dfrac{G_0(s)}{s}$；$G_2(s)=e^{-Ts}\dfrac{G_0(s)}{s}$。

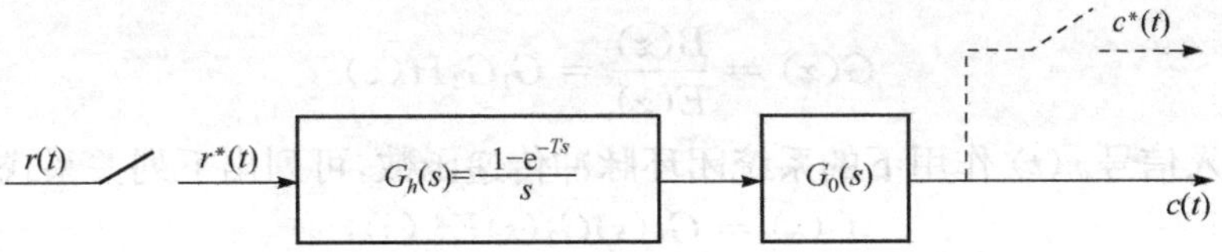

图 8-15 包含零阶保持器的开环采样系统

$G(s)$ 的单位脉冲响应为

$$g(t)=L^{-1}\{G(s)\}=L^{-1}\{G_1(s)-e^{-Ts}G_1(s)\}=g_1(t)-g_1(t-T)$$

零阶保持器与环节 $G_0(s)$ 串联时总的脉冲传递函数为

$$G(z)=Z[G(s)]=Z[G_1(s)-e^{-Ts}G_1(s)]=Z[g_1(t)-g_1(t-T)]$$
$$=G_1(z)-G_1(z)z^{-1}=(1-z^{-1})G_1(z)$$

即

$$G(z)=(1-z^{-1})Z\left[\frac{G_0(s)}{s}\right]\tag{8-45}$$

例 8-14 设离散系统如图 8-15 所示，已知 $G_0(s)=a/s(s+a)$，试求系统的脉冲传递函数 $G(z)$。[M807]

解 因为

$$\frac{G_0(s)}{s}=\frac{a}{s^2(s+a)}=\frac{1}{s^2}-\frac{1}{a}\left(\frac{1}{s}-\frac{1}{s+a}\right)$$

查 Z 变换表，有

$$Z\left[\frac{G_0(s)}{s}\right]=\frac{Tz}{(z-1)^2}-\frac{1}{a}\left(\frac{z}{z-1}-\frac{z}{z-\mathrm{e}^{-aT}}\right)=\frac{\frac{1}{a}z[(\mathrm{e}^{-aT}+aT-1)z+(1-aT\mathrm{e}^{-aT}-\mathrm{e}^{-aT})]}{(z-1)^2(z-\mathrm{e}^{-aT})}$$

因此，有零阶保持器的开环系统脉冲传递函数

$$G(z)=(1-z^{-1})Z\left[\frac{G_0(s)}{s}\right]=\frac{\frac{1}{a}[(\mathrm{e}^{-aT}+aT-1)z+(1-aT\mathrm{e}^{-aT}-\mathrm{e}^{-aT})]}{(z-1)(z-\mathrm{e}^{-aT})}$$

现在，把上述结果与例 8-12 所得结果作一比较。例 8-12 中，连续部分的传递函数与本例相同，但是没有零阶保持器。比较两例的开环系统脉冲传递函数可知，两者极点完全相同，仅零点不同。所以，零阶保持器不影响离散系统脉冲传递函数的极点。

8.4.2.4　闭环系统脉冲传递函数

由于采样开关在闭环离散系统中可以有多种配置的可能性，所以闭环离散系统没有唯一的结构图形式。图 8-16 是一种比较常见的闭环离散控制系统结构图，图中虚线所示理想采样开关是为了方便分析而虚设的，且它们均以周期 T 同步工作。

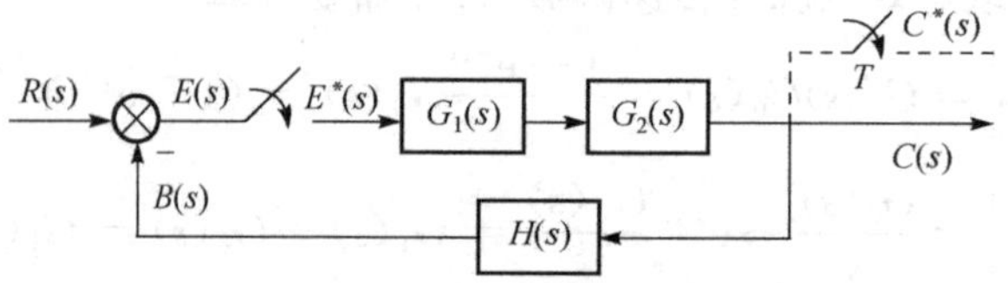

图 8-16　闭环离散控制系统

图 8-16 所示离散控制系统的开环脉冲传递函数为

$$G(z)=\frac{B(z)}{E(z)}=G_1G_2H(z) \tag{8-46}$$

为了求取在输入信号 $r(t)$ 作用下的系统闭环脉冲传递函数，可列出下列关系式

$$C(s)=G_1(s)G_2(s)E^*(s)$$
$$B(s)=H(s)C(s)$$
$$E(s)=R(s)-B(s)$$

由上列各式求得

$$E(s)=R(s)-G_1(s)G_2(s)H(s)E^*(s) \tag{8-47}$$

式中，$E^*(s)$ 代表对偏差信号 $e(t)$ 进行采样所得脉冲序列的拉氏变换，也就是离散偏差信号的 Z 变换，即有

$$E^*(s)=E(z) \tag{8-48}$$

将式(8-48) 代入式(8-47)，并对式(8-47) 取 Z 变换，可得

$$E(z)=R(z)-G_1G_2H(z)\cdot E(z)$$

化简得

$$E(z)=\frac{1}{1+G_1G_2H(z)}R(z) \tag{8-49}$$

通常称 $E(z)$ 为误差信号的 Z 变换，按脉冲传递函数定义有

$$\frac{E(z)}{R(z)}=\frac{1}{1+G_1G_2H(z)} \tag{8-50}$$

式(8-50)称为误差采样信号对给定输入的误差脉冲传递函数。

又因为系统输出

$$C(z)=G_1G_2(z)\cdot E(z)$$

将式(8-49)代入上式得

$$C(z)=\frac{G_1G_2(z)}{1+G_1G_2H(z)}R(z)$$

所以

$$\Phi(z)=\frac{C(z)}{R(z)}=\frac{G_1G_2(z)}{1+G_1G_2H(z)} \tag{8-51}$$

式(8-51)称为采样系统闭环脉冲传递函数。

令闭环脉冲传递函数的分母为零,便可得到闭环离散系统的特征方程。图 8-16 所示系统的特征方程为

$$1+G_1G_2H(z)=0 \tag{8-52}$$

线性离散系统的结构多种多样,而且并不是每个系统都能写出闭环脉冲传递函数。如果偏差信号不是以离散信号的形式输入前向通道,则一般写不出闭环脉冲传递函数,只能写出输出的 Z 变换的表达式。

例 8-15 设闭环采样系统如图 8-17 所示,试求其闭环脉冲传递函数。

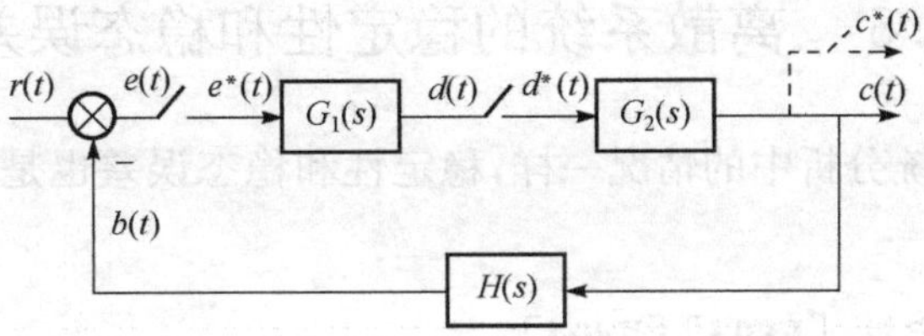

图 8-17 例 8-15 采样系统方框图

解 由图可得

$$C(s)=G_2(s)D^*(s),\ D(s)=G_1(s)E^*(s)$$

对 $D(s)$ 离散化,有

$$D^*(s)=G_1{}^*(s)E^*(s)$$

则

$$C(s)=G_2(s)G_1^*(s)E^*(s)$$

又有

$$E(s)=R(s)-H(s)C(s)=R(s)-H(s)G_2(s)G_1^*(s)E^*(s)$$

离散化有

$$E^*(s)=R^*(s)-HG_2^*(s)G_1^*(s)E^*(s)$$

即

$$E^*(s)=\frac{R^*(s)}{1+G_1^*(s)HG_2^*(s)}$$

输出信号的采样拉氏变换为

$$C^*(s)=G_2^*(s)G_1^*(s)E^*(s)=\frac{G_2^*(s)G_1^*(s)R^*(s)}{1+G_1^*(s)HG_2^*(s)}$$

进行 Z 变换，有

$$\Phi(z)=\frac{C(z)}{R(z)}=\frac{G_1(z)G_2(z)}{1+G_1(z)HG_2(z)}$$

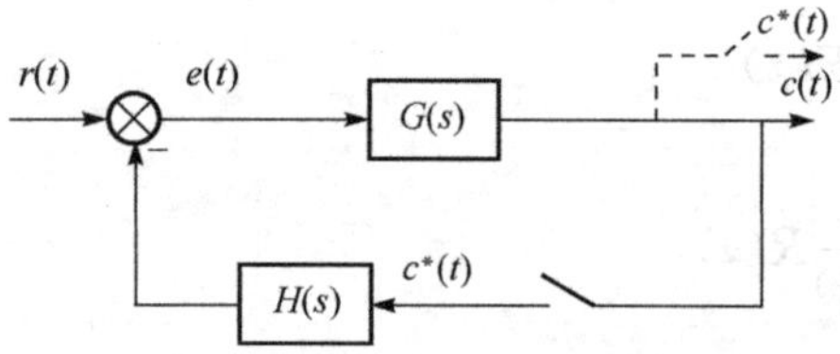

图 8-18　例 8-16 系统方框图

例 8-16　设闭环采样系统如图 8-18 所示，试求其闭环脉冲传递函数。

解　由图可得

$$C(s)=G(s)E(s),\ E(s)=R(s)-H(s)C^*(s)$$

所以

$$C(s)=G(s)R(s)-G(s)H(s)C^*(s)$$

对上式离散化，有

$$C^*(s)=GR^*(s)-GH^*(s)C^*(s)$$

解得

$$C^*(s)=\frac{GR^*(s)}{1+GH^*(s)}$$

取 Z 变换后

$$C(z)=\frac{GR(z)}{1+GH(z)}$$

经上述分析，可以得出该系统的闭环脉冲传递函数不存在，只能求出 $C(z)$。

8.5　离散系统的稳定性和稳态误差

正如在线性连续系统分析中的情况一样，稳定性和稳态误差也是线性定常离散系统分析的重要内容。

8.5.1　离散系统的稳定性 [F803][F804]

在线性连续系统中，判别系统稳定性是根据特征方程的根在 s 平面的分布位置确定的。若系统特征方程的根全部都位于 s 平面的左半平面，则系统稳定。为了把连续系统在 s 平面上分析稳定性的结果移植到 z 平面上分析离散系统的稳定性，首先需要研究 s 平面与 z 平面的映射关系。

8.5.1.1　*s 平面与 z 平面的映射关系*

在 Z 变换定义中已经确定了 z 和 s 变量之间关系如下：

$$z=\mathrm{e}^{Ts}$$

其中，s 是复变量，可写成 $s=\sigma+\mathrm{j}\omega$，所以 z 也是复变量，即

$$z=\mathrm{e}^{Ts}=\mathrm{e}^{T\sigma}\cdot\mathrm{e}^{\mathrm{j}\omega T}$$

写成极坐标形式为

$$z=|z|\mathrm{e}^{\mathrm{j}\theta} \tag{8-53}$$

式中，$|z|=\mathrm{e}^{T\sigma}$；$\theta=\angle z=\omega T$，也就是说 s 的实部只影响 z 的模，s 的虚部只影响 z 的相角。

由式(8-53)可知，位于左半 s 平面的点均有 $\sigma<0$，则 $|z|=\mathrm{e}^{\sigma T}<1$，映射到 z 平面上单位圆内；反之，s 右半平面的点，映射到 z 平面上均在单位圆外。而 z 平面上单位圆则是 s 平面上虚轴的映射。

实际上，s 平面上的等 σ 垂线映射到 z 平面上的轨迹，是以原点为圆心，以 $|z|=\mathrm{e}^{T\sigma}$ 为半径

的圆，其中 T 为采样周期。所以左半 s 平面上的等 σ 线映射到 z 平面上为同心圆族，均在单位圆内；右半 s 平面上的等 σ 映射到 z 平面上的同心圆族，均在单位圆外，如图 8-19 所示。

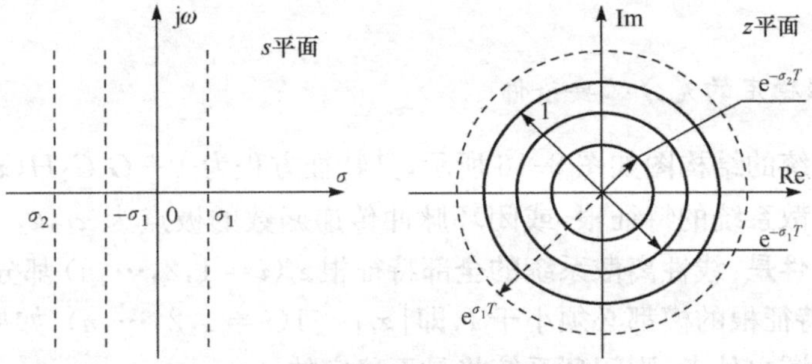

图 8-19　等 σ 线映射

同理，在特定的采样周期 T 下，s 平面上的等 ω 水平线，映射到 z 平面上的轨迹，是一 族从原点出发的射线，其相角 $\angle z=\omega T$ 从正实轴开始计量，如图 8-20 所示。

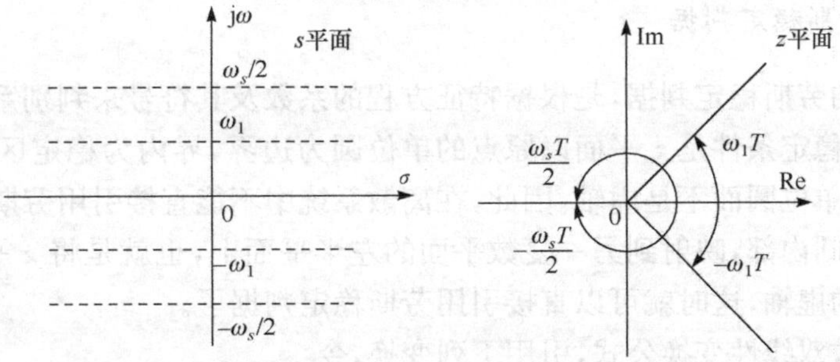

图 8-20　等 ω 线映射

令 $\sigma=0$，ω 从 $-\infty$ 变到 $+\infty$，相当于取 s 平面的虚轴，映射到 z 平面上是模恒等于 1 的单位圆，只是当 s 点沿虚轴从 $-\infty$ 到 $+\infty$ 时，z 平面上相应的点已沿着单位圆转过了无穷多圈。把 z 平面上沿单位圆从 $-\pi$ 逆时针变化到 π 的点的轨迹所对应的 s 平面虚轴上的频率范围 $-\dfrac{\omega_s}{2}\to+\dfrac{\omega_s}{2}$ 称为主频区。这样，s 平面就可用平行于实轴的频带来划分，每一频带对应一个频区，对应主频区的称为主要带，其余的周期带称为次要带，对于 s 左半平面每一条频带的映射，将重复映射在单位圆范围内，如图 8-21 所示。

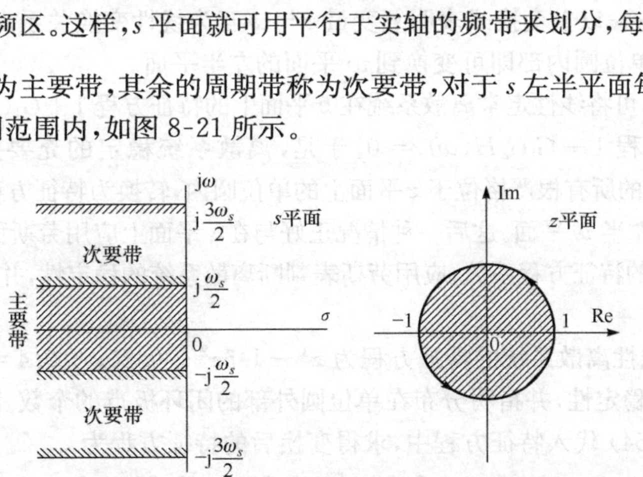

图 8-21　周期带的映射

在实际采样系统中，根据香农定理，总是把采样角频率 ω_s 选得高于有用信号频带的两倍以上。因此，实际信号的频率范围均落在主频带之内，所以在分析和设计时只考虑主频带就可以了。

8.5.1.2 z 域稳定的充分必要条件

若线性离散系统的结构图如图 8-16 所示，其特征方程为 $1+G_1G_2H(z)=0$。

设闭环线性离散系统的特征根，或闭环脉冲传递函数的极点为 $z_1, z_2, \cdots, z_n$，则线性离散系统**稳定的充要条件是**：线性离散系统的全部特征根 $z_i(i=1,2,\cdots,n)$ 都分布在 z 平面的单位圆内，或者说全部特征根的模都必须小于 1，即 $|z_i|<1(i=1,2,\cdots,n)$。如果在上述特征根中，有位于 z 平面单位圆之外者，则闭环系统将是不稳定的。

上述稳定条件对于有重根的情况，也是正确的。若直接求根，当阶次较高时，总是不方便的。所以人们还是希望有间接的稳定判据可供利用，这对于研究离散系统结构、参数、采样周期等对于稳定性的影响，也是必要的。

8.5.1.3 劳斯稳定判据

连续系统中的劳斯稳定判据，是根据特征方程的系数及其符号来判别系统稳定性的。在离散系统中，系统的稳定条件是 z 平面以原点的单位圆为边界，界内为稳定区，界外则为不稳定区。稳定的边界是单位圆而不是虚轴。因此，在离散系统中不能直接引用劳斯判据，必须加以变换，把 z 平面单位圆内部，映射到另一复数平面的左半平面上，也就是将 z 平面单位圆边界映射为另一复平面的虚轴，这时就可以直接引用劳斯稳定判据了。

根据复变函数双线性变换公式，引用下列变换，令

$$z=\frac{1+w}{1-w} \quad 或 \quad z=\frac{w+1}{w-1} \tag{8-54}$$

则有

$$w=\frac{z-1}{z+1} \quad 或 \quad w=\frac{z+1}{z-1} \tag{8-55}$$

这种变换称为 w 变换。以上变换式表明复变量 z 与 w 互为线性变换关系，故 w 变换又称双线性变换。这样，z 平面单位圆内部即可变换到 w 平面的左半平面。

利用上述变换，可将线性定常离散系统在 z 平面上的特征方程 $1+G_1G_2H(z)=0$ 转换为在 w 平面上的特征方程 $1+G_1G_2H(w)=0$。于是，离散系统稳定的充要条件，则由特征方程 $1+G_1G_2H(z)=0$ 的所有根严格位于 z 平面上的单位圆内，转换为特征方程 $1+G_1G_2H(w)=0$ 的所有根严格位于左半 w 平面。这后一种情况正好与在 s 平面上应用劳斯稳定判据的情况一样，所以可根据 w 域中的特征方程系数，应用劳斯表判断离散系统的稳定性，并称为 w 域中的劳斯稳定判据。

例 8-17 设线性离散系统的特征方程为 $z^3-1.5z^2-0.25z+0.4=0$，试应用劳斯稳定判据分析该系统的稳定性，并指明分布在单位圆外部的闭环极点的个数。[M808]

解 将式(8-54)代入特征方程中，求得变换后的特征方程为

$$0.35w^3-0.55w^2-5.95w-1.85=0$$

因为上列特征方程各项系数的符号不全相同，所以不满足系统稳定的必要条件，因此系统不稳定。

该不稳定系统在单位圆外部的闭环极点个数，可以通过计算劳斯表第一列各元素的符号变化次数来确定。列劳斯表为

$$\begin{array}{lll} w^3 & 0.35 & -5.95 \\ w^2 & -0.55 & -1.85 \\ w^1 & -7.13 & 0 \\ w^0 & -1.85 & \end{array}$$

由于劳斯表中第一列各元素的符号变化次数为 1，所以在系统的闭环极点中有一个位于单位圆之外。

例 8-18 试分析图 8-22 中所示离散系统的稳定性，其中 $T_0=1\text{s}, a=1$ 及 $k=10$。[F805][M809]

解 将已知参数代入系统中，求得 $G(z)$，该离散系统的特征方程为 $1+G(z)=0$，即

$$z^2+2.31z+3=0$$

解上列方程，得一对共轭复根 $z_1=-1.156+\text{j}1.29$，$z_2=-1.156-\text{j}1.29$，显然，这两个特征根都位于 z 平面单位圆的外部，所以该系统当取上列参数，特别当取较大的 k 值时，是不稳定的。

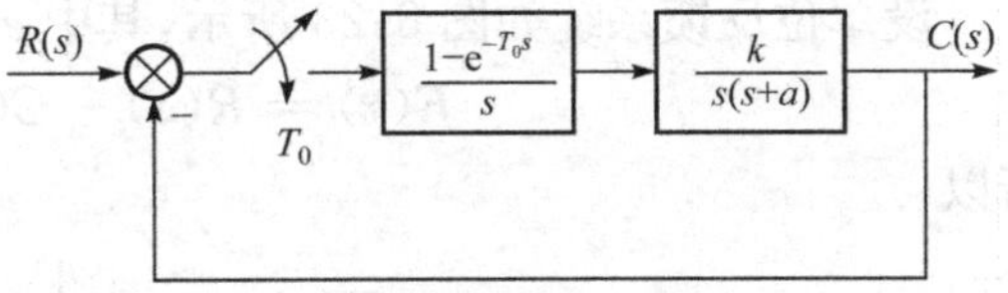

图 8-22 离散反馈系统结构图

上述结论也可通过劳斯稳定判据来获得。经 w 变换

$$6.31w^2-4w+1.69=0$$

列劳斯表

$$\begin{array}{lll} w^2 & 6.31 & 1.69 \\ w^1 & -4 & 0 \\ w^0 & 1.69 & \end{array}$$

劳斯表第一列各元素的符号变化次数等于 2，故该系统的两个闭环极点都分布在 z 平面单位圆的外部。显然，系统是不稳定的。这与求解系统的特征方程所得结论完全相同。

例 8-19 试计算图 8-22 中所示离散系统在 $T_0=1\text{s}$ 及 $a=1$ 时的临界放大系数。[M810]

解 将已知参数代入系统中，求得该离散系统的特征方程为

$$z^2+(0.368k-1.368)z+(0.264k+0.368)=0$$

w 变换后的特征方程为

$$0.632kw^2+(1.264-0.528k)w+(2.763-0.104k)=0$$

列劳斯表

$$\begin{array}{lll} w^2 & 0.632k & 2.736-0.104k \\ w^1 & 1.264-0.528k & 0 \\ w^0 & 2.736-0.104k & \end{array}$$

欲使系统稳定，必须保证劳斯表中第一列各元素具有相同的符号，即必须有

$$\begin{cases} k>0 \\ 1.264-0.528k>0 \\ 2.736-0.104k>0 \end{cases}$$

即 $0<k<2.4$ 及 $0<k<26.3$。

根据系统稳定的条件，可确定该线性离散系统的临界开环放大系数等于 2.4s^{-1}。

综上分析，应用劳斯稳定判据分析线性离散系统的稳定性，具有把离散系统与连续系统的稳定判据联系起来的优点。但是，应用这种方法时，首先需将离散系统的特征方程进行 w 的变换，才能应用劳斯稳定判据。显然，对高阶离散系统来说，进行上述变换是比较麻烦的。

8.5.2 离散系统的稳态误差 [F806]

稳态误差也是离散系统分析和设计的一个重要指标。离散系统的稳态误差是指采样时刻的值，可以由 z 域终值定理得到。

由于离散系统脉冲传递函数没有统一的公式可用，具体结果与采样开关的位置有关，故采用终值定理计算稳态误差，是数学上提供的基本计算公式，适用范围较广，只要 $\Phi(z)$ 的极点全部严格位于 z 平面上单位圆内，则可用 Z 变换的终值定理求出采样瞬时的终值误差。

设单位反馈系统如图 8-23 所示，其中 $e^*(t)$ 为系统采样误差信号，求出 Z 变换式为

$$E(z)=R(z)-C(z)=R(z)-G(z)E(z)$$

所以

$$E(z)=\frac{1}{1+G(z)}R(z)=\Phi_e(z)R(z)$$

式中，$\Phi_e(z)$ 为系统误差脉冲传递函数。若系统是稳定的，则 $\Phi_e(z)$ 的全部极点均在单位圆内，由 Z 变换的终值定理，有

$$e(\infty)=\lim_{t\to\infty}e^*(t)=\lim_{z\to1}(z-1)E(z)=\lim_{z\to1}\frac{(z-1)R(z)}{1+G(z)} \tag{8-56}$$

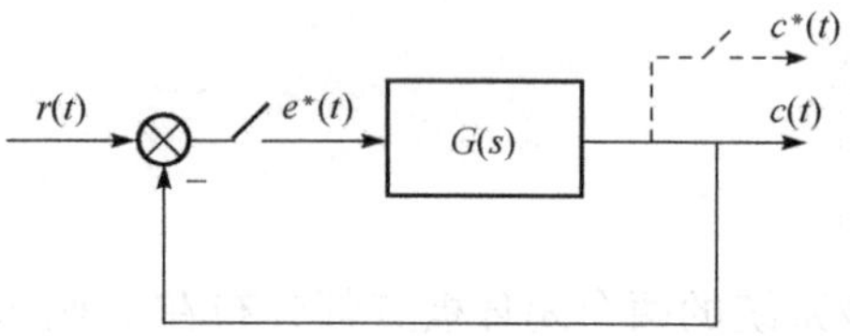

图 8-23 单位反馈离散系统

式(8-56)表明，线性离散系统的稳态误差，不但与系统本身的结构参数有关，而且与输入序列的形式及幅值有关。另外，由于 $G(z)$ 与采样开关的配置以及采样周期 T 有关，多数典型输入 $R(z)$ 也与 T 有关，所以，采样开关及其采样周期都是影响离散系统稳态误差的因素。

在连续系统中，将开环传递函数 $G(s)$ 中含有 $s=0$ 的开环极点个数 ν 作为划分系统型别的标准，分别把 $\nu=0,1,2$ 的系统称为 0 型，Ⅰ型和Ⅱ型系统。由 Z 变换的定义 $z=\mathrm{e}^{sT}$ 可知，若 $G(s)$ 有一个 $s=0$ 的开环极点，$G(z)$ 则有一个 $z=1$ 的开环极点。因此，在线性离散系统中，也可以把开环脉冲传递函数 $G(z)$ 具有 $z=1$ 的开环极点的个数 ν 作为划分离散系统型别的标准，即把 $G(z)$ 中 $\nu=0,1,2$ 的系统分别称为 0 型、Ⅰ型和Ⅱ型离散系统。

下面讨论结构如图 8-23 所示，不同型别的单位负反馈离散系统在典型输入信号作用下的终值稳态误差，并建立离散系统稳态误差系数的概念。

(1) 单位阶跃输入时的终值稳态误差。

当系统的输入信号为单位阶跃 $r(t)=1(t)$ 时，其 Z 变换为 $R(z)=\dfrac{z}{z-1}$。

根据式(8-56)，终值稳态误差为

$$e_{ss}(\infty)=\lim_{z\to1}(z-1)\frac{1}{1+G(z)}\cdot\frac{z}{z-1}=\lim_{z\to1}\frac{z}{1+G(z)}=\frac{1}{1+\lim\limits_{z\to1}G(z)}=\frac{1}{1+K_p} \tag{8-57}$$

式中

$$K_p = \lim_{z \to 1} G(z) \tag{8-58}$$

K_p 称为稳态位置误差系数。若 $G(z)$ 没有 $z=1$ 的极点，则 $K_p \neq \infty$，从而 $e_{ss}(\infty) \neq 0$，这样的系统称为 0 型离散系统；若 $G(z)$ 有一个或一个以上 $z=1$ 的极点，则 $K_p = \infty$，从而 $e_{ss}(\infty) = 0$，这样的系统相应地称为 Ⅰ 型或 Ⅰ 型以上的离散系统。因此，在阶跃信号作用下，0 型离散系统在 $t \to \infty$ 时，在采样点上存在着终值稳态误差；Ⅰ 型或 Ⅰ 型以上系统当 $t \to \infty$ 时，在采样点上不存在终值稳态误差。这种情况与连续系统很相似。

(2) 单位斜坡输入时的终值稳态误差。

当系统的输入为单位斜坡函数 $r(t) = t$ 时，其 Z 变换为 $R(z) = \dfrac{Tz}{(z-1)^2}$。终值稳态误差为

$$\begin{aligned} e_{ss}(\infty) &= \lim_{z \to 1}(z-1)\frac{1}{1+G(z)} \cdot \frac{Tz}{(z-1)^2} = \lim_{z \to 1}\frac{Tz}{(z-1)[1+G(z)]} \\ &= \frac{T}{\lim\limits_{z \to 1}(z-1)G(z)} = \frac{T}{K_v} \end{aligned} \tag{8-59}$$

式中

$$K_v = \lim_{z \to 1}(z-1)G(z) \tag{8-60}$$

K_v 称为稳态速度误差系数。0 型系统的 $K_v = 0$，Ⅰ 型系统的 K_v 是一个有限值，Ⅱ 型及 Ⅱ 型以上系统的 $K_v = \infty$。因此，在斜坡信号作用下，当 $t \to \infty$ 时，0 型离散系统的终值稳态误差为无穷大；Ⅰ 型离散系统的终值稳态误差是有限值；Ⅱ 型及 Ⅱ 型以上离散系统在采样点上的终值稳态误差为 0。

(3) 单位加速度输入时的终值稳态误差。

当系统的输入为单位加速度函数 $r(t) = \dfrac{1}{2}t^2$ 时，其 Z 变换为 $R(z) = \dfrac{T^2 z(z+1)}{2(z-1)^3}$。

终值稳态误差为

$$\begin{aligned} e_{ss}(\infty) &= \lim_{z \to 1}(z-1)\frac{1}{1+G(z)} \cdot \frac{T^2 z(z+1)}{2(z-1)^3} \\ &= \lim_{z \to 1}\frac{T^2 z(z+1)}{2[(z-1)^2+(z-1)^2 G(z)]} = \frac{T^2}{\lim\limits_{z \to 1}(z-1)^2 G(z)} = \frac{T^2}{K_a} \end{aligned} \tag{8-61}$$

式中

$$K_a = \lim_{z \to 1}(z-1)^2 G(z) \tag{8-62}$$

K_a 称为稳态加速度误差系数。0 型及 Ⅰ 型系统的 $K_a = 0$，Ⅱ 型系统的 K_a 是常值。因此，在加速度信号作用下，当 $t \to \infty$ 时，0 型和 Ⅰ 型离散系统的终值稳态误差为无穷大；Ⅱ 型离散系统在采样点上的终值稳态误差为有限值。

在三种典型信号作用下，0 型、Ⅰ 型和 Ⅱ 型单位负反馈离散系统当 $t \to \infty$ 时的终值稳态误

差如表 8-2 所示。

表 8-2　单位负反馈离散系统的稳态误差

输入信号 / 系统型别	位置误差 $r(t)=1(t)$	速度误差 $r(t)=t$	加速度误差 $r(t)=t^2/2$
0 型	$\dfrac{1}{1+K_p}$	∞	∞
Ⅰ 型	0	$\dfrac{T}{K_v}$	∞
Ⅱ 型	0	0	$\dfrac{T^2}{K_a}$

应当指出的是，用稳态误差系数或者终值定理求出的只是当 $t\to\infty$ 时，系统的终值稳态误差 $e_{ss}(\infty)$，而不能反映过渡过程结束之后稳态误差 $e_{ss}(t)$ 变化的规律。在有些情况下，系统的终值稳态误差是无穷大，但在有限的时间 $t_s<t<\infty$，系统的稳态误差是有限值。

8.6　离散系统的动态性能分析

在线性连续系统中，闭环传递函数零、极点在 s 平面的分布对系统的暂态响应有非常大的影响。与此类似，离散系统的瞬态响应与闭环脉冲传递函数零、极点在 z 平面的分布也有密切关系。下面讨论闭环极点与瞬态响应之间的关系。

设系统的闭环脉冲传递函数为

$$\Phi(z)=\frac{M(z)}{D(z)}=\frac{b_0z^m+b_1z^{m-1}+\cdots+b_{m-1}z+b_m}{a_0z^n+a_1z^{n-1}+\cdots+a_{n-1}z+a_n}=\frac{b_0}{a_0}\,\frac{\prod\limits_{i=1}^{m}(z-z_i)}{\prod\limits_{j=1}^{n}(z-p_j)}$$

式中，$z_i(i=1,2,\cdots,m)$，$p_j(j=1,2,\cdots,n)$ 分别为 $\Phi(z)$ 的零点和极点，且 $n\geqslant m$。为了讨论方便，假设 $\Phi(z)$ 无重极点。

当 $r(t)=1(t)$ 时，系统输出的 Z 变换为

$$C(z)=\Phi(z)R(z)=\frac{M(z)}{D(z)}\cdot\frac{z}{z-1}$$

将 $C(z)/z$ 展成部分分式，有

$$\frac{C(z)}{z}=\frac{A}{z-1}+\sum_{j=1}^{n}\frac{B_j}{z-p_j}$$

式中，系数

$$A=\frac{M(z)}{(z-1)D(z)}(z-1)\bigg|_{z=1}=\frac{M(1)}{D(1)}$$

$$B_j=\frac{M(z)}{D(z)}\,\frac{(z-p_j)}{(z-1)}\bigg|_{z=p_j}$$

于是

$$C(z)=\frac{M(1)}{D(1)}\cdot\frac{z}{z-1}+\sum_{j=1}^{n}\frac{B_jz}{z-p_j}\tag{8-63}$$

Z反变换

$$c(kT)=\frac{M(1)}{D(1)}+\sum_{j=1}^{n}B_j p_j^k,\quad k=0,1,2,\cdots \tag{8-64}$$

式中，等号右端第一项为 $c^*(t)$ 的稳态分量，若其值为1，则单位反馈离散系统在单位阶跃输入作用下的稳态误差为零；第二项为 $c^*(t)$ 的瞬态分量。根据 p_j 在单位圆内的位置，可以确定 $c^*(t)$ 的动态响应形式，下面分几种情况分别讨论。

(1) 正实轴上闭环极点。

当 $0<p_j<1$ 时，极点位于单位圆内的正实轴上，对应的瞬态响应序列单调收敛，且 p_j 越靠近原点其值越小，收敛越快。

当 $p_j=1$ 时，极点位于单位圆上的正实轴上，对应的瞬态响应为一常数，为等幅脉冲序列。

当 $p_j>1$ 时，极点位于单位圆外的正实轴上，对应的瞬态响应序列单调发散，且 p_j 值越大，发散越快。

(2) 负实轴上闭环极点。

当 $-1<p_j<0$ 时，极点位于单位圆内的负实轴上，且当 k 为偶数时，对应的瞬态响应为正值。当 k 为奇数时，对应的瞬态响应为负值，所以该瞬态分量为正、负交替的收敛脉冲序列，或称振荡收敛。p_j 离原点越近，收敛越快。振荡角频率为 π/T。

当 $p_j=-1$ 时，极点位于单位圆上的负实轴上，对应的瞬态响应为正、负交替的等幅脉冲序列。振荡角频率为 π/T。

当 $p_j<-1$ 时，极点位于单位圆外的负实轴上，对应的瞬态响应为正、负交替的发散脉冲序列。振荡角频率为 π/T。

闭环实极点分布与相应瞬态响应形式的关系，如图 8-24 所示。由图可得出如下结论：

若闭环实数极点位于 z 右半平面，则输出瞬态响应形式为单向正脉冲序列。实极点位于单位圆内，脉冲序列收敛，且实极点越接近原点，收敛越快；实极点位于单位圆上，脉冲序列等幅变化；实极点位于单位圆外，脉冲序列发散。

若闭环实数极点位于 z 左半平面，则输出瞬态响应形式为双向交替脉冲序列。实极点位于单位圆内，双向脉冲序列收敛；实极点位于单位圆上，双向脉冲序列等幅变化；实极点位于单位圆外，双向脉冲序列发散。

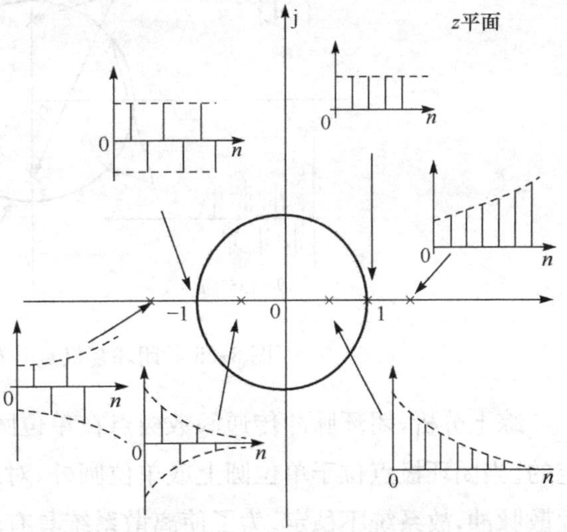

图 8-24　闭环实极点分布与相应的瞬态响应形式

(3) z 平面上的闭环共轭复数极点。

复数极点总是共轭出现，一般表达式为

$$p_j,p_{j+1}=p_j,\overline{p_j}=|p_j|e^{\pm j\theta_j}$$

式中，θ_j 为共轭复极点 p_j 的相角。由式(8-64)可知，一对共轭复极点所对应的瞬态分量为

$$B_j p_j^k+B_{j+1}p_{j+1}^k=B_j p_j^k+\overline{B_j}\,\overline{p_j}^k \tag{8-65}$$

式中，由于 $\Phi(z)$ 的系数均为实数，所以 B_j, B_{j+1} 也必为共轭。令

$$B_j = |B_j| e^{j\varphi_j}, \bar{B}_j = |B_j| e^{-j\varphi_j} \tag{8-66}$$

将式(8-66)代入式(8-65)，可得

$$\begin{aligned} B_j p_j^k + B_{j+1} p_{j+1}^k &= |B_j| e^{j\varphi_j} \ |p_j|^k e^{jk\theta_j} + |B_j| e^{-j\varphi_j} \ |p_j|^k e^{-jk\theta_j} \\ &= |B_j| |p_j|^k [e^{j(\varphi_j + k\theta_j)} + e^{-j(\varphi_j + k\theta_j)}] \\ &= 2|B_j| |p_j|^k \cos(\varphi_j + k\theta_j) \end{aligned} \tag{8-67}$$

所以，共轭极点所对应的瞬态分量以余弦规律振荡。

当 $|p_j| < 1$ 时，闭环复数极点位于单位圆内，振荡衰减，且 $|p_j|$ 越小，即复极点越靠近原点，振荡收敛得就越快。

当 $|p_j| = 1$ 时，闭环复数极点位于单位圆上，对应的瞬态响应是等幅振荡的脉冲序列。

当 $|p_j| > 1$ 时，闭环复数极点位于单位圆外，对应的瞬态响应振荡发散。

闭环共轭复数极点分布与相应瞬态响应形式的关系，如图 8-25 所示。由图可见：位于 z 平面上单位圆内的共轭复数极点，对应输出瞬态响应形式为振荡收敛脉冲序列，但复极点位于左平面单位圆内所对应的振荡频率，要高于右半单位圆内的情况。

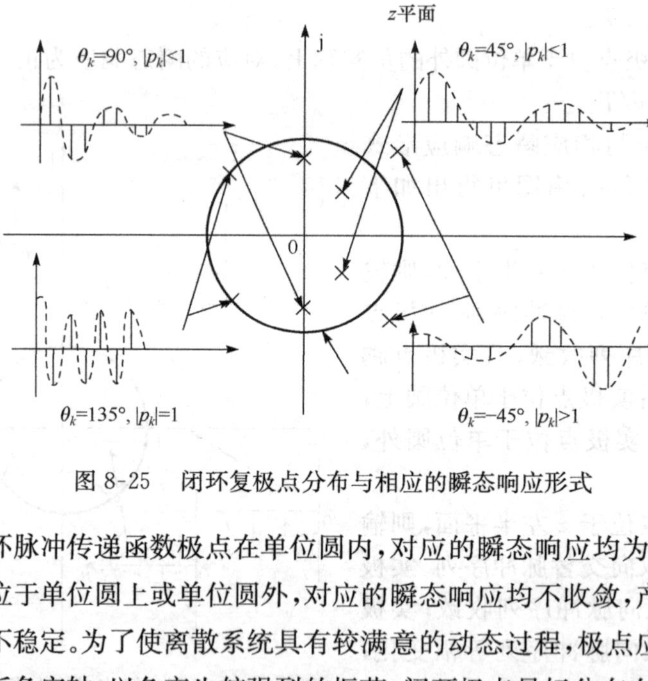

图 8-25 闭环复极点分布与相应的瞬态响应形式

综上分析，闭环脉冲传递函数极点在单位圆内，对应的瞬态响应均为收敛的，故系统是稳定的。当闭环极点位于单位圆上或单位圆外，对应的瞬态响应均不收敛，产生持续等幅脉冲或发散脉冲，故系统不稳定。为了使离散系统具有较满意的动态过程，极点应尽量避免在左半平面内，尤其不要靠近负实轴，以免产生较强烈的振荡。闭环极点最好分布在单位圆的右半部，尤为理想的是分布在靠近原点的地方。这样系统反应迅速，过渡过程进行较快。

8.7 离散系统的数字校正

线性离散系统的设计方法，主要有模拟化设计和离散化设计两种。模拟化设计方法，把控制系统按模拟化进行分析，求出数字部分的等效连续环节，然后按连续系统理论设计校正装

置，再将该校正装置数字化。离散化设计方法又称直接数字设计法，把控制系统按离散化（数字化）进行分析，求出系统的脉冲传递函数，然后按离散系统理论设计数字控制器。由于直接数字设计方法比较简单，可以实现比较复杂的控制规律，所以更具一般性。

本节主要介绍直接数字设计法，研究数字控制器的脉冲传递函数、最少拍控制系统及设计方法，以及数字控制器的确定与实现等问题。

本节详细内容见光盘。

8.8 MATLAB 离散控制系统分析

MATLAB 在离散控制系统的分析和设计中起着重要作用。无论将连续系统离散化、对离散系统进行分析（包括性能分析和求响应）、对离散系统进行设计等，都可以用 MATLAB 具体实现。下面举例介绍 MATLAB 在离散控制系统分析和设计中的应用。

8.8.1 Z 变换和 Z 反变换

在 MATLAB 中，可以采用符号运算工具箱（Symbolic Math Toolbox）进行 Z 变换和 Z 逆变换，可用函数“ztrans”和“iztrans”来实现。

Z 变换的调用格式为

F = ztrans (f)

Z 反变换的调用格式为

f = iztrans (F)

例 8-20 求 $e(t) = e^{-at}$ 的 Z 变换。[M811]

解
```
syms a t
F = ztrans(exp(-a * t))
```
运行结果为

F = z/(z - 1/exp(a))

这与例 8-4 的求取结果相一致。

例 8-21 已知 $E(z) = \dfrac{10z}{z^2 - 3z + 2}$，试求 Z 反变换。[M812]

解
```
syms z
f = iztrans((10 * z)/(z^2 - 3 * z + 2))
```
运行结果为

f = 10 * 2^n - 10

这与例 8-7 的求取结果相一致。

8.8.2 连续系统的离散化

连续系统离散化，在 MATLAB 中应用 c2dm() 函数实现，其调用格式为

c2dm(num,den,T,‘zoh’)

其中，num 为传递函数分子多项式系数；den 为传递函数分母多项式系数；T 为采样周期；‘zoh’为零阶保持。

例 8-22 已知采样系统结构图如图 8-26 所示，求开环脉冲传递函数。采样周期 $T = 1$ s。[M813]

解
```
num = [1];
```

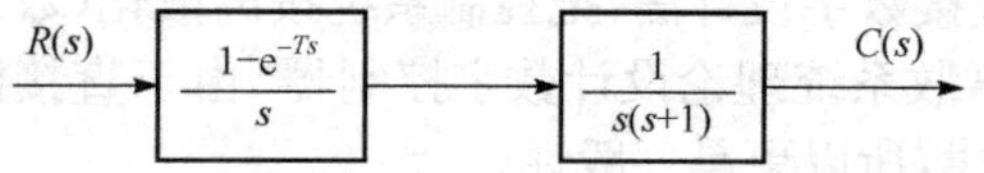

图 8-26　例 8-22 系统结构图

```
den = [1,1,0];
T = 1;
[numz,denz] = c2dm(num,den,T,'zoh');
printsys(numz,denz,'z')
```

打印结果为

```
 0.36788 z + 0.26424
------------------------------
z^2 - 1.3679 z + 0.36788
```

根据例 8-14 的结果，令其中的 $T=1$，$a=1$，可得

$$G(z)=(1-z^{-1})Z\left[\frac{1}{s^2(s+1)}\right]=\frac{0.368z+0.264}{z^2-1.368z+0.368}$$

这与 MATLAB 求解的结果相一致。

8.8.3　采样系统的响应

在 MATLAB 中，求系统的响应可以应用 dstep()，dimpulse()，dslim() 函数来实现。分别用于求取采样系统的阶跃、脉冲、任意输入时的响应。

(1) dstep() 函数。

dstep() 函数的调用格式为

```
dstep(num,den,n)
```

其中，num 为脉冲传递函数分子多项式系数；den 为传递函数分母多项式系数；n 为用户指定的采样点数。

例 8-23　已知离散系统结构图如图 8-27 所示，输入为单位阶跃信号，采样周期 $T=1\text{s}$，求输出响应。[M814]

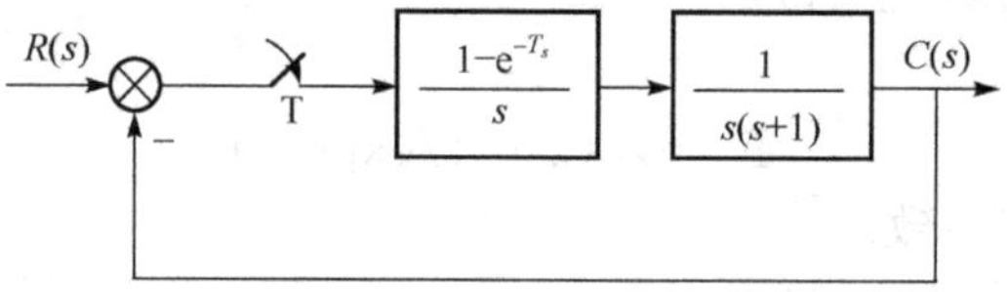

图 8-27　例 8-23 系统结构图

解　由 $\Phi(z)=\dfrac{G(z)}{1+G(z)}=\dfrac{0.368z+0.264}{z^2-z+0.632}$，可得

$$C(z)=\Phi(z)R(z)=0.368z^{-1}+z^{-2}+1.4z^{-3}+1.4z^{-4}+1.14z^{-5}+\cdots$$

用 MATLAB 中的 dstep() 函数可很容易得到输出响应，如图 8-28 所示。程序如下：

```
num = [0.368 0.264];
den = [1 -1 0.632];
dstep(num,den)
```

(2) dimpulse() 函数。

dimpulse() 函数的调用格式同 dstep() 函数。

例 8-23 系统在采样时刻的单位脉冲响应为

```
num = [0.368 0.264];
den = [1 -1 0.632];
dimpulse(num,den)
```

结果如图 8-29 所示。

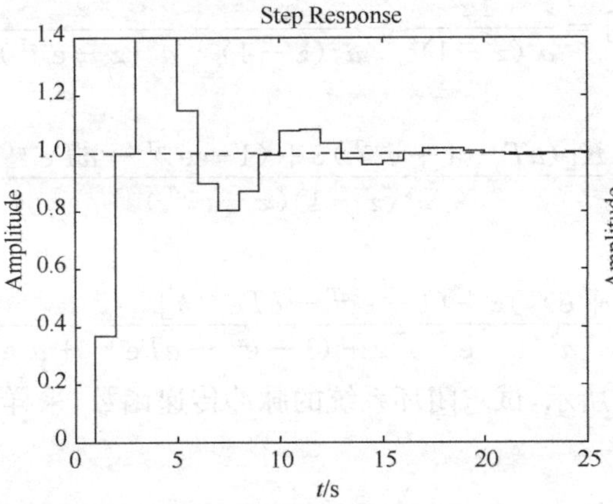

图 8-28　离散系统阶跃响应

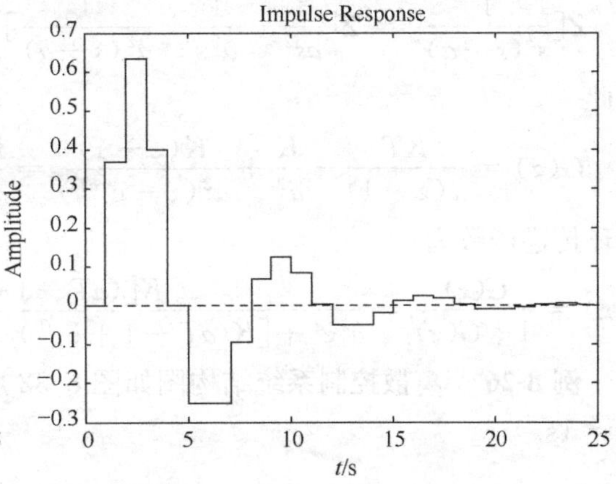

图 8-29　离散系统脉冲响应

(3) dslim() 函数。

dslim() 函数的调用格式为

dslim(num,den,u)

其中,num 为脉冲传递函数分子多项式系数;den 为传递函数分母多项式系数;u 为输入。

8.9　例题精解

例 8-24　已知采样系统结构图如图 8-30 所示,试求出开环和闭环脉冲传递函数。

解　开环脉冲传递函数为

$$G(z)=Z[\frac{K}{(s+a)(s+b)}]=\frac{K}{a-b}Z[\frac{1}{s+b}-\frac{1}{s+a}]$$

$$=\frac{K}{a-b}[\frac{z}{z-\mathrm{e}^{-bT}}-\frac{z}{z-\mathrm{e}^{-aT}}]=\frac{K}{a-b}\cdot\frac{z(\mathrm{e}^{-bT}-\mathrm{e}^{-aT})}{z^2-(\mathrm{e}^{-bT}+\mathrm{e}^{-aT})z+\mathrm{e}^{-(a+b)T}}$$

闭环传递函数为

$$\Phi(z)=\frac{C(z)}{R(z)}=\frac{\frac{K}{a-b}(\mathrm{e}^{-bT}-\mathrm{e}^{-aT})z}{z^2+[\frac{K}{(a-b)}(\mathrm{e}^{-bT}-\mathrm{e}^{-aT})-\mathrm{e}^{-bT}-\mathrm{e}^{-aT}]z+\mathrm{e}^{-(a+b)T}}$$

例 8-25　已知采样系统结构图如图 8-31 所示,试推出开环和闭环脉冲函数表达式。

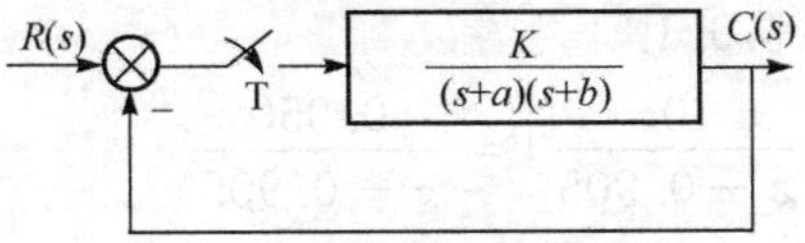

图 8-30　例 8-24 系统结构图

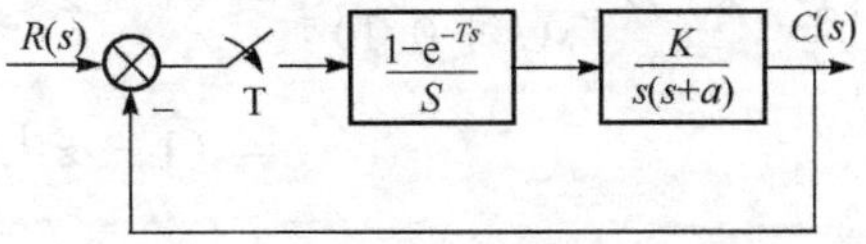

图 8-31　例 8-25 系统结构图

解　开环脉冲传递函数为

$$G(z)=Z[\frac{K(1-\mathrm{e}^{-Ts})}{s^2(s+a)}]=K(1-z^{-1})Z[\frac{1}{s^2(s+a)}]$$

$$Z[\frac{1}{s^2(s+a)}]=Z[\frac{1}{as^2}-\frac{1}{a^2s}+\frac{1}{a^2(s+a)}]=\frac{Tz}{a\ (z-1)^2}-\frac{z}{a^2(z-1)}+\frac{z}{a^2(z-e^{-aT})}$$

因此

$$G(z)=\frac{KT}{a(z-1)}-\frac{K}{a^2}+\frac{K(z-1)}{a^2(z-e^{-aT})}=\frac{K[(aT-1+e^{-aT})z+(1-e^{-aT}-aTe^{-aT})]}{a^2(z-1)(z-e^{-aT})}$$

闭环传递函数为

$$\Phi(z)=\frac{G(z)}{1+G(z)}=\frac{K[(aT-1+e^{-aT})z+(1-e^{-aT}-aTe^{-aT})]}{a^2z^2+[K(aT-1+e^{-aT})-a^2(1+e^{-aT})]z+(1-e^{aT}-aTe^{-aT}+a^2e^{-aT})}$$

例 8-26 离散控制系统结构图如图 8-32 所示，试求闭环系统的脉冲传递函数，采样周期 $T=1\text{s}$。

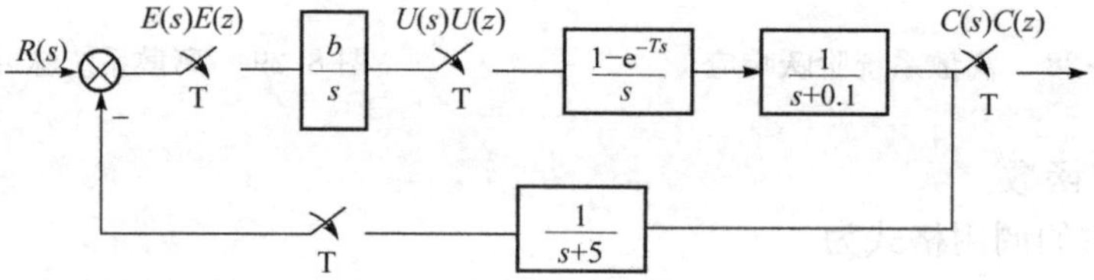

图 8-32 例 8-26 系统结构图

解 根据系统结构图有

$$E(s)=R(s)-(\frac{1-e^{-Ts}}{s})(\frac{1}{s+0.1})(\frac{1}{s+5})U(z)$$

$$U(s)=\frac{b}{s}E(z),\quad C(s)=(\frac{1-e^{-Ts}}{s})(\frac{1}{s+0.1})U(z)$$

将上面三个方程两端进行 Z 变换，得

$$E(z)=R(z)-(1-z^{-1})Z[\frac{1}{s(s+0.1)(s+5)}]U(z)$$

$$U(z)=\frac{bz}{z-1}E(z),\quad C(z)=(1-z^{-1})Z[\frac{1}{s(s+0.1)}]U(z)$$

消去中间变量得

$$\Phi(z)=\frac{C(z)}{R(z)}=\frac{\frac{bz}{z-1}(1-z^{-1})Z[\frac{1}{s(s+0.1)}]}{1+\frac{bz}{z-1}(1-z^{-1})Z[\frac{1}{s(s+0.1)(s+5)}]}$$

$$(1-z^{-1})Z[\frac{1}{s(s+0.1)}]=(1-z^{-1})Z[\frac{10}{s}-\frac{10}{s+0.1}]$$

$$=(1-z^{-1})[\frac{10z}{z-1}-\frac{10z}{z-0.905}]=\frac{0.950}{z-0.905}$$

$$(1-z^{-1})Z[\frac{1}{s(s+0.1)(s+5)}]=(1-z^{-1})Z(\frac{2}{s}-\frac{2.041}{z+0.1}+\frac{0.041}{s+5})$$

$$=(1-z^{-1})(\frac{2z}{z-1}-\frac{2.041z}{z-0.905}+\frac{0.041}{z-0.007})$$

$$=\frac{0.153z+0.035}{(z-0.905)(z-0.007)}$$

$$\Phi(z)=\frac{\frac{bz}{z-1}\cdot\frac{0.950}{z-0.905}}{1+\frac{bz}{z-1}\cdot\frac{0.153z+0.035}{(z-0.905)(z-0.007)}}$$

$$=\frac{0.950bz(z-0.007)}{(z-1)(z-0.905)(z-0.007)+bz(0.153z+0.035)}$$

例 8-27 设离散系统如图 8-33 所示，试证明闭环系统稳定时 K 与 T 必满足：$0<T<\ln\frac{K+1}{K-1}$。

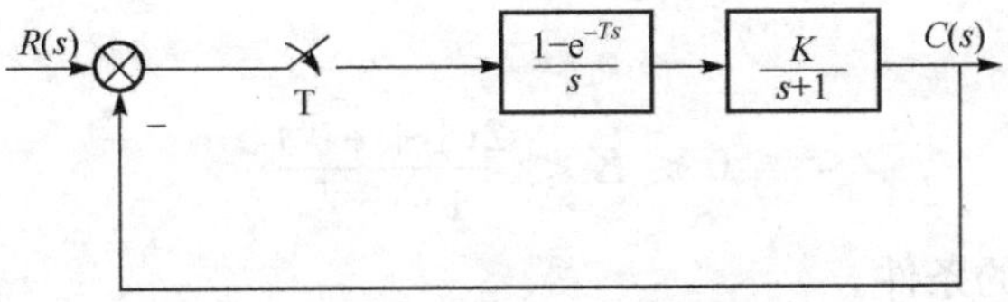

图 8-33　例 8-27 系统结构图

解　系统脉冲传递函数为

$$\Phi(z)=\frac{G(z)}{1+G(z)}=\frac{K}{z-e^{-T}+K-Ke^{-T}}$$

系统稳定必有 $|K-e^{-T}-Ke^{-T}|<1$，可导出 $0<T<\ln\frac{K+1}{K-1}$。

例 8-28 数字控制系统的结构图如图 8-34 所示，试确定增益 K 的取值范围，使在单位斜坡信号作用下，系统的稳态误差 $|e_{ss}|<\varepsilon$。

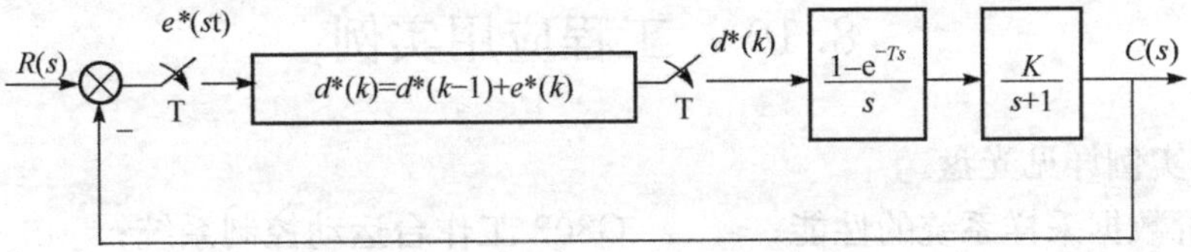

图 8-34　例 8-28 系统结构图

解　(1) 确定系统稳定时 K 的取值范围。

数字控制器的脉冲传递函数为

$$\frac{D(z)}{E(z)}=\frac{z}{z-1}$$

由于

$$G_1(z)=Z\left[\frac{1-e^{-Ts}}{s}\cdot\frac{K}{s+1}\right]=\frac{K(1-e^{-T})}{z-e^{-T}}$$

开环脉冲传递函数为

$$G(z)=\frac{z}{z-1}\,\frac{K(1-e^{-T})}{(z-e^{-T})}=\frac{K(1-e^{-T})z}{z^2-(1+e^{-T})z+e^{-T}}$$

闭环脉冲传递函数为

$$\Phi(z)=\frac{C(z)}{R(z)}=\frac{G(z)}{1+G(z)}=\frac{K(1-e^{-T})z}{z^2+[K(1-e^{-T})-(1+e^{-T})]z+e^{-T}}$$

将特征方程进行 w 变换

$$\frac{(1+w)^2}{(1-w)^2}+[K(1-\mathrm{e}^{-T})-(1+\mathrm{e}^{-T})](\frac{1+w}{1-w})+\mathrm{e}^{-T}=0$$

等式两端乘以$(1-w)^2$，经整理得

$$K(1-\mathrm{e}^{-T})w^2+2(1-\mathrm{e}^{-T})w+2(1+\mathrm{e}^{-T})-K(1-\mathrm{e}^{-T})=0$$

列劳斯表

$$\begin{array}{lll} w^2 & K(1-\mathrm{e}^{-T}) & 2(1+\mathrm{e}^{-T})-K(1-\mathrm{e}^{-T}) \\ w^1 & 2(1-\mathrm{e}^{-T}) & 0 \\ w^0 & 2(1+\mathrm{e}^{-T})-K(1-\mathrm{e}^{-T}) & \end{array}$$

闭环系统稳定，必有

$$0<K<\frac{2(1+\mathrm{e}^{-T})}{1-\mathrm{e}^{-T}}$$

(2) 满足稳态误差的条件。

速度误差系数为

$$K_v=\lim_{z\to 1}(z-1)G(z)=\lim_{z\to 1}(z-1)\frac{Kz(1-\mathrm{e}^{-T})}{(z-1)(z-\mathrm{e}^{-T})}=K$$

稳态误差为 $e_{ss}=\frac{T}{K_v}=\frac{T}{K}<\varepsilon$，即 $K>\frac{T}{\varepsilon}$。

于是 K 必须满足 $0<K<\frac{2(1+\mathrm{e}^{-T})}{(1-\mathrm{e}^{-T})}$，$K>\frac{T}{\varepsilon}$。

更多例题见光盘。

8.10　工程应用实例

工程应用实例详见光盘。

G801 二阶数据采样系统的性能；　G802 工作台运动控制系统；

G803 磁盘驱动读取系统；　G804 飞机电传操纵。

本章小结

本章首先介绍了离散控制系统的基本概念和组成。为了完成控制目的，将连续信号经采样后变成离散信号，为了使离散信号不失真地保留原有连续信号的全部信息，采样频率必须满足香农采样定理。

按控制规律处理后的离散信号用于控制对象时，常需将离散信号恢复成连续信号，实践中常用零阶保持器实现这种信号的恢复。

差分方程与脉冲传递函数都是离散系统的数学模型，Z 变换是研究离散系统的有利工具，基于 Z 变换而建立的脉冲传递函数，可以很方便地在 z 域中对离散系统进行分析，而不必解高阶差分方程，因而脉冲传递函数比差分方程应用更为广泛。

对离散系统的性能要求包括稳态误差与动态品质。

介绍了最少拍系统的概念，以及数字控制器的设计方法。

习　题

8-1　已知采样器的采样周期为 T，连续信号为

(1) $e(t) = te^{-at}$　　　　(2) $e(t) = e^{-at}\sin\omega t$

求采样后的离散输出信号 $e^*(t)$ 及其拉氏变换 $E^*(s)$。

8-2　求下列函数的 Z 变换。

(1) $e(t) = 1 - e^{-at}$　　　　(2) $e(t) = t\sin\omega t$

(3) $G(s) = \dfrac{k}{s(s+a)^2}$　　　　(4) $G(s) = \dfrac{s+1}{s^2}$

8-3　求下列函数的 Z 反变换。

(1) $E(z) = \dfrac{z}{(z-1)(z+0.5)^2}$　　　　(2) $E(z) = \dfrac{z}{(z+1)(3z+0.5)}$

8-4　试确定下列函数的终值。

(1) $E(z) = \dfrac{Tz^{-1}}{(1-z^{-1})}$　　　　(2) $E(z) = \dfrac{z^2}{(z-0.8)(z-0.1)}$

8-5　试用 Z 变换法求解差分方程。

(1) $c(k+2) + 4c(k+1) + 3c(k) = 2k,\ c(0) = c(1) = 0$

(2) $c(k+2) + 5c(k+1) + 6c(k) = \cos k\dfrac{\pi}{2},\ c(0) = c(1) = 0$

8-6　试求题 8-6 图(a)，(b) 所示系统的脉冲传递函数 $\Phi(z)$。所有采样器是同步的。

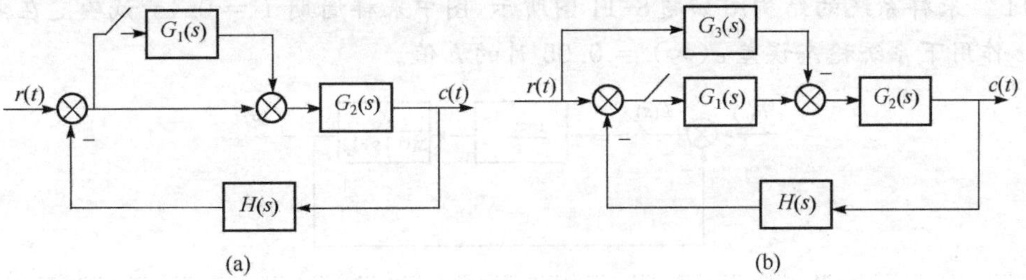

题 8-6 图

8-7　设有单位反馈误差采样的离散系统，连续部分传递函数 $G(s) = \dfrac{k}{s^2(s+5)}$，输入 $r(t) = 1(t)$，采样周期 $T = 1\text{s}$。试求：

(1) 输出 Z 变换 $C(z)$；

(2) 采样瞬时的输出响应 $c^*(t)$；

(3) 输出响应的终值 $c(\infty)$。

8-8　设离散系统如题 8-8 图所示，$G_h(s)$ 为零阶保持器，采样周期 $T = 1\text{s}$，开环传递函数 $G_0(s) = \dfrac{k}{s(0.2s+1)}$，要求：

(1) 当 $k = 5$ 时，分析系统的稳定性；

(2) 确定使系统稳定的 k 的取值范围；

(3) 说明 T 减小时，对使系统稳定的 k 值范围有何影响？

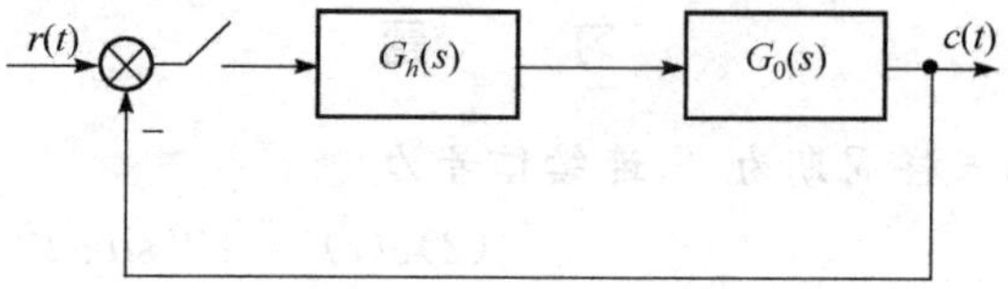

题 8-8 图

8-9　设离散系统如题 8-8 图所示，$G_h(s)$ 为零阶保持器，采样周期 $T=0.25\mathrm{s}$，开环传递函数 $G_0(s)=\dfrac{k\mathrm{e}^{-0.5s}}{s}$，试求：

(1) 输入 $r(t)=2+t$，欲使稳态误差不小于 0.1，试选择 k 值；

(2) 输入 $r(t)=1(t)$，求系统过渡过程单调、振荡衰减和发散时，k 值的允许范围。

8-10　采样系统结构图如题 8-10 图所示，采样周期 $T=0.1\mathrm{s}$。

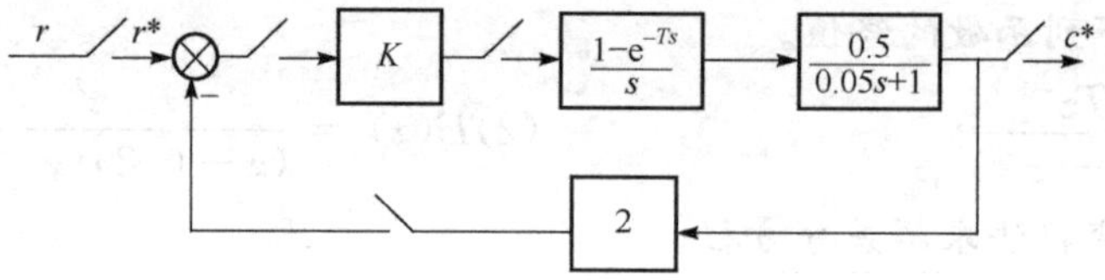

题 8-10 图

(1) 求出系统的闭环脉冲传递函数 $\Phi(z)=C(z)/R(z)$；

(2) 确定使系统稳定的 k 值范围。当 $k=1$ 时，求出系统在单位阶跃作用下 $c(t)$ 的稳态值。

8-11　采样系统的结构图如题 8-11 图所示，图中采样周期 $T=0.1\mathrm{s}$。试确定在输入信号 $r(t)=t$ 作用下系统稳态误差 $e(\infty)=0.05$ 时的 k 值。

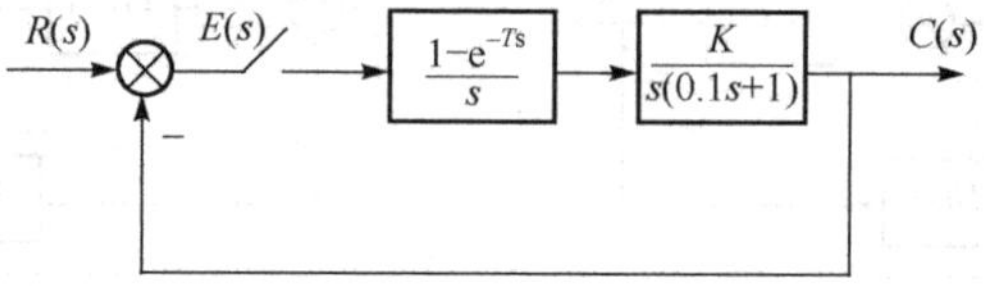

题 8-11 图

8-12　采样系统结构图如题 8-12 图所示。设采样周期 $T=1\mathrm{s}$，$r(t)=1(t)$。

(1) 求系统脉冲传递函数；

(2) 求系统的输出响应 $c^*(t)$（算至 $n=5$）；

(3) 画出 $c^*(t)$，$e^*(t)$ 及 $u(t)$ 的响应曲线。

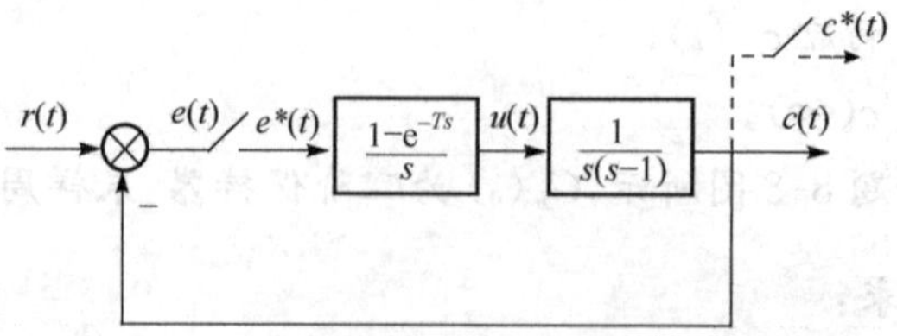

题 8-12 图

8-13　已知采样系统结构图如题 8-13 图所示，其中采样周期 $T=1\mathrm{s}$，要求设计 $D(z)$ 对 $r(t)=t$ 的输出响应是无稳态误差的最少拍系统。

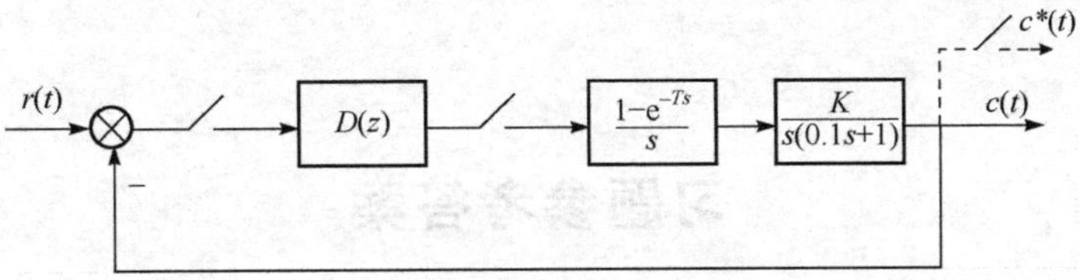

题 8-13 图

8-14　设离散系统如题 8-14 图所示，其中采样周期 $T=1\text{s}$，试求当 $r(t)=R_0 1(t)+R_1 t$ 时，系统输出响应无稳态误差、过渡过程在最少拍内结束的 $D(z)$。

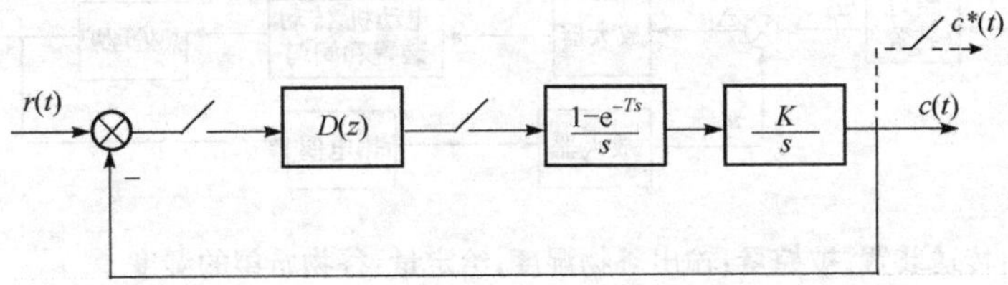

题 8-14 图

8-15　试按无纹波最少拍系统设计方法，分别求出习题 8-13 和习题 8-14 中的 $D(z)$。

习题参考答案

第 1 章

1-3 框图：

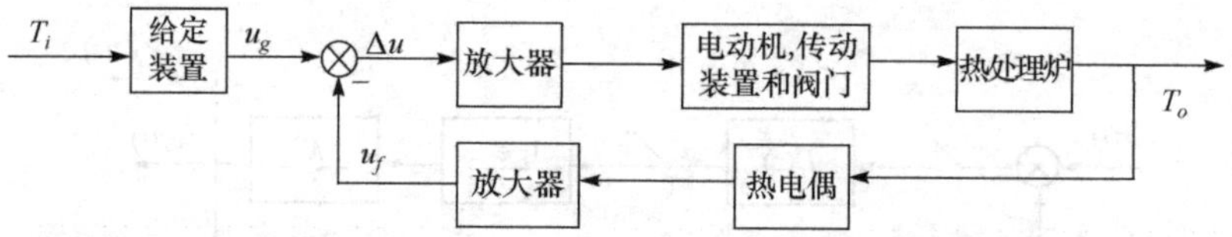

1-4 被控对象：传送装置；被控量：输出谷物湿度；给定量：谷物希望的湿度。

框图：

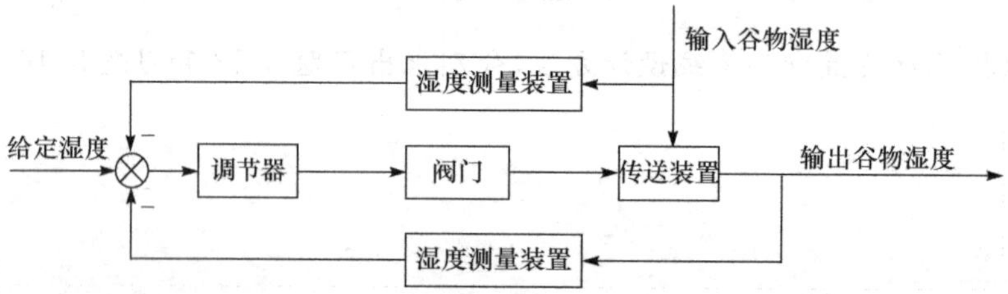

1-5 给定信号：u_s；反馈信号：两个电阻 R 串联分压电压；被控量：U_L；扰动量：电阻 R_L 的变化，电压 U 的波动

框图：

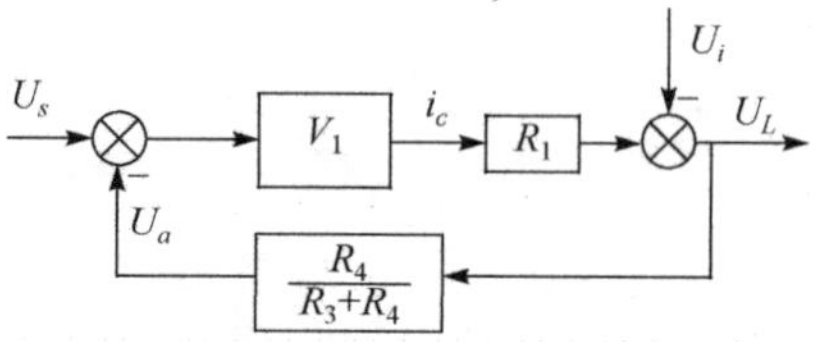

1-6 原理：当改变输入的角度 θ_i，则 θ_i 对应的电压与反馈的角度 θ_c 对应的电压产生的差值，这个偏差信号经过 2A 及可逆功率放大器的放大，驱动 SM 向减小偏差的方向转动。

框图：

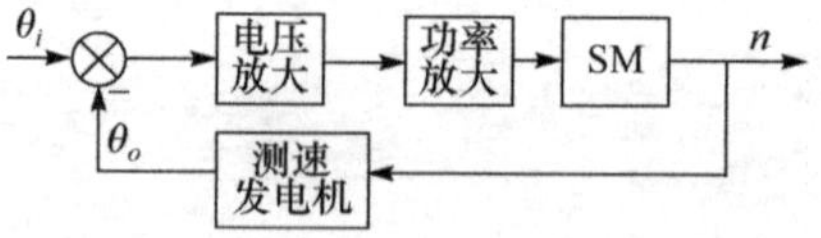

1-7 (1) 线性定常；(2) 非线性定常；(3) 线性定常；(4) 线性定常；(5) 线性时变；(6) 非线性定常

第 2 章

2-1 (1)$x(t)=e^{t-1}$；(2)$x(t)=\frac{-t^2}{4}e^{-2t}+\frac{t}{4}e^{-2t}-\frac{3}{8}e^{-2t}+\frac{1}{3}e^{-3t}+\frac{1}{24}$；

(3) $x(t)=\frac{1}{2}+\frac{1}{2}e^{-t}(\sin t-\cos t)$

2-2 (a) $\frac{\mathrm{d}^2 y(t)}{\mathrm{d}t^2}+\frac{f}{m}\frac{\mathrm{d}y(t)}{\mathrm{d}t}+\frac{k}{m}y(t)=\frac{1}{m}F(t)$；(b) $\frac{\mathrm{d}y}{\mathrm{d}t}+\frac{k_1k_2}{f(k_1+k_2)}y=\frac{k_1}{k_1+k_2}\frac{\mathrm{d}x}{\mathrm{d}t}$；

(c) $\frac{\mathrm{d}u_c}{\mathrm{d}t}+\frac{R_1+R_2}{CR_1R_2}u_c=\frac{\mathrm{d}u_r}{\mathrm{d}t}+\frac{1}{CR_1}u_r$；(d) $\frac{\mathrm{d}u_c^2}{\mathrm{d}t^2}+\frac{3}{CR}\frac{\mathrm{d}u_c}{\mathrm{d}t}+\frac{1}{C^2R^2}u_c=\frac{\mathrm{d}u_r^2}{\mathrm{d}t^2}+\frac{2}{CR}\frac{\mathrm{d}u_r}{\mathrm{d}t}+\frac{1}{C^2R^2}u_r$

2-3 $\frac{\mathrm{d}^2 y(t)}{\mathrm{d}t^2}+\frac{f}{m}\frac{\mathrm{d}y(t)}{\mathrm{d}t}+\frac{k}{m}y(t)=\frac{1}{m}F(t)$

2-4 $k(t)=4\mathrm{e}^{-2t}-\mathrm{e}^{-t}$

2-5 结构图如题 2-5 解图

2-6 结构图如题 2-6 解图

$$\frac{C(s)}{R(s)}=\frac{G_1G_2G_3G_4}{1+G_2G_3G_6+G_3G_4G_5+G_1G_2G_3G_4G_7-G_1G_2G_3G_4G_8}$$

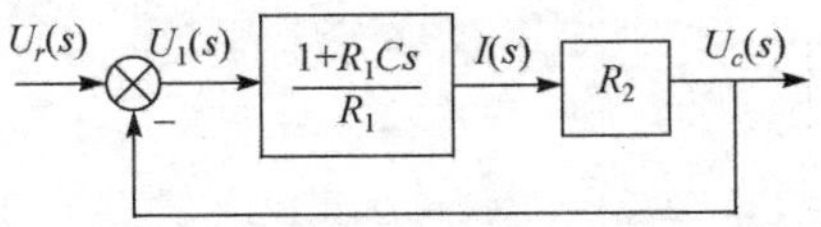

题 2-5 解图

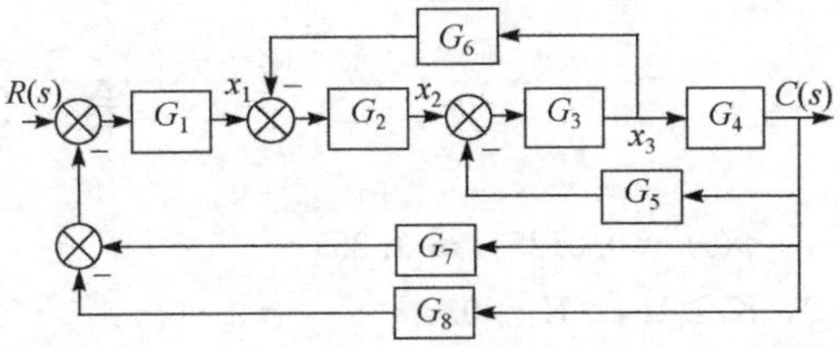

题 2-6 解图

2-7 (a) $\frac{C(s)}{R(s)}=\frac{G_1-G_2}{1-G_2H}$；(b) $\frac{C(s)}{R(s)}=\frac{G_1G_2G_3}{1+G_1G_2+G_2G_3+G_1G_2G_3}$

(c) $\frac{C(s)}{R(s)}=\frac{G_1G_2G_3+G_1G_4}{1+G_1G_2H_1+G_2G_3H_2+G_1G_2G_3+G_1G_4+G_4H_2}$

2-8 $c(t)=2-3\mathrm{e}^{-t}+\mathrm{e}^{-3t}$

2-9 信号流图如题 2-9 解图

2-10 结构图如题 2-10 解图

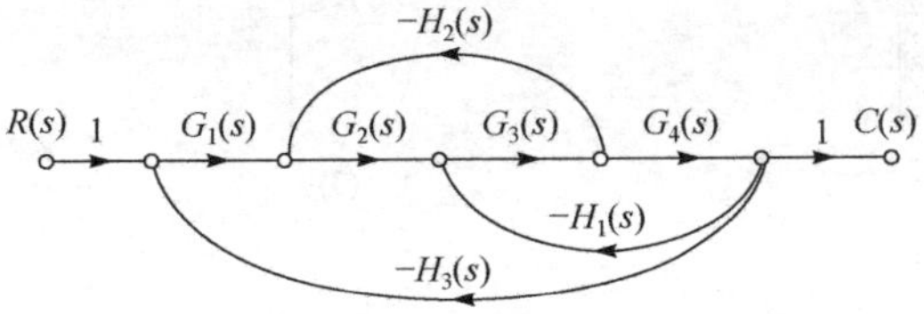

题 2-9 解图

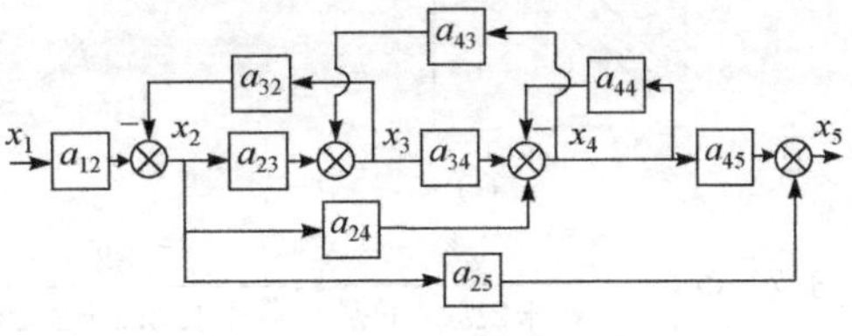

题 2-10 解图

2-11 (a) $\frac{C(s)}{R(s)}=\frac{G_1-G_2}{1-G_2H}$；(b) $\frac{C(s)}{R(s)}=\frac{G_1G_2G_3}{1+G_1G_2+G_2G_3+G_1G_2G_3}$

(c) $\frac{C(s)}{R(s)}=\frac{G_1G_2G_3+G_1G_4}{1+G_1G_2H_1+G_2G_3H_2+G_1G_2G_3+G_1G_4+G_4H_2}$

2-12 $\frac{C(s)}{R(s)}=G_4+\frac{G_1G_2G_3}{1-G_1G_2H_1+G_2H_1+G_2G_3H_2}$

2-13 (a) $\frac{C(s)}{R(s)}=\frac{G_1G_2+G_1G_3(1+G_2H)}{1+G_2H+G_1G_2+G_1G_3+G_1G_2G_3H}$，$\frac{C(s)}{N(s)}=\frac{-1-G_2H+G_4G_1G_2+G_4G_1G_3(1+G_2H)}{1+G_2H+G_1G_2+G_1G_3+G_1G_2G_3H}$

(b) $\frac{C(s)}{R(s)}=\frac{Ks}{(2K+1)s+2(K+1)}$，$\frac{C(s)}{N_1(s)}=\frac{s(s+2)}{(2K+1)s+2(K+1)}$，$\frac{C(s)}{N_2(s)}=\frac{-2K}{(2K+1)s+2(K+1)}$

2-14　(a) $\dfrac{C(s)}{R(s)}=\dfrac{0.5K}{s^3+3.5s^2+s+0.5K}$

(b) $\dfrac{C(s)}{R(s)}=\dfrac{G_1G_5G_4+G_6+G_4G_6H_2+G_1G_2G_3G_4}{1+G_1G_2H_1+G_1G_2G_3+G_1G_5+G_4H_2+G_1G_2G_4H_1H_2}$

(c) $\dfrac{C(s)}{R(s)}=\dfrac{G_2G_3K(1+G_1)+G_1G_3K(1+G_2)}{1+G_1+G_2+G_3+2G_1G_2+G_1G_3+G_2G_3+2G_1G_2G_3}$

2-15　$\Phi(s)=\dfrac{C(s)}{R(s)}=\dfrac{G_2(s)G_3(s)G_4(s)[G_1(s)+G_0(s)]}{1+G_3(s)G_4(s)H(s)+G_1(s)G_2(s)G_3(s)G_4(s)}$,

$\Phi_n(s)=\dfrac{C(s)}{N(s)}=\dfrac{G_3(s)G_4(s)}{1+G_3(s)G_4(s)H(s)+G_1(s)G_2(s)G_3(s)G_4(s)}$

第 3 章

3-1　$\Phi(s)=0.0125/(s+1.25)$

3-2　$K_1\geqslant 15$,　$K_2=0.5$

3-3　$t_r=2.42\text{s}$; $t_p=3.63\text{s}$; $\sigma\%=16.3\%$; $t_s=6\text{s}$(误差带为 5%)

3-4　$\sigma\%=9.5\%$; $t_p=1.96\text{s}$; $t_s=2.92\text{s}$

3-5　$K_I=0.24$, $K_t=1.87$

3-6

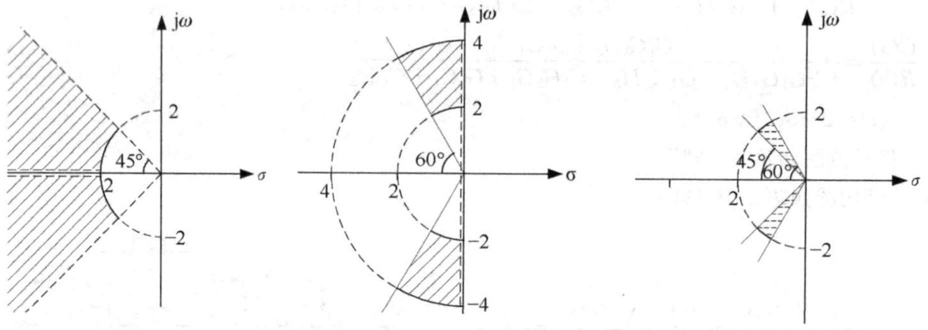

(1)　　(2)　　(3)

3-7　$\Phi(s)=\dfrac{\omega_n^2}{s^2+2\zeta\omega_n s+\omega_n^2}=\dfrac{5.88}{s^2+1.39s+2.94}$

3-8　$K=12.46$; $A=0.18$; $t_r=0.759$; $t_s(5\%)\approx 1.964$; $t_s(2\%)\approx 2.485$

3-9　(1) 系统不稳定,有两个根在右半 s 平面;

(2) 系统不稳定,有一个根在右半 s 平面。

3-10　$-1<K<11.88$

3-11　$0<K<1.71$

3-12　系统不稳定

3-13　(1) $0<K_p<1.5$;　(2) $0.072<K_p<0.624$

3-14　$\zeta=1.2$, $\omega_n=2$, $e_{ss}=0$

3-15　(1) $K_p=\infty$, $K_v=10$, $K_a=0$　(2) ∞

3-16　$K=90$

3-17　(1) 稳态误差为无穷大;(2) $r(t)=2t$ 作用下的稳态误差为 $e_{ss}=0.2$, $r(t)=2+2t+2t^2$ 作用下的稳态误差为无穷大

(3) $r(t)=2t$ 作用下的稳态误差为 $e_{ss}=0$，$r(t)=2+2t+2t^2$ 作用下的稳态误差为 $e_{ss}=\dfrac{4}{0.1}=40$

3-18 (1) $e(t)=\dfrac{5+\mathrm{j}\sqrt{2}}{12}\mathrm{e}^{-\sqrt{2}t}+\dfrac{5-\mathrm{j}\sqrt{2}}{12}\mathrm{e}^{\sqrt{2}t}-\dfrac{1}{12}\mathrm{e}^{-2t}+\dfrac{1}{4}$

(2) 该系统存在闭环虚根，不是稳定的系统，没有终值。因此不能用拉普拉斯变换的终值定理求系统的稳态误差。

3-19 (1)当$\begin{cases}b_0=10\\b_1=2.6\end{cases}$时，系统为Ⅱ型系统，稳态误差为零；(2)$e_{ss}\approx0.196$

3-20 (1) $e_{ss}=0$；(2)$e_{ss1}=0$；(3)$e_{ss}=e_{ss1}+e_{ss2}=0$

3-21 (1) $\beta=1$ 时，系统是 0 型系统； (2)$\beta=-\dfrac{1}{K}$

3-22 增加零点－3，会使系统的超调量大大增大，提高了系统的动态性能，但稳态误差变大，降低了稳态性能；增加极点－8，会使系统的超调量减小，调整时间有所增长。

若既增加零点－3，又增加极点－8，则系统的调整时间略有所减少，超调量也会增大较多。

3-23 (1) 当 $\tau=0$ 时，超调量：32.7%，上升时间：0.166s，调整时间：0.892s

当 $\tau=0.05$ 时，超调量：4.54%，上升时间：0.1490s，调整时间：0.387s

当 $\tau=0.1$ 时，调整时间：0.4837s

当 $\tau=0.5$ 时，超调量：29.4161%，上升时间：0.0378s，调整时间：1.0472s

(2) $\tau=0$ 时超调量最大；上升时间 t_r：在 $\tau=0.5$ 时最短，在 $\tau=0$ 时最长；调整时间 t_s：在 $\tau=0.5$ 时最长，在 $\tau=0.05$ 时最短；综合起来看 $\tau=0.05$ 时，性能是最好的。

3-24 (1) 当 $\tau=0$ 时系统的超调量：－0.0013%(无超调)，上升时间：3.36s，调整时间：5.84s

当 $\tau=0.5$ 时系统的超调量：4.67%，上升时间：4.37s，调整时间：7.51s

当 $\tau=2$ 时系统的超调量：27.8%，上升时间：4.9373s，调整时间：22.6s

当 $\tau=5$ 时系统的超调量：46%，上升时间：7.1041s，调整时间：53.6s

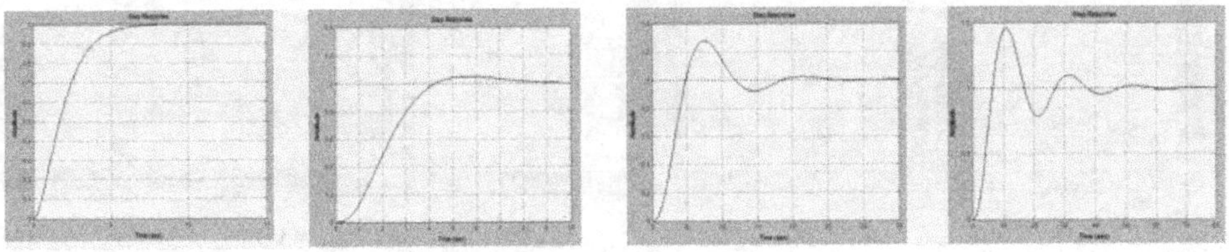

τ=0　　τ=0.5　　τ=2　　τ=5

(2) τ 为 0 时系统无超调，当 τ 越大超调量越大，τ 越大调整时间越长。

3-25

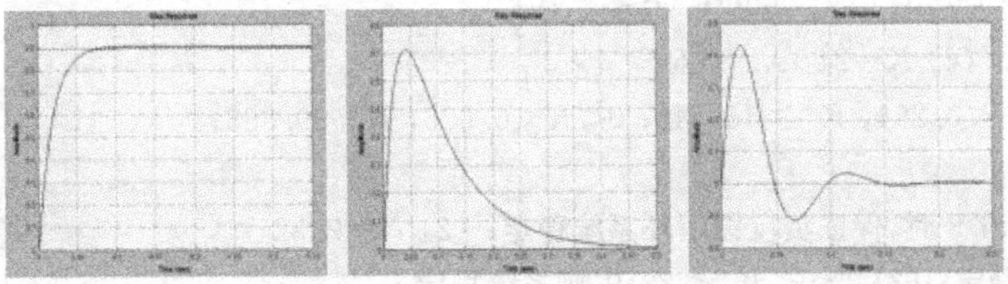

a=0　　a=10　　a=100

$a=0$ 时，$e_{ss}=-0.89$；$a=10$ 时，$e_{ss}=-0.1$；$a=100$ 时，$e_{ss}=-0.01$；a 越大误差越小。

3-26 $e_s(t)=0.005(20+20t)+0.00236\times20=0.1t+0.1472$

第 4 章

4-1

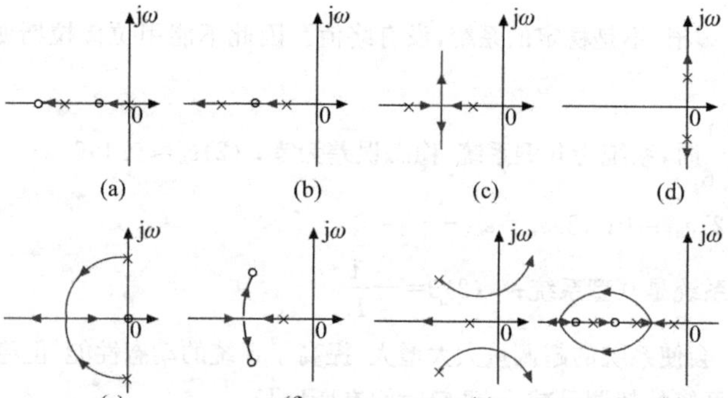

(a) (b) (c) (d) (e) (f) (g) (h)

4-2 (1) 使系统稳定的 K 的取值范围:(0,19.7);

(2) 使系统稳定的 K 的取值范围:(0,7.03)

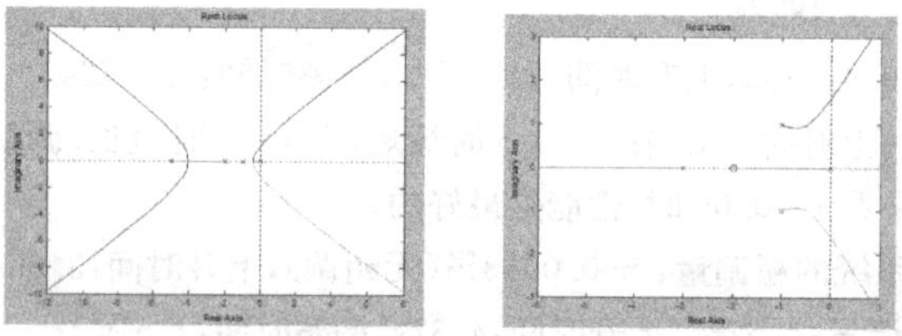

(1) (2)

4-3

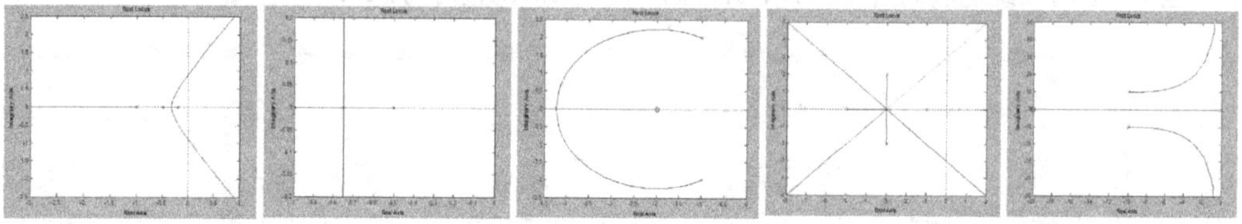

(1) (2) (3) (4) (5)

4-4 (1) 见题 4-4 解图;

(2) $K_{min}=|d||d+2||d+5|=4.06$, $K_{max}=70$;

(3) $\omega=\pm\sqrt{10}$; (4) $K=24$, $s_3=-6$

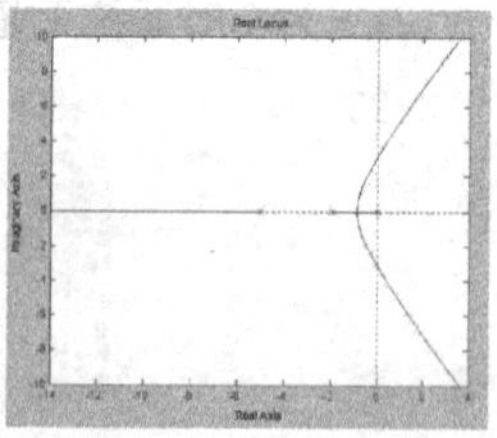

题 4-4 解图

4-5 (1) $0<K^*<0.254$, $K^*>15.746$; $0<K<0.635$, $K>39.365$;

(2) $K>39.365$

4-6 (1) $K^*<16.3$ 时,保证负反馈闭环系统稳定;(2) $K=2.32$

4-7 (1) 系统不稳定;(2) 当 $0<K^*<22.9$,则系统稳定。

4-8 (1) 见题 4-8 解图;(2) $\Phi(s)=\dfrac{-0.8(s-1)(s+5)}{(s+1)(s^2+8s+9)}$

4-9 见题 4-9 解图

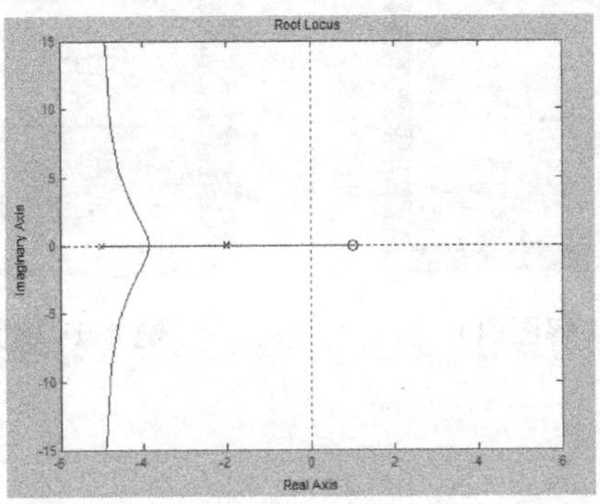

题 4-8 解图

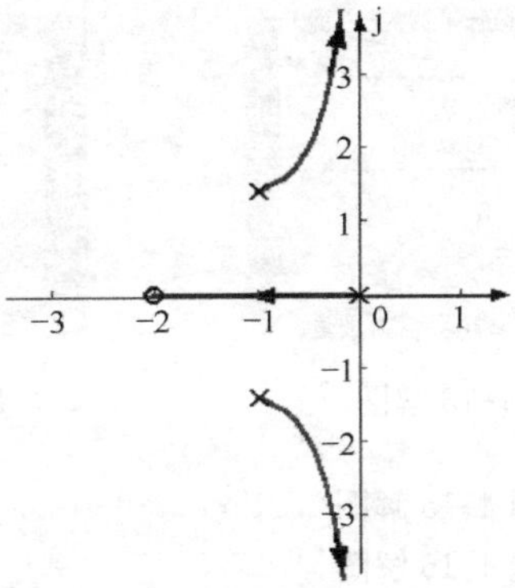

题 4-9 解图

4-10

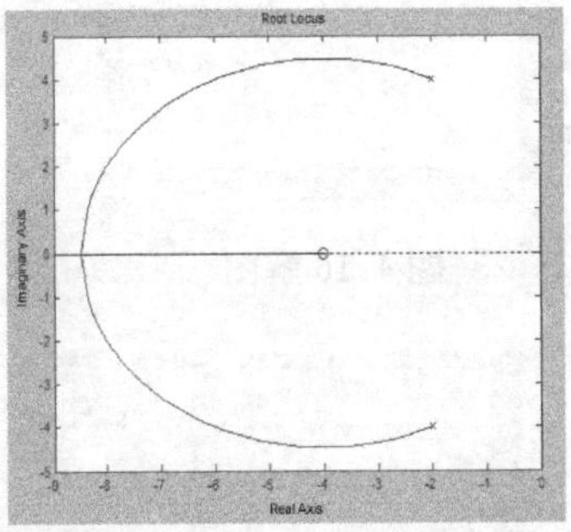

(a)

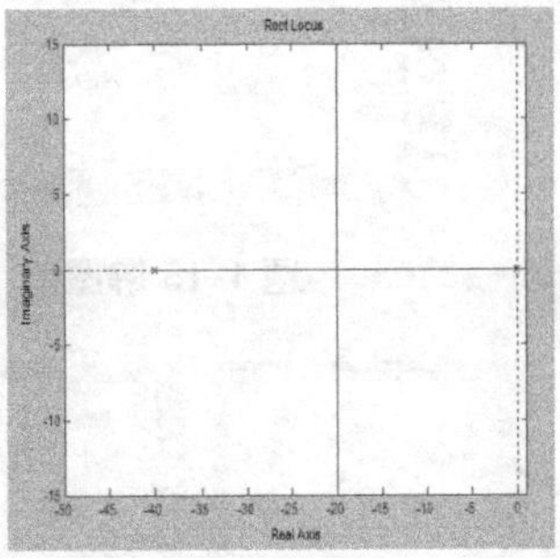

(2)

(1) $b=2$ 时闭环传递函数：$\Phi(s)=\dfrac{20}{s^2+6s+28}$；

(2) $b=2$ 时闭环传递函数：$\Phi(s)=\dfrac{30s+60}{s^2+40s+60}$

4-11　见题 4-11 解图

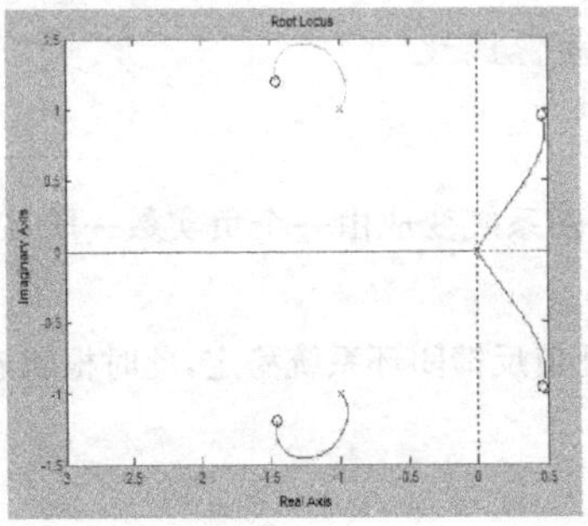

题 4-11 解图

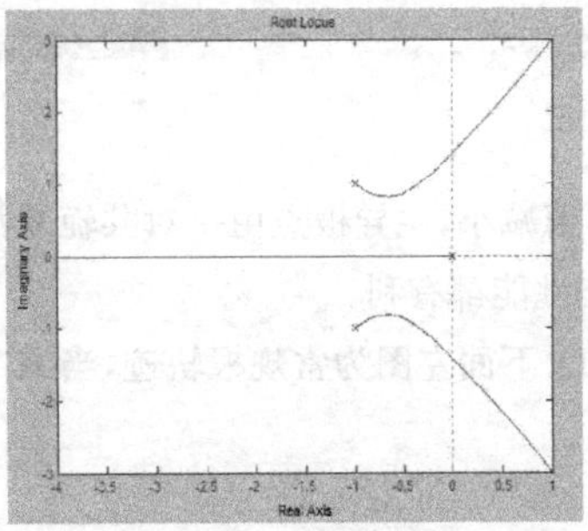

题 4-12 解图

4-12　(1) 见题 4-12 解图；(2) $2\leqslant a<4$；

(3) $s_2=\dfrac{-1+\mathrm{j}\sqrt{3}}{2}$，$s_3=\dfrac{-1-\mathrm{j}\sqrt{3}}{2}$为系统另外两个闭环极点的值。

4-13 (1)见题 4-13 解图 ；(2)不在；(3)$a=4$

4-14 (1)见题 4-14 解图(1)；　(2)见题 4-14 解图(2)；(3)$K=p=4$

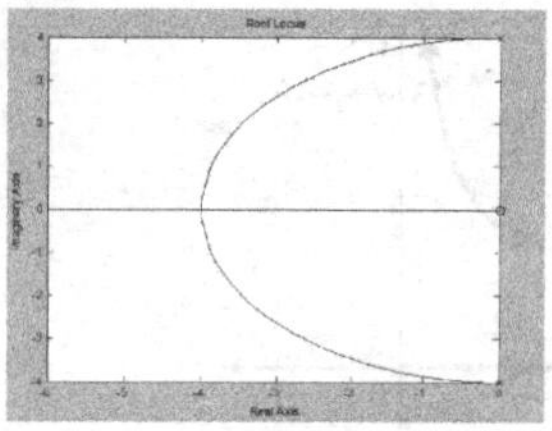

题 4-13 解图

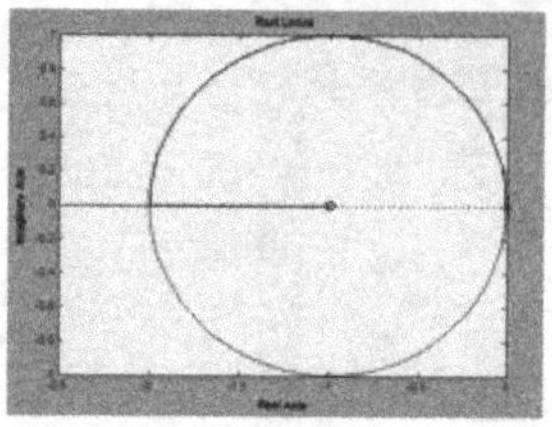

题 4-14 解图(1)

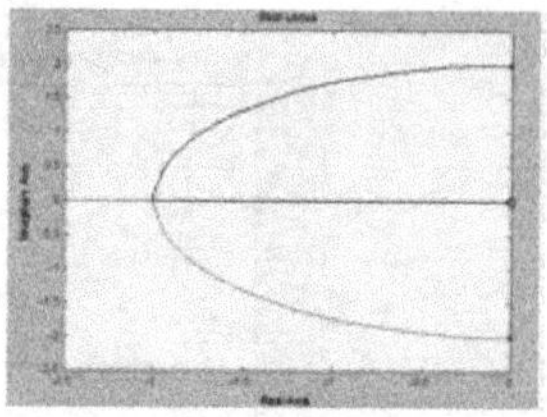

题 4-14 解图(2)

4-15　见题 4-15 解图

4-16　见题 4-16 解图

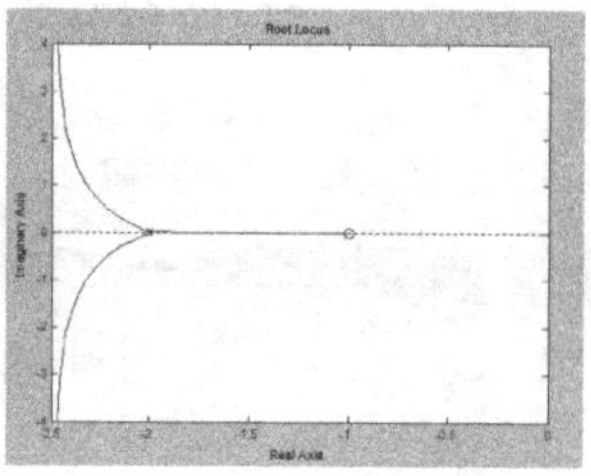

题 4-15 解图

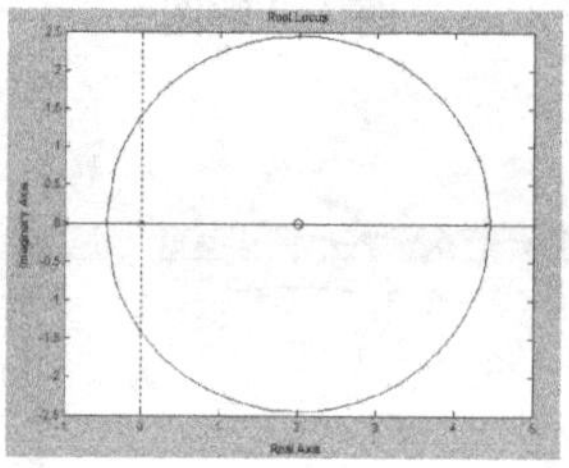

题 4-16 解图

4-17　(1)

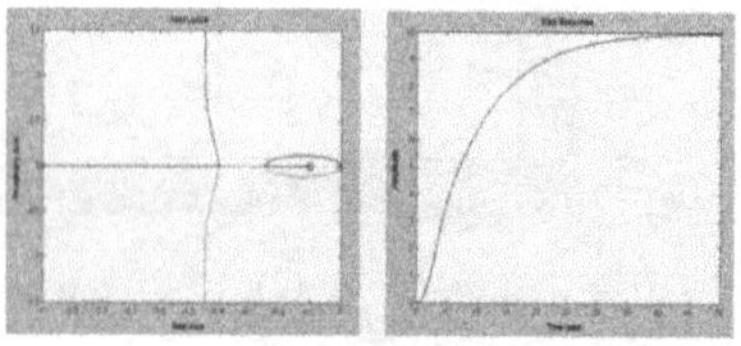

当取a=0.1时,K=1时

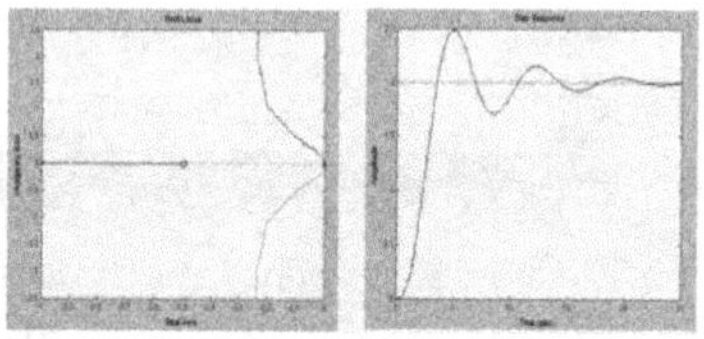

当取a=0.5时,K=1时

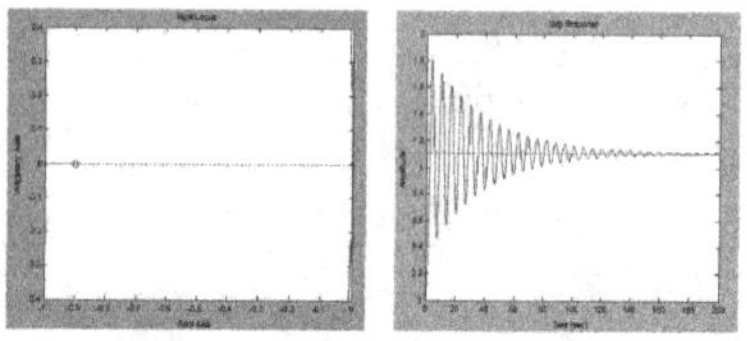

当取a=0.9时,K=1时

(2) 当 a 值减小,主导极点由一对共轭复数的二阶衰减振荡系统变成由一个负实数一阶系统,对系统的稳定性和动态性能都有利。

4-18　(1) 下面左图为常规根轨迹,当 $K^*<16.3$ 时,保证负反馈闭环系统稳定,此时根轨迹与虚轴的交点为±j1.871。

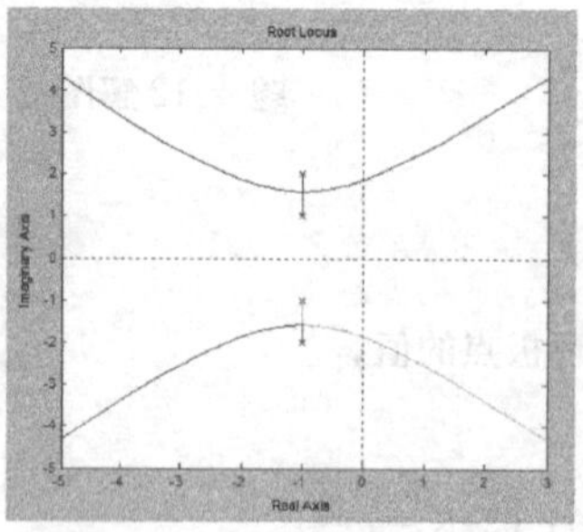

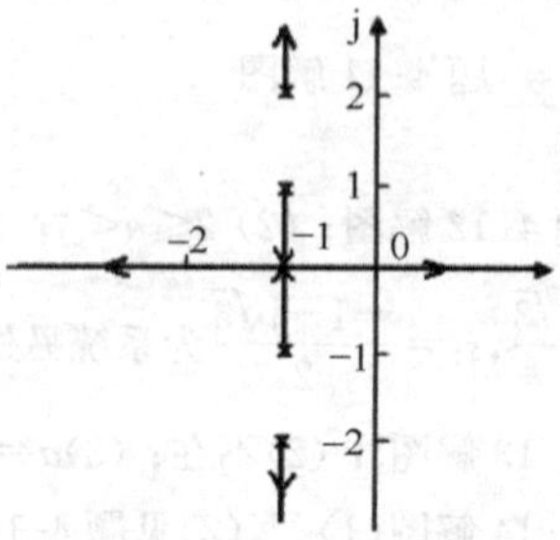

(2) 上面右图为零度根轨迹。由劳斯稳定判据可知 $K^*=10$ 时，系统闭环临界稳定，因此，反馈极性未知，欲保证闭环系统稳定的 K^* 范围(0,10)。

第 5 章

5-1 $\Phi(j\omega)=\dfrac{36}{(j\omega+4)(j\omega+9)}$

5-2 $e_{ss}(t)=0.63\sin(t+48.4°)-1.58\cos(2t-26.6°)$

5-4 $\omega_n=1.55, \zeta=0.29$

5-5 (a) $G(s)=\dfrac{100(0.001s+1)}{(s+1)(0.0001s+1)}$； (b) $G(s)=\dfrac{100(0.316s+1)}{s^2(0.00316s+1)}$；

(c) $G(s)=\dfrac{10s^2}{(s^2+0.1s+1)(0.1s+1)}$

5-6 当 $0<K<2.64$，或 $-1<k<0$ 时，系统稳定

5-7 $\omega_c=1.19$，$a=0.84$

5-8 $\gamma=\phi(\omega_c)+180°=104°$， $h=\dfrac{1}{A(\omega_g)}=3.12$

5-10 (1) 稳定； (2)不稳定； (3)不稳定

5-11 (1)$k=1.06$； (2)$k=0.57$

5-12 $0<k<1$ 时，系统稳定

5-13 (a) 系统稳定，开环传递函数：$G(s)=\dfrac{k}{Ts-1}$ $(k>1)$

(b) 系统不稳定，开环传递函数：$G(s)=\dfrac{k(T_3s+1)(T_4s+1)}{(T_1s-1)(T_2s+1)}$ $(T_2>(T_3,T_4)>T_1)$

(c) 系统不稳定，开环传递函数：$G(s)=\dfrac{k}{(T_1s+1)(T_2s+1)(T_3s-1)}$ $(k>1)$

(d) 系统稳定，开环传递函数：$G(s)=\dfrac{k(T_1s+1)}{s^2(T_2s+1)(T_3s+1)}$ $T_1>T_2+T_3$

(e) 系统稳定，开环传递函数：$G(s)=\dfrac{k(T_2s-1)}{s(T_1s-1)}$ $(T_1>T_2)$

(f) 系统不稳定，开环传递函数：$G(s)=\dfrac{k}{s^2(T_1s+1)}$

(g) 系统稳定，开环传递函数为：$G(s)=\dfrac{k}{(T_1s-1)(T_2s+1)(T_3s+1)}$ $T_1>T_2+T_3$

(h) 系统不稳定，开环传递函数为：$G(s)=\dfrac{k}{(T_1s-1)(T_2s-1)}$

5-14 $k=0.013$，$M_r=-1.5487$，$\omega_r=0.1$

5-15 $\sigma\%=7.3\%$，$t_s=0.59s$

第 6 章

6-1 $K=6$，$\alpha=0.5$

6-3 $G_c(s)=\dfrac{1+Ts}{1+\beta Ts}=\dfrac{1+10s}{1+100s}$

6-6 (1) $G_c(s)=\frac{3.162(s+1)(0.5s+1)(0.33s+1)}{s(0.1s+1)(0.05s+1)}$; (2) $0<K<113.7$

6-7 $G_c(s)=\frac{\alpha Ts+1}{Ts+1}=\frac{0.53s+1}{0.12s+1}$

6-8 $G_c(s)=\frac{1+0.25s}{1+0.03s}$

6-9 $K=30$，$G_c(s)=(0.2s+1)(0.3s+1)$

6-10 (1) $K=6$，$\gamma=-3.8°$，$20\lg h'=-1\text{dB}$

(2) $\gamma''=22.5°$，$20\lg h''=7.5\text{dB}$。说明超前校正可以增加相角裕度，从而减小超调量，提高系统稳定性；同时增大了截止频率，缩短调节时间，提高了系统的快速性。

6-11 $\gamma'=14°$，$\gamma''=74.6°$

6-12 $G(s)=\frac{(\frac{1}{5}s+1)(\frac{1}{10}s)+1}{(25s+1)(\frac{1}{217}s+1)}$

第 7 章

7-1 $N(A)=k_1-\frac{2(k_1-k_2)}{\pi}\left[\frac{\pi}{2}-\arcsin\frac{s}{A}+\frac{s}{A}\sqrt{1-(\frac{s}{A})^2}\right]$

7-2 (a) $G(s)=G_1(s)[1+H_1(s)]$; (b) $G(s)=H_1(s)\frac{G_1(s)}{1+G_1(s)}$

7-3 不稳定

7-5 $\omega=3.91$， $A=0.806$

7-6 $A=0.398$， $\omega=2$

7-7 (1) $T\ddot{e}+\dot{e}+Ke=0$； (2) $T\ddot{e}'+\dot{e}'+Ke'=0$

7-8 有，$X=0.67$，$\omega=2.63(\text{rad/s})$

7-9 对于 $\dot{e}>0, e>e_1$ 和 $\dot{e}<0, e>e_0$ 时，$T\ddot{e}+\dot{e}+KM=0$

对于 $\dot{e}>0, e<-e_0$ 和 $\dot{e}<0, e<-e_1$ 时，$T\ddot{e}+\dot{e}-KM=0$

对于 $\dot{e}>0, e_1>e>-e_0$ 和 $\dot{e}<0, e_0>e>-e_1$ 时，则有 $T\ddot{e}+\dot{e}=0$ 或 $\frac{d\dot{e}}{de}=-\frac{1}{T}$

7-13 (1) 略

(2) 奇点 $x=0$，在奇点处线性化，可知该奇点为中心点；

(3) 奇点为：$x=0,-1$；

在 $x=0$ 处，特征根为：$s_{1,2}=0.25\pm j0.984$，显然为不稳定的焦点；

在 $x=-1$ 处，特征根为：$s_{1,2}=\frac{0.5\pm\sqrt{4.25}}{2}$，显然为鞍点。

7-14 奇点 $e_0^{\text{II}}=2$，$s_{1,2}=\pm j$ （中心点）；奇点 $e_0^{\text{III}}=-2$，$s_{1,2}=\pm j$ （中心点）

第 8 章

8-1 (1) $E^*(s)=\sum_{n=0}^{\infty}nTe^{-anT}\cdot e^{-nTs}$

(2) $E^*(s)=\sum_{k=0}^{\infty}e(kT)e^{-kTs}=\sum_{k=0}^{\infty}e(kT)e^{-kTs}=\sum_{k=0}^{\infty}e^{-akT}\sin\omega kTe^{-kTs}$

8-2 (1) $Z[1-e^{-at}]=\dfrac{z(1-e^{-akT})}{(z-1)(z-e^{-akT})}$；(2) $Z(t\sin\omega t)=\dfrac{1}{2j}\left(\dfrac{Tze^{j\omega T}}{(z-e^{j\omega T})^2}-\dfrac{Tze^{-j\omega T}}{(z-e^{-j\omega T})^2}\right)$；

(3) $Z[G(s)]=\dfrac{kz}{a^2(z-1)}-\dfrac{kz}{a^2(z-e^{-aT})}-\dfrac{kTze^{-aT}}{a(z-e^{-aT})^2}$；(4) $Z[E(s)]=\dfrac{z}{z-1}+\dfrac{Tz}{(z-1)^2}$

8-3 (1) $e(t)=0.441(t)-0.44(-0.5)^k+1.34k(-0.5)^k$；(2) $e(t)=-0.4(-1)^k+0.4\left(-\dfrac{1}{6}\right)^k$

8-4 (1) $\lim\limits_{n\to\infty}e(nT)=T$；(2) $\lim\limits_{n\to\infty}e(nT)=0$

8-5 (1) $c(k)=-\dfrac{1}{16}(-3)^k+\dfrac{1}{4}(-1)^k+\dfrac{1}{4}k-\dfrac{3}{16}\ (k=0,1,2,\cdots)$；

(2) $c(kT)=\delta(t-2T)-5\delta(t-3T)+18\delta(t-4T)+\cdots\ (k=0,1,2,\cdots)$

8-6 (a) $C(z)=\dfrac{R(z)G_1G_2(z)+G_2R(z)}{1+G_1G_2H(z)+G_2H(z)}$；(b) $C(z)=\dfrac{R(z)G_1G_2(z)+G_2G_3R(z)}{1+G_1G_2H(z)}$

8-7 (1) $C(z)=\dfrac{0.16kz^3+0.0384kz^2}{z^4+(0.16k-3)z^3+(3.02-0.122k)z^2-(0.0384k+1.02)z+0.0067}$

(2) 略 (3) 略

8-8 (1) 系统不稳定；(2) $0<k<3.31$；

(3) T 减小时使系统稳定 k 值的范围将变大。

8-9 (1) 系统稳定的 k 值范围为：$0<k<2.47$，而要使系统稳态误差为 0.1，则要求 $k>10$，因此本系统要满足这个条件的 k 值是不存在的；

(2) $k>2.47$ 系统是发散的。

8-10 (1) $\Phi(z)=\dfrac{0.5K(1-e^{-20T})}{z-e^{-20T}+K-Ke^{-20T}}$；(2) $-1<k<1.312$，0.25

8-11 $k=20$

8-12 (1) $\Phi(s)=\dfrac{C(z)}{R(z)}=\dfrac{z^2-(1+e^{-T})z+e^{-T}}{z^2+(T-2)z+e^{-T}+1-(T+1)e^{-T}}$

(2) $c^*(t)=\delta(t)+0.632\delta(t-T)-0.399\delta(t-3T)-0.399\delta(t-4T)-0.147\delta(t-5T)+\cdots$

参考文献

毕效辉,于春梅.2005.自动控制原理(以动画语音为主的电子教材).武汉:武汉理工大学出版社

毕效辉,于春梅.2007.自动控制理论.北京:中国轻工业出版社

毕效辉,张春峰.2007.Matlab自控理论学习与仿真(电子辅助教材).北京:中国轻工业出版社

程鹏,邱红专,王艳东.2004.自动控制原理学习辅导与习题解答.北京:高等教育出版社

胡寿松.2013.自动控制原理.6版.北京:科学出版社

黄家英.2010.自动控制原理(上册).2版.北京:高等教育出版社

黄忠霖.2009.控制系统MATLAB计算及仿真.3版.北京:国防工业出版社

刘坤.2004.Matlab自动控制原理习题精解.北京:国防工业出版社

刘明俊.2004.自动控制原理学习要点与习题解析.长沙:国防科技大学出版社

卢京潮.2009.自动控制原理.2版.西安:西北工业大学出版社

史忠科,卢京潮.2000.自动控制原理常见题型解析及模拟题.西安:西北工业大学出版社

孙晓波,李双全,王海英.2011.自动控制原理.北京:科学出版社

王海英等.2009.控制系统的Matlab仿真与设计.北京:高等教育出版社

王划一.2012.自动控制原理.2版.北京:国防工业出版社

吴麒,王诗宓.2006.自动控制原理(下册).2版.北京:科学出版社

吴忠强等.2009.控制系统仿真及Matlab语言.北京:电子工业出版社

夏德钤,翁贻方.2007.自动控制原理.3版.北京:机械工业出版社

谢克明,王柏林.2009.自动控制原理.2版.北京:电子工业出版社

鄢景华.2009.自动控制原理(修订版).哈尔滨:哈尔滨工业大学出版社

张爱民.2006.自动控制原理.北京:清华大学出版社

Dorf R C, Bishop R H.2011.现代控制系统.11版.谢红卫等译.北京:电子工业出版社

Ogata K.2007.现代控制工程.4版.卢伯英,于海勋等译.北京:电子工业出版社

光盘与纸质教材关联索引

1. MATLAB仿真程序段

2. Flash 演示动画

盘内编号与名称	书内页码	盘内编号与名称	书内页码
F101 自动控制的概念	1	F316 小球的稳定性	87
F102 水温自动控制	1	F317 稳定的条件	88
F103 炉温开环控制	4,8	F318 稳定判据	89
F104 电加热炉自动控制	4	F319 稳定判据应用	90
F105 定值液位控制系统	5	F320 劳斯判据两特例	90,91
F106 方框图的概念	6	F321 稳态误差计算 a	93
F107 随动控制系统	6	F322 稳态误差计算 b	94
F108 恒值控制系统	8	F323 稳态误差系数法	96
F109 开环与闭环的比较	9	F401 根轨迹的概念	113
F110 电动机速度复合控制系统	9	F402 二阶控制系统的根轨迹	113
F111 常见分类方法	9	F403 绘制根轨迹的基本法则	116
F112 按数学描述分类	10	F404 根轨迹的渐近线	117
F113 控制系统及响应曲线与方框图	12	F405 根轨迹的起始角	119
F114 直流调速系统的过渡过程	12	F406 根轨迹绘制举例 a	121
F201 列写并求解微分方程	21	F407 增加零点的根轨迹图	128
F202 相似系统的微分方程	22,23	F408 增加极点的根轨迹图	128
F203 双 RC 微分方程的列写	22,40	F409 参数根轨迹的绘制	131
F204 典型环节的传递函数	30	F410 根轨迹绘制举例 b	131
F205 结构图的建立	40	F501 频率响应的概念	144
F206 框图反馈连接的等效变换	42	F502 频率特性的绘制	145
F207 框图引出点前移的等效变换	43	F503 模型间的转换	145
F208 框图引出点后移的等效变换	43	F504 对数频率特性曲线	146
F209 框图相加点后移的等效变换	43	F505 典型环节的频率特性	146
F210 框图相加点前移的等效变换	43	F506 幅相特性曲线的绘制	154
F211 结构图的等效变换规则 y	43	F507 绘制幅相曲线	155
F212 结构图的简化 a	46	F508 绘制伯德图	156
F213 结构图的简化 b	46	F509 最小相位系统的频率特性	158
F214 信号流图的相关术语	46	F510 奈奎斯特围线	161
F215 信号流图的绘制	47	F511 开环系统含积分环节的奈奎斯特围线	162
F216 化结构图为信号流图	47	F512 奈氏判据的应用 a	162
F217 梅逊增益公式	48	F513 奈氏判据的应用 b	163
F218 信号流图与梅逊公式	49	F514 稳定裕度	165
F301 几种典型输入信号	64	F515 相位裕度和幅值裕度	165
F302 控制系统时域性能指标	65	F601 常见校正方式 y	185
F303 具有衰减振荡的单位阶跃响应	65	F602 串联校正举例	185
F304 一阶系统的数学模型	66	F603 超前校正网络 y	192
F305 一阶系统的阶跃响应	67	F604 迟后校正网络	197
F306 一阶系统性能指标计算	68	F605 反馈校正的功能	203
F307 二阶系统的数学模型	69	F701 典型非线性特性	213,214
F308 响应曲线与极点的关系	70	F702 非线性系统的稳定性	223
F309 欠阻尼二阶系统的阶跃响应 a	70,73	F703 非线性系统的周期运动分析	224
F310 欠阻尼二阶系统的阶跃响应 b	70,73	F801 Z 变换	260
F311 响应曲线与阻尼比的关系	72	F802 求取脉冲传递函数	266
F312 二阶系统动态性能指标	73	F803 S 平面与 Z 平面的映射	272
F313 二阶系统性能指标计算	75	F804 稳定性计算 b	272
F314 二阶系统动态性能的改善	76,78	F805 稳定性计算 a	275
F315 稳定的概念	87	F806 离散系统的稳态误差计算	276

3. 工程应用实例：

每章有专门一节，具体见目录。